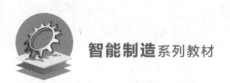

智能制造系列教材

U0290759

流体力学与热工学

主　编：何　燕

副主编：张晓光　李红艳

周　艳　姜婕妤

電子工業出版社

Publishing House of Electronics Industry

北京·**BEIJING**

内 容 简 介

本书内容包括流体力学、工程热力学和传热学三大部分。流体力学部分包括流体力学概述、流体的属性、流体静力学、流体动力学、相似原理和量纲分析、黏性流体流动。工程热力学部分包括工程热力学概述、工程热力学基本概念、热力学第一定律及其应用、理想气体的性质与热力过程、热力学第二定律、水蒸气的热力性质、动力循环、制冷循环。传热学部分包括传热学概述、稳态热传导、非稳态热传导、对流传热、热辐射基础理论、辐射传热计算、换热器的传热计算。

本书可作为智能制造专业和机械工程专业的教材，也可供暖通空调等相关专业的工程技术人员参考。

图书在版编目（CIP）数据

流体力学与热工学 / 何燕主编. —北京：电子工业出版社，2023.1
ISBN 978-7-121-45081-5

Ⅰ. ①流…　Ⅱ. ①何…　Ⅲ. ①流体力学②热工学　Ⅳ. ①O35②TK122

中国国家版本馆 CIP 数据核字（2023）第 028697 号

责任编辑：杜　军　　特约编辑：田学清
印　　刷：三河市华成印务有限公司
装　　订：三河市华成印务有限公司
出版发行：电子工业出版社
　　　　　北京市海淀区万寿路 173 信箱　邮编：100036
开　　本：787×1 092　1/16　印张：21　字数：538 千字
版　　次：2023 年 1 月第 1 版
印　　次：2024 年 4 月第 5 次印刷
定　　价：65.00 元

前　言

本书是在总结青岛科技大学机电工程学院多年来"流体力学""工程热力学"和"传热学"课程教学改革成果的基础上针对智能制造专业编写的。本书在阐述上着重以原理为基础，注重突出重点、精简内容、减少篇幅，强调对问题的分析。本书还适量增加了与智能制造有关的科研进展的内容，做到与时俱进，以适应我国教育和科技的飞速发展。

流体力学、工程热力学和传热学是热工专业的三大基础课程，内容丰富。流体力学研究流体的平衡和运动规律，并据此计算工程中所需的流体压力和速度。工程热力学主要研究热能与机械能相互转换的规律、方法及提高转化率的途径。传热学研究热量传递的规律、方法及其工程应用，以计算温度场、热流量等参数。近几年，许多院校将流体力学、工程热力学和传热学整合为一门课程。本书是将流体力学、工程热力学和传热学的经典内容，按照其内在联系和人们的认识规律，按照科学教育教学规律优化组合而成的。

全书由何燕、张晓光、李红艳、周艳和姜婕妤合编。何燕担任主编；李红艳编写流体力学部分；周艳编写工程热力学部分；张晓光、姜婕妤编写传热学部分。

限于编者水平，书中难免存在不足，恳请读者批评指正。

本书的出版得到了青岛科技大学机电工程学院（智能制造学院）、教务处的大力支持，在此表示感谢。

编者

2022 年 11 月

目　　录

第 1 篇　流 体 力 学

第 3 篇 传 热 学

相关阅读请扫二维码

第1篇 流体力学

第1章 流体力学概述

1.1 流体力学的范畴

1.1.1 定义和特征

通常来说，能够流动的物质为流体。按照力学的定义，在任何微小切力作用下都能够发生连续变形的物质为流体，液体和气体统称为流体。

流体和固体的不同之处在于它具有流动的特征。在给定的切力作用下，固体只产生一定的变形，而流体将产生连续变形；当切力停止作用时，在弹性极限内固体可以恢复原来的形状，而流体只是停止变形。在静止状态下，固体能够同时承受法向应力和切向应力，而流体仅能够承受法向应力，只有在运动状态下才能够同时承受法向应力和切向应力。固体内的切向应力由剪切变形量(位移)决定，而流体内的切向应力与变形量无关，由变形速度(切变率)决定。而且，固体有一定的形状，流体的形状则取决于容器的形状。

虽然液体和气体都具有流动的特征，但是液体的流动性不如气体，一定质量的液体有一定的体积，气体则能充满所能到达的全部空间。据统计，气体所占的体积约为同质量液体的1000倍，因此气体的分子分布比液体稀疏得多，分子间距大，分子间的引力小，分子可以自由运动，因此气体的流动性大，而且容易压缩。相比较之下，液体的分子间距小，分子间的引力大，分子间互相制约，液体可以做一定的不规则运动，但不如气体的流动性好。

1.1.2 连续介质模型

由于构成流体的分子之间存在间隙，因此从微观上看，流体是不连续的，但流体力学只研究流体的宏观机械运动。研究流体的机械运动时，选取的最小流体微元是流体质点，它是体积无穷小而又包含大量分子的流体微团。从宏观上看，该微团尺度足够小，因此可以作为一个点来处理；但从微观上看，该微团又足够大，这样数据的统计平均才有意义。因此，只描述流体运动的宏观物理属性可以不考虑分子间隙，而是将流体看成无数连续微团组成的连续介质，流体的任一物理参数都可表示为空间坐标和时间的连续函数，而且是连续可微函数，这就是1755年欧拉提出的流体连续介质模型。其要点包括：①流体由连续排列的流体质点组成，质量分布连续，其密度 ρ 是空间坐标和时间的单值、连续可微函数；②流体处于运动状态时，质量连续分布区域内流体的运动连续，其速度 v 是空间坐标和时间的单值、连续可微函数；③质量连续分布区域内流体质点之间的相互作用力即流体内应力连续，其内应力 σ 为空间坐标和时间的单值、连续可微函数。

连续介质模型适用于大多数场合，将流体物性参数和运动参数表示成连续函数的形式，从而为流体力学的研究带来极大方便。

1.1.3　研究内容

流体力学是研究流体平衡和宏观规律的科学。它研究流体平衡的条件及其压力分布规律，研究流体运动的基本规律，研究流体绕流某物体或流过某通道时的速度分布、压强分布、能量损失及流体与固体之间的相互作用等。

1.2　流体力学与生活、工程技术的关系

1.2.1　流体力学与生活的关系

我们生活在一个流体的世界里，生活中的许多现象都与流体力学有关，生活中的很多事物都巧妙地运用了流体力学的原理。

起源于 15 世纪的苏格兰的高尔夫球，其表面做成凸凹不平的粗糙面，就是利用粗糙度使层流转变为紊流以减小阻力的实际例子。以直径为 41.1mm 的高尔夫球为例，光滑表面的高尔夫球的临界雷诺数为 3.85×10^5，相当于临界速度为 135m/s 的情况，一般高尔夫球的速度达不到这么大。若将球的表面做成粗糙面，则促使层流提早转变为紊流，临界雷诺数降低到 1.0×10^5，相当于临界速度为 35m/s 的情况，一般高尔夫球的速度要大于这个速度。因此，流动属于雷诺数过大的紊流情况，阻力系数 C_d 较小，球反而打得更远。

飞机的逆风起飞问题也和流体力学有关。飞机起飞时，如果风迎面吹来，那么在相同速度条件下，其获得的升力就比无风或顺风时大，因而就能较快地离地起飞。迎风降落时，可以借风的阻力来减小飞机的速度，使飞机着陆后的滑行距离缩短一些。这是因为机翼的侧剖面是上表面拱起、下表面基本平直的形状，当气流吹过机翼上下表面而且同时从机翼前端到达后端时，从上表面经过的气流速度要比下表面的快。由伯努利方程可知，气流速度快的表面上的压强小，因此机翼上表面的压强较下表面的要小，这样就产生了升力，升力达到一定程度后飞机就可以离地起飞。

足球运动的香蕉球现象，是指运动员运用脚法，踢出球后使球在空中向前做弧线运行。用右脚内侧向侧前向踢球时，由于脚内侧的摩擦，足球会产生旋转，同时空气具有一定的黏性，因此当球旋转时，空气与球面发生摩擦，旋转着的球就带动周围的空气一起同向旋转，在足球旋转的带动下，足球周围也将产生和足球旋转方向一致的气流。由于足球向前运动，因此相对于足球的运动方向，空气气流是向后的。这样，在足球的左侧，旋转产生的气流和飞行中的相对气流的方向相同，使该侧空气流动速度变快；在足球的右侧，旋转产生的气流和飞行中的相对气流的方向相反，使该侧空气流动速度变慢。根据流体力学的伯努利定理，速度较大一侧的压强比速度较小一侧的压强要小，所以球两侧所受空气的压强不一样；由于球所受的合力左右不等，所以球在运行过程中就会转弯，称为马格努斯效应。

汽车的发展更是巧妙地应用了流体力学的原理。19 世纪末汽车诞生，当时的人们认为汽车阻力主要来自前部，因此早期的汽车后部是陡峭的，称为箱型车，阻力系数 C_d 很大。实际上汽车阻力主要来自后部的尾流，称为形状阻力。自 20 世纪 30 年代起，人们开始运用流体

力学原理改进汽车尾部形状，甲壳虫外形汽车的阻力系数降至 0.6；20 世纪 50、60 年代，船型汽车的阻力系数为 0.45；到了 80 年代，改进的鱼形汽车阻力系数降为 0.3；之后进一步改进后的楔形汽车的阻力系数为 0.2。汽车的发展历程代表了流体力学不断完善的过程。

1.2.2 流体力学与工程技术的关系

流体力学也是工程技术的重要基础，大量工程技术问题的解决及高新技术的发展都离不开流体力学。

在航空航天方面，利用超高速气体动力学、物理化学流体力学和稀薄气体力学的研究成果，人类已研制出超音速的战斗机和航天飞机；还建立了太空站，实现了人类登月的梦想，创造了人类技术史上的奇迹。

在海洋工程方面，单价过十亿美元、能抵抗大风浪的海上采油平台，排水量达 50 万吨以上的超大型船舶，航速达 30 节、深潜达数百米的核动力潜艇，时速达 200km 的新型地效船等，它们的设计制造都建立在水动力学、船舶流体力学基础之上。

在水利工程方面，利用翼栅及高温、化学、多相流等理论成功设计制造出大型汽轮机、水轮机、涡喷发动机等动力机械，为人类提供单机可达百万千瓦的强大动力。大型水利枢纽工程、超高层建筑、大跨度桥梁的设计和建造离不开水力学。

20 世纪，流体力学在与工程学、天文学、物理学、材料学、生命学等学科的交叉融合中开拓了新领域，建立了新理论，创造了新方法。在 21 世纪，这种交叉发展必将更加广泛和深入。21 世纪的人类面临着的许多重大问题的解决都需要流体力学进一步发展，这些问题涉及人类生存，如气象预报、环境保护、生态平衡、灾害预报和控制；还涉及人类生活质量的提高，例如，发展更快、更安全、更舒适的交通工具，进行各种工业装置的优化设计，从而降低能耗、减少污染等。

总之，没有流体力学的发展，现代工业和高新技术的发展会很艰难。流体力学在推动社会发展方面做出了重大贡献，今后仍将在科学与技术的各个领域发挥更大的作用。

1.3 流体力学的发展历史

流体力学作为经典力学的一个重要分支，它的发展与数学、力学的发展密不可分。它同样是人类在长期与自然灾害做斗争的过程中逐步认识和掌握自然规律从而逐渐发展形成的，是人类集体智慧的结晶。人类最早对流体力学的认识是从治水、灌溉、航行等方面开始的。在我国，水利事业的历史十分悠久。

我国古代已有大规模的治河工程。从 4000 多年前的大禹治水，到秦代的都江堰、郑国渠、灵渠三大水利工程，既有利于洪水的疏排，又有利于常年农田灌溉。西汉武帝时期，黄土高原上修建的龙首渠创造性地采用了井渠法，有效地防止了黄土的塌方。在古代，以水为动力的简单机械就有了长足的发展，例如，用水轮提水，或通过简单的机械传动去碾米、磨面等。古代的铜壶滴漏作为计时工具，就是利用孔口出流使铜壶的水位发生变化来计算时间的。北宋时期，运河上修建的真州船闸比 14 世纪末荷兰的同类船闸早 300 多年。明朝的水利学家潘季驯提出了"筑堤束水，以水攻沙"和"蓄清刷黄"的治黄原则。清朝雍正年间，何梦瑶提出了流量等于过水断面面积乘以断面平均流速的计算方法。

欧美诸国历史上有记载的最早从事流体力学现象研究的人物是古希腊学者阿基米德，他在发表的《论浮体》中，首次阐明了相对密度的概念，阐述了物体在流体中所受浮力的基本原理——阿基米德原理。著名物理学家和艺术家列奥纳多·达·芬奇用设计建造的小型水渠，系统地研究了物体的沉浮、孔口出流、物体的运动阻力，以及管道、明渠中的水流等问题。伽利略在流体静力学中应用了虚位移原理，并提出了运动物体的阻力随着流体介质密度的增大和速度的提高而增大的理论。托里拆利论证了孔口出流的基本规律。帕斯卡提出了密闭流体能传递压强的原理——帕斯卡原理。牛顿在 1687 年发表了《自然哲学的数学原理》，研究了物体在阻尼介质中的运动，建立了流体内摩擦定律，初步为黏性流体力学奠定了理论基础，并讨论了波浪运动等问题。伯努利在 1738 年出版的《流体动力学》一书中，建立了流体位势能、压强势能和动能之间的能量转换关系。在历史上，诸学者的工作奠定了流体静力学的基础，促进了流体动力学的发展。欧拉是经典流体力学的奠基人，1755 年发表《流体运动的一般原理》一书，提出了流体的连续介质模型，建立了连续性微分方程和理想流体的运动微分方程，给出了不可压缩理想流体运动的一般解析方法。欧拉还提出了研究流体运动的两种不同方法及速度势的概念，并论证了速度势应当满足的运动条件和方程。达朗贝尔 1752 年提出了达朗贝尔佯谬现象，即在理想流体中运动的物体既没有升力也没有阻力，从反面说明了理想流体假定的局限性。拉格朗日提出了新的流体动力学微分方程，使流体动力学的解析方法有了进一步发展。他严格地论证了速度势的存在，并提出了流函数的概念，为应用复变函数去解析流体定常的和非定常的平面无旋运动开辟了道路。弗劳德对船舶阻力和摇摆的研究颇有贡献，他提出了船模试验的相似准则数——弗劳德数，建立了现代船模试验技术的基础。亥姆霍兹和基尔霍夫对旋涡运动和分离流动进行了大量的理论分析和实验研究，提出了表征旋涡基本性质的旋涡定理、带射流的物体绕流阻力等理论。纳维首先提出了不可压缩黏性流体的运动微分方程组。斯托克斯严格地推导了这些方程，并把流体质点的运动分解为平动、转动、均匀膨胀或压缩及由剪切所引起的变形运动。后来引用时，便统称该方程为 Navier-Stokes（纳维-斯托克斯）方程。著名的学者谢才在 1769 年总结出了明渠均匀流公式——谢才公式，一直沿用至今。雷诺于 1883 年用实验证实了黏性流体的两种流动状态——层流和紊流的客观存在，找到了实验研究黏性流体流动规律的相似准则数——雷诺数，以及判别层流和紊流的临界雷诺数，为流动阻力的研究奠定了基础。瑞利在相似原理的基础上，提出了实验研究的量纲分析法中的一种方法——瑞利法。普朗特（Prandtl，1875－1953）建立了边界层理论，解释了阻力产生的机制。之后，他又针对航空技术和其他工程技术中出现的紊流边界层，提出了混合长度理论。1918—1919 年间，普朗特论述了大展弦比的有限翼展机翼理论，对现代航空工业的发展做出了重要贡献。卡门在 1911—1912 年连续发表的论文中，提出了分析带旋涡尾流及其所产生的阻力的理论，人们称这种尾涡的排列为卡门涡街。在 1930 年发表的论文中，卡门提出了计算紊流粗糙管阻力系数的理论公式。此后，他在紊流边界层理论、超声速空气动力学、火箭及喷气技术等方面做出了不少贡献。布拉休斯在 1913 年发表的论文中，提出了计算紊流光滑管阻力系数的经验公式。白金汉在 1914 年发表的《在物理的相似系统中量纲方程应用的说明》论文中，提出了著名的 π 定理，进一步完善了量纲分析法。尼古拉兹在 1933 年发表的论文中，公布了他对砂粒粗糙管内水流阻力系数的实测结果——尼古拉兹曲线，据此他还给紊流光滑管和紊流粗糙管的理论公式选定了应有的系数。科尔布鲁克在 1939 年发表的论文中，提出了把紊流光滑管区和紊流粗糙管区联系在一起的过渡区阻力系数计算公式。莫迪在 1944 年发表的论文中，给出了他绘制的实用管道的当量糙粒阻力系数图——莫迪图。至此，有压管流的水力计算已逐渐成熟。

我国科学家的杰出代表钱学森早在 1939 年发表的论文中，便提出了平板可压缩层流边界层的解法——卡门-钱学森解法。他在空气动力学、航空工程、喷气推进、工程控制论等技术科学领域做出过许多开创性的贡献。吴仲华在 1952 年发表的《在轴流式、径流式和混流式亚声速和超声速叶轮机械中的三元流普遍理论》和 1975 年发表的《使用非正交曲线坐标的叶轮机械三元流动的基本方程及其解法》两篇论文中所建立的叶轮机械三元流理论，至今仍是国内外许多优良叶轮机械设计计算的主要依据。周培源多年从事紊流统计理论的研究，取得了不少成果，1975 年发表在《中国科学》上的《均匀各向同性湍流的涡旋结构的统计理论》便是其中之一。

20 世纪中叶以来，大工业的形成、高新技术工业的出现和发展，特别是电子计算机的出现、发展和广泛应用，大大推动了科学技术的发展。工业生产和尖端技术的发展需要，促使流体力学和其他学科相互渗透，形成了许多边缘学科，使这一古老的学科发展成包括多个学科分支的全新的学科体系，焕发出强盛的生机和活力。这一全新的学科体系，目前已包括(普通)流体力学、黏性流体力学、流变学、气体动力学、稀薄气体动力学、水动力学、渗流力学、非牛顿流体力学、多相流体力学、磁流体力学、化学流体力学、生物流体力学、地球流体力学、计算流体力学等。

1.4　流体力学的研究方法

目前，解决流体力学问题的方法有理论分析方法、实验研究方法和数值计算方法三种。

理论分析方法的一般过程：建立力学模型，用物理学基本定律推导流体力学数学方程，用数学方法求解方程，检验和解释求解结果。理论分析方法的结果能揭示流动的内在规律，具有普遍适用性，但分析范围有限。

实验研究方法的一般过程：在相似理论的指导下建立模拟实验系统，用流体测量技术测量流动参数，处理和分析实验数据。典型的流体力学实验有风洞实验、水洞实验、水池实验等。测量技术有热线、激光测速，粒子图像、迹线测速，高速摄影，全息照相，压力密度测量等。现代测量技术在计算机、光学和图像技术的配合下，在提高空间分辨率和实时测量方面已取得长足进步。实验研究方法的结果能反映工程中的实际流动规律、发现新现象、检验理论结果等，但结果的普适性较差。

数值计算方法的一般过程：对流体力学数学方程做简化和数值离散化，编制程序做数值计算，将计算结果与实验结果进行比较。常用的方法有有限差分法、有限元法、有限体积法、边界元法、谱分析法等。计算的内容包括飞机、汽车、河道、桥梁、涡轮机等流场计算，湍流、流动稳定性、非线性流动等数值模拟。大型工程计算软件已成为研究工程流动问题的有力工具。数值计算方法的优点是能计算理论分析方法无法求解的数学方程，比实验研究方法省时、费用低，但毕竟是一种近似解方法，适用范围受数学模型的正确性和计算机的性能限制。

三种方法各有优缺点，我们应取长补短，互为补充。流体力学的研究不仅需要深厚的理论基础，而且需要很强的动手能力，学习流体力学时应注意理论与实践结合，理论分析、实验研究和数值计算并重。

第 2 章　流体的属性

本章主要讲述流体的属性。在研究流体静止状态和运动状态之前，首先要研究流体的内在属性，即流体的物理性质，包括流体的密度、可压缩性、膨胀性、黏性等。其中，黏性是流体物理性质中最重要的特性。

2.1　流体的基本属性

2.1.1　密度

流体的密度是流体的重要属性之一，它表征流体在空间某点质量的密集程度，用符号 ρ 表示，单位为千克/立方米(kg/m^3)。

对于流体中各点密度相同的均质流体，其密度为

$$\rho = \frac{M}{V} \tag{2-1}$$

式中，M 为流体质量(kg)；V 为流体体积(m^3)。

对于各点密度不同的非均质流体，在流体空间(x, y, z)处取包含该点的微小体积 ΔV，该体积内流体的质量为 ΔM，则该点的密度为

$$\rho(x, y, z) = \lim_{\Delta V \to 0} \frac{\Delta M}{\Delta V} = \frac{\mathrm{d}M}{\mathrm{d}V} \tag{2-2}$$

2.1.2　重度

重度是指单位体积流体的重量，用符号 γ 表示，单位为牛顿/立方米(N/m^3)。对于流体中各点密度相同的均质流体，其重度为

$$\gamma = \frac{G}{V} \tag{2-3}$$

式中，G 为流体重量(N)；V 为流体体积(m^3)。

对于非均质流体，在流体空间(x, y, z)处取包含该点的微小体积 ΔV，该体积内流体的重量为 ΔG，则该点的重度为

$$\gamma = \lim_{\Delta V \to 0} \frac{\Delta G}{\Delta V} = \frac{\mathrm{d}G}{\mathrm{d}V} \tag{2-4}$$

2.1.3 比容

比容是指单位质量流体所占的体积，其数值是密度的倒数，用符号 v 表示，单位为立方米/千克(m^3/kg)，公式如下：

$$v = \frac{1}{\rho} \tag{2-5}$$

比容在热力学中用得较多。

2.1.4 气体的状态方程

对于完全气体，其密度与温度和压强的关系可用热力学中的状态方程表示

$$p = \rho RT \tag{2-6}$$

式中，p 为气体绝对压强；R 为气体常数；T 为气体的热力学温度。

在工程中，不同压强和温度下，气体的密度可按式(2-7)计算

$$\rho = \rho_0 \frac{273}{273 + T} \frac{p}{101325} \tag{2-7}$$

式中，ρ_0 为标准状态(0℃，101325Pa)下某种气体的密度，如空气的 $\rho_0 = 1.293 kg/m^3$，烟气的 $\rho_0 = 1.34 kg/m^3$。故 ρ 为特定温度 T 和压强 p 下气体的密度。

2.2 流体的可压缩性和膨胀性

流体的可压缩性是指流体受压，体积减小，密度增大，除去外力后能恢复原状的性质。可压缩性实际上是流体的弹性。

2.2.1 流体的可压缩性

流体的可压缩性用压缩率 K 来表示，它表示在一定温度下，每增加单位压强所引起的体积相对缩小率。若流体的原体积为 V，压强增加 dp 后，体积减小 dV，T 不变，则压缩率为

$$K = -\frac{dV}{V} \frac{1}{dp} \tag{2-8}$$

由于流体受压时体积减小，dp 和 dV 异号，故式(2-8)中等号右侧加负号以使 K 为正值，其值越大表示流体越容易压缩。压缩率的单位是 Pa^{-1}。

工程中往往还涉及流体的体积弹性模量，用 E 来表示，定义为压缩率的倒数，其表达式为

$$E = \frac{1}{K} \tag{2-9}$$

其单位为 Pa。

2.2.2 流体的膨胀性

流体的膨胀性用膨胀系数 α 表示，它表示在一定的压强下，每升高一个单位温度所引起的流体体积的相对增加量，其表达式为

$$\alpha = \frac{dV}{V}\frac{1}{dT} \tag{2-10}$$

式中，dV/V 为体积变化率；dT 为温度增量。膨胀系数的单位为 1/K。

实验证明：在 98kPa 压强下，温度在 1～10℃ 范围内，水的体积膨胀系数 α 为 14×10^{-6}(1/℃)；温度在 10～20℃ 范围内，水的体积膨胀系数 α 为 150×10^{-6}(1/℃)；温度在 90～100℃ 范围内，水的体积膨胀系数 α 为 7×10^{-4}(1/℃)。

2.3 流体的黏性

黏性是流体抵抗剪切变形的一种属性。由流体的力学特点可知，静止流体不能承受切向力，即在任何微小切向力的持续作用下，流体都要发生连续变形。对于不同的流体，不同切向力作用下的变形速率不同，它反映了流体抵抗剪切变形的能力，即流体流动时产生内摩擦力的性质，称之为流体的黏性。流体内摩擦的概念最早由牛顿于 1687 年提出，并由库仑在 1784 年通过实验得到证实。

2.3.1 黏性产生的原因

通常情况下，形成流体黏性的原因有两个方面：一是流体分子间的引力在流体微团相对运动时形成的黏性；二是流体分子的热运动在不同流速流层间进行动量交换所形成的黏性。动力黏度与温度的关系已被大量实验所证明，即液体的动力黏度随温度的升高而减小，气体的动力黏度随温度升高而增大。对于气体，分子间距大，分子间的引力非常微小，分子的热运动强烈，所以形成气体黏性的主要因素是分子的热运动。而对于液体，分子间距小，分子间的引力较大，分子的热运动较弱，所以形成液体黏性的主要因素是分子间的引力。

流体黏性的大小不仅与流体的种类有关，而且随流体的压力和温度的改变而变化。压力改变对流体黏性影响很小，温度是影响黏性的主要因素。以水为例，其动力黏度随温度变化的经验公式为

$$\mu = \frac{\mu_0}{1 + 0.03368T + 0.000221T^2} \tag{2-11}$$

式中，μ_0 为水在 0℃ 的动力黏度；T 为水温。当高温或压强变化很大时，液体的动力黏度将随压强变化而变化。例如，水在 10GPa 压强作用下的动力黏度为 0.1MPa 压强作用下的两倍。液体动力黏度随温度升高而降低的特性，对电厂燃料油的输送与雾化有利，因此锅炉燃油在进入锅炉前要加热到一定温度以降低其动力黏度。但这一特性对润滑油不太有利，因为温度升高使动力黏度降低，会妨碍润滑油膜的形成，引起轴承温度升高，甚至会烧坏轴瓦，一般控制轴承温度不超过 65℃。

一般情况下，气体的动力黏度与压强无关，这已通过大量实验证实，其动力黏度可用萨瑟兰关系式进行计算：

$$\mu = \mu_0 \frac{273 + S}{T + S}\left(\frac{T}{273}\right)^{1.5} \tag{2-12}$$

式中，μ_0 为气体在 0℃ 的动力黏度；T 为热力学温度(K)；S 为气体的萨瑟兰常数(K)。在高温、高压条件下，气体的动力黏度随压强升高而增大。

流体的动力黏度不能直接测量，往往通过测量其他物理量再由有关公式计算推导得到。由于测量原理、测量方法不同，测量的物理量也不尽相同。常用的测量方法有管流法、落球法、旋转法等。工业上还有一些实用的专业仪器，如工业黏度计、超声波黏度计等，其测量原理和方法可以参照相关手册。

2.3.2 牛顿内摩擦定律

假设有两块平行的木板，其间充满流体。流体黏性实验示意图如图 2-1 所示。下面一块静板固定、上面一块动板以等速 V 运动，两板间的流体很快就处于流动状态，且靠近动板的流体流速较大，而靠近静板的流体流速则较小，其流速由上至下从 V 到 0 变化。两板间任一层流体的速度随法线方向呈线性改变。

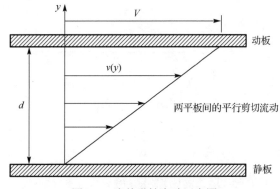

图 2-1 流体黏性实验示意图

要使动板以等速运动，需在板上施加一个力，大小恰好克服流体由于黏性而产生的内摩擦力 F，流体层间内摩擦力是成对出现的，其方向根据实际分析确定。根据牛顿实验研究结果，运动的流体所产生的内摩擦力 F 的大小与垂直于流动方向的速度梯度 $\mathrm{d}v/\mathrm{d}y$ 成正比，与接触面的面积 A 成正比，并与流体的黏性有关，即

$$F = \mu A \frac{\mathrm{d}v}{\mathrm{d}y} \tag{2-13}$$

式中，F 为流体层接触面上的内摩擦力；A 为流体层间的接触面积；$\mathrm{d}v/\mathrm{d}y$ 为垂直于流动方向上的速度梯度；μ 为动力黏度（Pa·s）。

对于二维流动的一般情况，取厚度为 δy 的薄层。流体速度分布示意图如图 2-2 所示。坐标为 y 处的流体速度为 v_x，坐标为 $y+\delta y$ 处的流体速度为 $v_x+\delta v_x$，该薄层的平均速度梯度为 $\delta v_x/\delta y$，从而得到流层微元的速度梯度为 $\lim\limits_{\delta y \to 0} \dfrac{\delta v_x}{\delta y} = \dfrac{\mathrm{d}v_x}{\mathrm{d}y}$。故牛顿内摩擦力表达式为

$$F = \mu A \frac{\mathrm{d}v_x}{\mathrm{d}y} \tag{2-14}$$

式 (2-14) 表明，各流层间的切向力和流体的动力黏度、接触面积、速度梯度成正比。流层间单位面积上的内摩擦力称为切向应力，其表达式为

$$\tau = \frac{F}{A} = \mu \frac{\mathrm{d}v_x}{\mathrm{d}y} \tag{2-15}$$

此式为牛顿黏性应力公式，τ 为切向应力。对于速度分布为曲线的流动，速度梯度越大，切向应力越大，能量损失也越大。当流体静止或做匀速度流动时，速度梯度为零，切向应力为零，流体的黏性呈现不出来。

流体流动的速度梯度还与流体微团的变形角速度有关。设流体做直线运动，在某时刻 t 取一个方形流体微团，经过 δt 时间变为平行四边形。流体运动速度与变形关系如图 2-3 所示。

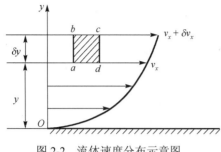 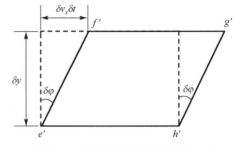

图 2-2　流体速度分布示意图　　　　图 2-3　流体运动速度与变形关系

角度的变化率即角变形速率，由于短时间内 φ 较小，则

$$\frac{\mathrm{d}\varphi}{\mathrm{d}t}=\lim_{\delta t\to 0}\frac{\delta\varphi}{\delta t}=\lim_{\delta t\to 0}\frac{\delta v_x\delta t\,/\,\delta y}{\delta t}=\lim_{\delta t\to 0}\frac{\delta v_x}{\delta y}=\frac{\mathrm{d}v_x}{\mathrm{d}y} \tag{2-16}$$

故牛顿黏性定律也可用角变形速率表示为

$$\tau=\mu\frac{\mathrm{d}v_x}{\mathrm{d}y}=\mu\frac{\mathrm{d}\varphi}{\mathrm{d}t} \tag{2-17}$$

式(2-17)表明，流体的黏性切向应力与速度梯度成正比，与角变形速率成正比。

牛顿黏性定律已获得大量实验证实，从式(2-15)和式(2-17)可以看出：黏性切向应力由相邻两层流体之间的速度梯度决定，而不是由速度决定；黏性切向应力由流体微元的角变形速率决定，而不是由变形量决定；流体黏性只能影响流动的快慢，却不能使流动停止。

在研究流体运动规律时，流体的密度和动力黏度经常以 μ/ρ 的形式相伴出现，将其定义为运动黏度

$$\nu=\mu/\rho \tag{2-18}$$

其单位为 m^2/s。在分析流体流过固体或管中流体运动等诸现象时，运动黏度都是非常重要的参数，黏度系数与温度和压强都有一定关系。

2.3.3　理想流体和黏性流体

实际流体都是有黏性的，都是黏性流体。不计黏性或黏度为零的流体称为理想流体。当流体黏度很小而相对滑动速度又不大时，可近似看为理想流体。实际上，现实中并不存在理想流体，它只是真实流体的一种近似模型。但在分析和研究流体流动时，采用理想流体模型能使流动问题简化，又不失流动的主要特性，并能相当准确地反映客观实际流动，所以这种模型具有重要的实用价值。

流体在平行的层状流动条件下，其切向应力与速度梯度表现出线性关系，如图 2-4 中的直线 A 所示，这类流体被称为牛顿流体。实践表明，气体和低分子量液体及其溶液都属于牛顿流体，包括最常见的空气和水。

牛顿流体的动力黏度 μ 是流体的物性参数，与速度梯度无关。在工程实际中，还有许多重要流体并不满足牛顿切向应力公式，这些流体的切向应力通常总可表示成速度梯度的单值函数形式

$$\tau = \eta \left(\frac{dv_x}{dy} \right)^n + k \tag{2-19}$$

式中，η 为表观黏度；n 为指数；k 为常数。

　　当切向应力 τ 与速度梯度呈非线性关系时，这类流体统称为非牛顿流体。聚合物溶液、悬浮液，以及一些生物流体如血液、微生物发酵液等均属于非牛顿流体。非牛顿流体种类不同，其切向应力与速度梯度之间的非线性行为就不同。图 2-4 给出了几种非牛顿流体类型。流体切向应力大于屈服应力 τ_0 后才有流动，且切向应力与变形速率呈线性关系，此类流体称为宾汉理想塑性体，如曲线 B 所示，如牙膏、泥浆、颗粒悬浮液等。曲线 C 的斜率随变形速率增加而减小，这类流体称为假塑性流体，又称为剪切变稀流体，如涂料、黏土和纸浆等。曲线 D 的斜率随变形速率增加而增大，这类流体称为剪切增稠流体，如淀粉、硅酸钾等。

　　例 2-1　内径为 $D=75.2\text{mm}$ 的竖直圆管有一活塞向下滑动，如图 2-5 所示。活塞质量 $m=2.5\text{kg}$，直径 $d=75\text{mm}$，长度 $L=150\text{mm}$；活塞与圆管对中，间隙均匀且充满润滑油膜；润滑油动力黏度 $\mu=2.5\times10^{-3}\text{Pa·s}$。若不考虑空气阻力，试求活塞下滑最终的平衡速度，即活塞重力与活塞表面摩擦力相等时的速度。

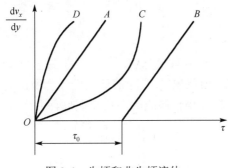

图 2-4　牛顿和非牛顿流体

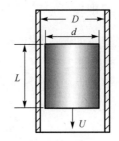

图 2-5　竖直圆管内活塞下滑

　　解：由无滑移条件可知，管壁上的流体速度为零，活塞面上的流体速度等于活塞下滑速度 $U(\text{m/s})$；又因油膜厚度为

$$\delta = \frac{D-d}{2} = \frac{75.2-75}{2} = 0.1\text{mm}$$

油膜的厚度很薄，故可假设油膜内的速度分布呈线性，因此油膜内的速度梯度为 U/δ。由牛顿黏性定律可知，流体所受切向应力为

$$\tau = \mu \frac{U}{\delta}$$

活塞受到的切向应力与流体所受的切向应力大小相等，指向活塞运动相反方向；活塞受到的总摩擦力 F 与重力 G 相等时的活塞速度 U 为活塞下滑的平衡速度，因此

$$F = \tau A = \mu \frac{U}{\delta} \pi dL = G$$

求解得

$$U = \frac{G\delta}{\mu\pi dL} = \frac{2.5 \times 9.8 \times 0.1 \times 10^{-3}}{2.5 \times 10^{-3} \times 3.14 \times 75 \times 10^{-3} \times 150 \times 10^{-3}} \approx 27.74 \text{m/s}$$

2.4 液体的表面性质

2.4.1 表面张力

气体与液体、气体与固体的界面称为表面。凡作用于液体表面，导致液体表面具有缩小趋势的力称为表面张力。由于表面张力的存在，液体表面总是呈收缩的趋势，如空气中的自由液滴、肥皂泡等总是呈球形。表面张力不仅存在于与气体接触的液体表面，在互不相溶液体的接触界面上也存在表面张力。在一般流体流动问题中，表面张力的影响很小，但在研究诸如毛细现象、液滴与气滴的形成、某些具有自由液面的流动等问题时，表面张力就成为重要的影响因素。表面张力的大小用表面张力系数 σ 表示，其单位为 N/m（牛顿/米）。表面张力系数属于液体的物性参数，但同一液体其表面接触的物质不同，表面张力系数就有所不同。表面张力系数随温度升高而降低，但不显著，如水从 0℃变化到 100℃时，其与空气接触的表面张力系数 $\sigma=0.0589\sim0.0756$N/m。

2.4.2 毛细现象

将直径很小的两支玻璃管分别插在水和水银两种液体中，管内外的液位将有明显的高度差。毛细现象如图 2-6 所示。由液体对固体表面的润湿效应和液体表面张力所决定的现象称为表面现象。事实上，由狭窄的缝隙和纤维及粉体物料构成的多孔介质也有毛细现象。

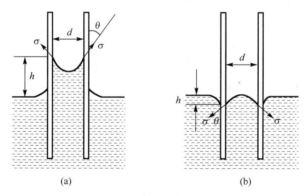

(a)   (b)

图 2-6 毛细现象

润湿效应为液体和固体相互接触时的一种界面现象。润湿是指液体与固体接触时在固体表面上四散扩张，不润湿则是液体在固体表面收缩成团。液体对固体表面的润湿性可用液体与固体界面之间的接触角 θ 来表征，如图 2-6 所示。如水和水银分别与洁净的玻璃壁面接触，其接触角 θ 分别为 0°和 140°，故水在洁净玻璃表面能四散扩张润湿玻璃，而水银则收缩成球形不能润湿玻璃。

毛细现象和润湿效应都是由相互接触的液体和固体分子之间的吸引力决定的。液体分子间的引力作用使液体表现出内聚和附着两种效应。内聚是指液体具有抵抗拉伸应力的能力，附着是指液体能黏附在物体表面，且这两种效应与液体所接触的物体表面性质密切相关。液体与物体表面接触时，如果内聚力大于附着力，则液体将趋于收缩并产生毛细抑制现象；反之，如果附着力大于内聚力，则液体将润湿物体表面并产生毛细爬升现象。在毛细现象中，液体对固体润湿则毛细管中的液位高于管外的液位，且自由液面形成的弯月面是凹陷的；液体对固体不润湿则毛细管中的液位低于管外的液位，且自由液面形成的弯月面是凸出的。以图 2-6(a) 为例，取上升高度 h 段内的液体，d 为毛细管直径，分析其竖直方向的受力。液柱竖直方向有液柱重力 $\rho g \pi d^2 h / 4$ 和弯月面与管壁接触周边表面张力 $\pi d \sigma$ 在竖直方向的分量，根据竖直方向力的平衡

$$\pi d \sigma \cos\theta = \rho g \pi d^2 h / 4 \tag{2-20}$$

得到毛细管内液柱的上升高度

$$h = 4\sigma\cos\theta / \rho g d \tag{2-21}$$

式 (2-21) 反映了毛细管中液面爬升高度 h 与液体表面张力系数 σ、液体与固体界面之间的接触角 θ 以及毛细管直径 d 之间的关系，在实践中可用于测定液体的表面张力系数。但在应用式 (2-21) 时，由于忽略了弯月面中心以上部分液体的重力，因此计算的 h 偏大；对于水，当管直径大于 20mm 时，对于水银，当管直径大于 12mm 时，毛细效应可忽略不计。

对于液体表面为曲面的情况，表面张力的存在将使液体自由表面两侧产生附加压力差，弯曲液面的压差公式称为拉普拉斯公式。弯曲液面的压差和压强如图 2-7 所示，取液体曲面边长分别为 δS_1 和 δS_2 的微小矩形，曲面两侧的压力分别为 p_1 和 p_2，相互正交又与曲面正交两平面的曲率半径分别为 R_1 和 R_2，对应的圆心角分别为 $\delta\alpha$ 和 $\delta\beta$，则沿曲面外法线方向的平衡方程为

$$(p_1 - p_2)\delta S_1 \delta S_2 = 2\sigma\left(\delta S_1 \frac{\delta\beta}{2} + \delta S_2 \frac{\delta\alpha}{2}\right) \tag{2-22}$$

由于 $\delta\alpha \approx \delta S_1 / R_1$，$\delta\beta \approx \delta S_2 / R_2$，代入式 (2-22) 整理得

$$p_1 - p_2 \approx \sigma\left(\frac{1}{R_1} + \frac{1}{R_2}\right) \tag{2-23}$$

对于球形液滴，$R_1 = R_2 = R$，液滴内外的压强差 Δp 为

$$\Delta p = p_1 - p_2 \approx \sigma\left(\frac{1}{R_1} + \frac{1}{R_2}\right) = \frac{2\sigma}{R} \tag{2-24}$$

在大多数工程实际中，由于固体边界足够大，所以表面张力可忽略不计。但对于某些小尺度的仪器设备，小尺度的模型实验，以及液体薄膜沿壁面流动、液滴和气泡的形成等情况，必须考虑表面张力的作用。

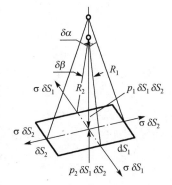

图 2-7 弯曲液面的压差和压强

习　题

2-1. 已知水的体积弹性模量 $E = 2000$MPa，增大多少压强时水的体积减小 0.1%？

2-2. 温度为 100℃、体积为 5m³ 的水，当温度升至 500℃ 时，其体积变换率为多大？

2-3. 压缩空气时，绝对压强从 98067Pa 升高到 588400Pa，温度从 20℃ 升高到 78℃，空气体积减小了多少？

2-4. 某液体的动力黏度为 0.005Pa·s，其密度为 850kg/m³，试求其运动黏度。

2-5．在相距 1mm 的两平行平板之间充有某种黏性液体，当其中一板以 1.2m/s 的速度相对于另一板做等速移动时，作用于板上的切向应力为 3600Pa，试求该液体的动力黏度。

2-6．活塞加压，缸体内液体的压强为 0.1MPa 时，体积为 1000cm³，压强为 10MPa 时，体积为 995cm³，试求液体的体积弹性模量。

2-7．当压强增量为 $5 \times 10^4 N/m^2$ 时，某种液体的密度增长 0.02%，求此液体的体积弹性模量。

2-8．已知动力黏度为 $\mu = 3.92 \times 10^{-2} Pa \cdot s$ 的流体沿壁面流动，距壁面 y 处的流速为 $v = 3y + y^2 (m/s)$，试求壁面的切向应力。

2-9．如题 2-9 图所示，直径为 $d_0 = 150mm$ 的圆柱，固定不动。外径为 $d_1 = 151.24mm$ 的圆筒，同心地套在圆柱之外。二者的长度均为 $l = 250mm$。柱面与筒内壁之间的空隙充以甘油，转动外筒，转速为 $n = 100r/min$，测得转矩为 $T = 9N \cdot m$。求甘油的动力黏度 μ。

2-10．如图所示，质量为 $m = 5kg$，底面积为 $S = 40cm \times 60cm$ 的矩形平板，以 $U = 1m/s$ 的速度沿着与水平面成 $\theta = 30°$ 倾角的斜面做等速下滑运动。已知平板与斜面之间的油层厚度 $\delta = 1mm$，假设由平板所带动的油层的运动速度呈线性分布。求油的动力黏度。

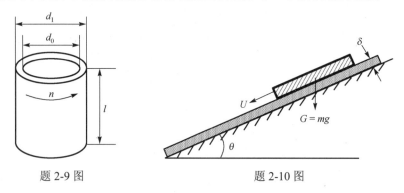

题 2-9 图　　　　　　　　　　题 2-10 图

2-11．如图所示，转轴的直径 $d = 36mm$，轴承的长度 $l = 1000mm$，轴与轴承的缝隙宽度 $\delta = 0.23mm$，缝隙中充满动力黏度 $\mu = 0.73Pa \cdot s$ 的油，若轴的转速为 $n = 200r/min$。求克服油的黏性阻力单位时间内所消耗的功。

2-12．直径为 10cm 的圆盘，由轴带动在一平台上旋转，圆盘与平台间充有厚度 $\delta = 1.5mm$ 的油膜，当圆盘以 $n = 50r/min$ 旋转时，测得扭矩 $M = 0.294N \cdot mm$，如图所示。膜内速度沿垂直方向为线性分布，试确定油的动力黏度。

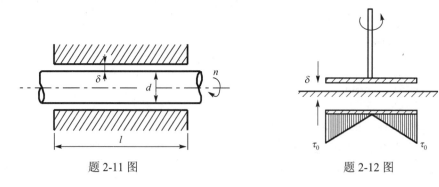

题 2-11 图　　　　　　　　　　题 2-12 图

第3章　流体静力学

流体力学中的许多问题并不涉及运动，而只关心静止流体中压强的分布规律及其对固体壁面的作用力、流体对浮体和潜体的作用力等。在这些情况下，所研究的问题均属于流体静力学的范畴。

流体静力学基本方程研究流体在外力作用下达到平衡的规律。本章将主要应用力平衡这一力学基本原理，分析流体处于平衡时流体压强的分布规律，计算静止流体对固体壁面、浮体和潜体的作用力。当流体处于平衡状态时，流层之间以及流体与固体之间没有相对运动，没有切向应力，流体不呈现黏性，故流体静力学得出的结论对于理想流体和黏性流体都适用。

3.1　静止压强的特性

静止是指流体相对于选定的坐标系无相对运动。在研究流体静力学时，通常将地球作为参照的坐标系称为惯性坐标系，当流体相对于惯性坐标系没有运动时，称流体处于静止或平衡状态。当流体相对于非惯性坐标系没有运动时，称流体处于相对静止或相对平衡状态。

静止流体作用在单位面积上的压力，称为静压强，记作 p。对于静止流体中某一点 B，围绕该点取一微小作用面 ΔA，其上的作用压力为 ΔP（见图 3-1），则 B 点静压强为

$$p = \lim_{\Delta A \to 0} \frac{\Delta P}{\Delta A} = \frac{\mathrm{d}P}{\mathrm{d}A} \tag{3-1}$$

单位为 Pa 或 N/m^2。作用在某一面积上的总静压力，称为总压力，记作 P。

流体的静压强具有以下两个主要特征。

1) 只有法向应力

对于流体，在静止状态下仅能够承受法向应力，只有在运动状态下才能够同时承受法向应力和切向应力。假设在静止流体内一点处同时存在法向应力与切向应力分量，根据流体定义，在任何微小的切向力作用下流体都要流动，这与静止流体这一事实相矛盾。所以，当流体处于静止或相对静止状态时，作用在流体上的应力只有法向应力，方向与作用面垂直。

2) 空间坐标的函数

从静止流体中取流体微元四面体 $OABC$，OA、OB、OC 三个边长分别为 dx、dy、dz。微元四面体如图 3-2 所示。p_x、p_y、p_z 分别为 BOC、AOC 和 AOB 三个平面上的压强，f_x、f_y、f_z 分别为三个方向的质量力。p_n 为斜平面 ABC 上的压强，由于微元体无穷小，所以可以认为它们是相应面上的平均压强。对于作用在微元上的力，只考虑质量力 f 与压强 p 的共同作用。

由于微元体处于平衡状态，通过受力分析，可以给出其在 x、y、z 三个坐标轴上的平衡方程。以 x 方向为例：

$$\frac{1}{2} p_x \mathrm{d}y\mathrm{d}z - p_n A_n \cos(\boldsymbol{n}, x) + \frac{1}{6} \rho f_x \mathrm{d}x\mathrm{d}y\mathrm{d}z = 0 \tag{3-2}$$

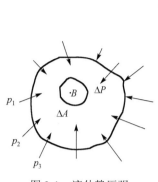

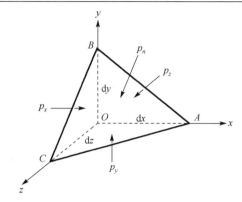

图 3-1　流体静压强　　　　　　　　　图 3-2　微元四面体

式中，A_n 为斜面 ABC 的面积；$(\boldsymbol{n}, x)$ 为斜面 ABC 的外法向 $\boldsymbol{n}$ 与 x 轴之间的夹角。根据几何关系，$A_n \cos(\boldsymbol{n}, x) = \dfrac{1}{2}\mathrm{d}y\mathrm{d}z$，忽略高阶小量，式（3-2）可简化为

$$p_x = p_n \tag{3-3}$$

同理，由 y 轴与 z 轴方向的力平衡方程得 $p_y = p_n$，$p_z = p_n$。从而有

$$p_x = p_y = p_z = p_n \tag{3-4}$$

由于微元体的斜面是任意选取的，故作用于静止流体同一点的压强大小与作用面的方位无关，它是点坐标的连续可微函数。静止流体中不同点的压强一般是不等的，同一点各个方向上的静压强大小相等。而对于运动状态下的实际流体，若流层间有相对运动，由于流体的黏性会产生切向应力，所以这时同一点各个方向的压强不再相等。

3.2　静止流场的基本方程

3.2.1　流体平衡微分方程

流体静力学基本方程研究流体在外力作用下达到平衡的规律。在重力场中，因为压强引起的外力与流体的压强分布有关，所以流体的静力学规律实际上是静止流体内部压强变化的规律，这一规律的数学表达式称为流体静力学基本方程。

在密度为 ρ 的静止流体中，取任意流体微元六面体 $\mathrm{d}x\mathrm{d}y\mathrm{d}z$，其边分别与 x 轴、y 轴、z 轴平行。微元流体的静力平衡如图 3-3 所示。微元流体的受力包括质量力和面力，中心处的压强为 p。现以 x 方向为例，研究流体在 x 方向上的受力平衡。

由于微元体中心处的压强为 p，根据一阶泰勒展开公式，作用在与 x 轴垂直的两个平面上的压力包括两部分，作用于左侧面的压强为 $p - \dfrac{1}{2}\dfrac{\partial p}{\partial x}\mathrm{d}x$，方向向右；作用于右侧面的压强为 $p + \dfrac{1}{2}\dfrac{\partial p}{\partial x}\mathrm{d}x$，方向向左；$x$ 轴方向的质量力为 f_x。由 $\sum F_x = 0$ 得

$$\left(p - \frac{1}{2}\frac{\partial p}{\partial x}\mathrm{d}x \right)\mathrm{d}y\mathrm{d}z - \left(p + \frac{1}{2}\frac{\partial p}{\partial x}\mathrm{d}x \right)\mathrm{d}y\mathrm{d}z + f_x\rho\mathrm{d}x\mathrm{d}y\mathrm{d}z = 0 \tag{3-5}$$

对等式两边同时除以 $\mathrm{d}x\mathrm{d}y\mathrm{d}z$ 得

$$-\frac{\partial p}{\partial x} + \rho f_x = 0 \qquad (3\text{-}6)$$

同理，得到流体在 y 方向和 z 方向的平衡方程。即

$$\frac{\partial p}{\partial x} - \rho f_x = 0$$

$$\frac{\partial p}{\partial y} - \rho f_y = 0 \qquad (3\text{-}7)$$

$$\frac{\partial p}{\partial z} - \rho f_z = 0$$

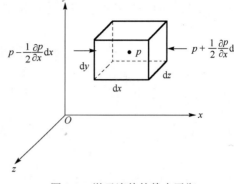

图 3-3　微元流体的静力平衡

式 (3-7) 称为流体的平衡微分方程，它们首先由欧拉于 1755 年推得，故称为欧拉平衡方程。将三个式子相加并整理得

$$\frac{\partial p}{\partial x} + \frac{\partial p}{\partial y} + \frac{\partial p}{\partial z} - \rho(f_x + f_y + f_z) = 0 \qquad (3\text{-}8)$$

整理式 (3-8)，可写成矢量形式为

$$\nabla p = \rho \boldsymbol{f} \qquad (3\text{-}9)$$

式中，$\nabla = \dfrac{\partial}{\partial x}\boldsymbol{i} + \dfrac{\partial}{\partial y}\boldsymbol{j} + \dfrac{\partial}{\partial z}\boldsymbol{k}$ 为哈密顿算子；$\boldsymbol{f}$ 称为作用在单位质量流体上的质量力。可见，在静止流体内的任意位置，作用在单位质量流体上的等效质量力与静压强的合力相平衡，此结论对不可压缩流体和可压缩流体的绝对静止和相对静止状态都适用。

3.2.2　压差方程

将式 (3-7) 的三个公式分别乘以 $\mathrm{d}x$、$\mathrm{d}y$、$\mathrm{d}z$ 相加整理得

$$\frac{\partial p}{\partial x}\mathrm{d}x + \frac{\partial p}{\partial y}\mathrm{d}y + \frac{\partial p}{\partial z}\mathrm{d}z = \rho(f_x\mathrm{d}x + f_y\mathrm{d}y + f_z\mathrm{d}z) \qquad (3\text{-}10)$$

式 (3-10) 左侧为压强的全导数 $\mathrm{d}p = \dfrac{\partial p}{\partial x}\mathrm{d}x + \dfrac{\partial p}{\partial y}\mathrm{d}y + \dfrac{\partial p}{\partial z}\mathrm{d}z$，于是得压差方程

$$\mathrm{d}p = \rho(f_x\mathrm{d}x + f_y\mathrm{d}y + f_z\mathrm{d}z) \qquad (3\text{-}11)$$

在同一连续的静止流体中，将静压力相等的面称为等压面。显然在等压面上 $\mathrm{d}p=0$，故有等压面方程

$$\mathrm{d}p = \rho(f_x\mathrm{d}x + f_y\mathrm{d}y + f_z\mathrm{d}z) = 0 \qquad (3\text{-}12)$$

不同的等压面，其常数值是不同的，流体中任意点处有且只有一个等压面通过。在静止流体的等压面上任取一有向线段 $\mathrm{d}\boldsymbol{l} = \mathrm{d}x\boldsymbol{i} + \mathrm{d}y\boldsymbol{j} + \mathrm{d}z\boldsymbol{k}$，等效单位质量力为 $\boldsymbol{f} = f_x\boldsymbol{i} + f_y\boldsymbol{j} + f_z\boldsymbol{k}$，则

$$\mathrm{d}p = \rho(\mathrm{d}\boldsymbol{l} \cdot \boldsymbol{f}) = 0 \qquad (3\text{-}13)$$

显然，在等压面上有 $\mathrm{d}\boldsymbol{l} \cdot \boldsymbol{f} = 0$，即在平衡流体中，等压面上任意点的质量力与等压面垂直。此结论对于流体的绝对静止和相对静止状态同样都适用。

3.3 重力场中静止压强的分布

3.3.1 压强方程

流体仅在重力场中处于绝对静止状态时，质量力在三个方向上的分量为 $f_x=0$、$f_y=0$、$f_z=-g$，根据式（3-11），等压面方程可简化为

$$\mathrm{d}p = \rho(f_x\mathrm{d}x + f_y\mathrm{d}y + f_z\mathrm{d}z) = -\rho g\mathrm{d}z \tag{3-14}$$

积分式（3-14）得

$$p = -\rho gz + C_0 \tag{3-15a}$$

整理得

$$\frac{p}{\rho g} + z = C \tag{3-15b}$$

此即流体静力学基本方程，式中 C 为积分常数。以流体的自由液面为坐标原点，若自由液面处压强为大气压 p_a，则 $z=0$ 时，积分常数 $C=p_a/\rho g$，从而有

$$p = p_a - \rho gz \tag{3-16}$$

以图 3-4 中 B 点的压强为例，位于自由液面以下深为 h 处 B 点的压强为

$$p_B = p_a - \rho g(-h) = p_a + \rho gh \tag{3-17}$$

对于同种静止液体中的任意两点，如图 3-5 所示，由流体静力学基本方程可得不同位置处的压强，$p_1 = p_a - \rho gz_1$，$p_2 = p_a - \rho gz_2$，整理得

$$\frac{p_1}{\rho g} + z_1 = \frac{p_2}{\rho g} + z_2 \tag{3-18}$$

这是流体静力学基本方程的另一形式。

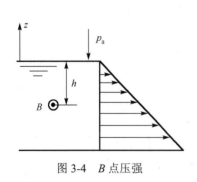

图 3-4 B 点压强

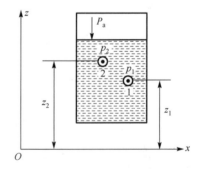

图 3-5 流体静力学基本方程图

从式（3-15b）可得，在同种静止流体中，处于不同位置的流体的位置势能和压强势能各不相同，但重力作用下的静止流体中各点的单位重量流体的总势能不变。其中 z 表示单位重量

流体对某一基准面的位置势能，$p/\rho g$ 表示单位重量流体的压强势能，C 表示单位重量流体的总势能。当液体自由表面上方的压强一定时，静止液体内部任一点压强 p 的大小与液体本身的密度 ρ 和该点距液面的深度 h 有关；当液面上方的压强有改变时，液体内部各点的压强 p 也发生同样大小的改变；距液面深度相同处各点压力都相等，在重力作用下静止液体中的等压面为水平面。

在液压传动中，通常由外力产生的压力要远远大于由液体本身重量引起的压力，认为静止液体中的压力处处相等。在密闭容器内，施加于静止液体的压力将以相等的数值传递到液体内各点，这就是著名的帕斯卡(Pascal)定理。

3.3.2　压强分布

压强一般用单位面积所受的力表示，国际单位制中压强的单位为 Pa，实际常采用 MPa 作为压强的计量单位。

由于作用于物体上的大气压一般自成平衡，所以在进行各种分析时往往只考虑外力作用而不再考虑大气压。绝大多数测压仪表测得的压力只是高于大气压力的那部分压力，所以在实际压力测试中有两种不同基准：以绝对真空为基准测得的压强称为绝对压强 p；以当地大气压为基准测得的压强称为相对压强 p_e。若绝对压强低于大气压则称为真空，某点的绝对压力比大气压小的那部分数值，叫作该点的真空度，用 p_v 表示，其最大值不超过 1 个大气压。绝对压强、相对压强和真空度的关系如图 3-6 所示。

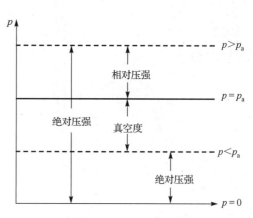

图 3-6　绝对压强、相对压强和真空度的关系

无论是绝对压强还是相对压强，静止流体中一点处的压强在自由表面下沿深度呈线性变化，任意点处的压强与其到基准面的高度成正比。因此，对于不同形状的固体边界，其相对压强分布不同。图 3-7 所示为几种不同边界形状的压强分布规律。

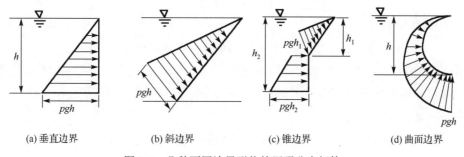

(a) 垂直边界　　　(b) 斜边界　　　(c) 锥边界　　　(d) 曲面边界

图 3-7　几种不同边界形状的压强分布规律

3.3.3　压强测量

测量压强的仪器很多，这里仅介绍以流体静力学基本方程式为依据的测压仪器。这种测压仪器统称为液柱压差计，可用来测量流体的压强或压强差。

1)单管测压计

单管测压计利用压强随液柱高度变化而变化来测量压强。考虑图 3-8 所示的单管测压计，h 为测量点 M 相对于自由表面的深度，管底部的表压为 $p_e = \rho g h$，式中 ρ 为液体密度，其绝对压强 $p = p_a + p_e = p_a + \rho g h$。这种测压计只适用于测量较小的压强，一般不超过 9800Pa。当被测压强低于大气压强时，可用类似的步骤求得该点压强。

2)U 形管测压计

U 形管测压计如图 3-9 所示，其有一个装在刻度板上且两端部开口的 U 形玻璃管，可以方便测量容器或管道内的压强。测量时，管的一端与被测容器相接，另一端与大气相通。U 形玻璃管内装有密度为 ρ_2 大于被测流体密度 ρ_1 的液体介质。U 形管中的 1—2 位置是等压面，根据

$$p_1 = p + \rho_1 g h_1$$

$$p_2 = p_a + \rho_2 g h_2 \tag{3-19}$$

图 3-8 单管测压计   图 3-9 U 形管测压计

由 $p_1 = p_2$ 有

$$p + \rho_1 g h_1 = p_a + \rho_2 g h_2$$

进一步得 M 点的绝对压强为

$$p = p_a + \rho_2 g h_2 - \rho_1 g h_1 \tag{3-20}$$

M 点的计示压强为

$$p_e = p - p_a = \rho_2 g h_2 - \rho_1 g h_1 \tag{3-21}$$

于是，根据 h_1 和 h_2 的读数以及已知液体的密度 ρ_1 和 ρ_2，可以计算被测 M 点的绝对压强和计示压强。当被测压强低于大气压强时，该点压强可用类似步骤求得。

3)倾斜式液柱压差计

图 3-10 所示为倾斜式液柱压差计，可以测量两容器或管道内两点的压强差，θ 为斜管与水平方向之间的夹角。无压强差时，液面位于 1—2 平面位置。将压强大的一端连接容器顶部的测压口，压强小的一端连接倾斜玻璃管出口端，容器内液面下降 h_1 高度，倾斜的管内液面上升 h_2 高度，0—0 平面为等压面。由流体静力学方程可知，被测容器内流体的压强为

$$p = p_a + \rho g (h_1 + h_2) \tag{3-22}$$

则测得的压强差为

$$\Delta p = p - p_a = \rho g (h_1 + h_2) \tag{3-23}$$

由于容器内液体下降的体积等于倾斜管中液体升高的体积，设 A 和 s 分别为容器和玻璃管的横截面积，L 为斜管内液体上升长度。故有 $h_1 A = Ls$，又 $h_2 = L\sin\theta$，则

$$p_e = \rho g \left(\frac{s}{A} + \sin\theta \right) L = KL \tag{3-24}$$

式中，$K = \rho g \left(\dfrac{s}{A} + \sin\theta \right)$ 为倾斜式液柱压差计常数。当压强小的 p_1 连接容器顶部的测压口，压强大的 p_2 连接倾斜玻璃管出口端时，压强差的计算步骤类似。

还有其他的一些测压仪器，如三 U 形管测压计、波尔登管压力表等，它们的工作原理一般都基于流体静力学基本方程。

例 3-1　如图 3-11 所示，U 形管测压计和容器 A 连接。已知 $h_1 = 0.25$m，$h_2 = 1.6$m，$h_3 = 1$m，试求容器中水的绝对压强。

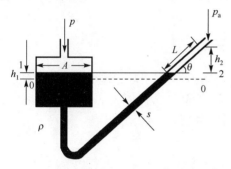

图 3-10　倾斜式液柱压差计

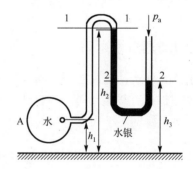

图 3-11　例 3-1 图

解：取最低端为基准，尺寸如图所示。1—1、2—2 为等压面。由于

$$p_1 = p_A - \rho_{水} g (h_2 - h_1)$$

$$p_1 = p_2 - \rho_{水银} g (h_2 - h_3)$$

$$= p_a - \rho_{水银} g (h_2 - h_3)$$

故

$$p_A = p_a - \rho_{水银} g (h_2 - h_3) + \rho_{水} g (h_2 - h_1)$$

所以

$$
\begin{aligned}
p_A &= p_a - \rho_{水银} g (h_2 - h_3) + \rho_{水} g (h_2 - h_1) \\
&= 101325 - 13600 \times 9.8 \times 0.6 + 1000 \times 9.8 \times 1.35 \\
&= 34.587 \text{kPa}
\end{aligned}
$$

例 3-2　如图 3-12 所示，已知活塞直径 $d=35$mm，重量 $W=15$N。油的密度 $\rho_1 = 680$kg/m³，水银的密度 $\rho_2 = 13600$kg/m³。不计活塞的摩擦和油的泄漏，当活塞底面和 U 形管中水银液面的高度差 $h=0.7$m 时，求 U 形管中两水银液面的高度差 Δh。

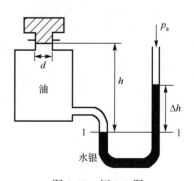

图 3-12　例 3-2 图

解：活塞重量对其底面产生的压强为

$$p = \frac{W}{A} = \frac{4W}{\pi d^2} = \frac{4 \times 15}{3.14 \times 0.035^2} \approx 15599 \text{Pa}$$

不考虑大气压，均按相对压强计算，在 1—1 面上

$$p + \rho_1 gh = \rho_2 g \Delta h$$

从而可以得到

$$\Delta h = \frac{p}{\rho_2 g} + \frac{\rho_1 h}{\rho_2} = \frac{15599}{13600 \times 9.8} + \frac{680 \times 0.7}{13600} \approx 0.15 \text{m}$$

3.4　惯性力场中的静止流体

相对平衡指流体质点间或流体与容器间处于相对静止或相对平衡状态。因为没有相对运动，所以流体内部及流体与固壁间不存在切向应力。在相对平衡的流体中，除了重力引起的质量力，还有惯性力。

3.4.1　匀加速直线运动

匀加速直线运动如图 3-13 所示，一液体箱向右沿 x 正方向以加速度 a 做匀加速直线运动。当液体做匀加速直线运动时，根据达朗贝尔原理，可以假设把惯性力施加在运动的流体上，将这种相对平衡的运动问题转化为静力学问题进行处理。

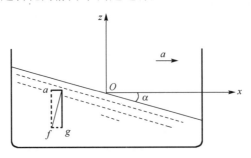

图 3-13　匀加速直线运动

将坐标原点选在液体自由表面的中心，z 轴垂直向上，x 轴沿着运动方向。在质量力和惯性力的作用下，箱内的流体相对于动坐标系 xOz 处于平衡状态。流体的单位质量力在 x、y 和 z 方向上的分量分别为 $f_x=-a$、$f_y=0$、$f_z=-g$。由压差方程 (3-11) 得

$$\mathrm{d}p = -\rho(a\mathrm{d}x + g\mathrm{d}z) \tag{3-25}$$

积分式 (3-25) 得

$$p(x,z) = -\rho(ax + gz) + C \tag{3-26}$$

积分常数 C 可由边界条件确定，当 $x=0$，$z=0$ 时，$p=p_0$，故 $C=p_0$。从而有

$$p(x,z) = p_0 - \rho(ax + gz) \tag{3-27}$$

可见，箱内流体的压强是 x、z 的线性函数的形式。自由液面以下深为 h 处的压强与点 $(0, -h)$ 处的压强一致，故

$$p = p_0 - \rho(ax + gz) = p_0 + \rho gh \tag{3-28}$$

可见，匀加速直线运动容器中的液体相对平衡时，液体内任一点的静压强仍然是液面上的压强 p_0 与淹深为 h、密度为 ρ 的液体柱产生的压强 ρgh 之和，这与流体静压强分布规律完全相同。在绝对平衡状态下，压强仅和垂直坐标 z 有关，而在相对平衡状态下，压强不仅和垂直坐标 z 有关，还与水平坐标 x 有关。

根据等压面条件 dp=0，积分得 $ax + gz = C_1$。进一步整理有

$$z = -\frac{a}{g}x + \frac{C_1}{g} \tag{3-29}$$

显然等压面为斜平面，不同的积分常数 C_1 代表不同的等压面，且等压面垂直于质量力的合力。

例 3-3　一空的正方形水箱，横截面面积为 $b \times b$=200mm×200mm，质量为 m_1=4kg，如图 3-14 所示。静止状态下箱内水的高度是 h=150mm。假设水箱在质量为 m_2=25kg 挂重作用下做加速运动，水箱与台面间的摩擦系数 C_s =0.3。为了保证水不从水箱中溢出，水箱壁的最小高度 H 为多少？

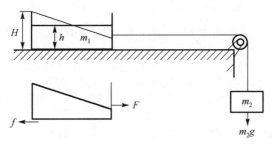

图 3-14　例 3-3 图

解：设绳子的拉力为 F，摩擦力为 f，挂重下降的加速度为 a，根据牛顿第二定律，可以写出水箱与挂重的运动微分方程：

$$m_2 g - F = m_2 a$$
$$F - f = (m_1 + \rho hb^2)a$$

摩擦力可写为

$$f = C_s(m_1 + \rho hb^2)g$$

由上述三个方程，联立求解可得加速度为

$$a = \frac{m_2 - C_s(m_1 + \rho hb^2)}{m_1 + m_2 + \rho hb^2}g$$

由自由液面方程(3-29)，得自由液面斜率为

$$\tan\theta = \frac{a}{g}$$

由于箱中水的体积保持不变，则

$$\frac{1}{2}[H + (H - b\tan\theta)]b^2 = hb^2$$

从而计算出水箱壁的最小高度为

$$H = h + \frac{b\tan\theta}{2}$$

3.4.2 等角速度转动

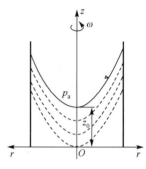

设一液体箱绕 z 轴以等角速度 ω 转动，如图 3-15 所示。根据达朗贝尔原理，可假设把惯性力施加在运动的流体上，将这种运动问题在形式上转化为静力学问题处理。坐标原点选在容器底端中心，z 轴垂直向上，r 轴沿着径向向外。流体在质量力和惯性力的作用下，相对于动坐标系 rOz 处于相对平衡状态。流体的单位质量力在 x、y、z 方向上的分量分别为 $f_x=\omega^2 x$、$f_y=\omega^2 y$、$f_z=-g$。

图 3-15 等角速度转动容器

将单位质量力分量代入压差方程式 (3-11)，得

$$dp = \rho(\omega^2 x dx + \omega^2 y dy - g dz) \tag{3-30}$$

积分式 (3-30) 得

$$p = \rho\left(\frac{\omega^2 x^2 + \omega^2 y^2}{2} - gz\right) + C = \rho g\left(\frac{\omega^2 r^2}{2g} - z\right) + C \tag{3-31}$$

积分常数 C 可由边界条件确定，当 $r=0$，$z=z_0$ 时，$p=p_0$，可得 $C=p_0+\rho g z_0$。从而有

$$p = p_0 + \rho g\left(\frac{\omega^2 r^2}{2g} - z + z_0\right) \tag{3-32}$$

对于自由液面以下，淹深为 h 处的压强与点 $(0, -h)$ 处的压强一致，故

$$p = p_0 + \rho g\left(\frac{\omega^2 r^2}{2g} - z + z_0\right) = p_0 + \rho g(z_0 - z) = p_0 + \rho g h \tag{3-33}$$

可见，等角速度转动容器中的液体相对平衡时，液体内任一点的静压强仍然是液面上的压强 p_0 与淹深为 h、密度为 ρ 的液体柱产生的压强 $\rho g h$ 之和，这与流体静压强分布规律完全相同。在绝对平衡状态下，压强仅和垂直坐标 z 有关，而在相对平衡状态下，压强不仅和垂直坐标 z 有关，还与径向坐标 r 有关。

根据等压面条件 $dp=0$，由方程式 (3-30) 有

$$dp = \rho(\omega^2 x dx + \omega^2 y dy - g dz) = 0$$

积分得等压面方程

$$\frac{\omega^2 r^2}{2g} - z = C_1 \tag{3-34}$$

显然等压面为旋转的抛物面，不同的 C_1 代表不同的等压面。

例 3-4　图 3-16(a)和(b)所示为两个尺寸相同的圆柱形水桶，其高度为 H，半径为 R，顶盖上各开有小孔与大气相通，大气压为 p_a，图 3-16(a)中的小孔开在顶盖中心，即 $r=0$ 处；图 3-16(b)中的小孔开在顶盖边上，即 $r=R$ 处。设两个水桶都装满了水，都以恒定角速度 ω 旋转。已知 $R=12\text{cm}$，$\omega=30\text{rad/s}$，$p_a=98000\text{Pa}$。求顶盖上 A 点($r=10\text{cm}$)处的压强 p_A，两个桶的 p_A 有无区别，为什么？

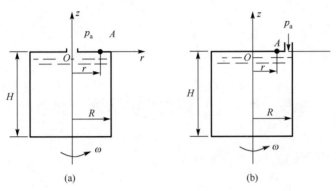

图 3-16　例 3-4 图

解：根据等角速度转动容器的压强方程，旋转水桶中的压强分布可以表示为

$$p = \rho g\left(\frac{\omega^2 r^2}{2g} - z\right) + C \tag{3-35}$$

(1)中间开口情况

将图 3-16(a)的边界条件 $r=0$、$z=0$、$p=p_a$ 代入式(3-35)，得 $C=p_a$。故压强分布为

$$p = p_a + \rho g\left(\frac{\omega^2 r^2}{2g} - z\right) \tag{3-36}$$

代入 A 点坐标$(10, 0)$，得中间开口情况下 A 点的相对压强为

$$p_{eA} = p_A - p_a = \frac{\rho \omega^2 r_A^2}{2} = 4500\text{Pa} \tag{3-37}$$

(2)将图 3-16(b)的边界条件 $r=R$、$z=0$、$p=p_a$ 代入式(3-35)，得 $C = p_a - \dfrac{\rho \omega^2 R^2}{2}$。故压强分布为

$$p = p_a + \rho g\left[\frac{\omega^2(r^2 - R^2)}{2g} - z\right] \tag{3-38}$$

代入 A 点坐标$(10, 0)$，得边缘开口情况下 A 点的相对压强为

$$p_{vA} = p_a - p_A = \frac{\rho \omega^2(R^2 - r_A^2)}{2} = 1980\text{Pa} \tag{3-39}$$

可见，图 3-16(a)中 A 点的压强高于大气压，而图 3-16(b)中 A 点的压强低于大气压，因此两种情况下 A 点的压强是不同的，压强分布如图 3-17 所示。

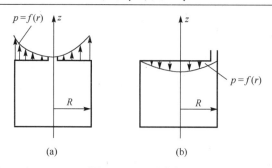

图 3-17　压强分布

3.5　静止流体作用在壁面上的力

3.5.1　作用在平面上的力

设一水坝平面壁 CA 与水平面成 α 倾角，将水拦蓄在其左侧，如图 3-18 所示，其左面受液体压力，右面及液体自由表面均有大气压强。平面壁上所受液体静压强合力为 P，其中 h、z 分别为平面壁上任意点淹深和到 Ox 轴的距离，h_C、z_C 分别为形心淹深和到 Ox 轴的距离，h_D、z_D 分别为压力中心淹深和到 Ox 轴的距离。

在平面壁上自由液面以下深为 h 处选取面积为 $\mathrm{d}A$ 的微元，由压强公式 $p=\rho g h$，得静止液体作用在微元上的总压力为 $\mathrm{d}P=\rho g h \mathrm{d}A$，对整个受压面积 $GBADHC$ 进行积分得总压力

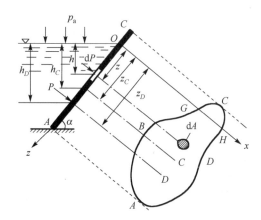

图 3-18　平面壁上液体的总压力

$$P = \iint_A \rho g h \mathrm{d}A = \iint_A \rho g z \sin \alpha \mathrm{d}A = \rho g \sin \alpha \iint_A z \mathrm{d}A \tag{3-40}$$

式中，$\displaystyle\iint_A z \mathrm{d}A$ 为平面对 Ox 轴的静矩，且满足 $\displaystyle\iint_A z \mathrm{d}A = z_C A$。若用 $h_C = z_C \sin \alpha$ 表示形心淹深，则式 (3-40) 可以变为

$$P = \rho g \sin \alpha z_C A = \rho g h_C A \tag{3-41}$$

可见，静止液体作用在任意形状平面壁上的总压力 P 的大小等于受压面积 A 与其形心处液体静压强的乘积，作用方向为受压面的内法线方向。也可理解为一假想体积的液体重量，即以受压面积 A 为底，其形心处深度为 h_C 的这样一个体积所包围的液体重量。

下面计算压力中心的位置。平面壁上分布的压力合力 P 的位置 (x_D, z_D) 称为压力中心，可以根据合力矩定理确定具体位置。首先求压力中心位置的坐标 z_D，在深度为 h 处的微元 $\mathrm{d}A$ 所受压力为 $\rho g h \mathrm{d}A$，其对 Ox 轴的力矩为 $\mathrm{d}M_x = \rho g h z \mathrm{d}A$，平面壁上的总压力合力 P 对 Ox 轴的力矩为 $P z_D$。根据合力矩定理有

$$\iint_A \rho ghz\mathrm{d}A = \rho g\sin\alpha \iint_A z^2\mathrm{d}A = Pz_D \tag{3-42}$$

由于 $\iint_A z^2\mathrm{d}A$ 为平面对 Ox 轴的惯性矩 I_x，根据平行移轴定理，得 $I_x = I_{xC} + z_C^2 A$。综合式 (3-41)
和式 (3-42) 得

$$z_D = \frac{I_x}{z_C A} = z_C + \frac{I_{xC}}{z_C A} \tag{3-43}$$

式中，I_{xC} 为受压面积 $GBADHC$ 对形心轴（即通过 C 点且平行于 x 轴）的惯性矩。由于 $I_{xC} \geq 0$，
故 $z_D \geq z_C$，即总压力 P 的作用点 D 一般在形心 C 之下，随淹深的增加，压力中心逐渐趋近
于形心。

类似地，可以得到压力中心位置的坐标 x_D。在深度为 h 处的微元 $\mathrm{d}A$ 所受压力对 Oz 轴的
力矩为 $\mathrm{d}M_z = \rho ghx\mathrm{d}A = \rho gzx\sin\alpha\mathrm{d}A$，合力 P 对 Oz 轴的力矩为 Px_D，根据合力矩定理

$$\iint_A \rho ghx\mathrm{d}A = \rho g\sin\alpha \iint_A zx\,\mathrm{d}A = Px_D$$

式中，$\iint_A zx\mathrm{d}A$ 为平面对 xz 轴的惯性矩 I_{xz}。根据平行移轴定理有 $I_{xz} = I_{xzC} + z_C x_C A$。从而得

$$x_D = \frac{I_{xz}}{z_C A} = x_C + \frac{I_{xzC}}{z_C A} \tag{3-44}$$

若通过形心的坐标系中有任何一轴是平面的对称轴，则 $I_{xzC} = 0$，从而有 $x_D = x_C$，即压力中心
位于过平面形心且平行于 z 轴的直线上。

例 3-5 如图 3-19 所示，一垂直矩形闸门，已知 $h_1 = 1\text{m}$，
$h_2 = 2\text{m}$，与截面垂直方向的宽 $b = 1.5\text{m}$（方向与 yOz 面垂直），求
总压力及其作用点。

解：建立如图 3-19 所示的坐标系，压力计算公式为

$$P = \rho gz_C A$$

式中，形心淹深 $z_C = h_1 + h_2/2 = 2\text{m}$，截面积 $A = h_2 b = 3\text{m}^2$。故

$$P = \rho gz_C A = 9.8 \times 1000 \times 2 \times 3 = 58.8\text{kN}$$

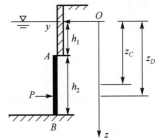

图 3-19 例 3-5 图

压力中心位置

$$z_D = z_C + \frac{I_{xC}}{z_C A} = \left(h_1 + \frac{h_2}{2}\right) + \frac{\dfrac{bh_2^3}{12}}{\left(h_1 + \dfrac{h_2}{2}\right)bh_2} = \left(1 + \frac{2}{2}\right) + \frac{\dfrac{1.5 \times 2^3}{12}}{\left(1 + \dfrac{2}{2}\right) \times 1.5 \times 2}$$

$$\approx 2.17\text{m}$$

$$x_D = \frac{b}{2} = 0.75\text{m}$$

故总压力大小为 58.8kN，压力中心位于 $(0.75\text{m}, 2.17\text{m})$。

3.5.2 作用在曲面上的力

工程上常需计算各种曲面壁(如圆柱形轴瓦、球形阀、连拱坝坝面等)上的液体总压力。对于如图 3-20 所示的曲面壁,有一连拱坝坝面(二向曲面壁)$EFBC$ 左侧承受流体压力,选取坐标系如图 3-20(b)所示,研究曲面 $ABCD$ 的受力情况。

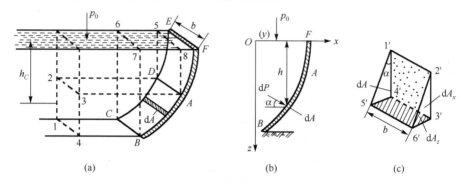

图 3-20　二向曲面壁上的总压力

在曲面上沿曲面母线方向取微元面积 dA,其形心在液面以下深度为 h 的位置,则此微元所承受的压力为 $dP=\rho gh dA$,设 α 为微元 dA 与垂线方向的夹角,则可得水平方向分力为

$$dP_x = dP\cos\alpha = \rho gh dA\cos\alpha = \rho gh dA_x \tag{3-45}$$

式中, $dA_x = dA\cos\alpha$ 为 dA 在 yOz 面的投影面积,即垂直于 x 轴的微元投影面积。将式(3-45)沿曲面 $ABCD$ 相应的投影面进行积分,得作用在曲面上总压力 P 的水平方向分量为

$$P_x = \iint\limits_{A_x}\rho gh dA_x = \rho g\iint\limits_{A_x}h dA_x \tag{3-46}$$

式中, $\iint\limits_{A_x}h dA_x = h_C A_x$ 为曲面 $ABCD$ 的垂直投影面积(即面积 1234)对 x 轴的静矩,h_C 为投影面积 A_x 的形心在水面下的深度。所以,总压力的水平方向分量为

$$P_x = \rho gh_C A_x \tag{3-47}$$

由式(3-47)可以看出,曲面 $ABCD$ 所承受的水平压力 P_x 为该曲面的垂直投影面积 A_x 上所承受的压力,其作用点为这个投影面积 A_x 的压力中心,压力中心的计算方法与斜平面上的压力中心的计算方法类似。

同理,可以计算曲面上总压力的垂直分量,微元 dA 上压力的垂直方向分量为

$$dP_z = dP\sin\alpha = \rho gh dA\sin\alpha = \rho gh dA_z \tag{3-48}$$

式中,$dA_z = dA\sin\alpha$ 为微元 dA 在 xOy 面的投影面积,即垂直于 z 轴的微元投影面积。将式(3-48)沿曲面 $ABCD$ 相应的投影面进行积分,得作用在曲面上总压力 P 的垂直方向分量为

$$P_z = \iint\limits_{A_z}\rho gh dA_z = \rho g\iint\limits_{A_z}h dA_z \tag{3-49}$$

式中, $\iint\limits_{A_z}h dA_z = V_P$ 为曲面 $ABCD$ 以上部分的体积,多面体 $ABCD5678$ 称为压力体。故总压力

P 的垂直方向分量为

$$P_z = \rho g V_P \tag{3-50}$$

式中，P_z 的方向取决于液体、压力体与受压曲面之间的相对位置。可以看出，曲面 $ABCD$ 所承受的垂直方向压力 P_z 恰为压力体 $ABCD5678$ 内的液体重量，其作用点为压力体 $ABCD5678$ 的重心。压力体如图 3-21 所示，实压力体的液体和压力体位于曲面同侧，P_z 的方向向下；虚压力体的液体和压力体位于曲面异侧，P_z 的方向向上。

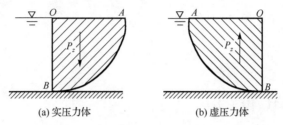

(a) 实压力体　　　　　　　(b) 虚压力体

图 3-21　压力体

因此，液体作用在曲面上的总压力的大小为

$$P = \sqrt{P_x^2 + P_z^2} \tag{3-51}$$

式中，总压力的倾斜角为 $\alpha = \arctan \dfrac{P_z}{P_x}$。

例 3-6　如图 3-22 所示的圆滚门，与截面垂直方向的长度 $l=10\text{m}$，直径 $D=4\text{m}$，上游水深 $H_1=4\text{m}$，下游水深 $H_2=2\text{m}$，求作用于圆滚门上的水平和垂直方向的压力分量。

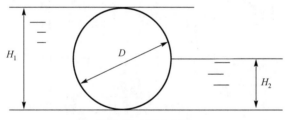

图 3-22　例 3-6 图

解：对于圆滚门左侧，根据作用在曲面上的压力计算公式

$$P_{x1} = \rho g h_{c1} A_{x1} = \rho g \frac{H_1}{2} H_1 l = 784\text{kN}$$

$$P_{z1} = \rho g V_1 = \rho g \frac{\pi}{2} \left(\frac{D}{2} \right)^2 l = 615.75\text{kN}$$

同理，对于圆滚门右侧可得

$$P_{x2} = \rho g h_{c2} A_{x2} = \rho g \frac{H_2}{2} H_2 l = 196\text{kN}$$

$$P_{z2} = \rho g V_2 = \rho g \frac{\pi}{4} \left(\frac{D}{2} \right)^2 l = 307.88\text{kN}$$

水平方向压力分量为 $P_x = P_{x1} - P_{x2} = 784 - 196 = 588\text{kN}$ ，方向向右；

垂直方向压力分量为 $P_z = P_{z1} + P_{z2} = 615.75 + 307.88 = 923.63\text{kN}$ ，方向向上。

例 3-7　如图 3-23 所示的圆柱形容器结构，已知直径 d=300mm，高 H=500mm，容器内装水，水深 h_1=300mm，使容器绕垂直轴做等角速度旋转。

(1)求刚好露出容器底面时的转速 n_2；

(2)当容器转速为 n_2 时，求容器底部中心 C 和边界点 A 的压强分别为多大？

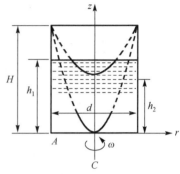

解：(1)刚好露出容器底面时，有等压面方程

$$\frac{\omega^2 r^2}{2g} - z = C_1$$

当 $r=z=0$ 时，$C_1=0$，故自由液面的方程为 $\frac{\omega^2 r_s^2}{2g} - z_s = 0$。当

图 3-23　例 3-7 图

$r_s=d/2$ 时有

$$z_s = \frac{\omega_2^2 r_s^2}{2g} = \frac{\omega_2^2 d^2}{8g} = H = 0.5\text{m}$$

此时

$$\omega_2 = \sqrt{\frac{8gz_s}{d^2}} = \sqrt{\frac{8 \times 9.807 \times 0.5}{0.3^2}} \approx 20.88\text{rad/s}$$

进一步得

$$n_2 = \frac{30\omega_2}{\pi} = \frac{30 \times 20.88}{3.14} \approx 199.49\text{r/min}$$

(2)当容器转速为 n_2 时，刚好露出容器底面。根据压强方程

$$p = p_a + \rho g\left(\frac{\omega^2 r^2}{2g} - z\right)$$

得

$$p_C\big|_{r=0,z=0} = p_a + \rho g\left(\frac{\omega^2 r^2}{2g} - z\right) = p_a$$

$$p_A\big|_{r=d/2,z=0} = p_a + \rho g\left(\frac{\omega^2 r^2}{2g} - z\right) = p_a + \frac{\rho \omega^2 d^2}{8} = p_a + \rho g H$$

3.5.3　浮力及浸没物体的稳定性

流体作用于浸没物体表面的合力称为浮力，其方向总是垂直向上的。浮力是由于液体对物体上、下表面的压力不平衡造成的。

液体作用在浸没物体上的总压力如图 3-24 所示。有一物体浸没在静止液体中，物体受到的静压力 P 可以分解成水平面内的分量 P_x、P_y 和垂直方向的分量 P_z。由于静止不动，浸没在液体中的物体在水平方向上受力为零，物体所受压力的垂直方向分量(浮力)可以通过压力体得到。

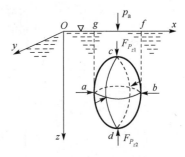

图 3-24　液体作用在浸没物体上的总压力

对于物体的上半部分，实压力体的体积为 V_{abcfg}，受到垂直方向的力，其大小为 $F_{P_{z1}} = \rho g V_{abcfg}$，方向向下；对于物体的下半部分，实压力体的体积为 V_{adbfg}，受到垂直方向的力，其大小为 $F_{P_{z2}} = \rho g V_{adbfg}$，方向向上。从而可得物体所受浮力为

$$P_z = -F_{P_{z1}} + F_{P_{z2}} = -\rho g V_{abcfg} + \rho g V_{adbfg} = -\rho g V_{adbc}$$

(3-52)

式中，负号表示方向与 z 轴正方向相反。

可见，仅仅在重力作用下处于平衡的物体，其所受到的浮力只与液体的密度及物体排开液体的体积有关，而与液体的深度和物体的形状无关。因此，浸没于液体中的物体所受浮力的大小等于该物体所排开液体的重量，浮力的作用点称为浮心。此结论由阿基米德首先提出，故又称为阿基米德原理，它不仅适用于各种液体，也适用于气体。另外，物体有可能不是完全浸没在液体中的，而是一部分浸没在液体中，一部分露出液面，处于漂浮状态，这时阿基米德原理同样适用。

物体保持平衡状态的能力又称为物体的稳定性，它取决于物体重力与浮力的关系。当物体浸没在液体中，且只受到浮力和重力时，物体有以下三种存在方式。

(1)重力大于浮力，物体将下沉到底，称为沉体。

(2)重力等于浮力，物体可以潜没于液体中，称为潜体。

(3)重力小于浮力，物体会上浮，直到部分露出液面，使留在液面以下的部分所排开的液体重量恰好等于物体重量。

物体的上浮和下沉都是不稳定状态，是个动态过程，上浮的物体最终会浮出液面，处于漂浮状态。下沉的物体最终会沉到底部处于静止状态。当物体的重力与浮力相等时，物体则处于平衡状态。

习　　题

3-1．求图示中 A、B 点的相对压强。

3-2．如图所示，已知 $z = 1m$，$h = 2m$，试求 A 点的相对压强。

3-3．图示密闭容器，压力表的示值为 $4900N/m^2$，压力表中心比 A 点高 $0.4m$，A 点在水面下 $1.5m$ 处，试求水面压强 p_0。

3-4．如图所示，已知倾斜微压计的倾角 α 为 $30°$，测得 $l=0.5m$，容器中液面至微压计管口的高度 $h=0.1m$，求液面压力 p。

3-5．如图所示，U 形管测压计水银面高度差 $h=15cm$。求充满水的 A、B 两容器内的压强差。

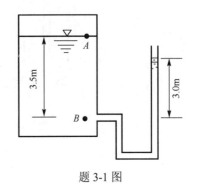

题 3-1 图

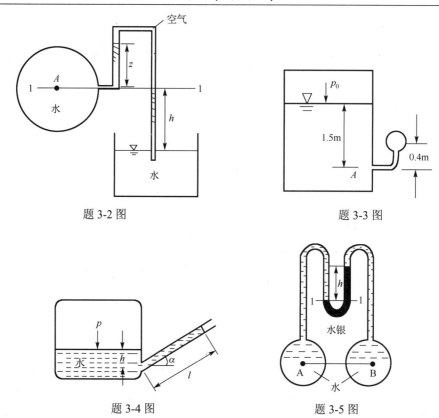

题 3-2 图   题 3-3 图

题 3-4 图   题 3-5 图

3-6．如图所示的双 U 形管，用来测定密度比水小的液体的密度，试用液柱高差来确定未知液体的密度 ρ（取管中水的密度为 1000kg/m³）。

3-7．如图所示，U 形管中水银面的高度差 h=0.32m，其他流体为水。容器 A 和容器 B 中心的位置高度差 z=1m。求 A、B 两容器中心处的压强差（取管中水的重度为 9810N/m³，水银的重度为 133416N/m³）。

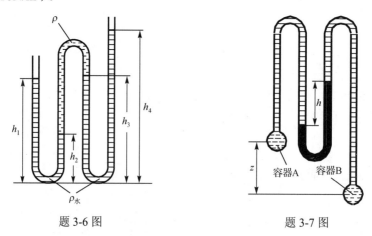

题 3-6 图   题 3-7 图

3-8．如图所示，油槽车的圆柱直径 D=1.2m，最大长度 L=5m，油面高度 b=1m，油的比重为 0.9。

（1）当水平加速度 a=1.2m/s² 时，求端盖 A、B 所受的轴向压力。

（2）当端盖 A 上受力为零时，求水平加速度 a 是多少。

3-9．如图所示，有一盛水的开口容器以 3.6m/s² 的加速度沿与水平面成 30º 夹角的倾斜平面向上运动，试求容器中水面的倾角，并分析 p 与水深的关系。

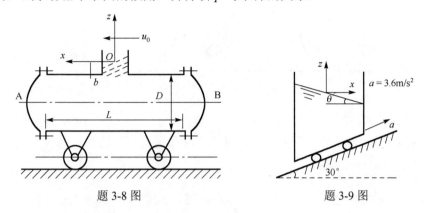

题 3-8 图　　　　　　　题 3-9 图

3-10．绘制题图中 AB 面上的压强分布和压力体。

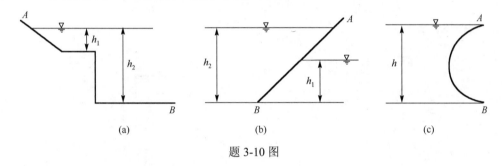

(a)　　　　　　　(b)　　　　　　　(c)

题 3-10 图

3-11．如图所示，曲面形状为 3/4 个圆柱，半径为 0.8m，与截面垂直方向的宽度为 1m，位于水平面以下 2.4m 处，水面上为当地大气压。求曲面所受的液体总压力。

3-12．如图所示，折板 ABC 一侧挡水，板宽 $b=1.0$m，高度 $h_1=h_2=2$m，倾角 $\alpha=45°$，试求作用在折板上的静水总压力。

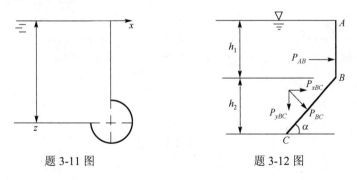

题 3-11 图　　　　　　　题 3-12 图

3-13．如图所示，弧形闸门，中心角 $\alpha=45°$，与截面垂直方向的宽度 $B=1$m，水深 $H=4$m，确定水作用于此闸门上的总压力 P 的大小和方向。

3-14．如图所示，曲面 AB 为一圆柱形的四分之一，半径 $R=0.4$m，与截面垂直方向的宽度 $B=1$m，水深 $H=1.2$m，液体密度 $\rho=1000$kg/m³，AB 左侧受到液体压力。求作用在曲面 AB 上的力。

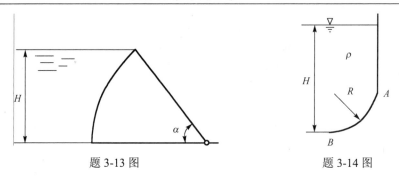

题 3-13 图　　　　　题 3-14 图

3-15．如图所示的开口盛水容器，容器壁上设有半径 $R=0.4$m 的半球盖 AB。已知半球盖中心点的水深 $h=1.6$m，不计半球盖自重，试求半球盖连接螺栓所受的总拉力和总切力（球体体积公式为 $\frac{4}{3}\pi R^3$）。

3-16．如图所示的一封闭水箱。左下端有一半径为 R、宽为 b 的 90°圆弧形柱面 AB。已知：$R=1$m，$b=1$m，$h_1=2$m，$h_2=3$m。试求：

(1)柱面 AB 上所受静水总压力的水平方向分力和垂直方向分力；

(2)液面压强 p_0。

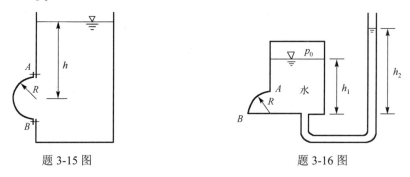

题 3-15 图　　　　　题 3-16 图

3-17．如图所示，用一圆锥体堵塞直径 $d=1$m 的底部孔洞，求作用于此锥形体的水静压力。

3-18．如图所示，一个均质圆柱体，高为 H，底半径为 R，圆柱体的材料密度为 600kg/m³。试求：

(1)将圆柱体直立地浮于水面，当 R/H 大于多少时，浮体才是稳定的？

(2)将圆柱体横浮于水面，当 R/H 小于多少时，浮体是稳定的？

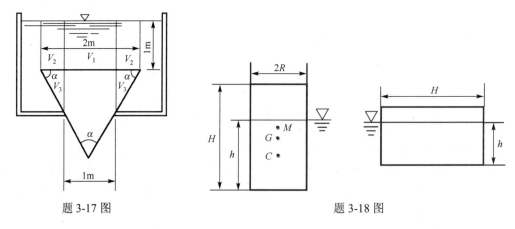

题 3-17 图　　　　　题 3-18 图

第4章 流体动力学

在工程实际中,很多领域都需要对流体的运动规律进行分析和研究,流体运动学的研究具有深刻和广泛的意义。流体运动学主要讨论流体运动的描述方法、流体的运动参数等问题。

4.1 流体运动的描述方法

4.1.1 拉格朗日法

拉格朗日法是跟踪流体质点的运动过程,记录它们在运动过程中的各物理量及其变化规律,通过描述各质点的流动参数变化规律,来确定整个流场变化规律的研究方法。

假定初始时刻 $t=t_0$ 时质点的初始位置为 (a, b, c),当经过 Δt 时间后质点到达新位置 (x, y, z)。在直角坐标系中,拉格朗日法对于流体质点 (a,b,c) 位移的数学描述为

$$\begin{cases} x = x(a,b,c,t) \\ y = y(a,b,c,t) \\ z = z(a,b,c,t) \end{cases} \tag{4-1}$$

式中,初始位置 (a,b,c) 与时间变量 t 无关,称为拉格朗日变量。对于某个确定的流体质点 (a, b, c),t 为变量时,拉格朗日法描述的是流体质点的运动轨迹;当对于某个确定时刻 t,(a, b, c) 为变量时,拉格朗日法描述的是某一时刻不同流体质点的位置分布。

进一步可得,拉格朗日法表示的速度为

$$\begin{cases} v_x = v_x(a,b,c,t) = \dot{x}(a,b,c,t) \\ v_y = v_y(a,b,c,t) = \dot{y}(a,b,c,t) \\ v_z = v_z(a,b,c,t) = \dot{z}(a,b,c,t) \end{cases} \tag{4-2}$$

拉格朗日法表示的加速度为

$$\begin{cases} a_x = a_x(a,b,c,t) = \ddot{x}(a,b,c,t) \\ a_y = a_y(a,b,c,t) = \ddot{y}(a,b,c,t) \\ a_z = a_z(a,b,c,t) = \ddot{z}(a,b,c,t) \end{cases} \tag{4-3}$$

类似地,对任一物理量 N,都可以用拉格朗日变数描述为

$$N = N(a,b,c,t) \tag{4-4}$$

流体使用拉格朗日法描述流体质点的运动规律相对较困难,描述流体质点群运动的数学方程将十分复杂,甚至可能无法求解。

4.1.2 欧拉法

欧拉法是通过考察空间每一点上的物理量及其变化,记录空间任意位置上,流体质点通

过这些观察点时的流动参数，综合流场中许多空间点随时间的变化情况，得到描述整个流场流动情况的研究方法。

假定在流场中空间位置 (x, y, z) 是固定的，当质点从一个观察点运动到另一个观察点时，质点的位移是与观察点位置和时间有关的函数。在直角坐标系中，欧拉法对流体质点位置的数学描述为

$$\begin{cases} x = x(x, y, z, t) \\ y = y(x, y, z, t) \\ z = z(x, y, z, t) \end{cases} \tag{4-5}$$

式中，观察点位置 (x, y, z) 也是 t 的函数；(x, y, z, t) 称为欧拉变数。选定 (x, y, z) 而 t 变化时，欧拉法描述的是流场中选定点的流动参数随时间的变化规律；选定 t 而 (x, y, z) 变化时，欧拉法描述的是特定时刻整个流场流动参数的分布规律。

欧拉法描述的速度场表达式为

$$\begin{cases} v_x = v_x(x, y, z, t) \\ v_y = v_y(x, y, z, t) \\ v_z = v_z(x, y, z, t) \end{cases} \tag{4-6}$$

由于流体质点在不同时刻的位置不同，流体质点的坐标也是时间的函数，按复合函数求导推得加速度为

$$\begin{cases} a_x = \dfrac{\mathrm{d}v_x}{\mathrm{d}x} = \dfrac{\partial v_x}{\partial t} + \dfrac{\partial v_x}{\partial x}\dfrac{\mathrm{d}x}{\mathrm{d}t} + \dfrac{\partial v_x}{\partial y}\dfrac{\mathrm{d}y}{\mathrm{d}t} + \dfrac{\partial v_x}{\partial z}\dfrac{\mathrm{d}z}{\mathrm{d}t} = \dfrac{\partial v_x}{\partial t} + \dfrac{\partial v_x}{\partial x}v_x + \dfrac{\partial v_x}{\partial y}v_y + \dfrac{\partial v_x}{\partial z}v_z \\[2mm] a_y = \dfrac{\mathrm{d}v_y}{\mathrm{d}y} = \dfrac{\partial v_y}{\partial t} + \dfrac{\partial v_y}{\partial x}\dfrac{\mathrm{d}x}{\mathrm{d}t} + \dfrac{\partial v_y}{\partial y}\dfrac{\mathrm{d}y}{\mathrm{d}t} + \dfrac{\partial v_y}{\partial z}\dfrac{\mathrm{d}z}{\mathrm{d}t} = \dfrac{\partial v_y}{\partial t} + \dfrac{\partial v_y}{\partial x}v_x + \dfrac{\partial v_y}{\partial y}v_y + \dfrac{\partial v_y}{\partial z}v_z \\[2mm] a_z = \dfrac{\mathrm{d}v_z}{\mathrm{d}z} = \dfrac{\partial v_z}{\partial t} + \dfrac{\partial v_z}{\partial x}\dfrac{\mathrm{d}x}{\mathrm{d}t} + \dfrac{\partial v_z}{\partial y}\dfrac{\mathrm{d}y}{\mathrm{d}t} + \dfrac{\partial v_z}{\partial z}\dfrac{\mathrm{d}z}{\mathrm{d}t} = \dfrac{\partial v_z}{\partial t} + \dfrac{\partial v_z}{\partial x}v_x + \dfrac{\partial v_z}{\partial y}v_y + \dfrac{\partial v_z}{\partial z}v_z \end{cases} \tag{4-7}$$

类似地，对任一物理量 N，都可以用欧拉变数描述为

$$N = N(x, y, z, t) \tag{4-8}$$

欧拉法的描述方法更适应流体的运动特点，在流体力学上获得广泛应用。例如，测绘河流的水情时，在河流沿线设立许多水文站，综合各水文站的数据，即可知道整个河流的水位分布和流速分布等。

4.1.3 拉格朗日法与欧拉法的关系

尽管拉格朗日法和欧拉法的着眼点不同，但是它们实质上是等价的。若流体质点 (a, b, c) 在 t 时刻正好到达空间位置 (x, y, z)，则根据式 (4-1) 和式 (4-5) 有

$$N(x, y, z, t) = N[x(a, b, c, t), y(a, b, c, t), z(a, b, c, t), t] = N(a, b, c, t) \tag{4-9}$$

因此，一种方式描述的质点流动规律完全可以转化为另一种方式。

例 4-1 已知平面流动的速度 $v_x = 3x\,\mathrm{m/s}$，$v_y = 3y\,\mathrm{m/s}$，试确定坐标为 $(8, 6)$ 处流体的加速度大小。

解：由式(4-7)得

$$a_x = \frac{\partial v_x}{\partial t} + \frac{\partial v_x}{\partial x}v_x + \frac{\partial v_x}{\partial y}v_y = 0 + 3 \times 3x + 0 = 72\text{m}/\text{s}^2$$

$$a_y = \frac{\partial v_y}{\partial t} + \frac{\partial v_y}{\partial x}v_x + \frac{\partial v_y}{\partial y}v_y = 0 + 0 + 3 \times 3y = 54\text{m}/\text{s}^2$$

该点上的加速度大小为 $a = \sqrt{a_x^2 + a_y^2} = 90\text{m}/\text{s}^2$。

例 4-2　以拉格朗日变数 (a, b) 给出流体的运动规律为 $x=ae^{-2t}$，$y=be^t$。试确定欧拉变数下的速度场。

解：由式(4-2)得

$$v_x = \frac{\partial x}{\partial t} = -2ae^{-2t}$$

$$v_y = \frac{\partial y}{\partial t} = be^t$$

结合流体运动规律 $x=ae^{-2t}$，$y=be^t$ 得

$$v_x = -2x$$
$$v_y = y$$

4.1.4　物理量的时间导数（偏导数、全导数、随体导数的物理意义）

对任意物理量 N 都可用欧拉法描述为 $N = N(x, y, z, t)$，且 x、y、z 是 t 的复合函数，对时间 t 求导有

$$\frac{\mathrm{d}N}{\mathrm{d}t} = \frac{\partial N}{\partial t} + \frac{\partial N}{\partial x}\frac{\mathrm{d}x}{\mathrm{d}t} + \frac{\partial N}{\partial y}\frac{\mathrm{d}y}{\mathrm{d}t} + \frac{\partial N}{\partial z}\frac{\mathrm{d}z}{\mathrm{d}t} \tag{4-10}$$

式(4-10)称为质点导数。由于 $\dfrac{\mathrm{d}x}{\mathrm{d}t} = v_x$，$\dfrac{\mathrm{d}y}{\mathrm{d}t} = v_y$，$\dfrac{\mathrm{d}z}{\mathrm{d}t} = v_z$，故式(4-10)可写成：

$$\frac{\mathrm{d}N}{\mathrm{d}t} = \frac{\partial N}{\partial t} + \frac{\partial N}{\partial x}v_x + \frac{\partial N}{\partial y}v_y + \frac{\partial N}{\partial z}v_z \tag{4-11}$$

分析式(4-11)可知，质点导数由两部分组成。

(1) $\dfrac{\partial N}{\partial t}$ 称为当地导数，它反映物理量随时间的变化率。在定常场中，各物理量均不随时间变化，故当地导数必为零。

(2) $\dfrac{\partial N}{\partial x}v_x + \dfrac{\partial N}{\partial y}v_y + \dfrac{\partial N}{\partial z}v_z$ 称为迁移导数或随体导数，它反映的是物理量随空间的变化率。在均匀场中，各物理量均不随空间变化，故迁移导数必为零。

以速度 v 为例，由式(4-11)得

$$\frac{\mathrm{d}v}{\mathrm{d}t} = \frac{\partial v}{\partial t} + v_x\frac{\partial v}{\partial x} + v_y\frac{\partial v}{\partial y} + v_z\frac{\partial v}{\partial z} \tag{4-12}$$

可见，流体质点的加速度同样由当地导数（当地加速度）和迁移导数（迁移加速度）组成。

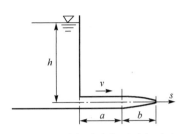

图 4-1　当地加速度与迁移加速度

在用欧拉法描述流体运动时，质点加速度不再是简单的速度对时间求导，还要包含位移变化引起的加速度。在图 4-1 所示的装置中，液体箱底部有一段等径管路 a 及变径喷嘴段 b，液体由喷嘴喷出。只考虑速度和加速度两种物理量，流动方向只有沿管路方向，v 是经过管路的平均速度。在水位维持不变的条件下，流场是定常场，管路 a 段速度均匀，管路 b 段速度沿 s 方向逐渐加快。若水位高 h 持续下降，管路速度都随时间变化，管路段的加速度既与时间有关，又与沿程位置有关。

4.2　流场的分类

流场是指流动的空间充满了连续的流体质点，而这些质点的某些物理量分布在整个流动空间，形成物理量的场。为描述流体质点在流场内的运动状态，可将其运动参数表示为流场空间坐标(x, y, z)和时间 t 的函数，故流速、压强、温度等定义在时间和空间上的流速场、压强场、温度场等统称为流场。

4.2.1　定常与非定常

在流场中，若任意物理量 N 的分布与时间 t 无关，即

$$\frac{\partial N}{\partial t} = 0 \tag{4-13}$$

则称为定常场或定常流动。定常场中的各物理量分布具有时间不变性。如果流场中的一个物理量分布不具有时间不变性，则称为非定常场或非定常流动。

4.2.2　均匀与非均匀

在流场中，若任意物理量 N 的分布与空间无关，即

$$\frac{\partial N}{\partial x} = \frac{\partial N}{\partial y} = \frac{\partial N}{\partial z} = 0 \tag{4-14}$$

则称为均匀场或均匀流动。均匀场中的各物理量分布具有空间不变性。如果流场中的一个物理量分布不具有空间不变性，则称为非均匀场或非均匀流动。

4.2.3　流动的维数

在流场中，流动参数 P 是一个坐标的函数的流动称为一维流动；流动参数是两个坐标的函数的流动称为二维流动；流动参数是三个坐标的函数的流动称为三维流动。

锥形圆管内的流动如图 4-2 所示。锥形圆管内流动流体的速度为 r 和 x 的函数，即 $v=f(r, x)$，因此流动为二维流动。同理，对于图 4-3 所示的大展弦比机翼表面的绕流流动，沿机翼长度 z 方向的速度不变，可以按二维流动处理。

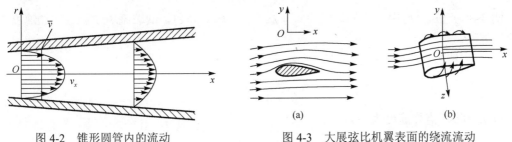

图 4-2　锥形圆管内的流动　　　　　图 4-3　大展弦比机翼表面的绕流流动

4.3　迹线、流线

4.3.1　迹线

迹线是流体质点的运动轨迹线，是拉格朗日法描述的几何基础。如果流体运动由拉格朗日变量给出，则运动方程式消去时间 t 便得到迹线方程。如果流体速度由欧拉变量给出，可直接给出迹线的运动微分方程组：

$$\frac{\mathrm{d}x}{v_x} = \frac{\mathrm{d}y}{v_y} = \frac{\mathrm{d}z}{v_z} = \mathrm{d}t \tag{4-15}$$

对式(4-15)进行积分，消去时间 t 即可得到迹线方程。

4.3.2　流线

流线是流场中假想的一条曲线，某一时刻，位于该曲线上的所有流体质点的运动方向都与这条曲线相切，流线是欧拉法描述的基础。

流线的作法如图 4-4 所示。在流场中任取点 1，绘出某时刻通过该点的流体质点的流速矢量 v_1，再对距离点 1 很近的点 2 绘出同时通过该点的流体质点的流速矢量 v_2……如此继续下去得到一折线。若各点无限接近，其极限就是某时刻的流线，如图 4-5 所示。设流线上某质点 A 的瞬时速度 $v_A = v_x \boldsymbol{i} + v_y \boldsymbol{j} + v_z \boldsymbol{k}$，在流线上取微线段 $\mathrm{d}s = \mathrm{d}x\boldsymbol{i} + \mathrm{d}y\boldsymbol{j} + \mathrm{d}z\boldsymbol{k}$，根据流线定义，速度矢量 v 与流线矢量 $\mathrm{d}s$ 方向一致，矢量的叉积为零，于是有

$$v \times \mathrm{d}s = 0 \tag{4-16}$$

其投影形式为

$$\frac{\mathrm{d}x}{v_x} = \frac{\mathrm{d}y}{v_y} = \frac{\mathrm{d}z}{v_z} \tag{4-17}$$

此即常用的流线微分方程式。

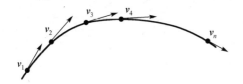

图 4-4　流线的作法

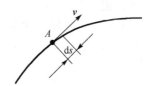

图 4-5　某时刻的流线

例 4-3 已知流场中质点的速度为 $v_x = kx, v_y = -ky$ $(y \geq 0)$，试求流场中质点的加速度大小及流线方程。

解： 从速度场知，流体运动只限于 xOy 平面的上半部分，质点速度为

$$v = \sqrt{v_x^2 + v_y^2} = kr$$

由欧拉法可得质点加速度为

$$a_x = \frac{\mathrm{d}v_x}{\mathrm{d}t} = v_x \frac{\partial v_x}{\partial x} = k^2 x$$

$$a_y = \frac{\mathrm{d}v_y}{\mathrm{d}t} = v_y \frac{\partial v_y}{\partial y} = k^2 y$$

$$a = \sqrt{a_x^2 + a_y^2} = k^2 r$$

根据流线方程

$$\frac{\mathrm{d}x}{kx} = \frac{\mathrm{d}y}{-ky}$$

积分得

$$\ln x = -\ln y + \ln C$$

即 $xy = C$

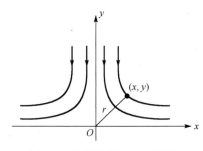

图 4-6 流线方程 $xy=C$ 的曲线

流线方程 $xy=C$ 的曲线如图 4-6 所示，它是一簇双曲线，质点离原点越近，r 越小，其速度与加速度也均越小，在 $r=0$ 点处，速度与加速度均为零。流体力学上称速度为零的点为驻点，如图 4-6 中的 O 点。在 $r \to \infty$ 处，质点速度与加速度均趋于无穷，流体力学上称速度趋于无穷的点为奇点。驻点和奇点是流场中的两种极端情况，不一定在一般流场中存在。

流线具有以下两个主要性质。

(1)定常流动中的流线形状不随时间变化，而且流体质点的迹线与流线重合。但在非定常流动的情况下，流线形状随时间而改变，迹线也没有固定的形状，两者不会重合。

(2)在实际流场中，除了驻点和奇点以外，流线既不能相交，也不能突然转折。如果流场中存在着奇点或驻点，则流线可以相交，这是特殊情况。飞行的子弹如图 4-7 所示，子弹在大气中飞行，在前缘尖 A 处，空气被子弹推动一起运动，形成驻点，此处流线相交。因为驻点处的空气不可能被无限推动下去，在某个时刻将发生流动，但向上还是向下由偶然因素确定，这样就形成了相交的两条流线。在子弹的尾部，流线不能转折，因此形成涡流，涡流旋转的能量消耗了子

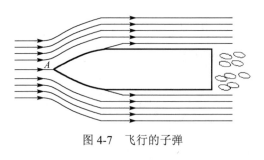

图 4-7 飞行的子弹

弹运行的部分能量，增大了子弹运行的阻力。为减小流体对运动物体的阻力，需要把物体表面做成流线形，使其表面曲线更加符合流线性质。

4.4　流管、流束、流量、净通量、平均流速与当量直径

4.4.1　流管与流束

在流场中任意取一个有流线从中通过的封闭曲线，如图 4-8 中的 l 方向上，所有流线围成一个封闭的管状曲面，称为流管。流管内所包含的流体称为流束。当流管的横断面积无穷小时，所包含的流束称为元流，最小的元流就退化为一条流线。如果封闭曲线取在管道内壁周线上，则流束就是管道内部的全部流体，这种情况称为总流。

流管内与流线处垂直的截面称为过流截面，如图 4-9 所示。过流截面可以是平面，也可以是曲面。

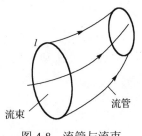

图 4-8　流管与流束

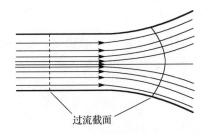

图 4-9　过流截面

4.4.2　流量与净通量

单位时间内流过某过流截面的流体体积称为体积流量 Q_v，单位为 m^3/s；如果流过的流体按质量计量称为质量流量 Q_m，单位为 kg/s。用来计算流量的截面称为控制面，处处与速度垂直的平面为有效截面。在直管道中流线为平行线，有效截面为平面；在有锥度的管道中流线收敛或发散，则有效截面为曲面，如图 4-10 所示。

由于流体的速度方向与截面不一定垂直，计算流量时需要将截面向过流截面上投影再进行计算。流量计算如图 4-11 所示，在流管内取一微元 dA，微元上质点的速度大小为 v，速度 $\boldsymbol{v}$ 与微元法线方向 $\boldsymbol{n}$ 之间的夹角为 θ，故 dA 上的流量为

$$dQ_v = \boldsymbol{v} \cdot \boldsymbol{n} dA = v dA \cos\theta \tag{4-18}$$

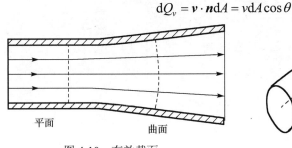

图 4-10　有效截面

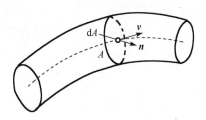

图 4-11　流量计算

截面 A 上的体积流量为

$$Q_v = \int \mathrm{d}Q_v = \int_A v\cos\theta\,\mathrm{d}A \tag{4-19}$$

4.4.3 平均流速

流体在流场中流动，一般情况下空间各点的速度都不相同，而且速度分布规律函数有时难以确定，即使在简单的等直径管道中，由于黏性、摩擦、质点碰撞等原因，速度分布规律也不容易确定。在工程实际中，有时没必要弄清精确的速度分布，常用平均速度代替各点的瞬时速度。若过流截面的面积为 A，体积流量为 Q_v，则平均速度可定义为

$$\bar{v} = \frac{Q_v}{A} \tag{4-20}$$

式中，Q_v 值可通过实验测量获得。显然，对于同一流束，有效截面积小的地方流速高、流线密集，有效截面积大的地方流速低、流线稀疏。

4.4.4 当量直径

工程实际中有很多非圆形截面管道，它们的流动计算涉及当量直径。在总流的有效截面上，流体与固体壁面接触的长度称为湿周，用 χ 表示，有效截面积 A 和湿周 χ 之比称为水力半径，用 R_h 表示

$$R_h = \frac{A}{\chi} \tag{4-21}$$

非圆形截面管道的当量直径定义为

$$D = \frac{4A}{\chi} = 4R_h \tag{4-22}$$

对于特殊形状截面，如图 4-12（a）所示的矩形，其当量直径为

$$D = \frac{4A}{\chi} = \frac{4bh}{2(b+h)} = \frac{2bh}{b+h} \tag{4-23}$$

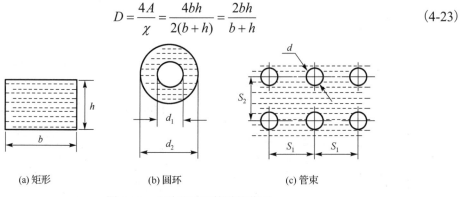

(a) 矩形　　　　　　(b) 圆环　　　　　　(c) 管束

图 4-12　几种非圆形管道的截面

同理，对于图 4-12（b）所示的圆环，其当量直径为

$$D = \frac{4A}{\chi} = \frac{4(\pi d_2^2/4 - \pi d_1^2/4)}{\pi d_1 + \pi d_2} = d_2 - d_1 \tag{4-24}$$

类似地，可以得到图 4-12（c）所示管束的当量直径

$$D = \frac{4A}{\chi} = \frac{4(S_1 S_2 - \pi d^2 / 4)}{\pi d} = \frac{4S_1 S_2}{\pi d} - d \tag{4-25}$$

4.5　控 制 方 程

4.5.1　系统和控制体

系统为一团流体质点的集合，实际上就是采用拉格朗日法的观点来描述流体的运动。系统随质点的运动而运动，其边界形状和空间大小都可变，系统与外界无质量交换，有热量等其他形式的能量和动量交换。

控制体则是指流场中某一确定的空间区域，实际上就是采用欧拉法的观点来描述流体的运动。控制体的边界面称为控制面，控制面上可以有质量交换，即有流体的流进或流出，因此占据控制体的流体质点随时间变化。控制体的形状和大小不随时间变化，但是物理量可以变化，与外界可以有能量和质量交换。

4.5.2　输运公式

由于系统内的质点有确定的质量，质量守恒定律、动量定理、动量矩定理及能量守恒定律对于确定的物体系统都成立，故有必要研究系统内物理量随时间的变化情况、控制体内物理量随时间的变化率及经过控制面的净通量之间的关系，这个关系称为输运公式。

考虑图 4-13 所示的系统和控制体，控制体内的流体为系统。在 t 时刻，系统的分界面用实线表示，静止时控制体的大小和形状不随时间变化，在 t 时刻控制面 CS 与系统边界重合，如图 4-13(a)所示。经过时间 Δt 后，系统运动到新位置，系统占据空间 II 和 III，而控制体 CV 仍由 I 和 II 组成。区域 I 看成在 Δt 时间内由控制体的左控制面 CS$_1$ 流入控制体的流体，而区域 III 可看成在 Δt 时间内经控制体的右控制面 CS$_2$ 从控制体流出的流体。系统所具有的物理量写成统一的形式为

$$N = \int_V \varphi \rho \, dV \tag{4-26}$$

式中，$\varphi = \dfrac{dN}{dm}$ 为单位质量流体所具有的物理量。若 $\varphi = 1$，则 N 为流体系统的质量；若 $\varphi = v$，则 N 为流体系统的动量；若 $\varphi = v^2/2$，则 N 为流体系统的能量。

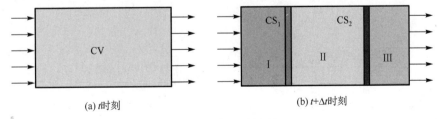

(a) t 时刻　　　　　　　　　　(b) $t + \Delta t$ 时刻

图 4-13　系统和控制体

t 时刻，系统和控制体所具有的物理量 N 相同，即

$$N_{\text{sys}}(t) = N_{\text{CV}}(t) \tag{4-27}$$

式中，下标 sys 表示系统；下标 CV 表示控制体。

但在 $t+\Delta t$ 时刻，系统和控制体的物理量之间有关系

$$N_{\text{sys}}(t + \Delta t) = N_{\text{II+III}}(t + \Delta t) = N_{\text{CV}}(t + \Delta t) + N_{\text{III}}(t + \Delta t) \tag{4-28}$$

于是在 t 时刻，系统和控制体内物理量 N 对时间的导数为

$$\frac{\mathrm{d}N_{\text{CV}}(t)}{\mathrm{d}t} = \lim_{\Delta t \to 0} \frac{N_{\text{CV}}(t + \Delta t) - N_{\text{CV}}(t)}{\Delta t} \tag{4-29}$$

$$\frac{\mathrm{d}N_{\text{sys}}(t)}{\mathrm{d}t} = \lim_{\Delta t \to 0} \frac{N_{\text{sys}}(t + \Delta t) - N_{\text{sys}}(t)}{\Delta t} \tag{4-30}$$

进一步得

$$
\begin{aligned}
\frac{\mathrm{d}N_{\text{sys}}(t)}{\mathrm{d}t} &= \lim_{\Delta t \to 0} \frac{N_{\text{II+III}}(t + \Delta t) - N_{\text{I+II}}(t)}{\Delta t} \\
&= \lim_{\Delta t \to 0} \frac{N_{\text{III}}(t + \Delta t) + N_{\text{II}}(t + \Delta t) - [N_{\text{I}}(t) + N_{\text{II}}(t)]}{\Delta t} \\
&= \lim_{\Delta t \to 0} \frac{N_{\text{II}}(t + \Delta t) - N_{\text{II}}(t)}{\Delta t} + \lim_{\Delta t \to 0} \frac{N_{\text{III}}(t + \Delta t) - N_{\text{I}}(t)}{\Delta t} \\
&= \frac{\mathrm{d}N_{\text{CV}}(t)}{\mathrm{d}t} + \frac{\mathrm{d}(N_{\text{III}} - N_{\text{I}})}{\mathrm{d}t}
\end{aligned}
$$

将式 (4-26) 代入上式有

$$\frac{\mathrm{d}N_{\text{III}}}{\mathrm{d}t} = \lim_{\Delta t \to 0} \frac{\displaystyle\int_{\text{III}} \varphi\rho\mathrm{d}V}{\Delta t} = \int_{\text{CS}_2} \varphi\rho \boldsymbol{v} \cdot \boldsymbol{n}\mathrm{d}A = \int_{\text{CS}_2} \varphi\rho v_n \mathrm{d}A$$

$$\frac{\mathrm{d}N_{\text{I}}}{\mathrm{d}t} = \lim_{\Delta t \to 0} \frac{\displaystyle\int_{\text{I}} \varphi\rho\mathrm{d}V}{\Delta t} = \int_{\text{CS}_1} \varphi\rho \boldsymbol{v} \cdot \boldsymbol{n}\mathrm{d}A = \int_{\text{CS}_1} \varphi\rho v_n \mathrm{d}A$$

由于左控制面 CS_1、右控制面 CS_2 的外法线方向相反，故

$$\lim_{\Delta t \to 0} \frac{N_{\text{III}}(t + \Delta t) - N_{\text{I}}(t)}{\Delta t} = \int_{\text{CS}_2} \varphi\rho v_n \mathrm{d}A - \int_{\text{CS}_1} \varphi\rho v_n \mathrm{d}A = \int_{\text{CS}} \varphi\rho v_n \mathrm{d}A$$

所以有

$$\frac{\mathrm{d}N_{\text{sys}}^-}{\mathrm{d}t} = \frac{\mathrm{d}N_{\text{CV}}(t)}{\mathrm{d}t} + \frac{\mathrm{d}(N_{\text{III}} - N_{\text{I}})}{\mathrm{d}t} = \frac{\partial}{\partial t} \int_{\text{CV}} \varphi\rho\mathrm{d}V + \int_{\text{CS}} \varphi\rho v_n \mathrm{d}V \tag{4-31}$$

这就是著名的输运公式，它由欧拉最先提出。该式表明，流体系统内部物理量 N 随时间的变化率等于同一空间内 N 的时间变化率与控制体界面上 N 的变化量之和。

可见，流体系统的某种物理量 N 对时间的全导数由两部分组成。

(1) 当地导数，它等于控制体内这种物理量的变化率，是由流场的非定常性引起的。

(2)迁移导数，它等于控制面上这种物理量的变化量，是由流场的非均匀性引起的。

4.5.3　连续性方程

若单位质量流体具有的物理量 $\varphi=\dfrac{\mathrm{d}N}{\mathrm{d}m}=1$，则 $N=m$ 为流体系统的质量。由输运公式(4-31)可以推导得到适用于控制体内流体的连续性方程

$$\frac{\mathrm{d}m}{\mathrm{d}t}=\frac{\partial}{\partial t}\int_{\mathrm{CV}}\rho\mathrm{d}V+\int_{\mathrm{CS}}\rho v_n\mathrm{d}A \tag{4-32}$$

对于定常流动，流体的连续性方程变为

$$\frac{\mathrm{d}m}{\mathrm{d}t}=\int_{\mathrm{CS}}\rho v_n\mathrm{d}A=0 \tag{4-33}$$

可见，在定常流动情况下，通过控制面的流体质量的变化量等于零。

对于一维的定常流动，考虑流束的两个控制面 CS_1、CS_2 及其间流束表面构成的控制体，得到如下形式的连续性方程

$$\int_{\mathrm{CS}_1}\rho v_{n1}\mathrm{d}A=\int_{\mathrm{CS}_2}\rho v_{n2}\mathrm{d}A$$

用 $\overline{v}_1$、$\overline{v}_2$ 分别表示两个控制面 CS_1、CS_2 有效截面的平均流速，ρ_1、ρ_2 分别为流体截面的流体密度，那么有

$$\rho_1\overline{v}_1A_1=\rho_2\overline{v}_2A_2 \tag{4-34}$$

故一维的定常流动，通过任意有效截面的质量流量等于常数。若流体为不可压缩流体，进一步有

$$v_1A_1=v_2A_2$$

即对于不可压缩流体的一维定常流动，通过任意有效截面的体积流量等于常数。

4.5.4　动量方程

若单位质量流体具有的物理量 $\varphi=\dfrac{\mathrm{d}N}{\mathrm{d}m}=v$，则 $N=mv$ 为流体系统的动量。由输运公式(4-31)可以推得适用于控制体内流体的动量方程

$$\frac{\mathrm{d}N}{\mathrm{d}t}=\frac{\mathrm{d}mv}{\mathrm{d}t}=\frac{\partial}{\partial t}\int_{\mathrm{CV}}\rho v\mathrm{d}V+\int_{\mathrm{CS}}\rho vv_n\mathrm{d}A \tag{4-35}$$

根据质点系动量定理，由于 t 时刻流体系统与控制体重合，流体系统动量的时间全变化率等于作用在系统上外力的矢量和，故有

$$\frac{\mathrm{d}N}{\mathrm{d}t}=\frac{\mathrm{d}mv}{\mathrm{d}t}=\int_{\mathrm{CV}}f\rho\mathrm{d}V+\int_{\mathrm{CS}}p_n\mathrm{d}A \tag{4-36}$$

式中，f 为单位质量流体的质量力；p_n 为流体的压力。综合式(4-35)和式(4-36)得

$$\frac{\partial}{\partial t}\int_{CV}\rho v\mathrm{d}V+\int_{CS}\rho vv_n\mathrm{d}A=\int_{CV}f\rho\mathrm{d}V+\int_{CS}p_n\mathrm{d}A \tag{4-37}$$

式(4-37)表明,控制体内流体动量随时间的变化率与经过控制面流体动量变化量的矢量和等于作用在同一空间区域内流体上所有外力的矢量和。

对不考虑质量力情况下的定常管流有

$$\int_{CS}\rho vv_n\mathrm{d}A=\int_{CS_2}\rho v_2 v_{n2}\mathrm{d}A-\int_{CS_1}\rho v_1 v_{n1}\mathrm{d}A=\sum F \tag{4-38}$$

同样用 $\bar{v}_1$、$\bar{v}_2$ 分别表示两个控制面 CS_1、CS_2 有效截面的平均流速。在惯性坐标系中,式(4-38)可以写成三个方向的投影形式

$$
\begin{aligned}
\rho_2\bar{v}_{2x}^2 A_2-\rho_1\bar{v}_{1x}^2 A_1&=\sum F_x & \rho Q_v(\bar{v}_{2x}-\bar{v}_{1x})&=\sum F_x \\
\rho_2\bar{v}_{2y}^2 A_2-\rho_1\bar{v}_{1y}^2 A_1&=\sum F_y &\Rightarrow \rho Q_v(\bar{v}_{2y}-\bar{v}_{1y})&=\sum F_y \\
\rho_2\bar{v}_{2z}^2 A_2-\rho_1\bar{v}_{1z}^2 A_1&=\sum F_z & \rho Q_v(\bar{v}_{2z}-\bar{v}_{1z})&=\sum F_z
\end{aligned}
\tag{4-39}
$$

此即定常管流的动量方程,式中,$\bar{v}_{ij}(i=1,2,j=x,y,z)$ 分别表示流入和流出截面的平均速度在三个坐标轴方向的分量。动量方程通常用来求解管道的动水反力问题,应用时应注意适当地选择控制体,由于管道的侧壁没有流体的流入和流出,故只考虑流入、流出截面的流动和外力情况,而不必考虑控制体内流体的流动状态。

4.5.5 能量方程

若不考虑流体的力学性能和热交换,在重力场中,单位质量流体具有的物理量 $\varphi=\dfrac{\mathrm{d}N}{\mathrm{d}m}=\dfrac{v^2}{2}+gz$,则 $N=\dfrac{1}{2}mv^2+mgz$ 为流体系统的能量。由输运公式(4-31)可以推导得到适用于控制体内流体的能量方程

$$\frac{\mathrm{d}N}{\mathrm{d}t}=\frac{\mathrm{d}\left(\dfrac{1}{2}mv^2+mgz\right)}{\mathrm{d}t}=\frac{\partial}{\partial t}\int_{CV}\left(\frac{1}{2}v^2+gz\right)\rho\mathrm{d}V+\iint_{CS}\left(\frac{1}{2}v^2+gz\right)\rho v_n\mathrm{d}A \tag{4-40}$$

根据能量守恒定律和能量转换定律,流体系统中能量的时间全变化率等于作用在系统上的外力所做的功。由于 t 时刻流体系统与控制体重合,于是有

$$\frac{\mathrm{d}N}{\mathrm{d}t}=\frac{\mathrm{d}\left(\dfrac{1}{2}mv^2+mgz\right)}{\mathrm{d}t}=\int_{CS}p_n\cdot v\mathrm{d}A \tag{4-41}$$

综合式(4-40)和式(4-41)得

$$\frac{\partial}{\partial t}\int_{CV}\left(\frac{1}{2}v^2+gz\right)\rho\mathrm{d}V+\iint_{CS}\left(\frac{1}{2}v^2+gz\right)\rho v_n\mathrm{d}A=\int_{CS}p_n\cdot v\mathrm{d}A \tag{4-42}$$

此即积分形式的能量方程。公式表明,控制体内流体能量随时间的变化率与经过控制面流体的能量变化量的矢量和等于作用在同一空间区域内流体上所有外力所做的功。

对于仅在重力作用下的绝能定常管流，选取管壁和流体的进、出口有效截面为控制面，且控制体内的流体与外界没有热量和其他能量交换。由于 p_n 沿截面的外法线方向，所以式 (4-42) 可以简化为

$$\iint_{CS}\left(\frac{1}{2}\rho v^2 + gz\rho + p\right)v_n \mathrm{d}A = 0 \tag{4-43}$$

进一步得

$$\frac{1}{2}\rho v^2 + gz\rho + p = C$$

从而得

$$\frac{v^2}{2g} + z + \frac{p}{\rho g} = H \tag{4-44}$$

此即仅在重力作用下，一维不可压缩理想流体绝能定常流动的能量方程，它是由伯努利于 1738 年提出的，因此又称为伯努利方程。

伯努利方程具有明确的物理和几何意义。其物理意义为，沿同一微元流束或流线，单位重量流体的动能、位置势能、压强势能之和为常数。它的几何意义是，沿同一微元流束或流线，单位重量流体的速度水头、位置水头、压强水头之和为常数，即总水头线为平行于基准面的水平线。伯努利方程的几何意义如图 4-14 所示。

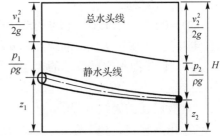

图 4-14 伯努利方程的几何意义

由于能量守恒，工程中可以用降低压强的方法来提高流速。但是对于液体，当压强降低到饱和压强以下时，液体会汽化产生气泡，称为空化现象，伯努利方程将不再适用。法国人皮托还依据此原理设计出皮托管，1773 年他首先将此原理用于测量塞纳河的水流速度。

伯努利方程给出了流体沿流线的速度和压强之间的关系。流体在沿弯曲的管道流动时，流速会随曲率半径的增大而减小，且内侧流速较外侧流速高。另外，实际流体都有黏性，由于速度梯度不同，克服流体各流层间的黏性应力会使得流体温度升高。因此对于黏性流体的能量方程，不但有能量损失 h_w，还需要引入动能修正系数

$$\alpha_1\frac{\overline{v}_1^2}{2g} + z_1 + \frac{p_1}{\rho g} = \alpha_2\frac{\overline{v}_2^2}{2g} + z_2 + \frac{p_2}{\rho g} + h_w \tag{4-45}$$

式中，α_1、α_2 分别为 1—1、2—2 截面的动能修正系数，这里不再细述；能量损失 h_w 会在后面章节专门讲述。

习　　题

4-1. 已知某流速场速度分布为 $v_x = yz + t$，$v_y = xz + t$，$u_z = xy$。试求：在 $t = 2$ 时，空间点 $(1, 2, 3)$ 处流体的加速度。

4-2．已知平面流动的速度分布为 $v = \dfrac{-y}{2(x^2+y^2)}i + \dfrac{x}{2(x^2+y^2)}j$，求流线方程，并画出两条流线。

4-3．证明流线的微分方程为 $\dfrac{\mathrm{d}x}{v_x(x,y,z,t)} = \dfrac{\mathrm{d}y}{v_y(x,y,z,t)} = \dfrac{\mathrm{d}z}{v_z(x,y,z,t)}$。

4-4．已知某不可压缩流体的流动，$v_x=2x^3+y^2$，$v_y=x^2-3y^2x^2$，$u_z=0$。请判别此流动为几维流动。

4-5．在一稳定、不可压缩流场中，已知流体流动速度分布为 $u_x=2y$，$u_y=4x$，$u_z=0$。试问：

(1)流体流动是几维流动？

(2)求流线方程，并画出若干条流线。

4-6．设某不可压缩流体做二元流动时的速度分布为 $v_x = \dfrac{m}{2\pi}\dfrac{x}{x^2+y^2}$，$v_y = \dfrac{m}{2\pi}\dfrac{y}{x^2+y^2}$，其中 m 为常数。试求加速度。

4-7．已知平面直角坐标系中的二维速度场 $u = (x+t)i + (y+t)j$。试求：

(1)迹线方程。

(2)流线方程。

(3)$t=0$ 时刻，通过(1, 1)点的流体微团运动的加速度。

4-8．已知欧拉法表示的速度场 $u = 2xi - 2yj$，求流体质点的迹线方程，并说明迹线形状。

4-9．设平面不定常流动的速度分布为 $u = xt, v = 1$，在 $t = 1$ 时刻流体质点 A 位于(2,2)。试求：

(1)质点 A 的迹线方程。

(2)在 $t=1$、2、3 时刻通过点(2, 2)的流线方程。

4-10．设平面流动的速度分布为 $u = x^2, v = -2xy$，试求分别通过点(2, 0.5)，(2, 2.5)，(2, 5)的流线，并画出第一象限的流线图。

4-11．设平面不定常流动的速度分布为 $u = xt, v = -(y+2)t$，试求迹线与流线方程。

4-12．已知流场的速度分布为 $v = xyi + y^2j$，试求：

(1)该流场属于几维流动？

(2)求点(1, 1)处的加速度。

4-13．不可压缩无黏性流体在圆管中沿中心轴 x 轴做一维定常流动，在 $0 \leqslant x \leqslant 30\mathrm{m}$ 段，由于管壁为多孔材料，流体从管壁均匀泄漏，速度的变化规律为 $u(x) = 2(10-0.3x)\mathrm{m/s}$，试求此段流体的加速度 a_x 表达式及 $x = 10\mathrm{m}$ 处的加速度值。

4-14．水由喷口水平射出，冲击在固定的垂直光滑平板上，如图所示，喷口直径 $d = 0.1\mathrm{m}$，喷射流量 $Q = 0.4\mathrm{m^3/s}$，空气对流的阻力及射流与平板间的摩擦阻力不计，求射流对平板的冲击力。

4-15．有一直径由 200mm 变至 150mm 的 90°变径弯头，后端连接一出口直径为 120mm 的喷嘴，水由喷嘴喷出的速度为 18m/s，忽略局部阻力和水重，求弯头受力。

4-16．如图所示，嵌入支座内的一段输水管，其直径由 $d_1=1.5\mathrm{m}$ 变化到 $d_2=1\mathrm{m}$，当支座前的压强 p_1 等于 4 个工程大气压、流量 Q 为 $1.8\mathrm{m^3/s}$ 时，试确定渐变段支座所受的轴向力 R，不计水头损失。

4-17．一消防水枪向上的倾角 $\alpha=30°$，如图所示，水管直径为 150mm，压力表读数 $M=3.2\mathrm{mH_2O}$，喷嘴直径为 75mm，不计喷嘴的压头损失和水重。试求水流对喷嘴的冲击力。

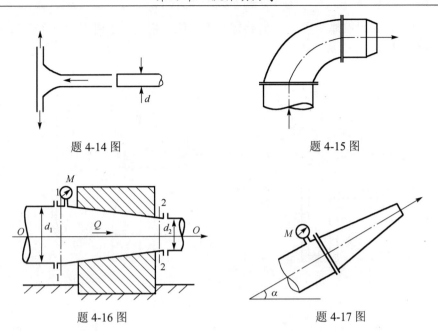

题 4-14 图　　　　　　　　　　　　题 4-15 图

题 4-16 图　　　　　　　　　　　　题 4-17 图

4-18．如图所示，宽度 $B=1$m 的平板闸门开启时，上游水位 $h_1=2$m，下游水位 $h_2=0.8$m，试求固定闸门所需的水平力 F。

4-19．如图所示，用文丘里流量计测定管道中的流量。

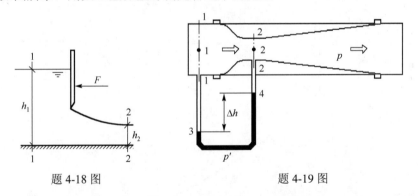

题 4-18 图　　　　　　　　　　　　题 4-19 图

4-20．如图所示，为测定汽油沿油管流过的流量，把油管的一段制成内凹的，水银压力计的两端分别连接油管的两处。当汽油流过管子时压力计高度差为 h，求汽油的流量大小。假定汽油为理想不可压缩流体，流动是定常的，油管的直径为 d_1，内凹处的直径是 d_2。

4-21．如图所示，文丘里流量计管道直径 $d_1=200$mm，喉管直径 $d_2=100$mm，水银压差计读数 $y=20$mm，水银密度 $\rho_m=13.6\times10^3$kg/m^3，忽略管中水头损失，试求管道输水流量 Q。

4-22．对于平板闸门的闸下出流，其宽 $B=2$m，闸前水深 $h_1=4$m，闸后水深 $h_2=0.5$m，出流量 $Q=8$m^3/s，不计摩擦阻力，试求水流对闸门的作用力，并与按静水压强分布规律计算结果相比较。

4-23．如图所示，水平流出的水射向一倾斜平板，若不计重力作用和水头损失，则分流前后的流速应当是相同的，即 $v_0=v_1=v_2$，求分流流量 Q_1、Q_2 和总流量 Q_0 的关系。

4-24．如图所示，水从水头为 h_1 的大容器通过小孔流出(大容器中的水位可以认为是不变的)，射流冲击在一块大平板上，它盖住了第二个大容器的小孔，该容器水平面到小孔的距离

为 h_2，设两个小孔的面积都一样。若 h_2 给定，不计能量损失，求射流作用在平板上的力刚好与板后的力平衡时 h_1 为多少？

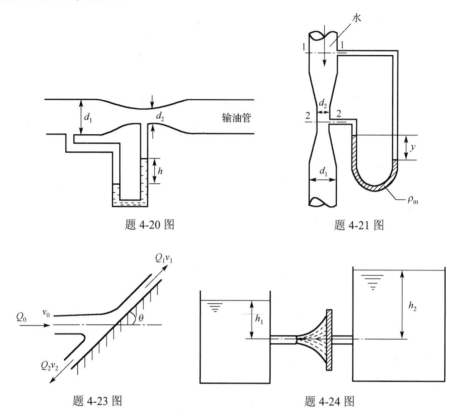

题 4-20 图   题 4-21 图

题 4-23 图   题 4-24 图

4-25. 如图所示，已知溢流坝上游的水深 $h_1=5\text{m}$，每米坝宽的溢流流量 $Q=2\text{m}^3/(\text{s·m})$，不计水头损失，求溢流坝下游的水深 h_2 及每米坝宽所受的水平推力。

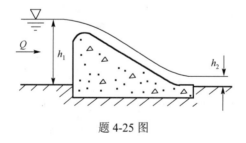

题 4-25 图

第5章 相似原理和量纲分析

流体力学的很多复杂问题都很难得到解析解，它的发展很大程度上依赖于流体流动的科学实验。流体力学实验很难在实物上进行，故经常按照一定的比例尺制作实验模型，再利用有关实验装置进行实验，模型实验的方法在流体力学中有着广泛应用。如何制作模型的比例尺保证模型与原型的流动相似，又如何将模型实验结果推广应用到实际工程中去，对于这些问题，人们经过大量的科学实验，总结出了一定的规律，即本章的相似原理。该方法不仅在流体力学中有着广泛应用，而且也广泛应用于传热、传质及其他复杂物理化学过程内部规律的探索。

5.1 流动的力学相似

两个流场的力学相似是指在流动的空间，各个对应点和各对应时刻，所有表征流体流动特征的物理量都成一定比例。它主要包括如下三类：

(1)几何形状方面，如长度、面积、体积等相似称为几何相似。

(2)运动状态方面，如速度、加速度、体积流量等相似称为运动相似。

(3)动力特征方面，如质量力、表面力等相似称为动力相似。

因此，流场的力学相似主要包括流场的几何相似、运动相似和动力相似三个方面，这里用下标 m、p 分别表示模型和原型的物理量。

1)几何相似

几何相似是指模型与原型的对应线性长度的比例相等，其比例尺 k_l 为

$$k_l = \frac{l_m}{l_p} \tag{5-1}$$

由于几何相似，模型与原型的对应面积、对应体积也必定分别互成一定比例，面积和体积的比例尺为

$$k_A = \frac{A_m}{A_p} = k_l^2$$

$$k_V = \frac{V_m}{V_p} = k_l^3 \tag{5-2}$$

2)运动相似

运动相似是指模型与原型的流场对应时刻、对应点的流速大小比例相等、方向一致，即它们的速度场相似。速度比例尺为

$$k_v = \frac{v_m}{v_p} \tag{5-3}$$

由于几何相似是运动相似的前提条件，故在流场的模型与原型中，流体微团经过同样距离所需要的时间也成一定比例，称为时间比例尺 k_t，它可以用长度和速度比例尺表示如下：

$$k_t = \frac{t_m}{t_p} = \frac{l_m / v_m}{l_p / v_p} = k_l k_v^{-1} \tag{5-4}$$

3）动力相似

动力相似是指模型与原型的流场对应点处，作用在流体微团上的力的方向相同、大小比例相等，即流场的动力相似。根据牛顿第二定律 $F = ma$ 有

$$k_F = \frac{F_m}{F_p} = \frac{m_m a_m}{m_p a_p} = \frac{(\rho V)_m a_m}{(\rho V)_p a_p} = k_\rho k_l^2 k_v^2 \tag{5-5}$$

流场的力学相似包括三个方面，其中几何相似是运动相似的前提条件，动力相似是决定运动相似的主要因素，运动相似是几何相似和动力相似的表现。因此，运动相似是两个流场完全相似的重要条件。流场的模型与原型的密度也成一定比例，其比例尺为

$$k_\rho = \frac{k_F}{k_l^2 k_v^2} \tag{5-6}$$

由于两个流场的流体往往是已经选定的，故流体力学的模型实验往往采用 ρ、l、v 作为基本的物理量，即选取 k_ρ、k_l、k_v 作为基本的比例尺。所有动力学物理量的比例尺都可以由基本的比例尺来确定。

5.2 动力相似准则

5.2.1 牛顿相似准则

由于任何机械系统都满足牛顿第二定律 $F = ma$，由式（5-6）有 $k_F = k_\rho k_l^2 k_v^2$，将其中对应比例尺用各物理量的比值表示为

$$\frac{F_m}{F_p} = \frac{\rho_m l_m^2 v_m^2}{\rho_p l_p^2 v_p^2} \tag{5-7}$$

即 $\dfrac{F_m}{\rho_m l_m^2 v_m^2} = \dfrac{F_p}{\rho_p l_p^2 v_p^2}$。令 $\dfrac{F}{\rho l^2 v^2} = \mathrm{Ne}$，称其为牛顿数。模型与原型的流场动力相似，它们的牛顿数必定相等，此即牛顿相似准则。

5.2.2 重力相似准则

在重力作用下满足动力相似的流场中，其重力场必须相似。作用在两种流场流体微团上的重力之比可以表示为

$$k_F = \frac{G_m}{G_p} = \frac{m_m g_m}{m_p g_p} = \frac{(\rho V)_m g_m}{(\rho V)_p g_p} = k_\rho k_l^3 k_g \tag{5-8}$$

将其代入式（5-5）得

$$k_F = k_\rho k_l^3 k_g = k_\rho k_l^2 k_v^2$$

从而有

$$k_l k_g = k_v^2 \tag{5-9}$$

将其中比例尺用对应各物理量的比值表示为

$$\frac{l_m}{l_p}\frac{g_m}{g_p} = \left(\frac{v_m}{v_p}\right)^2 \quad \Rightarrow \quad \frac{v_m}{\sqrt{l_m g_m}} = \frac{v_p}{\sqrt{l_p g_p}} \tag{5-10}$$

令 $\dfrac{v}{\sqrt{lg}} = Fr$，称其为弗劳德数，它是惯性力与重力的比值。若两种流场中流动的重力作用相似，它们的弗劳德数必定相等，此即重力相似准则。由于在重力场中，$k_g=1$，故有 $k_l=k_v^2$。

5.2.3　黏性力相似准则

在黏性力作用下满足动力相似的流场中，作用在两种流场流体微团上的黏性力之比可以表示为

$$k_F = \frac{F_{\mu m}}{F_{\mu p}} = \frac{\mu_m \left(\dfrac{dv}{dy}\right)_m A_m}{\mu_p \left(\dfrac{dv}{dy}\right)_p A_p} = k_\mu k_l k_v \tag{5-11}$$

将其代入式(5-5)得

$$k_F = k_\mu k_l k_v = k_\rho k_l^2 k_v^2$$

从而有

$$k_\mu = k_\rho k_l k_v \tag{5-12}$$

将其中的比例尺用对应各物理量的比值表示为

$$\frac{\mu_m}{\mu_p} = \frac{\rho_m l_m v_m}{\rho_p l_p v_p} \quad \Rightarrow \quad \frac{\mu_m}{\rho_m l_m v_m} = \frac{\mu_p}{\rho_p l_p v_p} \tag{5-13}$$

令 $\dfrac{\rho l v}{\mu} = \dfrac{lv}{\nu} = Re$，称为雷诺数，它是惯性力与黏性力的比值。若两种流场中流动的黏性力作用相似，它们的雷诺数必定相等，此即黏性力相似准则。

5.2.4　压力相似准则

在压力作用下满足动力相似的流场中，作用在两种流场流体微团上的压力之比可以表示为

$$k_F = \frac{F_{Pm}}{F_{Pp}} = \frac{P_m A_m}{P_p A_p} = k_P k_l^2 \tag{5-14}$$

将其代入式(5-5)得

$$k_F = k_P k_l^2 = k_\rho k_l^2 k_v^2$$

从而有

$$k_P = k_\rho k_v^2 \tag{5-15}$$

将其中的比例尺用对应各物理量的比值表示为

$$\frac{P_\mathrm{m}}{P_\mathrm{p}} = \frac{\rho_\mathrm{m} v_\mathrm{m}^2}{\rho_\mathrm{p} v_\mathrm{p}^2} \Rightarrow \frac{P_\mathrm{m}}{\rho_\mathrm{m} v_\mathrm{m}^2} = \frac{P_\mathrm{p}}{\rho_\mathrm{p} v_\mathrm{p}^2} \tag{5-16}$$

令 $\dfrac{P}{\rho v^2} = Eu$，称为欧拉数，它是惯性力与压力的比值。若两种流场中流动的压力作用相似，它们的欧拉数必定相等，此即压力相似准则。

5.2.5　表面张力相似准则

在表面张力作用下满足动力相似的流场中，作用在两种流场流体微团上的表面张力之比可以表示为

$$k_F = \frac{F_{\sigma\mathrm{m}}}{F_{\sigma\mathrm{p}}} = \frac{\sigma_\mathrm{m} l_\mathrm{m}}{\sigma_\mathrm{p} l_\mathrm{p}} = k_\sigma k_l \tag{5-17}$$

将其代入式(5-5)得

$$k_F = k_\sigma k_l = k_\rho k_l^2 k_v^2$$

从而有

$$k_\sigma = k_\rho k_l k_v^2 \tag{5-18}$$

将其中的比例尺用对应各物理量的比值表示为

$$\frac{\sigma_\mathrm{m}}{\sigma_\mathrm{p}} = \frac{\rho_\mathrm{m} l_\mathrm{m} v_\mathrm{m}^2}{\rho_\mathrm{p} l_\mathrm{p} v_\mathrm{p}^2} \Rightarrow \frac{\sigma_\mathrm{m}}{\rho_\mathrm{m} l_\mathrm{m} v_\mathrm{m}^2} = \frac{\sigma_\mathrm{p}}{\rho_\mathrm{p} l_\mathrm{p} v_\mathrm{p}^2} \tag{5-19}$$

令 $\dfrac{\rho l v^2}{\sigma} = We$，称为韦伯数，它是惯性力与表面张力的比值。若两种流场中流动的表面张力作用相似，它们的韦伯数必定相等，此即表面张力相似准则。

上述 Ne、Fr、Re、Eu、We 统称为相似准则数。对于实际流动情况，流体微团的运动情况尽管复杂，但若已知某种流动的运动微分方程，同样可以推得有关的相似准则和相似准则数。

5.3　近似的模型实验

流动相似条件是指保证流动相似的充要条件，它需要满足如下几个方面的要求。

(1)必须是同类现象的流动，并且描述现象的微分方程也遵循相同的物理现象。例如，同一对流传热问题分别为层流和湍流时，现象都是对流传热，其微分方程形式也一致，因此层流和湍流对流传热属同类现象。

(2)满足单值性条件，即影响过程进行并能使所研究的问题能被唯一确定的条件。

几何条件：如流场表面的几何形状、尺寸、位置等。

初始条件：指非稳态问题中初始时刻物理量的分布，稳态时无此项条件。

物理条件：如流体的物理特征，即速度分布、物性参数等。

边界条件：如所研究系统边界上的速度、温度或热流密度条件等。

(3)与现象有关的所有物理量必须一一对应，即每个物理量各自相似，由单值条件中的物理量所组成的相似准则数相等。

但在用模型进行实验时，以上相似准则往往不能完全满足。以重力场中不可压缩黏性流体的定常流动为例。若要使模型与原型流场的流动相似，必须满足重力相似准则和黏性力相似准则。由重力相似准则得

$$k_v^1 = \sqrt{k_l k_g} = \sqrt{k_l} \tag{5-20}$$

若原型和模型选用同种流体，由黏性力相似准则得

$$k_v^2 = \frac{k_\mu}{k_\rho k_l} = \frac{1}{k_l} \tag{5-21}$$

可见，式(5-20)和式(5-21)矛盾，在原型和模型中运用黏度不同的流体可以解决以上矛盾。

因此，定性的准则数越多，模型实验的设计就越困难，有些甚至根本无法进行。因此，只考虑对流动过程起主导作用的定性准则，忽略那些对过程影响较小的定性准则，采用近似的模型实验方法，往往能达到两流场力学近似的目的。

例 5-1　如图 5-1 所示的弧形闸门放水时的情形。已知水深 $h = 8\text{m}$。模型闸门按长度比例尺 $k_l = 1/16$ 制作，实验时的开度与原型的开度相同。在模型上测得收缩截面的平均流速 $v_m = 2\text{m/s}$，流量 $Q_v = 0.03\text{m}^3/\text{s}$。已知：水作用在闸门上的力 $F_m = 92\text{N}$，绕闸门轴的力矩 $M_m = 110\text{N·m}$。试求：

(1)流动相似时模型闸门前的水深。

(2)原型上收缩截面的平均流速和流量。

解：按长度比例尺，模型闸门前的水深为

$$h_m = k_l h_p = 8 \times \frac{1}{16} = 0.5\text{m}$$

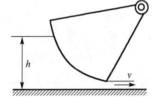

图 5-1　弧形闸门放水时的情形

在重力作用下水由闸门下流出，要使流动相似，必须满足两种流动的弗劳德数相等。

$$k_v = \sqrt{k_l} = 1/4$$

于是，得原型上收缩截面的平均流速为

$$v_p = \frac{v_m}{k_v} = 2 \times 4 = 8\text{m/s}$$

同理得

$$Q_{vp} = \frac{Q_{vm}}{k_Q} = \frac{Q_m}{k_l^2 k_v} = \frac{0.03}{\left(\frac{1}{16}\right)^2 \times \frac{1}{4}} = 30.72\text{m}^3/\text{s}$$

5.4 量纲分析法

物理量单位的种类叫量纲。小时、分、秒同属于时间单位，它们的量纲记为 T；米、厘米、毫米同属于长度单位，它们的量纲记为 L；吨、千克、克同属于质量单位，它们的量纲记为 M。流体力学中常取长度、时间和质量的量纲 L、T、M 为基本量纲，任何物理量都可以表示成基本量纲的形式。

在任何一个物理方程中，各项的量纲必定相同，用量纲表示的物理方程必定是齐次性的，这便是物理方程的量纲一致性原则。量纲分析法是指从物理量的量纲入手，找出流动过程的相似准则数，通过实验找出相似准则数之间的对应函数关系。根据相似原理，可将对应的函数关系直接应用到原型中去。

量纲分析法中比较普遍的方法是著名的 π 定理，又称白金汉定理，它是白金汉(E. Buckingham)于 1951 年提出的，在流体力学的研究中应用非常广泛。在相似理论和量纲分析理论中，可以用 π 定理表述无量纲特征数之间的关系，即一个表示 n 个物理量之间关系的方程式，一定可以转换成包含 $n–r$ 个独立的无量纲物理量间的关系式。r 是 n 个物理量中所涉及的基本量纲的数目。显然，对于彼此相似的物理现象，对某个具体的物理过程所获得的特征数方程适用于所有其他类似的同类物理现象。将 π 定理应用于某个物理过程时，关键在于确定 n 与 r 的数值。

在已知相关物理量的前提下，可以采用量纲分析法获得无量纲量。下面以不可压缩黏性流体在粗糙管内的定常流动为例，用 π 定理导出相关无量纲量的量纲分析法。由于影响压强降 Δp 的因素有流体密度 ρ、速度 v、管径 d、相对粗糙度 ε、管长 L、动力黏度 μ 等，因此压强降可以表示为如下形式

$$\Delta p = f(\rho, v, d, \varepsilon, L, \mu) \tag{5-22}$$

应用量纲分析法获得问题解的步骤如下。

(1)找出组成与本问题有关的各物理量的基本物理量的量纲。

本问题含有 7 个物理量，它们的量纲均由 3 个基本物理量的量纲组成，即时间、长度和质量，因此可以组成 4 个无量纲量。同时选定 3 个物理量作为基本物理量，这里选定与时间、长度和质量有关的三个独立的物理量 ρ、v、d 为基本物理量。

(2)将基本物理量逐一与其余各量组成无量纲量。

无量纲量经常采用指数形式，其中指数是待定系数，无量纲量常用字母 π 表示，因此有

$$\pi_1 = \Delta p \rho^{a_1} v^{b_1} d^{c_1}, \quad \pi_2 = \varepsilon \rho^{a_2} v^{b_2} d^{c_2}, \quad \pi_3 = L \rho^{a_3} v^{b_3} d^{c_3}, \quad \pi_4 = \mu \rho^{a_4} v^{b_4} d^{c_4}$$

(3)应用量纲一致性原则导出待定指数。

以 π_1 为例，列出各物理量的量纲如下：

$$\text{Dim}[\Delta p] = ML^{-1}T^{-2}, \quad \text{Dim}[\rho] = ML^{-3}, \quad \text{Dim}[v] = LT^{-1}, \quad \text{Dim}[d] = L$$

将它们代入 π_1 表达式，并将量纲相同的项合并到一起得

$$\text{Dim}[\pi_1] = L^{-1-3a_1+b_1+c_1} M^{1+a_1} T^{-2-b_1}$$

上式等号左边的为无量纲量，根据量纲一致性原则可知，等号右边的也应为无量纲量，

因此三个独立物理量 ρ、v、d 的指数必须为零，由此可得到

对于 M：$-1-3a_1+b_1+c_1=0$

对于 L：$1+a_1=0$

对于 T：$-2-b_1=0$

联立求解得 $a_1=-1$，$b_1=-2$，$c_1=0$。同理可得 $a_2=0$，$b_2=0$，$c_2=-1$；$a_3=0$，$b_3=0$，$c_3=-1$；$a_4=-1$，$b_4=-1$，$c_4=-1$。将这些计算得到的数值代入 $\pi_1\sim\pi_4$ 得

$$\pi_1=\Delta p\rho^{a_1}v^{b_1}d^{c_1}=\frac{\Delta p}{\rho v^2}=Eu$$

$$\pi_2=\varepsilon\rho^{a_2}v^{b_2}d^{c_2}=\frac{\varepsilon}{d}$$

$$\pi_3=L\rho^{a_3}v^{b_3}d^{c_3}=\frac{L}{d}$$

$$\pi_4=\mu\rho^{a_4}v^{b_4}d^{c_4}=\frac{\mu}{\rho vd}=Re^{-1}$$

可以看出，黏性流体在粗糙管内流动时的压强降 Δp 与流体密度 ρ、速度 v、管径 d、相对粗糙度 ε、管长 L、动力黏度 μ 有关的表达式为

$$\Delta p=f\left(Re,\frac{\varepsilon}{d}\right)\frac{L}{d}\frac{\rho v^2}{2} \tag{5-23}$$

令 $\lambda=f\left(Re,\dfrac{\varepsilon}{d}\right)$，称为沿程损失系数，可以由实验确定，则式 (5-23) 变成

$$\Delta p=\lambda\frac{L}{d}\frac{\rho v^2}{2} \tag{5-24}$$

令 $h_f=\dfrac{\Delta p}{\rho g}$，得到单位重量流体的沿程能量损失为 $h_f=\lambda\dfrac{L}{d}\dfrac{v^2}{2g}$，此即著名的达西公式。

例 5-2　小球在不可压缩黏性流体中运动的阻力 F_d 与小球的直径 d、等速运动的速度 v、流体的密度 ρ、动力黏度 μ 有关，试导出阻力 F_d 的表达式。

解：根据与通过水平毛细管的流量有关的物理量，可以写出物理方程式

$$F_d=f(d,v,\rho,\mu)$$

选定的基本物理量为 ρ、v、d，可以得到两个无量纲量

$$\pi_1=F_d\rho^{a_1}v^{b_1}d^{c_1}，\quad\pi_2=\mu\rho^{a_2}v^{b_2}d^{c_2}$$

用基本量纲表示各物理量有

$$\dim F_d=MLT^{-2}，\quad\dim\rho=ML^{-3}，\quad\dim v=LT^{-1}，\quad\dim d=L，\quad\dim\mu=ML^{-1}T^{-1}$$

$$\dim\pi_1=M^{1+a_1}L^{1-3a_1+b_1+c_1}T^{-2-b_1}$$

根据量纲一致原则得

对于 M：$1+a_1=0$

对于 L：$1 - 3a_1 + b_1 + c_1 = 0$

对于 T：$-2 - b_1 = 0$

由此得到 $a_1 = -1$，$b_1 = -2$，$c_1 = -2$。同理可得 $a_2 = -1$，$b_2 = -1$，$c_2 = -1$。将这些计算得到的指数代入 $\pi_1 \sim \pi_2$ 表达式得

$$\pi_1 = F_d \rho^{a_1} v^{b_1} d^{c_1} = \frac{F_d}{\rho v^2 d^2} = \mathrm{Ne}, \quad \pi_2 = \mu \rho^{a_2} v^{b_2} d^{c_2} = \frac{\mu}{\rho v d} = Re^{-1}$$

由此可得小球在不可压缩黏性流体中运动的阻力 F_d 为

$$F_d = f(Re)\rho v^2 d^2 = f(Re)\frac{\pi d^2}{4}\frac{\rho v^2}{2}$$

习 题

5-1．假设自由落体的下落距离 s 与落体的质量 m、重力加速度 g 及下落时间 t 有关，试导出自由落体下落距离的关系式。

5-2．水泵的轴功率 P 与泵的转矩 M、角速度 ω 有关，试推导水泵轴功率表达式。

5-3．防浪堤模型实验，长度比例尺为 40，测得浪压力为 130N，试求作用在原型防浪堤上的浪压力。

5-4．为研究风对高层建筑物的影响，在风洞中进行模型实验，当风速为 9m/s 时，测得迎风面压强为 42Pa，背风面压强为 −20Pa。试求温度不变，风速增至 12m/s 时，迎风面和背风面的压强。

5-5．为研究输水管道上直径为 600mm 的阀门的阻力特性，采用直径为 300mm、几何相似的阀门用气流做模型实验。已知输水管道的流量为 0.283m³/s，水的运动黏度 $v_1 = 1 \times 10^{-6}$ m²/s，空气的运动黏度 $v_2 = 1.6 \times 10^{-6}$ m²/s，试求模型的气流量。

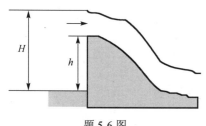

题 5-6 图

5-6．如图所示的原型，h 为原型的坝高，溢流坝泄流模型实验，模型长度比例尺为 60，溢流坝的泄流量为 500m³/s。试求：

(1) 模型的泄流量。

(2) 模型的堰上水头 $H_m = 6$m，原型对应的堰上水头 H 是多少？

5-7．为研究汽车的动力特性，在风洞中进行模型实验。已知汽车高 $h_p = 1.5$m，行车速度 $v_p = 108$km/h，风洞风速 $v_m = 45$m/s，测得模型车的阻力 $P_m = 1.4$kN，试求模型车的高度 h_m 及汽车受到的阻力。

5-8．已知文丘里流量计喉管流速 v 与流量计压强差 Δp、主管直径 d_1、喉管直径 d_2、流体的密度 ρ 和运动黏度 v 有关，试用 π 定理确定流速关系式。

5-9．圆形孔口出流的流速 v 与作用水头高度 H、孔口直径 d、水的密度 ρ 和动力黏度 μ、重力加速度 g 有关，试用 π 定理推导孔口流量公式。

5-10．球形固体颗粒在流体中的自由沉降速度 u_f 与颗粒直径 d、密度 ρ_s 以及流体的密度 ρ、动力黏度 μ、重力加速度 g 有关，试用 π 定理证明自由沉降速度关系式。

5-11．用水管模拟输油管道。已知输油管直径为 500mm。管长 100m，输油量为 0.1m³/s，油的运动黏度为 150×10⁻⁶m²/s。水管直径为 25mm，水的运动黏度为 1.01×10⁻⁶m²/s。试求：

(1) 模型管道的长度和模型的流量。

(2) 如测得压强差 $(\Delta p/\rho g)_m$=2.35mH₂O，输油管上的压强差 $(\Delta p/\rho g)_p$ 是多少？

5-12．经过孔口出流的流量 Q 与孔口直径 d、流体密度 ρ、压强差 Δp 有关，试确定流量的表达式。

5-13．流体通过孔板流量计的流量 Q 与孔板前、后的压差 Δp、管道的内径 d_1、管内流速 v、孔板的孔径 d、流体密度 ρ 和动力黏度 μ 有关。试用 π 定理导出流量 Q 的表达式。

5-14．为确定鱼雷阻力，可在风洞中进行模型实验。模型与实物的比例尺为 1/3。已知实际情况下鱼雷速度 v_p=6km/h，海水密度 ρ_p=1200kg/m³，运动黏度 v_p=1.145×10⁻⁶m²/s，空气的密度 ρ_m=1.29kg/m³，运动黏度 v_m=1.45×10⁻⁵m²/s，试求：

(1) 风洞中的模型速度应为多大？

(2) 若在风洞中测得模型阻力为 1000N，则实际阻力为多少？

第6章　黏性流体流动

实际流体都是有黏性的，当黏性流体流经固体壁面时，紧贴固体壁面的流体质点将黏附在固体壁面上，它们之间的相对速度为零，在固体壁面和流体的主流之间必定有一个由固体壁面的速度过渡到主流速度的流速变化区域。对于流速分布不均匀的黏性流体，在流动的垂直方向上会出现速度梯度，在相对运动的各流层之间必定存在切向的流体阻力。要维持黏性流体的流动，就要消耗机械能以克服阻力，并转化为热能。在工程实际中，很多实际问题不能用理论分析的方法计算，都需要通过实验研究的方法进行解决。

6.1　流体的两种状态

英国物理学家雷诺在 1883 年发表论著，他用实验结果说明流体的流动分为层流与紊流两种形态，并引入雷诺数作为判别两种流态的标准，而且测定了流动损失与这两种流动状态的关系。雷诺实验装置如图 6-1 所示。

由雷诺实验可以看出，当玻璃管的水流速度较低时，打开颜色药瓶的阀门，着色流束在自重的作用下将慢慢流动至水平玻璃管中，可以看到着色流束不与周围的水混合，整个流场呈一簇互相平行的流线，这种流动状态称为层流；随着管内流速增大到一定数值，着色流束开始振荡处于

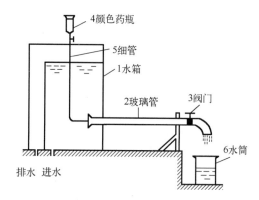

图 6-1　雷诺实验装置

不稳定状态。随着流速的进一步增加，振荡的着色流束突然破裂以致着色流束与周围的流体相混合，这时流体质点做复杂的无规则运动，这种流动状态称为紊流(或湍流)。随着流速慢慢降低到一定程度，原先处于紊流状态的流动又会转变为层流状态。这里定义由层流过渡到紊流的速度极限值为上临界速度 $v_{\max}^{\mathrm{cr}}$，当流速超过 $v_{\max}^{\mathrm{cr}}$ 时，层流转变为紊流；由紊流过渡到层流的速度极限值称为下临界速度 $v_{\min}^{\mathrm{cr}}$，当流速低于 $v_{\min}^{\mathrm{cr}}$ 时，紊流转变为层流；当流速介于 $v_{\min}^{\mathrm{cr}}$ 和 $v_{\max}^{\mathrm{cr}}$ 之间时，流体的流动状态可能是层流也可能是紊流，流体的流动状态与实验的起始状态及有无扰动等因素有关(见图 6-2)。

(a) 层流　　　　　　　　(b) 过渡状态　　　　　　　　(c) 紊流

图 6-2　流体的流动状态

流体处于层流状态时，流体微团沿着主流方向做规则的缓慢分层运动，此时分子扩展作用主导着动量和热量的交换，即动量传递靠分子黏性，热量传递靠热传导。而当流体处于紊流状态时，流体内部存在强烈的涡旋运动使各部分之间充分混合，此时流体的热量传递主要

依靠混合引起的热对流作用。仅靠临界速度来判别流体的流动状态和整理实验资料很不方便，因为流体的黏度、密度及流道尺寸不同，临界速度也不同。雷诺数 Re 是与流体的密度、黏度、流速、流道尺寸有关的无量纲综合量，是判别流体流动状态的准则数。一般取 $Re_{min}^{cr} = 2320$，$Re_{max}^{cr} > 13800$。由于上临界雷诺数在工程上没有实际意义，通常把下临界雷诺数作为判别流态的标准。对于工业管道，一般取圆管的临界雷诺数为 2000，当 $Re<2000$ 时，管内流体的流动状态为层流；当 $Re>2000$ 时，认为管内流体的流动状态是紊流。

例 6-1　已知某管道直径 $d=100$mm，输送水的流量 $Q=0.01$m³/s，水的运动黏度 $\nu= 1 \times 10^{-6}$m²/s，求水在管道中是什么流动状态？若输送 $\nu = 1.14 \times 10^{-4}$m²/s 的石油，保持前一种情况下的流速不变，流动又是什么流动状态？

解：（1）管道中水的流速为

$$v = \frac{Q}{A} = \frac{0.01}{\frac{\pi}{4} \times 0.1^2} = \frac{4}{\pi} \approx 1.27 \text{m/s}$$

故水的雷诺数为

$$Re = \frac{vd}{\nu} = \frac{1.27 \times 0.1}{10^{-6}} = 1.27 \times 10^5 > 2000$$

故水在管道中为紊流状态。

（2）管道中流体流速不变，若输送石油，石油的雷诺数为

$$Re = \frac{vd}{\nu} = \frac{1.27 \times 0.1}{1.14 \times 10^{-4}} \approx 1114 < 2000$$

故油在管道中是层流状态。

6.2　黏性流体流动的边界层

黏性流体在固体表面附近，流体速度发生剧烈变化的薄层称为边界层。边界层中流体的流动状态也有层流与紊流之分。边界层的厚度沿流动方向逐渐增大，而且紊流边界层比层流边界层增大得快。

根据流体的分布，普朗特提出可以把整个流场分为两个区域，即紧贴壁面的边界层区和边界层以外的主流区。在边界层区内，速度梯度很大，在这个黏性力不能忽略的薄层之内，可以运用数量级分析的方法对流动方程做实质性简化，从而可以获得不少黏性流动问题的分析解。实际上，在边界层区内切向应力和惯性力处于同一数量级。而在主流区，速度梯度几乎等于零，黏性切向应力的影响可以忽略不计，故可把主流区内的流体视为理想流体。

图 6-3 所示为沿平板的二维无界流动。黏性流体以均匀的速度 u_∞ 流过平板上方（垂直纸面方向视为无限长）。根据连续介质假定，紧贴壁面的流体速度为零，即黏性流体与固体壁面之间不存在相对滑移。流体的速度随着离开壁面距离 y 的增加而急剧增大，经过一个薄层后流速增大到十分接近远离壁面的主流速度。这个薄层就是流动边界层，其厚度视规定的接近主流速度程度的不同而不同。通常规定边界层区内流体速度达到主流速度的 99%处的距离 y 为流动边界层厚度，记作 δ。

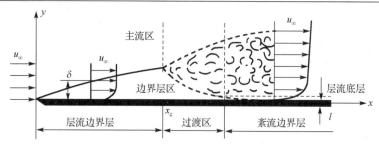

图 6-3　沿平板的二维无界流动

前面已指出，流体的流动可分为层流和紊流两大类。流动边界层在壁面上的发展过程也显示出，在边界层内也会出现层流和紊流两类状态不同的流动。图 6-3 所示为流体掠过平板时边界层的发展过程。在平板的起始段 δ 很小，随着 x 的增加，由于壁面黏性力的影响逐渐向流体内部传递，边界层外缘的位置不断向外推移，相应的流动边界层厚度逐渐变大。在一定距离 x_c 以内，流体始终保持层流状态，称为层流边界层，它的数值由临界雷诺数 $Re_c = u_\infty x_c / v$ 确定。沿流动方向随着边界层厚度的增大，壁面对外缘流体的影响和控制作用减弱，边界层内部黏性力和惯性力的对比向着惯性力相对强大的方向变化，促使边界层内的流动变得更加不稳定。自距前缘 x_c 处起流动朝着紊流过渡，最终过渡为紊流。此时流体质点在沿 x 方向流动的同时，又做着紊乱的不规则脉动，故称紊流边界层。对于沿平板的外部流动，发生流态转变的雷诺数与固体表面的粗糙程度及来流本身的紊流度等因素有关，一般在 $2\times10^5 \sim 3\times10^6$。来流扰动强烈、壁面粗糙时较易发生流态转变，甚至在雷诺数低于下限值时就发生流态转变，这时可取 5×10^5。

紊流边界层的主体核心虽处于紊流状态，但在紧靠壁面的极薄层中，因速度梯度极高，致使黏性切向力仍起着关键作用，流动形态也仍以层流为主，这个极薄层称为紊流边界层的黏性底层。在紊流核心与黏性底层之间还存在着起过渡作用的缓冲层。

边界层厚度 δ 是远远小于沿流动方向壁面尺寸的一个很小的量。在整个边界层内，壁面处的法向速度梯度具有最大值。由图 6-3 中的速度分布曲线可看出，层流边界层的速度分布为抛物线状。在紊流边界层内，黏性底层的速度梯度较大，近于直线；而在紊流核心处，质点的脉动强化了动量传递，速度变化较为平缓。流体的黏性只在边界层区才明确地显现出来，而在边界层区以外，可以忽略黏性的影响，即把主流区的流体视为理想流体处理。

流动边界层的厚度反映了流体动量扩散能力的大小。流动边界层越厚，即表面对流体速度的影响区域越大，流体的动量扩散能力就越强。流体的扩散能力可用流体的运动黏度定量表示，即运动黏度大的流体，其流动边界层越厚。

6.3　管道进口段黏性流体的流动

考虑流体从大空间进入一圆管时的流动，管内流动速度边界层入口段和充分发展段如图 6-4 所示，设入口截面具有均匀的速度分布。由于管的横截面是有限的，流体在管内的受迫流动受到管壁限制以及流体内部黏性力的作用。因此，从入口处开始便形成边界层，并且沿管长方向从零开始不断发展到汇合于管道中心线处，即边界层增厚到与半径相等时边界层合在一起。将流动边界层从管道入口处到汇合于管道中心线处的这一段管长称为流动入口段。在这段管长范围内，管横截面上的速度分布随轴向位置变化。当流动边界层汇合于管道中心线处后，管截面上的速度分布不再随轴向位置变化，称为流动充分发展段。

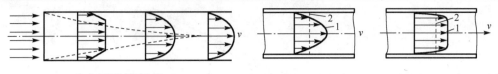

(a) 流动速度边界层发展　　　(b) 充分发展的层流速度分布　　(c) 充分发展的紊流速度分布

1—速度分布；2—平均流速。

图 6-4　管内流动速度边界层入口段和充分发展段

管内流动状态由雷诺数确定

$$Re = \frac{\bar{v}d}{\nu} \tag{6-1}$$

式中，$\bar{v}$ 是管截面平均速度；d 为管内径；ν 为运动黏度。管内流动的截面平均速度由质量守恒方程确定，若流体不可压缩，则有

$$\bar{v} = \frac{1}{A_c}\int v(r)2\pi r \mathrm{d}r = \frac{Q_v}{A_c} \tag{6-2}$$

式中，A_c 为管截面面积；Q_v 代表通过管截面的体积流量。对于任何确定的轴向位置，只要知道截面上的速度分布函数 $v(r)$，即可求出截面平均速度。

分析层流入口段的速度分布，管内层流的相对流动入口段长度近似等于

$$L \approx 0.058dRe \tag{6-3}$$

随着雷诺数进一步增大，转变位置向着进口移动。由于紊流边界层厚度的增大速度比层流边界层快，因此紊流的相对流动入口段长度要短些，而且它的长度很少依赖于雷诺数的大小，而是与来流受扰动的程度有关，切向扰动越大入口段长度越短。紊流的相对流动入口段长度近似等于

$$L \approx (25 \sim 40)d \tag{6-4}$$

6.4　圆管中黏性流体的层流流动

下面研究不可压缩黏性流体通过倾斜角为 θ 的圆截面直管道做定常层流流动的情况。圆管中黏性流体的层流流动如图 6-5 所示。取半径为 r、长度为 $\mathrm{d}l$ 的圆柱体为研究对象，流体沿管道轴线方向流动，圆柱体受到重力、两端面压力及圆柱侧面黏性力的共同作用。

假定左端压力为 p，则右端压力为 $p + \frac{\partial p}{\partial l}\mathrm{d}l$，距离轴线为 r 处的剪应力为 τ，由轴线方向平衡得

$$\pi r^2 p - \pi r^2\left(p + \frac{\partial p}{\partial l}\mathrm{d}l\right) - 2\pi r \mathrm{d}l\tau - \pi r^2 \mathrm{d}l\rho g \sin\theta = 0 \tag{6-5}$$

其中 $\sin\theta = \mathrm{d}h/\mathrm{d}l$，代入整理得

$$\frac{\mathrm{d}}{\mathrm{d}l}(p + \rho gh) + \frac{2}{r}\tau = 0 \tag{6-6}$$

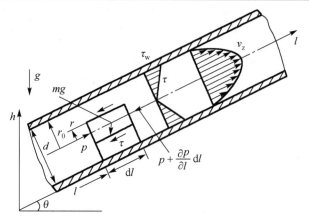

图 6-5　圆管中黏性流体的层流流动

从而有

$$\tau = -\frac{r}{2}\frac{d}{dl}(p + \rho g h) \tag{6-7}$$

结合牛顿黏性定律

$$\tau = -\mu\frac{dv}{dr} \tag{6-8}$$

综合得

$$\mu\frac{dv}{dr} = \frac{r}{2}\frac{d}{dl}(p + \rho g h) \tag{6-9}$$

积分式(6-9)有

$$v = \frac{1}{4\mu}\frac{d}{dl}(p + \rho g h)r^2 + C \tag{6-10}$$

式中，C 为待定系数。由于管壁流速为零，由 $v|_{r=r_0} = 0$ 得 $C = -\frac{r_0^2}{4\mu}\frac{d}{dl}(p + \rho g h)$，回代到式 (6-10)得

$$v(r) = \frac{r^2 - r_0^2}{4\mu}\frac{d}{dl}(p + \rho g h) \tag{6-11}$$

可见，圆管中黏性流体做层流流动时，流体速度在截面上呈抛物线分布，且在轴线上速度最大。

$$v_{max} = -\frac{r_0^2}{4\mu}\frac{d}{dl}(p + \rho g h) \tag{6-12}$$

截面的平均流速为

$$\bar{v} = \frac{Q_v}{A} = \frac{1}{\pi r_0^2}\int_A v(r)2\pi r dr = -\frac{r_0^2}{8\mu}\frac{d}{dl}(p + \rho g h) \tag{6-13}$$

可见，截面上的平均速度为速度最大值的 1/2。截面上的切向应力大小与半径成正比，此结论对于圆管中黏性流体的紊流流动同样适用。圆管中黏性流体的层流流速分布如图 6-6 所示。

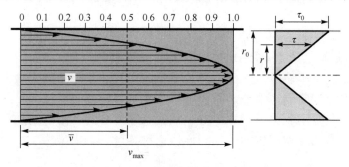

图 6-6 圆管中黏性流体的层流流速分布

考虑特殊情况，圆管水平放置时，$\dfrac{\mathrm{d}}{\mathrm{d}l}(p + \rho gh) = -\dfrac{\Delta p}{L}$，则圆管中的流量为

$$Q_v = \bar{v}A = \frac{\pi r_0^4 \Delta p}{8\mu L} = \frac{\pi d^4 \Delta p}{128\mu L} \tag{6-14}$$

此即著名的哈根-泊肃叶公式。从而得到沿程的压强降为

$$\Delta p = \frac{128\mu L Q_v}{\pi d^4} \tag{6-15}$$

进一步得单位重量流体的压强降，定义其为沿程损失 h_f，有

$$h_f = \frac{\Delta p}{\rho g} = \frac{128\mu L Q_v}{\rho g \pi d^4} = \frac{64\mu}{\rho v d}\frac{L}{d}\frac{v^2}{2g} = \frac{64}{Re}\frac{L}{d}\frac{v^2}{2g} = \lambda\frac{L}{d}\frac{v^2}{2g} \tag{6-16}$$

式中，λ 为沿程损失系数。可见，沿程损失不仅与流体的流动状态有关，还与沿程长度、管径、流速等有关，与管道壁面粗糙与否无关。

例 6-2 直径 $d=200$mm，管长 $l=1000$m 的圆管，输送运动黏度 $v=1.6$cm^2/s 的石油。已知流量 $Q_v=144$m^3/h，求沿程损失。

解：计算管流平均速度

$$v = \frac{4Q_v}{\pi d^2} = \frac{144}{3600} \times \frac{4}{3.14 \times 0.2^2} \approx 1.27\text{m/s}$$

故

$$Re = \frac{vd}{v} = \frac{1.27 \times 0.2}{1.6 \times 10^{-4}} = 1587.5 < 2000$$

因此管内流动为层流，由沿程损失公式得

$$h_f = \lambda\frac{l}{d}\frac{v^2}{2g} = \frac{64}{Re}\frac{l}{d}\frac{v^2}{2g} = \frac{64}{1587.5} \times \frac{1000}{0.2} \times \frac{1.27^2}{2 \times 9.8} \approx 16.59\text{m}$$

因此沿程损失为 16.59m 油柱。

6.5 圆管中黏性流体的紊流流动

紊流是工业领域各种对流传热应用中最普遍存在的流动状态。紊流流动最大的特点是随机性，这使得紊流运动规律十分复杂，大大增加了研究难度。

在黏性流体的层流流动中切向应力为由内摩擦引起的摩擦切向应力 τ_v。但当流体做紊流运动时，除了主流方向的运动外，流体微团还做不规则的随机脉动。因此，当流体中的一个微团从一个位置脉动到另一个位置时，不同流速层之间有附加的动量交换，产生了附加的切向应力，由紊流脉动产生的附加切向应力称为脉动切向应力 τ_t，紊流中的切向应力可表示为

$$\tau = \tau_v + \tau_t = \mu \frac{\mathrm{d}v}{\mathrm{d}y} + \mu_t \frac{\mathrm{d}v}{\mathrm{d}y} = (\mu + \mu_t)\frac{\mathrm{d}v}{\mathrm{d}y} \tag{6-17}$$

普朗特认为，流体微团在和其他流体微团碰撞之前也要经过一段路程 l，根据普朗特混合长度理论，脉动切向应力与混合长度和时均速度梯度乘积的平方成正比，其作用方向始终是在使速度分布更均匀的方向上。

$$\tau_t = \mu_t \frac{\mathrm{d}v}{\mathrm{d}y} = \rho l^2 \left(\frac{\mathrm{d}v}{\mathrm{d}y}\right)^2 \tag{6-18}$$

μ_t 不是流体的基本属性，而是与流体密度、速度梯度及混合长度有关的量。

由流体的流动状态可知，管道中流体做紊流流动时，由于紊流中的脉动应力使得流体在流层间有动量交换，且中心部分较平坦，越靠近管道壁面速度梯度越大。紧贴壁面存在脉动消失的层流薄层称为黏性底层。紊流流动可以分为三部分，紊流充分发展的中心部分、紧贴壁面的黏性底层及由紊流充分发展到黏性底层的过渡部分。由于过渡部分很薄，一般把它和中心部分统称为紊流，紊流的切向应力计算如式 (6-18) 所示。

图 6-7 所示为管道的粗糙程度不同的情况，黏性底层的厚度用 δ 表示。实验证明，黏性底层的厚度随着雷诺数的改变而变化，计算黏性底层厚度的半经验公式为

$$\delta = \frac{34.2d}{Re^{0.875}} \ 或 \ \delta = \frac{32.8d}{Re\sqrt{\lambda}} \tag{6-19}$$

式中，δ 与管径 d 的单位为 mm；Re 为雷诺数；λ 为沿程损失系数。

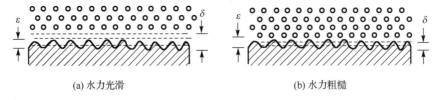

(a) 水力光滑   (b) 水力粗糙

图 6-7　管道的粗糙程度不同的情况

尽管黏性底层厚度通常只有几分之一毫米，但它对紊流流动却有重要影响，影响的程度与管道壁面的粗糙程度有直接关系。定义管壁凸出部分的平均高度 ε_a 为绝对粗糙度，绝对粗糙度 ε_a 与管径 d 的比值称为相对粗糙度。常用的管道管壁绝对粗糙度 ε_a 如表 6-1 所示。

表 6-1　常用的管道管壁绝对粗糙度 ε_a

	管壁情况	ε_a/mm		管壁情况	ε_a/mm
金属管材	干净、整体的黄钢管、铜管、铅管	0.0015～0.01	非金属管材	干净的玻璃管	0.0015～0.01
	新的仔细浇成的无缝钢管	0.04～0.17		橡皮软管	0.01～0.03
	在煤气管道上使用一年后的钢管	0.12		粗糙的内涂橡胶的软管	0.20～0.30
	在普通条件下浇成的钢管	0.19		水管	0.25～1.25
	使用数年后的整体钢管	0.19		陶土排水管	0.45～0.60
	涂柏油的钢管	0.12～0.21		涂有珐琅质的排水管	0.25～0.60
	精致镀锌的钢管	0.25		纯水泥的表面	0.25～1.25
	浇成平整接头的新铸铁管	0.31		涂有珐琅质的砖	0.45～3.0
	钢板制成的管道	0.33		水泥浆硅砌体	0.80～6.0
	很好整平的水泥管	0.33		混凝土槽	0.80～9.0
	普通的镀锌钢管	0.39		用水泥的普通块石砌体	6.0～17.0
	普通的新铸铁管	0.25～0.42		刨平木板制成的木槽	0.25～2.0
	不太仔细浇成的新的或干净的铸铁管	0.45		非刨平木板制成的木槽	0.45～3.0
	粗陋镀锌钢管	0.5		钉有平扳条的木板制成的木槽	0.80～4.0
	旧的生锈钢管	0.60			
	污秽的金属管	0.75～0.90			

6.5.1　紊流光滑管情况

由于贴近管壁的层流底层很薄，且速度分布近似为线性，所以暂时不考虑层流底层的情况，也不考虑层流到紊流的过渡区的情况，而是都把它合并到紊流核心区中，即只研究圆管内紊流核心区的速度分布情况。紊流速度分布如图 6-8 所示。由于

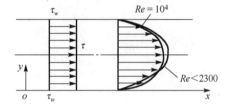

图 6-8　紊流速度分布

$$\tau_t = \rho l^2 \left(\frac{dv}{dy} \right)^2 \tag{6-20}$$

式中，ρ 为流体密度；l 为普朗特长度；dv/dy 为速度梯度。对式(6-20)进行积分，可以得到圆管内紊流核心区的速度分布规律。普朗特假设如下：

(1) 紊流附近的切向应力沿流动截面不变，并等于管壁处的黏性切向应力 τ_w。

(2) 假定混合长度 l 与管壁的距离 y 呈线性关系，即

$$l = ky \tag{6-21}$$

式中，k 为常数。

将其代入式(6-20)得

$$\frac{dv}{dy} = \frac{1}{l} \sqrt{\frac{\tau_w}{\rho}} \tag{6-22}$$

令 $v_* = \sqrt{\dfrac{\tau_w}{\rho}}$ 为切向应力当量速度，则有

$$\frac{\mathrm{d}v}{\mathrm{d}y} = \frac{v_*}{l} \Rightarrow \frac{\mathrm{d}v}{v_*} = \frac{\mathrm{d}y}{ky}$$

进一步积分得

$$v = v_* \left(\frac{1}{k}\ln y + C \right) \tag{6-23}$$

考虑到流体在层流底层外缘上，即 $y = \delta_1$ 处的层流速度等于该处的紊流速度 v_{δ_1}，将其代入式 (6-23)得积分常数

$$C = \frac{v_{\delta_1}}{v_*} - \frac{1}{k}\ln\delta_1 \tag{6-24}$$

回代到式(6-23)得

$$v = v_{\delta_1} + \frac{v_*}{k}\ln\frac{y}{\delta_1} \tag{6-25}$$

此式对于靠近壁面处的流动不适用，因为公式是按照紊流推导出来的。在层流底层厚度范围内，由于厚度很小，假定速度按线性规律分布，由牛顿黏性定律得切向应力

$$\tau_w = \mu\frac{\mathrm{d}v}{\mathrm{d}y} = \mu\frac{v_{\delta_1}}{\delta_1} \tag{6-26}$$

那么

$$\delta_1 = \frac{\mu v_{\delta_1}}{\tau_w} = \frac{\rho \nu v_{\delta_1}}{\tau_w} = \frac{\nu v_{\delta_1}}{v_*^2}$$

将上式代入式(6-25)得

$$v = v_{\delta_1} + \frac{v_*}{k}\ln\frac{y}{\delta_1} = v_{\delta_1} + \frac{v_*}{k}\ln\frac{yv_*}{\nu}\frac{v_*}{v_{\delta_1}} = v_{\delta_1} + \frac{v_*}{k}\ln Re^*\frac{v_*}{v_{\delta_1}} \tag{6-27}$$

由式(6-27)可见，圆管内黏性流体紊流的速度分布是对数规律分布形式。

尼古拉斯对光滑管中的紊流进行了实验，得到经验公式

$$\frac{v}{v^*} = 5.5 + 2.5\ln Re^* \tag{6-28}$$

由于圆管内紊流的对数分布形式比较复杂，计算光滑管紊流速度时，人们还根据实验得到如下指数形式的速度分布形式：

$$v = v_{\max}\left(\frac{y}{r_0}\right)^{\frac{1}{n}} \tag{6-29}$$

当 $Re = 1.1 \times 10^5$ 时，n 取 7，此即工程上常用的七分之一次方规律。

6.5.2　紊流粗糙管情况

当圆管中的黏性流体经过粗糙管壁时，式(6-23)仍然适用，圆管中紊流核心区的流体速度为

$$v = v_* \left(\frac{1}{k} \ln y + C \right)$$

假设在 $y = \varphi \varepsilon$ 处速度为 v_{δ_1}，代入上式得

$$C = \frac{v_{\delta_1}}{v_*} - \frac{1}{k} \ln(\varphi \varepsilon) \tag{6-30}$$

回代得

$$v = v_{\delta_1} + \frac{v_*}{k} \ln \frac{y}{\varphi \varepsilon} \tag{6-31}$$

尼古拉斯对水力粗糙管进行实验，得到经验公式

$$\frac{v}{v^*} = 8.48 + 2.5 \ln \frac{y}{\varepsilon} \tag{6-32}$$

表 6-2 所示为不同 Re 和指数 n 下管中平均流速和最大流速的比值，通过测定管内最大流速求得平均流速，进而求出流量，这是求管道平均流速和流量的简便方法。

表 6-2　不同 Re 和指数 n 下管中平均流速和最大流速的比值

Re	4×10^3	2.3×10^4	1.1×10^5	1.1×10^6	$(2.0 \sim 3.2) \times 10^6$
n	6	6.6	7	8.8	10
$v/v_{\max}$	0.7912	0.8073	0.8167	0.8497	0.8658

6.6　黏性流体的损失

黏性流体在管道中流动时的能量损失有两大类：一类是发生在整个缓变流过程中由于流体的黏性力造成的沿程损失；另一类是流体在流动状态急剧变化时由于流体速度急剧变化、流体微团碰撞产生漩涡等造成的局部损失。

6.6.1　沿程损失计算

沿程损失计算公式的主要任务是确定沿程损失系数 λ。前面已经通过分析推导得到层流流动的沿程损失系数；而紊流的沿程损失系数，只能依据某些假设推导，结合实验得到相应的沿程损失理论公式，或根据实验归纳总结经验公式。由前面的分析知，沿程损失公式为

$$h_f = \lambda \frac{L}{d} \frac{v^2}{2g}$$

式中，λ 为沿程损失系数，它与流体的流动状态和相对粗糙度等都有关。由于问题的复杂性，只能通过理论分析和实验相结合的方式来确定沿程损失系数。尼古拉斯对不同内径、粘贴不

同粒径及均匀砂粒的管道，用不同流量进行了大量实验，得到如图6-9所示的尼古拉斯实验曲线，整个曲线可分为五个区域。

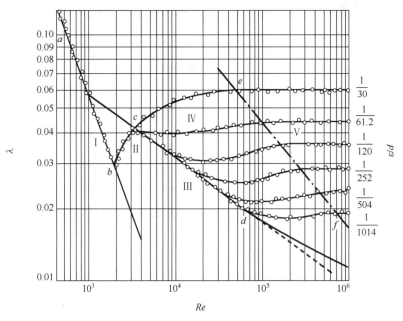

图6-9　尼古拉斯实验曲线

1）层流区

当$Re<2300$时，管壁的相对粗糙度对λ没有影响，所有的实验点都落在直线ab上，如图6-9所示的区域Ⅰ，这和前面的理论分析一致。因此在圆管层流范围内，沿程损失系数的规律是

$$\lambda = f_1(Re) = \frac{64}{Re} \tag{6-33}$$

2）层流到紊流过渡区

当$2300<Re<4000$时，管道内流体的流动状态属于层流向紊流过渡的不稳定区域，如图6-9所示的区域Ⅱ。在此区域内，实验点仍然重合在一起。由于该范围比较小，工程实际中Re处于此区域的很少，因此对它的研究不多，尚未有此区域λ的经验公式。

3）水力光滑区

当$4000 < Re < 26.98\left(\dfrac{d}{\varepsilon}\right)^{8/7}$时，管道内流体的流动状态属于紊流水力光滑区，如图6-9所示的区域Ⅲ，所有的实验点都落到斜线cd上。在此范围内，沿程损失系数与相对粗糙度无关，只与Re有关，这是由于管壁的粗糙度被黏性底层覆盖，管壁的相对粗糙度越大，管道维持为水力光滑管的范围越小。

$$\lambda = f_2(Re) = \begin{cases} \dfrac{0.3164}{Re^{0.25}}, & 4\times10^3 < Re < 10^5 \\ 0.0032 + 0.221Re^{-2.237}, & 10^5 < Re < 3\times10^6 \end{cases} \tag{6-34}$$

4) 水力粗糙区

当 $26.98\left(\dfrac{d}{\varepsilon}\right)^{8/7} < Re < 2308\left(\dfrac{d}{\varepsilon}\right)^{0.85}$ 时，管道内流体的流动状态属于紊流粗糙管过渡区，即水力粗糙区。随着 Re 增大，紊流流动的层流底层逐渐减薄，以至于不能完全将管壁的粗糙峰值盖住，管壁粗糙度对紊流核心区产生影响，原先为水力光滑管，相继变为水力粗糙管，因而脱离水力光滑区域Ⅲ，而进入水力粗糙区域Ⅳ。管壁的粗糙度越大，脱离Ⅲ区域越早，λ 值可以按如下穆迪公式进行计算：

$$\lambda = f_3\left(Re, \frac{\varepsilon}{d}\right) = 0.0055\left(1 + \sqrt[3]{20000\frac{\varepsilon}{d} + \frac{10^6}{Re}}\right) \tag{6-35}$$

5) 紊流平方阻力区

当 $Re > 2308\left(\dfrac{d}{\varepsilon}\right)^{0.85}$ 时，管道内流体的流动状态属于紊流粗糙管平方阻力区。随着 Re 进一步增大，紊流充分发展，层流底层的厚度几乎为零，流动的阻力主要取决于内壁粗糙引起的流动分离及漩涡，流体黏性的影响可以忽略不计。因此，沿程损失系数与雷诺数无关，只与相对粗糙度有关，流动进入区域Ⅴ，系数可以按尼古拉斯归纳的总结公式进行计算，即

$$\lambda = f_4\left(\frac{\varepsilon}{d}\right) = \left(1.74 + 2\lg\frac{d}{2\varepsilon}\right)^{-2} \tag{6-36}$$

尼古拉斯实验不但揭示了管道流动的沿程损失规律，还给出了沿程损失系数与雷诺数和相对粗糙度之间的关系，为管道的沿程损失计算提供了可靠的实验基础。但是尼古拉斯是通过人工把均用的砂粒粘贴在管道内壁做实验得出的实验规律，然而工业管道内壁的粗糙度是非均匀的且高低不平，因此，要把尼古拉斯实验曲线应用于工业管道，必须做适当修正。

6.6.2　局部损失计算

对于局部损失的实验研究工作，绝大部分是在紊流的情况下进行的。实验证明，局部损失的大小与平均流速的平方成正比。局部能量损失主要是流动方向的急剧变化，引起速度场的迅速改变，以致增大流体间的摩擦、碰撞及形成旋涡等原因造成的。

与沿程损失类似，通常将单位重量流体的局部能量损失表示为

$$h_\xi = \xi\frac{v^2}{2g}$$

式中，ξ 为局部损失系数；v 为截面平均流速。

1) 截面突然变大

对于截面突然变大的情况，流体从小直径管道流往大直径管道，由于流体的惯性，它离开小直径管道后截面积逐渐扩大，故管壁拐角与流束之间形成漩涡。由于从小直径管道中流出的流体速度较大，又会碰撞大直径管道中流速较低的流体，这都会产生能量损失，可以用

分析的方法加以推导计算。取图 6-10(a)中 1—1、2—2 截面以及它们之间的管壁为控制面，计算流体流过该控制面的能量变化和动量变化，从而求出局部损失和局部损失系数。

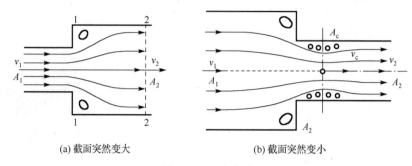

(a) 截面突然变大   (b) 截面突然变小

图 6-10 局部损失

由连续性方程

$$A_1 v_1 = A_2 v_2 \tag{6-37}$$

式中，A_1、A_2 分别为 1—1、2—2 截面面积；v_1、v_2 分别为流体经过 1—1、2—2 截面的平均速度。

动量方程

$$p_1 A_1 - p_2 A_2 + p(A_2 - A_1) = \rho Q(v_2 - v_1)$$

式中，p_1、p_2 分别为 1—1、2—2 截面的压强；Q 为体积流量；p 为作用于扩大管凸肩圆环上的压力。实验证明，$p=p_1$，故由上式得

$$p_1 - p_2 = \rho v_2(v_2 - v_1) \tag{6-38}$$

对 1—1、2—2 截面列能量方程：

$$z_1 + \frac{p_1}{\rho g} + \frac{v_1^2}{2g} = z_2 + \frac{p_2}{\rho g} + \frac{v_2^2}{2g} + h_\xi \tag{6-39}$$

式中，$z_1=z_2$；h_ξ 为局部损失。综合式(6-37)～式(6-39)得

$$h_\xi = \left(1 - \frac{A_1}{A_2}\right)^2 \frac{v_1^2}{2g} = \xi_1 \frac{v_1^2}{2g}$$
$$= \left(\frac{A_2}{A_1} - 1\right)^2 \frac{v_2^2}{2g} = \xi_2 \frac{v_2^2}{2g} \tag{6-40}$$

因此，按照 1—1 截面和 2—2 截面分别计算局部损失系数为

$$\xi_1 = \left(1 - \frac{A_1}{A_2}\right)^2, \quad \xi_2 = \left(\frac{A_2}{A_1} - 1\right)^2 \tag{6-41}$$

2) 截面突然变小

对于截面突然变小的情况，如图 6-10(b)所示。流体从大直径管道流往小直径管道时，流线必须弯曲且流束必定收缩。由于流体有惯性，流体进入小直径管道后，流体将继续收缩直至最小截面位置，而后截面又逐渐扩大，直至充满整个截面，这就导致截面最小位置附近会

有一充满小漩涡的低压区。在大、小直径截面连接的凸肩处有漩涡形成，这些都要消耗能量。在流线弯曲及流体加、减速过程中，流体质点碰撞及速度分布变化等均会造成能量损失。

$$h_\xi = \xi_2 \frac{v_2^2}{2g} = \xi_c \frac{v_c^2}{2g} + \frac{(v_c - v_2)^2}{2g} \tag{6-42}$$

式中，v_c 为截面积为 A_c 截面的速度；ξ_2 为局部损失系数。

3）弯曲管道

流体在弯曲管道中流动时也会有损失，局部损失如图 6-11 所示。损失主要由以下三部分组成：一是黏性流体的切向应力产生的沿程损失；二是流体的速度和方向变化产生漩涡而产生的局部损失；三是二次流产生的局部损失。

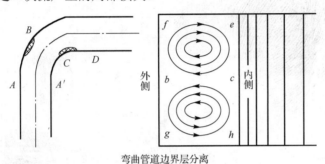

弯曲管道边界层分离

图 6-11 局部损失

由于弯曲管道的局部损失与弯曲管道的角度、曲率半径及管道的半径等参数有关，因此局部损失系数的计算非常复杂，这里给出一些具体情况的局部损失系数情况。局部损失系数如表 6-3 所示。

表 6-3 局部损失系数

类型	示意图	局部损失系数										
截面突然变小	v_1 A_1 → v_2 A_2	A_2/A_1	0.01	0.1	0.2	0.3	0.4	0.5	0.6	0.7	0.8	0.9	1.0
		C_c	0.618	0.632	0.644	0.659	0.676	0.696	0.717	0.744	0.784	0.890	1.0
		ξ_2	0.50	0.469	0.431	0.387	0.343	0.298	0.257	0.212	0.161	0.079	0
截面突然变大	v_1 A_1 → v_2 A_2	A_1/A_2	0	0.1	0.2	0.3	0.4	0.5	0.6	0.7	0.8	0.9	1.0
		ξ_1	1	0.81	0.64	0.49	0.36	0.25	0.16	0.09	0.04	0.01	0
		ξ_2	∞	81	16	5.44	2.25	1	0.444	0.184	0.063	0.012	0
渐缩管	v_1 A_1 θ → v_2 A_2	$\xi_2 = \dfrac{\lambda}{\sin(\theta/2)}\left[1-\left(\dfrac{A_2}{A_1}\right)^2\right]$										

渐扩管

$$\xi_2 = \frac{\lambda}{8\sin(\theta/2)}\left[1-\left(\frac{A_1}{A_2}\right)^2\right] + K\left(1-\frac{A_1}{A_2}\right), \quad 当 \frac{A_1}{A_2} = \frac{1}{4} 时$$

θ	2	4	6	8	10	12	14	16	20	25
K	0.022	0.048	0.072	0.103	0.138	0,.177	0.221	0.270	0.386	0.645

折管

$$\xi = 0.946\sin^2(\theta/2) + 2.047\sin^4(\theta/2)，且当 d>30cm 时递减$$

θ	20	40	60	80	90	100	120	140
ξ	0.064	0.139	0.364	0.740	0.985	1.260	1.861	2.431

续表

类型	示意图	局部损失系数										
90°弯曲管道		$\xi_{90°} = 0.131 + 0.163(d/R)^{3.5}$										
		d/R	0.1	0.2	0.3	0.4	0.5	0.6	0.7	0.8	0.9	1.0	1.1
		ξ	0.131	0.132	0.133	0.137	0.145	0.157	0.177	0.204	0.241	0.291	0.355
		当角度在90°以内时，$\xi = \xi_{90°}(\theta/90°)$										
闸阀		开度/%	10	20	30	40	50	60	70	80	90	100
		ξ	60	16	6.5	3.2	1.8	1.1	0.6	0.3	0.18	0.1
球阀		开度/%	10	20	30	40	50	60	70	80	90	100
		ξ	85	24	12	7.5	5.7	4.8	4.4	4.1	4.0	3.9
蝶阀		开度/%	10	20	30	40	50	60	70	80	90	100
		ξ	200	65	26	16	8.3	4	1.8	0.85	0.48	0.3
分支管道		$q = \dfrac{q_{v1}}{q_{v3}}$, $m = \dfrac{A_1}{A_3}$, $\pi = \dfrac{d_1}{d_3}$										

$$\xi_{13} = -0.92(1-q)^2 - q^2\left[(1.2-\sqrt{\pi})\left(\cos\frac{\theta}{m}-1\right) + 0.8\left(1-\frac{1}{m^2}\right) - (1-m)\cos\frac{\theta}{m}\right] + (2-m)(1-q)q$$

$$\xi_{23} = 0.03(1-q)^2 - q^2\left[1 + (1.62-\sqrt{\pi})\left(\cos\frac{\theta}{m}-1\right) - 0.38(1-m)\right] + (2-m)(1-q)q$$

$$\xi_{31} = -0.95(1-q)^2 - q^2\left(1.3\cot\frac{180-\theta}{2} - 0.3 + \frac{0.4-0.1m}{m^2}\right)\left(1 - 0.9\sqrt{\frac{n}{m}}\right) -$$
$$0.4q(1-q)\left(1+\frac{1}{m}\right)\cot\frac{180-\theta}{2}$$

$$\xi_{32} = -0.3(1-q)^2 - 0.35q^2 + 0.2q(1-q)$$

习　　题

6-1. 水管直径 $d=10\text{cm}$，管中流速 $v=1\text{m/s}$，水温为 10℃，试判别流动状态。当流速等于多少时，流动状态将发生变化？

6-2. 有一矩形断面的小排水沟，水深 h 为 15cm，底宽 B 为 20cm，流速 v 为 0.15m/s，水温为 10℃，试判别水沟内的水流流动状态。

6-3. 如图所示，应用细管式黏度计测定油的黏度系数。已知细管直径 $d=8\text{mm}$，测量段长 $l=2\text{m}$，实测油的流量 $Q=70\text{cm}^3/\text{s}$，水银压差计读值 $h=30\text{cm}$，油的密度 $\rho=901\text{kg/m}^3$。试求油的运动黏度 v 和动力黏度 μ。

6-4. 如图所示为测量动力黏度的装置，已知：$L=2\text{m}$，$d=0.006\text{m}$，$Q=7.7\times10^{-6}\text{m}^3/\text{s}$，$h=0.3\text{m}$，$\rho=900\text{kg/m}^3$，$\rho_{\text{Hg}}=13600\text{kg/m}^3$。试求动力黏度 μ。

6-5. 对于圆截面输油管道。已知 $L=1000\text{m}$，$d=0.15\text{m}$，$\Delta p=p_1-p_2=0.965\text{MPa}$，$\rho=920\text{kg/m}^3$，$v=4\times10^{-4}\text{m}^2/\text{s}$，试求流量 Q。

6-6. 如图所示，突然扩大管道使平均流速由 v_1 减小到 v_2，若直径 d_1 及流速 v_1 一定，试求使测压管液面差 h 成为最大的 v_2 及 d_2 是多少？并求最大 h 值。

6-7. 如图所示，水管直径为 50mm，1、2 两断面相距 $l=15\text{m}$，高度差为 $\Delta h=3\text{m}$，通过流量 $Q=6\text{L/s}$，水银压差计读值为 250mm，试求管道的沿程损失系数。

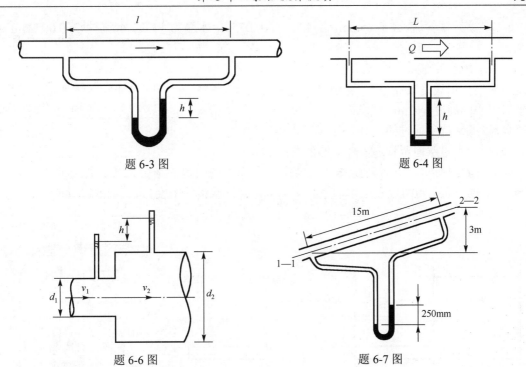

题 6-3 图　　　　　　　　　　　　　　　题 6-4 图

题 6-6 图　　　　　　　　　　　　　　　题 6-7 图

6-8．已知 15℃的水在内径为 10mm 的管内流动，其流速为 0.15m/s。15℃的水的密度为 999.1kg/m^3。试问：

（1）该流动类型是层流还是紊流？

（2）若上游压强为 0.686Pa，流经多长管子，流体的压强降至 0.294Pa？

6-9．某输水管路如图所示，水箱液面保持恒定。当阀门 A 全关闭时，压力表读数为 177kPa，阀门全开时，压力表读数为 100kPa。已知管路采用 4×ϕ108mm 钢管，当阀门全开后，测得由水箱至压力表处的阻力损失为 7.5mH$_2$O。问：阀门 A 全开时水的流量为多少立方米每小时？

6-10．设水流由水箱经水平串联管路流入大气，如图所示。已知 AB 管段直径 d_1=0.25m，沿程损失 $h_{fAB}=0.4\dfrac{v_1^2}{2g}$，BC 管段直径 d_2=0.15m，已知损失 $h_{fBC}=0.5\dfrac{v_2^2}{2g}$，进口局部损失 $h_{j1}=0.5\dfrac{v_1^2}{2g}$，突然收缩局部损失 $h_{j2}=0.32\dfrac{v_2^2}{2g}$，试求管内流量 Q。

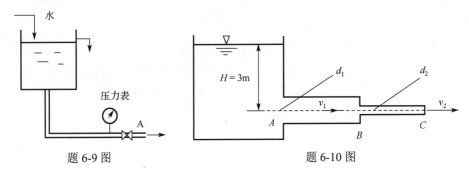

题 6-9 图　　　　　　　　　　　　　　　题 6-10 图

6-11．突然扩大管道使平均流速由 v_1 减小到 v_2，若直径 d_1=280mm，流速 v_1=2.6m/s，试求使测压管液面差 h 成为最大值的 v_2 及 d_2，并求最大 h 值。

6-12. 新铸铁管道，Δ=0.25mm，L=40m，d=0.075m，水温为 10℃，水流量 Q=0.00725m³/s，求 h_f。

6-13. 管道系统如图所示。已知管长 l=10m，直径 d=100mm，沿程损失系数 λ=0.025，管道进口的局部损失系数 ξ_1=0.5，管道淹没出流的局部损失系数 ξ_2=1.0，如果下游水箱水面至管道出口中心的高度 h=2m，试求：

(1) 管道系统所通过的流量 Q；

(2) 上游水箱水面至管道出口中心的高度 H。

6-14. 如图所示，装置测量输油管道中弯管和阀门的局部损失系数。管道的直径为 d=0.15m，油的流量 Q=0.012m³/s，密度为 ρ=850kg/m³，水银的密度为 ρ_{Hg}=13600kg/m³，读得压差计左右两边的水银面高度差 Δh=10mm，求此处的局部损失系数。

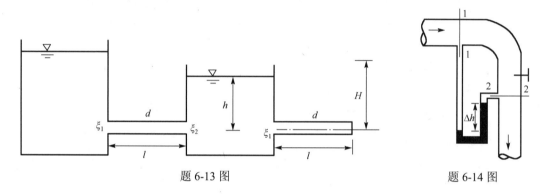

题 6-13 图　　　　　　　　　　　　　题 6-14 图

第2篇 工程热力学

第7章 工程热力学概述

7.1 热力学简介

热现象是人类最早接触的自然现象之一，热能是人类最早利用的能源形式，但是人类对热能的利用和认识经历了漫长的岁月，直到近300年，人类对于热的认识才逐步形成了一门学科——热力学。特别是热力学四大定律的发现，为人类合理科学地利用热能提供了理论基础。

在热力学研究中，涌现了大量卓越的科学家，如法国物理学家卡诺(Nicolas Leonard Sadi Carnot，1796—1823)，德国物理学家迈尔(Julius Robert Mayer，1814—1878)、亥姆霍兹(Hermann von Helmholtz，1821—1894)、克劳修斯(Rudolph Julius Emmanuel Clausius，1822—1888)、普朗克(Max Karl Ernst Ludwig Planck，1858—1947)，英国杰出的物理学家焦耳(James Prescort Joule，1818—1889)，奥地利物理学家玻尔兹曼(Ludwig Edward Boltzmann，1844—1906)等，并形成了热力学的四大定律，分别如下。

热力学第零定律——如果两个热力学系统中的每一个都与第三个热力学系统处于热平衡(温度相同)，则它们彼此也必定处于热平衡。

热力学第一定律——能量守恒与转换定律在热现象中的应用。

热力学第二定律——说明了热能向高级能转换的过程是有条件的、有方向性的，并且是有限度的。

热力学第三定律——绝对零度不可达到但可以无限趋近。

通常将热力学第一定律及第二定律作为热力学的基本定律，但有时增加能斯特定理当作第三定律，又有时将温度存在定律当作第零定律。

纵观热力学的发展简史，热力学理论促进了热动力机的不断改进和发展，而人类生产实践又不断为热力学的前进提供新的驱动力。近代科学技术的发展为热力学提出了新的课题，如等离子发电、燃料电池等能量转换新技术，环保型制冷工质研究，以及物质在超高温、超高压和超低温、超低真空等极端条件下的性质与规律等。古老的热力学不仅在传统领域继续保持着青春活力，而且也必将在解决高新技术领域的新课题中扮演十分重要的角色。

7.2 热力学及涉及领域

热力学是一门研究物质的能量、能量传递和转换以及能量与物质性质之间普遍关系的科学。

工程热力学是热力学的工程分支,它从工程应用的角度研究热能和机械能之间相互转换的规律,是以提高能量的有效利用率为目的的学科。掌握工程热力学的基本原理,必将为能源、动力、机械、航空航天、化工、生物工程及环境工程等领域内的深入研究打下坚实的基础。

热力学所涉及的领域很多,包括动力的产生——发动机、电厂等;也涉及一些驱动系统,如航行器、火箭等;同时也对可再生能源的利用,如燃料电池、太阳能加热系统、地热系统、风能、海洋能等中的能量转换过程进行研究;并且涉及流体压缩和运动,如风机、泵、压缩机等,以及供热通风与空调工程,如制冷系统、热泵等;热力学也在低温工程,如气体分离及液化和生物医学应用等方面展现出生命力。

7.3　工程热力学的主要研究内容及方法

7.3.1　工程热力学的主要研究内容

工程热力学课程主要包括了以下几个方面的内容,它们主要是:①概念及定义;②常用工质的物性及关系式;③热力学基本定律;④过程与循环。

7.3.2　工程热力学的研究方法

工程热力学的研究方法主要有宏观研究方法,即经典热力学(Classical Thermo Dynamics)方法,以及微观研究方法,即统计热力学(Statistical Thermo Dynamics)方法。

宏观研究方法是工程热力学主要应用的方法,该方法的特点是以热力学第一定律、热力学第二定律等基本定律为基础,针对具体问题采用抽象、概括、理想化和简化的方法,抽出共性,突出本质,建立分析模型,推导出一系列有用的公式,得到若干重要结论。由于热力学基本定律的可靠性及它们的普适性,应用热力学宏观研究方法可以得到可靠的结果。但是,由于它不考虑物质分子和原子的微观结构,也不考虑微粒的运动规律,所以由之建立的热力学宏观理论并不能说明热现象的本质及其内在的原因。

应用微观研究方法的热力学被称为微观热力学,也称为统计热力学。气体分子运动学说和统计力学认为,大量气体分子的杂乱运动服从统计法则和概率法则,应用统计法则和概率法则的研究方法就是微观研究方法。由于它从物质是由大量分子和原子等粒子所组成的事实出发,将宏观性质作为在一定宏观条件下大量分子和原子的相应微观量的统计平均值,利用量子力学和统计方法,将大量粒子在一定宏观条件下一切可能的微观运动状态予以统计平均,来阐明物质的宏观特性,导出热力学基本规律,所以能阐明热现象的本质,解释"涨落"现象。统计热力学对分子微观结构的假设是近似的,尽管运用了繁复的数学运算,但所求得的结果往往不够精确。

工程热力学主要应用热力学的宏观研究方法,但有时也引用气体分子运动理论和统计热力学的基本观点及研究成果。随着近代计算机技术的发展,计算机愈来愈多地介入工程热力学的研究中,成为一种强有力的工具。

学好工程热力学,首先要掌握学科的主要线索——研究热能转化为机械能的规律、方法以及怎样提高转化效率和热能利用的经济性;其次是在深刻理解基本概念的基础上运用抽象简化的方法抽出各种具体问题的本质,应用热力学基本定理和基本方法进行分析研究;最后是必须重视习题、实验等环节,培养抽象和分析问题的能力。

第8章 工程热力学基本概念

本章主要介绍工程热力学的基本概念,了解和掌握这些基本概念是学习工程热力学的基础。

8.1 热 力 系 统

从燃料中得到热能,以及利用热能得到动力的整套装置(包括辅助设备),统称热能动力装置。根据所用工质的不同,热能动力装置又可分为燃气动力装置和蒸汽动力装置两大类。燃气动力装置中的典型系统有内燃机、燃气轮机等。蒸汽动力装置的典型系统包括凝汽式发电厂、热电厂、核电厂、低温余热发电系统等。

热能与机械能之间的转换是通过某种媒介物质在热能动力装置中的一系列状态变化过程来实现的,我们将实现热能和机械能相互转化的媒介物质称为工质,如空气、燃气、水蒸气等。工质从中吸取热能的物质称为热源或高温热源,接受工质排出的热能的物质称为冷源或低温热源。热源和冷源可以是恒温的,也可以是变温的。

虽然热能动力装置有相同点,但也有不同点。活塞式内燃机的燃烧、膨胀、压缩过程在气缸内进行;蒸汽动力装置的燃烧、膨胀、冷凝等过程分别发生在不同的设备里。同时,活塞式内燃机中气体的膨胀过程发生在气体无宏观运动的状况下,蒸汽动力装置中气体的膨胀过程发生在有宏观运动的状况下。

这样,热能动力装置的工作过程可被概括为:工质自高温热源吸热,将其中一部分转化为机械能,把余下部分传给低温热源,并利用工质循环不断地完成上述将热能转化为机械能的过程。

热力系统就是具体指定的热力学研究对象,是被人为分离出来作为热力学分析对象的有限物质系统,简称系统。将与热力系统有相互作用的周围物体统称为外界,而系统和外界之间的分界面称为边界。边界可以是实际存在的,也可以是假想的。

一般根据热力系统与外界能量和物质交换的情况,热力系统主要有以下几种。

(1)一个热力系统如果和外界只有能量交换而无物质交换,则该系统称为闭口系统。

(2)一个热力系统和外界不仅有能量交换而且有物质交换,该系统称为开口系统。

区分闭口系统和开口系统的关键是有没有质量越过了边界,并不是系统的质量是不是发生了变化。例如,进入储水池中的水量与离开储水池中的水量一样,此时储水池中水的总量保持不变,但此时该储水池系统为开口系统,而非闭口系统。

(3)当热力系统和外界无热量交换时,该系统称为绝热系统。

(4)当一个热力系统和外界既无能量交换又无物质交换时,该系统称为孤立系统。孤立系统的一切相互作用都发生在系统内部。孤立系统必定是绝热的,但绝热系统不一定是孤立系统。

在热力工程中,最常见的热力系统由可压缩流体(如水蒸气、空气、燃气等)构成,这类热力系统若与外界的可逆功交换只有体积变化功(膨胀功或压缩功)一种形式,这种系统称为简单可压缩系统。工程热力学中讨论的大部分系统均是简单可压缩系统。描述简单可压缩系统的独立状态参数只需两个。

8.2　状态及状态参数

8.2.1　状态参数的特征

人们把工质在热力变化过程中的某一瞬间所呈现的宏观物理状况称为工质的热力学状态，简称状态，而将描述工质所处宏观物理状况的物理量称为状态参数。当描述工质状态的一组参数中的一个或多个发生变化时，系统的状态也会发生变化，状态参数一旦确定，工质的状态也就确定了。状态参数具有如下特征。

(1)单值性：对于某个给定的状态，只能用一组确定的状态参数去描述，反之一组数值确定的状态参数只能用于描述一个确定的状态。

(2)状态参数的数值仅决定于系统的状态，而与达到该状态所经历的途径无关，进而当系统经历某一循环后，其状态参数的变化值为零，即

$$\oint \mathrm{d}p = 0 \tag{8-1}$$

研究热力过程时，常用的状态参数有压力 p、温度 T、体积 V、热力学能(内能) U、焓 H 及熵 S。其中压力 p、温度 T 及体积 V 可以用仪表直接测量，使用最多，称为基本状态参数。其余状态参数可依据基本状态参数间接算得。

在常用的状态参数中，压力 p 和温度 T 这两个参数与系统质量的多少无关，称为强度量；体积 V、热力学能(内能) U、焓 H 及熵 S 等与系统质量成正比，具有可加性，称为广延量。广延量与质量的比值称为比参数，如比体积 v、比热力学能 u、比焓 h 及比熵 s，此时比参数又具有了强度量的性质，与质量的多少无关。热力学的广延参数用大写字母表示，其比参数则用小写字母表示。下面重点介绍基本状态参数温度 T、压力 p 及比体积 v。

8.2.2　温度

从宏观上讲，温度是物体冷热程度的标志。从微观角度看，温度标志物质分子热运动的激烈程度。

温度的高低用温度计来进行测量，温度计的感应元件(如金属丝电阻、封在细管中的水银柱的高度等)应随物体冷热程度的不同有显著的变化。为了给温度确定数值，还应建立温标，温度的数值表示称为温标，例如，摄氏温标规定在 1 标准大气压下纯水的冰点是 0℃，汽点是 100℃。我国常用的温标是摄氏温标，而热力学温标是国际温标，热力学温标的温度单位是开尔文，符号为 K(开)，摄氏温标与热力学温标之间的换算关系为

$$t = T - 273.15℃ \tag{8-2}$$

式中，t 为摄氏温度；T 为热力学温度。由式(8-2)可知，摄氏温度与热力学温度无实质差异，而仅仅零点的取值不同。

8.2.3　压力

单位面积上所受的垂直作用力称为压力(即压强)。测量工质压力大小的仪器称为压力计。由于测量压力的测压元件(压力计)处于某种环境压力作用下，因此不能直接测得绝对压力，

而只能测出绝对压力和当时当地的大气压的差值，该差值称为相对压力，又分为表压力或真空度。用 p 表示工质的绝对压力，p_b 表示环境压力，p_e 表示表压力，p_v 表示真空度，绝对压力、环境压力、表压力和真空度的关系如图 8-1 所示，而 p、p_b、p_e、p_v 的换算关系可由以下一组公式表示出来。

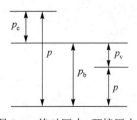

图 8-1　绝对压力、环境压力、表压力和真空度的关系

(1) 当绝对压力大于大气压时：

$$p = p_b + p_e \tag{8-3}$$

(2) 当绝对压力小于大气压时：

$$p = p_b - p_v \tag{8-4}$$

需要注意的是，p_b 指测压仪器所处的环境压力，而非特指大气环境，即使工质的绝对压力不变，但是压力计所处的环境压力会发生改变，因此表压力和真空度都有可能变化。

压力的单位有多种，我国常用的压力单位是帕斯卡（简称帕），符号为 Pa：

$$1\text{Pa} = 1\text{N/m}^2$$

其他工程中常用的压力单位有标准大气压（atm，也称物理大气压）、巴（bar）、工程大气压（at）、毫米汞柱（mmHg）、毫米水柱（mmH$_2$O）。各压力单位的相互换算关系如表 8-1 所示。

表 8-1　各压力单位的相互换算关系

压力单位	Pa	bar	atm	at	mmHg	mmH$_2$O
Pa	1	1×10^{-5}	0.986923×10^{-5}	0.101972×10^{-4}	7.50062×10^{-2}	0.1019712
bar	1×10^5	1	0.986923	1.01972	750.062	10197.2
atm	101325	1.01325	1	1.03323	760	10332.3
at	98066.5	0.980665	0.967841	1	735.559	1×10^4
mmHg	133.3224	133.3224×10^{-5}	1.31579×10^{-3}	1.35951×10^{-3}	1	13.5951
mmH$_2$O	9.80665	9.80665×10^{-5}	9.07841×10^{-5}	1×10^{-4}	735.559×10^{-4}	1

例 8-1　如图 8-2 所示，某容器被一刚性壁分成两部分，在容器的不同部位设有压力计，如图所示，设大气压力为 97kPa。求：(1) 若压力表 B、C 的读数分别为 75kPa、110kPa，试确定压力表 A 的读数及容器两部分气体的绝对压力；(2) 若表 C 为真空计，读数为 24kPa，压力表 B 读数为 36kPa，试问表 A 是什么表，读数是多少？

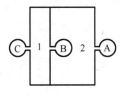

图 8-2　例 8-1 图

解：(1) $p_1 = p_C + p_b = p_B + p_2 = p_B + p_A + p_b$

$$\because \quad p_C = p_A + p_B$$

$$\therefore \quad p_A = p_C - p_B = 110 - 75 = 35\text{kPa}$$

$$\therefore \quad p_1 = p_C + p_b = 110 + 97 = 207\text{kPa}$$

$$\therefore \quad p_2 = p_A + p_b = 35 + 97 = 132\text{kPa}$$

(2) 由压力表 B 的读数可知

$$\because \quad p_1 = p_C + p_b = p_B + p_2 \Rightarrow p_1 > p_2$$

$$\therefore \quad C\text{ 表为真空计} \Rightarrow p_b > p_1 > p_2$$

又 $\quad \because \quad p_1 = p_B + p_2 = p_B + (p_A + p_b)$

得 $\quad$ 表 A 的读数为真空度，A 表为真空表。

$$\therefore \quad p_1 = p_b - p_C = 97 - 24 = 73\text{kPa}$$

$$p_A = p_1 - p_B - p_b = 73 - 36 - 97 = -60\text{kPa}$$

即表 A 的读数为真空度 60kPa。

8.2.4 比体积及密度

单位质量的物质所占有的体积称为比体积，其表达式为

$$v = \frac{V}{m} \tag{8-5}$$

式中，v 为比体积 (m^3/kg)；V 为物质的体积 (m^3)；m 为物质的质量 (kg)。

单位体积物质的质量称为密度，其表达式为

$$\rho = \frac{1}{v} \tag{8-6}$$

式中，ρ 为密度 (kg/m^3)。显然 v 和 ρ 互成倒数，因此二者不是相互独立的参数，可以任意选用其中之一。工程热力学中通常用 v 作为独立参数来表征系统所处的状态。

8.3 平衡状态、状态方程式、坐标图

一个热力系统，若在不受外界影响的条件下，系统状态能够始终保持不变，叫作系统的平衡状态。系统达到平衡状态后，此时系统本身没有热量的传递，各部分之间没有相对位移，系统就处于热和力的平衡，即处于热力平衡；如果系统内还存在化学反应，则包括化学平衡。不平衡的系统，在没有外界条件的影响下总会自发地趋于平衡状态，此时系统本身所具有的宏观性质就完全确定，其各状态参数也就确定了。平衡的本质是系统不存在不平衡势差。

一个热力系统，若其两个状态相同，则其所有的状态参数均一一对应相等。对于简单可压缩系统，只要两个独立状态参数对应相等，即可判定该热力系统的两个状态相同。

简单可压缩系统处于平衡状态时，两个独立的状态参数确定后，其他的状态参数可通过一定的热力学函数关系来确定，这样系统的平衡状态就完全确定了。处于平衡状态的系统的温度、压力和比体积这三个基本状态参数之间的函数关系是最基本的热力学函数关系，称为状态方程，可表示为

$$f(p, v, T) = 0 \tag{8-7}$$

式 (8-7) 也可写成：

$$T = T(p, v), \quad p = p(T, v), \quad v = v(p, T)$$

对于理想气体，其状态方程为

$$pv = R_g T$$

$$pV = mR_{\mathrm{g}}T \tag{8-8}$$

$$pV = nRT$$

平衡状态可以在状态参数坐标图中表示。由于简单可压缩系统只要有两个独立的状态参数确定，其平衡状态也就确定了，因此应用二维平面坐标图就足够了。常用的坐标图有压容图($p\text{-}v$ 图)、温熵图($T\text{-}s$ 图)、焓熵图($h\text{-}s$ 图)等。

当系统处于非平衡状态时，不能用确定的状态参数来描述，自然也不能用状态参数坐标图上的一点来表示其状态。

状态参数坐标图不仅能用点来表示系统的平衡状态，而且能用曲线或面积形象地表示工质所经历的变化过程及过程中相应的热量和功量，在热力分析中，状态参数坐标图起着很大作用。在 $p\text{-}v$ 图[见图 8-3(a)]中，阴影部分的面积表示准静态过程所做的容积变化功，因此 $p\text{-}v$ 图也称为示功图。在 $T\text{-}s$ 图[见图 8-3(b)]中，阴影部分的面积表示可逆过程所交换的热量，因此 $T\text{-}s$ 图也称为示热图。

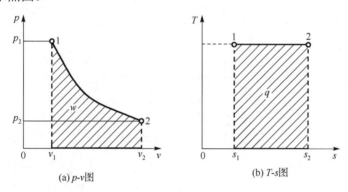

(a) $p\text{-}v$图　　　　　　　　　(b) $T\text{-}s$图

图 8-3　$p\text{-}v$ 图和 $T\text{-}s$ 图

因此，总结状态参数坐标图的两个功能如下。

(1)其上每一点表示一个平衡状态，其对应的坐标值为该平衡态下的独立状态参数。

(2)过程曲线表示过程的热量及功量。

8.4　工质的状态变化过程

8.4.1　准平衡过程

系统内部存在着势差，这是系统发生状态变化的内因，系统趋于平衡的过程称为弛豫过程，弛豫过程所经历的时间称为弛豫时间。

当系统和外界之间的势差足够小时，即系统在每次变化时仅足够小地偏离平衡状态，而且外界条件的变化速度又足够慢，外界变化速度慢到每次变化都能使系统有足够的时间(弛豫时间)来恢复平衡后再承受下一次变化。在上述条件下就能实现每个中间状态都是平衡状态的准静态过程。

由于准静态过程所经历的中间状态都是平衡状态，每个状态就可在状态参数坐标图上描述出来，并可用一条过程曲线将该过程形象地表示出来。

准平衡过程实际上是一种理想的过程，工程上的大多数过程，由于热力系统平衡的速度很快，所以仍可作为准平衡过程进行分析。

8.4.2　可逆过程和不可逆过程

当系统经历了一个热力过程之后，如果可沿原过程逆向进行，并使系统和外界都回到初态而不留下任何影响，则称系统原先经历的过程为可逆过程。

可逆过程必须满足下列条件。

(1) 可逆过程必须是准静态过程，势差足够小，变化足够慢，这样每个中间状态均为平衡状态，而且一旦势差改变方向，即可改变过程的方向。

(2) 可逆过程中不存在任何耗散，如摩擦、扰动、电阻、永久变形等。因为耗散必导致无法消除的影响，因此可逆过程可表述为无耗散的准静态过程。

那么，不满足可逆过程条件的所有过程叫作不可逆过程，因此只要有下列因素之一即为不可逆过程：① 温差传热；② 混合过程；③ 自由膨胀；④ 摩擦生热；⑤ 阻尼振动；⑥ 电阻热效应；⑦ 燃烧过程；⑧ 非弹性变形等。

值得注意的是：一切实际过程均为不可逆过程，可逆过程仅是热力学特有的、纯理想化的过程。因为在实际中，有势差才有过程，摩擦等耗散效应是不可避免的，而研究可逆过程是为了研究上的简便，研究各种热力过程的目的也是为了设法减小不可逆因素的影响，使其尽可能地接近可逆过程。

8.5　过程功和热量

功和热是在热力过程中系统与外界发生的两种能量交换的形式，下面分别介绍这两种能量交换的形式，以及可逆过程中的功和热量的计算式。

8.5.1　可逆过程的功

在力学中，功是力与力方向上的位移的乘积。在热力学中，功定义为：热力系统通过边界传递的能量。热力学中规定：系统对外界做功为正，而外界对系统做功为负。

单位质量的物质所做的功称为比功，单位为 J/kg，且有

$$w = \frac{W}{m} \tag{8-9}$$

热力学中常用的准静态过程的容积变化功为

$$\delta W = p\mathrm{d}V \tag{8-10}$$

$$W_{1-2} = \int_1^2 p\mathrm{d}V \tag{8-11}$$

如果是 1kg 气体，则所做的功为

$$\delta w = p\mathrm{d}v \tag{8-12}$$

$$w_{1-2} = \int_1^2 p\mathrm{d}v \tag{8-13}$$

工程热力学中约定：正值代表气体膨胀对外做的功；负值表示外力压缩气体所消耗的功。

功不是一个状态参数，而是一个过程量。膨胀功和压缩功都是通过工质的体积变化与外界交换的功，因此统称为体积变化功。

8.5.2　有用功

在闭口系统中，若存在摩擦等耗散，则工质膨胀所做的功不全部用于对外界做有用功，它所做的功一部分用于反抗外界大气压力，一部分因摩擦而耗散，剩下的才是对外界做的有用功，用 W_u、W_1、W_r 分别表示有用功、摩擦耗散功及排斥大气功，则：

$$W_u = W - W_1 - W_r \tag{8-14}$$

而大气压力可看作定值，故克服大气压力所做的功为

$$W_r = p_0 \cdot \Delta V \tag{8-15}$$

例 8-2　某种气体在气缸中进行一缓慢膨胀过程，其体积由 $0.1m^3$ 增加到 $0.25m^3$，过程中气体压力遵循 $\{p\}_{MPa} = 0.24 - 0.4\{V\}_{m^3}$ 变化。过程中气缸与活塞的摩擦保持为 1200N，当大气压力为 0.1MPa，气缸截面面积为 $0.1m^3$ 时，试求：

(1) 气体所做的膨胀功；

(2) 系统输出的有用功 W_u；

(3) 若活塞与气缸无摩擦，系统输出的有用功 W_u。

解：　(1)

$$
\begin{aligned}
W &= \int_1^2 p\,dV = \int_{0.1}^{0.25} (0.24 - 0.4V)\,dV \\
&= 0.24 \times 0.15 - 0.4 \times \frac{(0.25^2 - 0.1^2)}{2} \\
&= 25500\text{J}
\end{aligned}
$$

(2) 据题意可知

$$
\begin{aligned}
W &= W_b + W_1 + W_u \\
&= p_b \times \Delta V + F\frac{\Delta V}{S} + W_u
\end{aligned}
$$

$$W_u = 25500 - 0.1 \times 10^6 \times 0.15 - 1200 \times \frac{0.15}{0.1} = 8700\text{J}$$

(3) 当 $W_1 = 0$ 时，

$$W_u = W - W_b = 25500 - 15000 = 10500\text{J}$$

8.5.3　过程热量

热力系统和外界之间仅由于温度不同而通过边界传递的能量叫作热量。热量的单位是焦耳(J)，工程上常用千焦(kJ)来表示热量的多少。工程中约定：系统吸热，热量为正；反之，热量为负。热量用大写字母 Q 表示，用小写字母 q 表示 1kg 工质所吸收的热量。

热量同功量一样，均是能量传递的度量，同样也是过程量，只有在能量传递过程中才有所谓的功和热量，但功和热量也有不同之处，主要是以下几点。

(1)功是通过有规则的宏观运动来传递能量的，而热量则是通过大量微观粒子杂乱的热运动来传递能量的。

(2)做功过程中往往伴随着能量形式的转化，传热不出现能量形式的转化。

(3)功变热量是无条件的、自发的，热量变功则是有条件的，需消耗外功。

8.6　热 力 循 环

工质由某一初态出发，经历一系列热力状态变化后，又回到原来初态的封闭热力过程称为热力循环，简称循环。根据过程性质，循环可分为可逆循环和不可逆循环。按照循环的效果及进行的方向，循环可分为正向循环和逆向循环。将热能转换为机械能的循环称为正向循环，它使外界得到功。消耗能量，使热量从低温热源向高温热源传递的循环称为逆向循环，根据逆向循环的目的性不同，又可分为制冷循环和热泵循环。

正向循环也叫热动力循环。正向循环如图 8-4 所示。

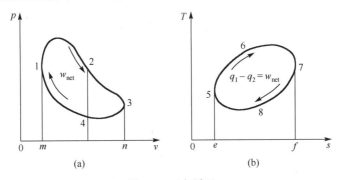

图 8-4　正向循环

正向循环在 p-v 图及 T-s 图上都是按顺时针方向进行的。正向循环的经济性用热效率 η_t 来衡量，正向循环的收益是 w_{net}，花费的代价为工质吸收的热量 q_1，故 $\eta_t = \dfrac{w_{net}}{q_1}$。$\eta_t$ 越大，表明吸入同样的热量 q_1 时得到的循环功 w_{net} 越多，及热机的经济性越好。

逆向循环主要用于制冷装置及热泵系统。在制冷装置中，功源(如电动机)供给一定的机械能，使低温冷藏库或冰箱中的热量排向温度较高的大气环境。而在热泵中，热泵消耗机械能，把低温热源(如室外大气)的热量输入高温热源(室内空气)，以维持高温热源的温度。两种装置用途不同，但热力学原理相同，均是消耗机械能(或其他能量)，把热量从低温热源传向高温热源。如图 8-5 所示的逆向循环，在 p-v 图及 T-s 图上都按逆时针方向进行。

制冷循环及热泵循环用途不同，收益不同，故其经济指标也不同。

制冷循环的经济性用制冷系数 ε 表示：

$$\varepsilon = \frac{q_2}{w_{net}} \tag{8-16}$$

在热泵系统中，用泵热系数 ε' 表示系统的经济性：

$$\varepsilon' = \frac{q_1}{w_{net}} \tag{8-17}$$

ε 或 ε' 越大，其循环经济性越好。

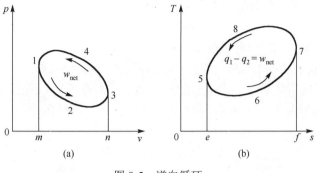

图 8-5 逆向循环

习 题

8-1．一立方体刚性容器，每边长 1m，将其中气体的压力抽至 1000Pa，问其真空度为多少毫米汞柱？容器每面受力多少牛顿？已知大气压力为 0.1MPa。

8-2．试确定表压力为 0.5MPa 时 U 形管测压计中液柱的高度差。(1)U 形管中装水，其密度为 1000kg/m³；(2)U 形管中装酒精，其密度为 789kg/m³。

8-3．用斜管压力计测量锅炉烟道中烟气的真空度，如图所示。管子的倾角 $\alpha=30°$；压力计中使用密度为 800kg/m³ 的煤油；斜管中液柱长度 $l=200$mm。当时大气压力 $p_b=745$mmHg，问烟气的真空度为多少毫米水柱？绝对压力为多少毫米汞柱？

8-4．如图所示，已知大气压力 $p_b=101325$Pa，U 形管内的汞柱高度差 $H=300$mm，气压表 B 的读数为 0.278MPa，求：A 室压力 p_A 及气压表 A 的读数 $p_{e,A}$。

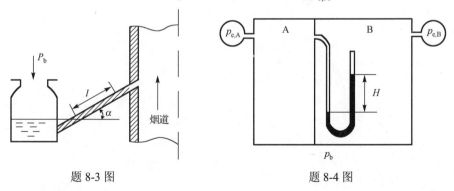

题 8-3 图 题 8-4 图

8-5．一气球直径为 0.3m，球内充满 120kPa 的空气。由于加热，气球直径可逆地增大到 0.35m，已知空气压力正比于气球直径而变化，试求该过程空气所做的功。

8-6．气体初态时 $p_1=0.5$MPa，$V_1=0.4$m³，在压力不变的条件下膨胀到 $V_2=0.7$m³，求气体所做的膨胀功。

8-7．有一橡皮气球，当它内部的气体压力和大气压力同为 0.1MPa 时，气球处于自由状态，其容积为 0.3m³。当气球受太阳照射其内部气体受热时，容积膨胀 10%，压力升高为 0.15MPa。设气球压力增加和容积的增加成正比，试求：

(1)该膨胀过程在 p-v 图上的过程曲线；

（2）该过程中气体所做的功；

（3）用于克服橡皮气球弹力所做的功。

8-8．某蒸汽动力厂，每向锅炉加入 1MW 能量，需要从凝汽器中排出 0.61MW 的能量，同时消耗水泵功 0.01MW，求汽轮机的输出功率和电厂的热效率。

8-9．某空调器输入功率 1.5kW，需向环境介质输出热量 5.1kW，求空调器的制冷系数。

8-10．一所房子利用供暖系数为 2.1 的热泵供暖，维持房间内温度为 20℃，据估算，室外大气温度每低于房间温度 1℃，房子向外散热 0.8kW，若室外温度为−10℃，求驱动热泵所需的功。

第9章 热力学第一定律及其应用

热力学第一定律是热力学的基本定律之一，它给出了系统与外界相互作用过程中，系统的能量变化与其他形式的能量之间的数量关系。根据这条定律建立起来的能量方程，是对热力学系统进行能量分析和计算的基础，通过本章的学习，可以着重培养以下能力：①正确识别各种不同形式能量的能力；②根据实际问题建立具体能量方程的能力；③应用基本概念及能量方程进行分析的能力。

9.1 热力学第一定律的实质及表达式

热力学第一定律是能量转换与守恒定律在热力学中的应用，它确定了热力过程中各种能量在数量上的关系。

热力学第一定律可表述为：热是能的一种，机械能变热能，或热能变机械能的时候，它们间的比值是一定的。那种企图不消耗能量而获取机械动力的"第一类永动机"都不可避免地归于失败，因而热力学第一定律也常表述为"第一类永动机是不可能制成的"。

热力学第一定律的能量方程式就是系统变化过程中的能量平衡方程式，是分析状态变化过程的根本方程式。它可由系统在状态变化过程中各项能量的变化和它们的总量守恒这一原则推出。这一原则应用于系统中的能量变化时可写成：

$$进入系统的能量-离开系统的能量=系统中储存能量的增加 \tag{9-1}$$

式(9-1)是系统能量平衡的基本方程式。任何系统、任何过程均可依据此原则建立平衡式。

9.2 闭口系统中热力学第一定律的表述

9.2.1 热力学能和总能

热力学能是指不涉及化学能和原子能的系统内部储存能，包括以下两个部分。

(1)分子热运动形成的内动能，它是温度的函数。

(2)分子间相互作用形成的内位能，它是比体积的函数。

热力学能用符号 U 表示，我国法定的热力学能计量单位是焦耳(J)，1kg 物质的热力学能称为比热力学能，用符号 u 表示，单位为 J/kg。

热力学能是状态参数，热力学能是个不可测量的状态参数，其绝对值是无法确定的，但可以人为规定其基准点(零点)，例如，取 0K 或 0℃时气体的热力学能为零。在工程热力学中，经常遇到的是工质从一个状态变化到另一个状态，此时可通过相关的计算获得热力学能的变化。

工质除了由于本身的一些粒子微观运动等引起的热力学能外，由于外界作用等引起的宏观运动的动能及重力位能等统称外部储存能。若工质质量为 m，速度为 c_f，在重力场中高度为 z，则外部储存能的表达式为

$$外部储存能 = \frac{1}{2}m \cdot c_f^2 + mgz$$

我们把内部储存能和外部储存能的总和，即热力学能与宏观运动的动能及位能的总和，叫作工质的总能，用 E 表示。另用 E_k、E_p 分别表示动能及位能，则 $E = U + E_k + E_p$。代入 E_k、E_p 表达式，E 又可写成：

$$E = U + \frac{1}{2}m \cdot c_f^2 + mgz \tag{9-2}$$

1kg 工质的比总能 e 为

$$e = u + \frac{1}{2}c_f^2 + gz \tag{9-3}$$

9.2.2 闭口系统的能量方程式

在一气缸活塞系统中，如图 9-1 所示，取系统中的工质为研究对象，考虑其在状态变化过程中和外界（热源和机械设备）的能量交换。由于在此过程中，没有工质越过边界，所以这是一个闭口系统。当工质从外界吸取热量 Q 后，从状态 1 到状态 2 对外做功为 W，若忽略工质宏观运动的动能及位能，则工质（系统）储存能的增加为热力学能的增加 ΔU。所以根据式 (9-1) 可得到下列方程：

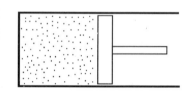

图 9-1 气缸活塞系统

$$Q - W = \Delta U = U_2 - U_1 \quad \text{或} \quad Q = W + \Delta U \tag{9-4}$$

式中，U_1、U_2 分别表示系统在状态 1 及状态 2 下的热力学能。

式 (9-4) 就是热力学第一定律应用于闭口系统所得的能量方程。

从式 (9-4) 可以看出：当工质从外界吸取热量 Q 后，一部分用于增加工质的热力学能，储存于工质内部，余下的一部分以做功的方式传递给外界。在状态变化过程中，转化为机械能的部分为

$$W = Q - \Delta U \tag{9-5}$$

对于一个微元过程，热力学第一定律解析式为

$$\delta Q = dU + \delta W \tag{9-6a}$$

对于 1kg 工质，则有

$$\delta q = du + \delta w \tag{9-6b}$$

式 (9-5) 直接从能量守恒与转换的普遍原理得出，没有做任何假设，所以适用于闭口系统的任何过程，对工质的性质也无要求。式中，热量 Q、热力学能变量 ΔU 和功 W 都是代数值，可正可负。

当工质经历可逆过程时，有

$$\delta Q = dU + pdV \quad \text{或} \quad Q = \int_1^2 pdV + \Delta U \tag{9-7a}$$

对于 1kg 工质，则有

$$\delta q = \mathrm{d}u + p\mathrm{d}v \quad 或 \quad q = \int_1^2 p\mathrm{d}v + \Delta u \tag{9-7b}$$

工质完成一循环，回复到初态后，$\oint \mathrm{d}U = 0$ 或 $\oint \mathrm{d}u = 0$，所以当工质完成一循环后有下列式子：

$$\oint \mathrm{d}Q = \oint \mathrm{d}W \quad 或 \quad \oint \mathrm{d}q = \oint \mathrm{d}w \tag{9-8}$$

即工质在经历一循环后，从外界净吸取的热量等于工质对外界所做的净功量。

9.3　开口系统稳定流动的能量方程式

9.3.1　推动功和流动功

　　工质在开口系统中流动而传递的功，叫作推动功，其值为 pV，对于 1kg 工质而言，推动功的大小为 pv。推动功相当于一假想的活塞为把前方工质推进（或推出）系统所做的功（见图 9-2）。

　　推动功只有在工质流动时才有，当工质不流动时，虽然工质也具有一定的状态参数 p 和 v，但这时的乘积并不代表推动功。在做推动功时，工质的热力学状态并没有改变，当然它的热力学能也没有改变。

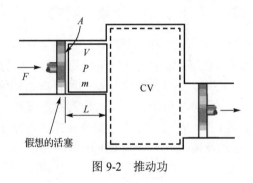

图 9-2　推动功

　　工质在流动时，总是从后面工质获得推动功，而对前面工质做出推动功。进、出系统时工质的推动功之差称为流动功，表示为

$$W_{\mathrm{f}} = p_2 V_2 - p_1 V_1 \quad 或 \quad w_{\mathrm{f}} = p_2 v_2 - p_1 v_1 \tag{9-9}$$

　　流动功还可理解为：在流动过程中，系统与外界由于物质的进出而传递的机械功。

9.3.2　焓

　　工质在流经一个开口系统时，随着工质进入（或离开）系统的能量除了热力学能外，还有推动功，我们把流经开口系统时工质所携带的能量总和叫作焓，用大写字母 H 表示：

$$H = U + pV \tag{9-10}$$

　　在开口系统中，由于工质的流动，热力学能 u 和推动功 pv 必同时出现，在此特定情况下，焓可以理解为由于工质流动而携带的，并取决于热力状态参数的能量，即热力学能与推动功之和。在分析闭口系统时，焓的作用相对次要。只是在分析闭口系统经历定压变化时，焓有特殊的意义，这一内容后续进行分析。

　　1kg 工质的焓称为比焓，用小写字母 h 表示：

$$h = u + pv \tag{9-11}$$

　　焓的单位为焦耳（J），比焓的单位是 J/kg，焓是一个状态参数。与热力学能一样，焓的绝对值是人为规定的，工程上更关心系统经历某一热力过程后的焓变，因此有

$$\Delta h_{1-a-2} = \Delta h_{1-b-2} = \int_1^2 \mathrm{d}h = h_2 - h_1 \tag{9-12}$$

9.3.3　稳定流动的特征

开口系统内部及其边界上任意一点的工质，其热力状态参数及运动参数都不随时间变化的流动过程称为稳定流动。实现稳定流动的必要条件如下。

（1）进、出口截面的参数不随时间而变。

（2）系统与外界交换的功量和热量不随时间而变，即 $\dfrac{\mathrm{d}E_{\mathrm{CV}}}{\mathrm{d}\tau} = 0$。

（3）工质的质量、流量不随时间而变，且进、出口的质量相等，即

$$m_{\mathrm{in}} = m_{\mathrm{out}} = m = \mathrm{const}$$

以上三个条件可概括为：系统与外界进行物质和能量的交换不随时间而变。

9.3.4　稳定流动的能量方程式

在实际设备中，开口系统是最常见的。分析这类热力设备，常采用开口系统及控制容积的分析方法。而闭口系统及稳定流动均为开口系统的特例。

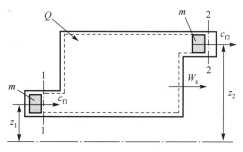

如图 9-3 所示的开口系统的稳定流动系统，有工质不断地流进、流出。取进、出口截面 1—1、2—2 以及系统壁面作为系统边界，如图中虚线所示。假设在 τ 时间内，质量为 m 的工质以流速 c_{f1} 跨过进口截面 1—1 流入系统。与此同时，也有质量为 m 的工质以流速 c_{f2} 跨过截面 2—2 流出系统，系统

图 9-3　开口系统的稳定流动系统

与外界交换的热量为 Q，工质通过机轴对外输出功（通常称为轴功）W_{s}。由于流体在开口系统进行稳定流动，因此系统储存能量的变化为零，即 $\mathrm{d}E_{\mathrm{CV}} = 0$

于是，在 τ 时间内进入系统的能量为

$$Q + m\left(u_1 + \frac{c_{\mathrm{f1}}^2}{2} + gz_1\right) + mp_1v_1 = Q + m\left(u_1 + \frac{c_{\mathrm{f1}}^2}{2} + gz_1 + p_1v_1\right)$$

离开系统的能量为

$$W_{\mathrm{s}} + m\left(u_2 + \frac{c_{\mathrm{f2}}^2}{2} + gz_2\right) + mp_2v_2 = W_{\mathrm{s}} + m\left(u_2 + \frac{c_{\mathrm{f2}}^2}{2} + gz_2 + p_2v_2\right)$$

根据能量守恒定律，并代入焓 H 的定义式，因此有

$$Q + m\left(h_1 + \frac{c_{\mathrm{f1}}^2}{2} + gz_1\right) = W_{\mathrm{s}} + m\left(h_2 + \frac{c_{\mathrm{f2}}^2}{2} + gz_2\right)$$

并经过进一步整理后有

$$Q = m\left(h_2 + \frac{c_{\mathrm{f2}}^2}{2} + gz_2\right) - m\left(h_1 + \frac{c_{\mathrm{f1}}^2}{2} + gz_1\right) + W_{\mathrm{s}}$$

或写成：

$$Q = m\Delta h + \frac{1}{2}m\Delta c_f^2 + mg\Delta z + W_s$$

令 $H = mh$，上式又可写成：

$$Q = \Delta H + \frac{1}{2}m\Delta c_f^2 + mg\Delta z + W_s \tag{9-13}$$

式(9-13)称为开口系统的稳定流动能量方程式。对于单位质量工质，稳定流动能量方程式为

$$q = \Delta h + \frac{1}{2}\Delta c_f^2 + g\Delta z + w_s \tag{9-14}$$

对于微元过程，稳定流动能量方程式(9-13)及式(9-14)可分别表示为

$$\delta Q = \mathrm{d}H + \frac{1}{2}m\mathrm{d}c_f^2 + mg\mathrm{d}z + \delta W_s$$

$$\delta q = \mathrm{d}h + \frac{1}{2}\mathrm{d}c_f^2 + g\mathrm{d}z + \delta w_s$$

9.4　技　术　功

9.4.1　技术功的定义

由于 $q = \Delta h + \frac{1}{2}\Delta c_f^2 + g\Delta z + w_s$，且 $\Delta h = \Delta u + \Delta(pv)$，因此有

$$q - \Delta u = \Delta(pv) + \frac{1}{2}\Delta c_f^2 + g\Delta z + w_s \tag{9-15}$$

式中，等式右边第一项 $\Delta(pv)$ 为维持工质流动的流动功；第二项及第三项的和 $\frac{1}{2}\Delta c_f^2 + g\Delta z$ 为工质机械能变化；第四项 w_s 为工质对机器所做的功。由于机械能可全部转变为功，所以 $\frac{1}{2}\Delta c_f^2 + g\Delta z + w_s$ 是技术上可利用的功，称为技术功，用 w_t 表示：

$$w_t = \frac{1}{2}\Delta c_f^2 + g\Delta z + w_s \tag{9-16}$$

因此开口系统的稳定流动能量方程式也可写为

$$q = \Delta h + w_t \tag{9-17}$$

由式(9-15)及 $q - \Delta u = w_t + \Delta(pv)$，且 $q = w + \Delta u$，则有

$$w = w_t + \Delta(pv) \tag{9-18}$$

9.4.2 可逆过程中的技术功

对于可逆过程，$w = \int p\mathrm{d}v$，将该式代入式 (9-18)，则有

$$\int p\mathrm{d}v = w_t + \Delta(pv)$$

上式可写成：

$$\int p\mathrm{d}v = w_t + \int \mathrm{d}(pv)$$

即

$$w_t = \int p\mathrm{d}v - \left(\int p\mathrm{d}v + \int v\mathrm{d}p\right) = -\int v\mathrm{d}p \tag{9-19}$$

对于可逆过程，开口系统的稳定流动能量方程式可表示为

$$q = \Delta h - \int_1^2 v\mathrm{d}p \quad \text{或} \quad \delta q = \mathrm{d}h - v\mathrm{d}p \tag{9-20}$$

由以上分析可以看出，热力学第一定律的各种能量守恒方程式在形式上虽然不同，但热变功的实质都是一样的，只是不同场合有不同应用而已。

例 9-1　如图 9-4 所示，已知活塞气缸设备内有 5kg 水蒸气。由初态的比热力学能 $u_1 = 2709.9\mathrm{kJ/kg}$，膨胀到 $u_2 = 2659.6\mathrm{kJ/kg}$，过程中给水蒸气加入热量 80kJ，通过搅拌器输入系统 18.5kJ 的轴功。若系统无动、位能变化，试求通过活塞所做的功。

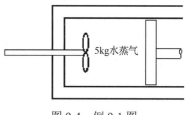

图 9-4　例 9-1 图

解：　由题意，以活塞气缸内的水蒸气为研究对象，则该系统为闭口系统，因此有

$$Q = \Delta U + W$$

上式中，W 是总功，应包括搅拌器的轴功和活塞的膨胀功，即 $W = W_{\text{paddle}} + W_{\text{piston}}$，因此有

$$Q = \Delta U + W_{\text{paddle}} + W_{\text{piston}}$$

可得通过活塞所做的功为

$$
\begin{aligned}
W_{\text{piston}} &= Q - \Delta U - W_{\text{paddle}} \\
&= Q - m \cdot (u_2 - u_1) - W_{\text{paddle}} \\
&= 80 - 5 \times (2659.6 - 2709.9) - (-18.5) \\
&= 350\mathrm{kJ}
\end{aligned}
$$

所以，气体膨胀对外做功（符号为正，说明对外做功，在代入功及热量时注意符号）。

例 9-2　如图 9-5 所示，已知汽轮机进口水蒸气参数：$p_1 = 9\mathrm{MPa}$，$t_1 = 500\text{℃}$，流速 $c_{f1} = 50\mathrm{m/s}$；出口水蒸气参数：$p_2 = 0.5\mathrm{MPa}$，$t_2 = 180\text{℃}$，流速 $c_{f2} = 120\mathrm{m/s}$。水蒸气的质量流量 $q_m = 330\mathrm{t/h}$，水蒸气在汽轮机中进行稳定的绝热流动，求汽轮机的功率。

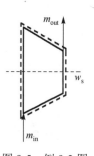

图 9-5　例 9-2 图

解：取系统如图所示，则该系统为开口系统的稳定流动过程，据式(9-14)可得每千克工质所做的技术功为

$$w_t = (h_1 - h_2) + \frac{(c_{f1}^2 - c_{f2}^2)}{2} + g(z_1 - z_2)$$

由题意，忽略系统进、出口的位能差，则有

$$w_t = (h_1 - h_2) + \frac{(c_{f1}^2 - c_{f2}^2)}{2}$$

$$= (3386.4 - 2812.1) \times 10^3 + \frac{(50^2 - 120^2)}{2}$$

$$= 568350 \text{J/kg}$$

$$P = m \cdot w_t = 330 \times 10^3 \times \frac{568350}{3600}$$

$$\approx 5.21 \times 10^4 \text{kW}$$

注意：此处系统所做的功并不仅仅是工质膨胀所得，还有流动净功和动能差所带来的功。

例 9-3　空气在某压气机中被压缩，压缩前空气的参数：$p_1 = 0.1 \text{MPa}$，$v_1 = 0.845 \text{m}^3/\text{kg}$；压缩后空气的参数：$p_2 = 0.8 \text{MPa}$，$v_2 = 0.175 \text{m}^3/\text{kg}$。设在压缩过程中 1kg 空气的热力学能增加了 139.0kJ，同时向外放出热量 50kJ。压气机每分钟产生压缩空气 10kg。试求：

(1)产生 1kg 的压缩空气所需的功(技术功)；

(2)带动此压气机要用多大功率的电动机？

解：(1)压气机是开口热力系统，压气机耗功 $w_c = -w_t$。由开口系统的稳定流动能量方程式

$$q = \Delta h + w_t$$

可得

$$w_t = q - \Delta h = q - \Delta u - \Delta(pv) = q - \Delta u - (p_2 v_2 - p_1 v_1)$$

$$= -50 - 139.0 - (0.8 \times 10^3 \times 0.175 - 0.1 \times 10^3 \times 0.845)$$

$$= -244.5 \text{kJ/kg}$$

即产生 1kg 的压缩空气所需的功为 244.5kJ。

(2)压气机每分钟产生压缩空气 10kg，故带动压气机的电动机功率为

$$P = q_m \cdot w_t = \frac{1}{6} \times 244.5 = 40.75 \text{kW}$$

9.5　稳定流动能量方程式的应用

稳定流动能量方程式在应用于各种热工设备时常常可以简化。例如，一般热工设备进、出口高差只有几米，工质在进、出口的位能差和系统与外界交换的热量及功量相比要小得多，因此可以忽略；而当设备进行了良好的保温时，计算时可忽略系统与外界交换的热量。当工质的流速小于 50m/s 时，每千克工质动能的变化就小于 1.25kJ/kg，在和系统与外界交换的热量及功量相比要小得多，且云计算精度要求不高时也可忽略。

下面以几种常见的热工设备为例，说明稳定流动能量方程式的应用。

9.5.1　热交换器

热交换器也称换热器，如工程上的各种加热器、散热器、冷却器、凝汽器、蒸发器等。工质流经这类设备时与外界无功量交换，即 $w_s = 0$，且动、位能的变化可忽略不计，因此根据式(9-14)可得

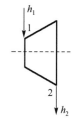

$$q = h_2 - h_1 \qquad (9\text{-}21)$$

9.5.2　动力机械

工质流经汽轮机、燃气轮机等动力机(见图 9-6)时，都利用了工质膨胀做功，对外输出轴功 w_s。由于这类设备保温良好，通过设备外壳的散热量较少，可认为该膨胀过程是绝热的，即 $q = 0$。如果再忽略动能及位能的变化，由式(9-14)可得

图 9-6　动力机示意图

$$w_s = h_1 - h_2 \qquad (9\text{-}22)$$

而当工质流经水泵、风机、压气机等压缩机械时，压力升高，外界对工质做轴功，这种情况正好与动力机械相反。如果设备无专门的冷却措施，也可认为是绝热的，即 $q = 0$。同时也可以利用式(9-22)，但此时算出的 w_s 值是负值。

9.5.3　管道

工质在流经喷管(见图 9-7)、扩压管等这类设备时，不对设备做功，位能差也很小，可不计。因喷管长度小，工质流速大，所以流经这类设备时工质与外界交换的热量很少，或忽略不计。若流动为稳定流动，则根据式(9-14)可得 1kg 工质动能的增加为

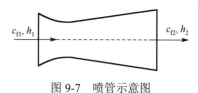

图 9-7　喷管示意图

$$\frac{1}{2}(c_{f2}^2 - c_{f1}^2) = h_1 - h_2 \qquad (9\text{-}23)$$

9.5.4　绝热节流

工质在流经阀门、孔板等设备(见图 9-8)时，由于流动截面突然收缩，压力剧烈下降，并在缩口附近产生漩涡，流过收缩口后流速减缓，压力又回升，这种现象称为节流。

节流是典型的不可逆过程，在收缩口附近存在涡流，工质处于不稳定的非平衡状态。但在远离收缩口的 1—1 截面及 2—2 截面上，流动情况基本稳定，如果选择这两个截面作为开口系统，

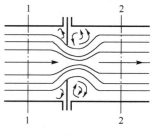

图 9-8　绝热节流示意图

可以近似地应用稳定流动能量方程式进行分析。两个截面上的流速差别不大，动能变化可以忽略，节流过程对外不做轴功，工质流过两个截面之间的时间很短，与外界交换的热量很少，可以近似地认为节流过程是绝热的，即 $q = 0$。于是，运用稳定流动能量方程式可得

$$h_1 = h_2 \qquad (9\text{-}24)$$

式(9-24)表明，在忽略动、位能变化的绝热节流过程中，节流前后工质的焓值相等。但是，在两个截面之间，特别是在收缩口附近，由于工质流速的变化很大，焓值并非处处相等，因此不可将绝热节流过程理解为定焓过程。

习　　题

9-1．气体在某一过程中吸收了 50J 的热量，同时热力学能增加了 84J，问此过程是膨胀过程还是压缩过程？对外做功是多少？

9-2．某热机每完成一个循环，工质从高温热源吸热 2000kJ，向低温热源放热 1300kJ。在压缩过程中工质得到外功 700kJ，试求膨胀过程中工质所做的功。

9-3．质量为 1275kg 的汽车在以 60000m/h 的速度行驶时被踩刹车止动，速度降至 20000m/h，假定刹车过程中 0.5kg 的刹车带和 4kg 钢刹车鼓均匀加热，但与外界没有传热，已知刹车带和钢刹车鼓的比热容分别是 1.1kJ/(kg·K) 和 0.46kJ/(kg·K)，求刹车带和钢刹车鼓的温升。

9-4．在冬季，某加工车间每小时经过墙壁和玻璃等处损失热量 3×10^6kJ，车间中各种机床的总功率为 375kW，且全部动力最终变成了热能。另外，室内经常亮着 50 盏 100W 的电灯。为使该车间温度保持不变，每小时需另外加入多少热量？

9-5．夏日，为避免阳光直射，密闭门窗，用电扇取凉，若假定房间内的初温为 28℃，压力为 0.1MPa，电扇的功率为 0.06kW，太阳直射传入的热量为 0.1kW，若室内有三人，每人每小时向环境散发的热量为 418.7kJ，通过墙壁向外散热 1800kJ/h，试求面积为 215m、高度为 3.0m 的室内空气每小时温度的升高值，已知空气的热力学能与温度关系为 $\Delta u = 0.72\{\Delta T\}_K$ kJ/kg。

9-6．如图所示，气缸内空气的体积为 0.008m³，温度为 17℃。初始时空气压力为 0.1013MPa，弹簧呈自由状态。现对空气加热，使其压力升高，并推动活塞上升而压缩弹簧。已知活塞面积为 0.08m²，弹簧刚度为 $k = 40000$N/m，空气热力学能变化关系式为 $\Delta u = 0.718\{\Delta T\}_K$ kJ/kg。环境大气压力 $p_b = 0.1$MPa，试求使气缸内空气压力达到 0.3MPa 所需的热量。

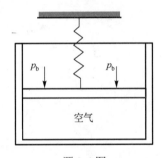

题 9-6 图

9-7．某台锅炉每小时生产水蒸气 30t，已知供给锅炉的水的焓值为 417kJ/kg，而锅炉产生的水蒸气的焓为 2487kJ/kg。煤的发热量为 30000kJ/kg，当锅炉效率为 0.85 时，求锅炉每小时的耗煤量。

9-8．一种工具，利用从喷嘴射出的高速水流进行切割，供水压力为 200kPa、温度为 20℃，喷嘴内径为 0.002m，射出水流的温度为 20℃、流速为 1000m/s。假定喷嘴两侧水的热力学能变化忽略不计，求水泵的功率。已知 200kPa、20℃时水的比体积 $v = 0.001002$m³/kg。

9-9．空气在压气机中被压缩，压缩前空气的参数：$p_1 = 0.1$MPa，$v_1 = 1.035$m³/kg；压缩后的参数：$p_2 = 0.6$MPa，$v_2 = 0.5$m³/kg。设压缩过程中 1kg 空气的热力学能为 110kJ，同时向外放出热量 60kJ。压气机每分钟产生压缩空气 10kg。试求：

(1)压缩过程中对 1kg 空气做的功；

(2)每生产 1kg 压缩空气所需的功(技术功)；

(3)带动此压气机要用多大功率的电动机？

9-10．进入蒸汽发生器中内径为 30mm 管子的压力水的参数为 10MPa、30℃，从管子输出时参数为 9MP、400℃，若入口体积流量为 3L/s，求加热率。已知初态时 h = 134.8kJ/kg、v = 0.0010m³/kg，终态时 h =3117.5kJ/kg、v = 0.0299m³/kg。

9-11．500kPa 的饱和液氨进入锅炉加热成干饱和氨蒸气，然后进入压力同为 500kPa 的过热器加热到 275K。若氨的质量流量为 0.005kg/s，求锅炉和过热器中的换热率。已知氨进入和离开锅炉时的焓分别为 h_1 = 134.8kJ/kg、h_2 = 1446.4kJ/kg，氨离开过热器时的焓为 h_3 = 1470.7kJ/kg。

9-12．某稳定流动系统，已知进口处气体的参数：p_1 = 0.60MPa，v_1 = 0.35m³/kg，u_1 = 2000kJ/kg，c_{f1} = 280m/s；出口处气体的参数：p_2 = 0.12MPa，v_2 = 1.2m³/kg，u_2 = 1400kJ/kg，c_{f2} = 140m/s。气体的质量流量 q_m = 3.5kg/s，流过系统时向外传热为 30kJ/kg。假定气体流过系统时重力位能的变化忽略不计，求气体流过系统时对外输出的功率。

第10章 理想气体的性质与热力过程

在现代工业中，热能大规模地、经济地转变为机械能，通常都是借助于工质在热能动力装置中的吸热、膨胀做功、排热等状态变化过程来实现的。为了定性及定量分析工质进行这些过程时的吸热量和做功量，除了热力学第一定律等基础理论外，还需要具备工质热力性质方面的知识。采用的工质应具有显著的胀缩性，即其体积随着温度、压力的变化能有较大的变化，而气态物质正好具有这一特征。本章主要对理想气体、实际气体及水蒸气的性质进行分析。

10.1　理想气体的性质

10.1.1　理想气体的概念

自然界中不存在理想气体，所谓的理想气体是一种实际不存在的假想气体，具有两点假设：①分子是些弹性的、不具体积的质点；②分子间相互没有作用力。

理想气体是气体压力趋近于零、比体积趋近于无穷大时的极限状态。实际上，高温、低压的气体密度小、比体积大，若分子本身的体积远小于其活动空间，分子间平均距离大到作用力极其微弱，这种状态的气体就很接近理想气体。工程中常用的氧气、氮气、氢气、一氧化碳等及其混合空气、燃气、烟气等工质，在通常使用的温度、压力下都可作为理想气体处理，误差一般都在工程计算允许的精度范围之内。

不符合上述两点假设的气态物质称为实际气体。蒸汽动力装置中采用的工质水蒸气，制冷装置的工质氟利昂蒸气、氨蒸气等，这类物质的临界温度较高，蒸气在通常的工作温度和压力下离液态不远，不能看作理想气体。

而对于大气中含有的少量水蒸气，燃气和烟气中含有的水蒸气和二氧化碳等，因分子浓度低，分子压力甚小，这些混合物在温度不太低时仍可被视作理想气体。

对于理想气体而言，其热力学能 u 和焓 h 只是温度的函数。

10.1.2　理想气体的状态方程

理想气体的状态方程为

$$pv = R_g T \qquad \text{或} \qquad pV = mR_g T \tag{10-1}$$

式中，R_g 称为气体常数，它是一个只与气体种类有关，与气体所处状态无关的物理量。

上述表示理想气体在任一平衡状态时 p、v、T 之间关系的方程式就称为理想气体状态方程式，或称克拉佩龙(Clapeyron)方程。使用时应注意各量的单位。按国家法定计量单位：p 的单位为 Pa；T 的单位为 K；v 的单位为 m^3/kg；与此相应的 R_g 的单位为 J/(kg·K)。

克拉佩龙方程也可表示为

$$pV_m = RT \qquad \text{或} \qquad pV = nRT \tag{10-2}$$

式中，R 称为摩尔气体常数，它是与气体的种类及状态均无关的常数。当 p、V_m、T 的单位分别为 Pa、m^3、K 时，R 的数值为

$$R = 8.314510 \pm 0.000070\ \text{J}\,/\,(\text{mol}\cdot\text{K})$$

各种气体的气体常数与摩尔气体常数之间的关系可由式(10-3)确定：

$$R_g = \frac{R}{M} = \frac{8.314}{M}\ \text{J}/(\text{mol}\cdot\text{K}) \tag{10-3}$$

式中，M 为气体的摩尔质量。例如，空气的摩尔质量是 $28.97 \times 10^{-3}\text{kg/mol}$，故气体常数为 $287.0\ \text{J}/(\text{kg}\cdot\text{K})$。

10.1.3　理想气体的比热容

10.1.3.1　比热容的定义

单位质量的物体温度升高 1K(或 1℃)所需的热量，称为质量热容，简称比热容，即

$$c = \frac{\delta q}{\text{d}T} \tag{10-4}$$

比热容的单位为 J/(kg·K)，它是表征工质热物性的一个量热系数，可用来计算热量。

根据所采用的物质的量的单位不同，又有摩尔热容 C_m[1mol 物质的热容称摩尔热容，单位为 J/(mol·K)]，容积(体积)热容 C，单位为 J/(m^3·K)(以标准状态下 $1m^3$ 作为物质量的单位)。

在大多数热力设备中，工质往往是在接近压力不变或体积不变的条件下吸热或放热的，因此定压过程和定容过程的比热容最常用，它们分别称为比定压热容(也称质量定压热容)和比定容热容(也称质量定容热容)，分别用 c_p 和 c_v 表示。对于理想气体，其 c_p 和 c_v 分别为

$$c_v = \frac{\text{d}u}{\text{d}T} \tag{10-5}$$

$$c_p = \frac{\text{d}h}{\text{d}T} \tag{10-6}$$

对于理想气体，其定压热容与定容热容之间有如下关系：

$$c_p - c_v = R_g \qquad \text{或} \qquad C_{p,m} - C_{v,m} = R \tag{10-7}$$

式(10-7)称为迈耶公式。因为 R_g 是大于零的常数，所以有 $c_p > c_v$，或 $C_{p,m} > C_{v,m}$。

定义比值 c_p/c_v 为比热容比，或质量热容比，以 γ 表示

$$\gamma = \frac{c_p}{c_v} = \frac{C_{p,m}}{C_{v,m}} \tag{10-8}$$

根据式(10-7)及式(10-8)可得

$$c_v = \frac{1}{\gamma - 1}R_g \qquad \text{及} \qquad c_p = \frac{\gamma}{\gamma - 1}R_g \tag{10-9}$$

10.1.3.2　比热容的计算方法

理想气体，比热容仅是温度的单值函数，即 $c=f(t)$，利用比热容计算热量、热力学能、焓和熵时，对比热容的处理有如下几种方法。

1．真实比热容

将实验测得的不同气体的比热容随温度的变化关系表达为多项式形式，即

$$c_{p,m} = c_0 + c_1 T + c_2 T^2 + c_3 T^3 \tag{10-10}$$

$$c_{v,m} = c_0 - R_g + c_1 T + c_2 T^2 + c_3 T^3 \tag{10-11}$$

式中，c_0、c_1、c_2、c_3 为常数，不同气体，这些常数各不相同。式 (10-10) 及式 (10-11) 称为真实比热容。本书附表 A 给出了部分气体真实定压比热容的常数值。

利用式 (10-10) 及式 (10-11) 可计算每千克气体从温度 T_1 升高到 T_2 所需要的热量。例如，对于定压过程

$$q = \int_{T_1}^{T_2} c_p \, \mathrm{d}T = \int_{T_1}^{T_2} (c_0 + c_1 T + c_2 T^2 + c_3 T^3) \mathrm{d}T \tag{10-12}$$

2．平均比热容

工程中为了计算方便，引入了平均比热容的概念，即每千克气体从温度 t_1 升高到 t_2 时，在这一温度区间范围内的平均比热容，用 $c\big|_{t_1}^{t_2}$ 表示，即

$$c\big|_{t_1}^{t_2} = \frac{q\big|_{t_1}^{t_2}}{t_2 - t_1} = \frac{\int_{t_1}^{t_2} c_p \mathrm{d}T}{t_2 - t_1} = \frac{\int_0^{t_2} c_p \mathrm{d}T - \int_0^{t_1} c_p \mathrm{d}T}{t_2 - t_1} = c\big|_0^{t_2} \cdot t_2 - c\big|_0^{t_1} \cdot t_1 \tag{10-13}$$

$c\big|_0^{t_2}$ 和 $c\big|_0^{t_1}$ 分别表示温度自 0℃到 t_1 及 0℃到 t_2 的平均比热容，两者起始温度相同。$c\big|_0^t$ 值取决于终态温度，$c\big|_0^{t_2}$ 和 $c\big|_0^{t_1}$ 由本书附表 B 查得。

若取真实气体比热容为直线 $c = a + bt$，则可推出平均比热容的直线关系为

$$c\big|_{t_1}^{t_2} = \frac{\int_{t_1}^{t_2} c_p \mathrm{d}T}{t_2 - t_1} = \frac{a(t_2 - t_1) + \dfrac{b}{2}(t_2^2 - t_1^2)}{t_2 - t_1} = a + \frac{b}{2}(t_2 + t_1) \tag{10-14}$$

本书附表 C 给出了一些气体的平均比热容直线关系中 a、b 的常数值，查表时应注意 t 项系数是 $b/2$，计算时应以 $t_1 + t_2$ 代入。

3．定值比热容

当气体温度不太高且变化范围不大，或计算精度要求不高时，可将比热容近似看成不随温度而变的定值，称为定值比热容。根据气体分子运动论及能量按自由度均分的原则，原子数目相同的气体具有相同的摩尔热容。表 10-1 所示为单原子气体、双原子气体及多原子气体的定值比热容和比热容比，其中多原子气体给出的是实验值。

表 10-1 单原子气体、双原子气体及多原子气体的定值比热容和比热容比（$R = 8.3145 \, \text{J} / (\text{mol} \cdot \text{K})$）

项目	单原子气体（$i=3$）	双原子气体（$i=5$）	多原子气体（$i=6$）
$C_{v,m}$ $\text{J}/(\text{mol} \cdot \text{K})$	$\dfrac{3}{2}R$	$\dfrac{5}{2}R$	$\dfrac{7}{2}R$
$C_{p,m}$ $\text{J}/(\text{mol} \cdot \text{K})$	$\dfrac{5}{2}R$	$\dfrac{7}{2}R$	$\dfrac{9}{2}R$
$\gamma = C_{p,m} / C_{v,m}$	1.67	1.40	1.29

例 10-1 某电厂有三台锅炉合用一个烟囱。每台锅炉每秒产生烟气 73m^3（已折算成标准状态下的体积），烟囱出口处的烟气温度为 $100℃$，压力近似为 101.33kPa，烟气流速为 30m/s，求烟囱的出口直径。

解： 三台锅炉产生的总烟气量为

$$q_{v0} = 73 \times 3 = 219 \text{m}^3 / \text{s}$$

烟气可作为理想气体处理，在稳定流动状态下，烟气的质量守恒，利用理想气体的状态方程可得出：

$$\frac{pq_v}{T} = \frac{p_0 q_{v0}}{T_0}$$

$$\because \quad p = p_0$$

$$\therefore \quad q_v = \frac{T}{T_0} q_{v0}$$

$$= \frac{273 + 100}{273} \times 219$$

$$\approx 299.2 \text{m}^3 / \text{s}$$

烟囱出口截面积： $A = \dfrac{q_v}{c_\text{f}} = \dfrac{299.2}{30} \approx 9.97 \text{m}^2$

烟囱出口直径： $d = \sqrt{\dfrac{4A}{\pi}} = \sqrt{\dfrac{4 \times 9.97}{3.14}} \approx 3.56 \text{m}$

例 10-2 在燃气轮机装置中，用从燃气轮机中排出的乏汽对空气进行加热（加热在空气回热器中进行），然后将加热后的空气送入燃烧室进行燃烧。若空气在回热器中，从 $127℃$ 定压加热到 $327℃$，试按下列比热容值计算每千克空气所加入的热量。

（1）按真实比热容计算；

（2）按平均比热容计算；

（3）按比热容随温度变化的直线关系计算；

（4）按定值比热容计算；

（5）按空气的热力性质表计算。

解：（1）按真实比热容计算

空气在回热器中定压加热，则：

$$q_p = \int_1^2 c_p \text{d}T$$

$$c_p = c_0 + c_1 T + c_2 T^2 + c_3 T^3, \quad T_1 = 127 + 273 = 400\text{K}, \quad T_2 = 327 + 273 = 600\text{K}$$

根据附表 A 可得　　　　　$c_0 = 1.05, \ c_1 = -0.365, \ c_2 = 0.85, \ c_3 = -0.39$

$$c_p = 1.05 - 0.365\left(\frac{T}{1000}\right) + 0.85\left(\frac{T}{1000}\right)^2 - 0.39\left(\frac{T}{1000}\right)^2$$

$$q_p = \int_1^2 c_p \mathrm{d}T = \int_1^2 \left[1.05 - 0.365\left(\frac{T}{1000}\right) + 0.85\left(\frac{T}{1000}\right)^2 - 0.39\left(\frac{T}{1000}\right)^3\right]\mathrm{d}T$$

$$= 1.05 \times (600 - 400) - \frac{0.365 \times 10^{-3}}{2} \times (600^2 - 400^2) + \frac{0.85 \times 10^{-6}}{3} \times$$

$$(600^3 - 400^3) - \frac{0.39 \times 10^{-9}}{4} \times (600^4 - 400^4)$$

$$\approx 206.43\text{kJ/kg}$$

（2）按平均比热容计算

$$q_p = c_p\Big|_{t_0}^{t_2} t_2 - c_p\Big|_{t_0}^{t_1} t_1$$

查附表 B：

$$t = 100\text{℃} \qquad c_p = 1.006\text{kJ/(kg·K)}$$

$$t = 200\text{℃} \qquad c_p = 1.012\text{kJ/(kg·K)}$$

$$t = 300\text{℃} \qquad c_p = 1.019\text{kJ/(kg·K)}$$

$$t = 400\text{℃} \qquad c_p = 1.028\text{kJ/(kg·K)}$$

用线性内插法，得到当 $t = 127\text{℃}$ 及 $t = 327\text{℃}$ 时：

$$c_p\Big|_0^{127} = c_p\Big|_0^{100} + \frac{c_p\Big|_0^{200} - c_p\Big|_0^{100}}{200 - 100} \times (127 - 100)$$

$$\approx 1.0076\text{kJ/(kg·K)}$$

$$c_p\Big|_0^{327} = c_p\Big|_0^{300} + \frac{c_p\Big|_0^{400} - c_p\Big|_0^{300}}{200 - 100} \times (327 - 300)$$

$$\approx 1.0214\text{kJ/(kg·K)}$$

因此有

$$q_p = 1.0214 \times 327 - 1.0076 \times 127 \approx 206.03\text{kJ/kg}$$

（3）按比热容随温度变化的直线关系计算

查得空气的平均比热容的直线关系式为（见附表 C）：

$$c_p = 0.9956 + 0.000093t$$

$$= 0.9956 + 0.000093 \times (127 + 327)$$

$$\approx 1.0378\text{kJ/(kg·K)}$$

$$q_p = c_p \Big|_{t_1}^{t_2} (t_2 - t_1) = 1.0378 \times (327 - 127) = 207.56 \text{kJ/kg}$$

(4) 按定值比热容计算

$$q_p = c_p(t_2 - t_1) = \frac{7}{2} \frac{R}{M}(t_2 - t_1)$$

$$= \frac{7}{2} \frac{8.314}{28.97 \times 10^{-3}} \times (327 - 127)$$

$$\approx 200.9 \text{kJ/kg}$$

(5) 按空气的热力性质表计算

由空气热力性质表查得(见附表 D)：

当 $T_1 = 273 + 127 = 400 \text{K}$ 时，$h_1 = 403.01 \text{kJ/kg}$

当 $T_1 = 273 + 327 = 600 \text{K}$ 时，$h_1 = 609.02 \text{kJ/kg}$

因此有

$$q = \Delta h = h_2 - h_1 = 609.02 - 403.01 = 206.01 \text{kJ/kg}$$

10.1.4 理想气体的热力学能、焓和熵

10.1.4.1 理想气体的热力学能和焓

由前所述，理想气体的热力学能及焓均是温度的单值函数，可分别表示为

$$\mathrm{d}u = c_v(T)\mathrm{d}T \tag{10-15}$$

$$\mathrm{d}h = c_p(T)\mathrm{d}T \tag{10-16}$$

如果知道过程中比热与温度之间的函数关系，就可以通过积分运算求出初、终两态的热力学能变化及焓变化，无须考虑压力和比体积是否变化。

对于定容过程，$\mathrm{d}v = 0$，则有

$$q_v = \Delta u = \int_{t_1}^{t_2} c_v \mathrm{d}T = u_2 - u_1 \tag{10-17}$$

对于定压过程，$\mathrm{d}p = 0$，此时有

$$q_p = \Delta h = \int_{t_1}^{t_2} c_p \mathrm{d}T = h_2 - h_1 \tag{10-18}$$

式(10-17)和式(10-18)是计算理想气体热力学能变化及焓变化的普适公式，其中的 $c_v(T)$ 及 $c_p(T)$ 与气体的种类及温度有关。对于非理想气体，式(10-17)只适用于定容过程，式(10-18)只适用于定压过程。

通常，热工计算中只要求确定过程中热力学能或焓值的变化量，对无化学反应的热力过程，可人为地规定基准点(如水蒸气三相态中的液态水)为热力学能零点。理想气体通常取 0K 或 0℃时的焓值为零($h_{0K} = 0$)，相应的热力学能也为零($u_{0K} = 0$)，此时任意温度 T 时的 h、u 实质上是从 0K 计算起的相对值，即

$$h = c_p \Big|_{0K}^{T} T$$

则由上式可得
$$u = c_v \big|_{0K}^{T} T$$

那么，任意温度下的焓及热力学能则为

$$h = c_p \big|_{0°C}^{t} t \tag{10-19}$$

$$u = c_v \big|_{0°C}^{t} t - 273 R_g \tag{10-20}$$

本书附表 D 及附表 E 给出了空气及其他一些常见气体的比焓 h 及摩尔焓 H_m 随温度变化的值。

10.1.4.2　理想气体的熵

熵参数可以从热力学理论的数学分析中导出，应用热力学第二定律可以证明，在闭口、可逆条件下，存在如下关系：

$$ds = \left(\frac{\delta q_{rev}}{T} \right) \tag{10-21}$$

式中，δq_{rev} 为 1kg 工质在微元可逆过程中与热源交换的热量(J)；T 为传热时工质的热力学温度(K)；ds 为在此微元可逆过程中 1kg 工质的熵变，也称比熵变(J/(kg·K))。

理想气体的熵不仅是温度的函数，它还与压力和比容有关。

对于理想气体的微元可逆过程，其熵变可写成如下形式：

$$ds = c_v \frac{dT}{T} + R_g \frac{dv}{v} \tag{10-22}$$

$$ds = c_p \frac{dT}{T} - R_g \frac{dp}{p} \tag{10-23}$$

$$ds = c_v \frac{dp}{p} + c_p \frac{dv}{v} \tag{10-24}$$

理想气体可逆过程的熵变为

$$\Delta s = \int_{T_1}^{T_2} c_v \frac{dT}{T} + R_g \ln \frac{v_2}{v_1} \tag{10-25}$$

$$\Delta s = \int_{T_1}^{T_2} c_p \frac{dT}{T} - R_g \ln \frac{p_2}{p_1} \tag{10-26}$$

$$\Delta s = \int_{p_1}^{p_2} c_v \frac{dp}{p} + \int_{v_1}^{v_2} c_p \frac{dv}{v} \tag{10-27}$$

以上分别是以 T 和 v、T 和 p、p 和 v 表示的理想气体在任意过程中熵变的计算式。与热力学能和焓一样，在一般热工计算中，只涉及熵的变化量，计算结果与基准点(零点)的选择无关。由于 c_p 和 c_v 都只是温度的函数，与过程特征无关，因此，理想气体的熵变完全取决于初态和终态，当初、终态确定后，系统的熵变就完全确定了，与过程性质及途径无关，熵也是状态量。

例 10-3　已知某理想气体的定容比热容 $c_v = a + bT$，其中 a、b 为常数，试导出其热力学能、焓和熵的计算式。

解： 根据题意可得

$$\Delta u = \int_{T_1}^{T_2} c_v \mathrm{d}T = \int_{T_1}^{T_2} (a + bT)\mathrm{d}T = a(T_2 - T_1) + \frac{b}{2}(T_2^2 - T_1^2)$$

$$\Delta h = \int_{T_1}^{T_2} c_p \mathrm{d}T = \int_{T_1}^{T_2} (a + bT + R_g)\mathrm{d}T = (a + R_g)(T_2 - T_1) + \frac{b}{2}(T_2^2 - T_1^2)$$

$$\Delta s = \int_{T_1}^{T_2} c_v \frac{\mathrm{d}T}{T} + R_g \ln \frac{v_2}{v_1} = \int_{T_1}^{T_2} (a + bT)\frac{\mathrm{d}T}{T} + R_g \ln \frac{v_2}{v_1}$$

$$= a \ln \frac{T_2}{T_1} + b(T_2 - T_1) + R_g \ln \frac{v_2}{v_1}$$

10.2 混合理想气体

在热力工程中经常遇到混合气体，如空气、燃气、烟气等。对混合气体进行热力计算前，需确定其热力性质。混合气体的热力性质，取决于组成气体（又称组元）的种类及组成成分。因此，研究定组成成分混合气体的基本方法：首先根据组成气体的热力性质及组成成分，计算出混合气体的热力性质。然后将混合气体当作单一气体来进行计算。如果各组成气体均具有理想气体的性质，则它们的混合物必定满足理想气体的条件；反之亦然。本节所讨论的混合气体，都是定组成成分的理想气体混合而成的且相互无化学反应、成分稳定。

10.2.1 混合理想气体的基本定律

10.2.1.1 道尔顿分压定律
道尔顿分压定律的表述：混合理想气体的压力等于各组成气体分压力的总和，即

$$p = \sum_{i=1}^{r} p_i \tag{10-28}$$

式中，p 为混合理想气体的总压力；p_i 为第 i 种组成气体的分压力。

10.2.1.2 阿马伽分体积定律
阿马伽分体积定律的表述：混合理想气体的容积等于各组成气体分容积的总和，即

$$V = \sum V_i \tag{10-29}$$

式中，V 为混合理想气体的总体积；V_i 为第 i 种组成气体的分体积，它表示在混合理想气体的温度及压力下，组成气体单独存在时所占有的容积。但是组成气体的容积 V_i 并不代表在混合状态下组成气体的实际容积，定义分容积的状态 (T, p)，并不是在混合状态下组成气体的实际状态 (T, p_i)，两者是有区别的。

10.2.2 混合气体的成分

组成气体的含量与混合气体总量的比值，统称混合气体的成分，即各组成气体的含量占总量的百分数。根据物质的量的不同，混合气体的成分可分为质量分数、摩尔分数及体积分数，分别用 ω_i、x_i 及 φ_i 表示：

$$\omega_i = \frac{m_i}{m} \tag{10-30}$$

$$x_i = \frac{n_i}{n} \tag{10-31}$$

$$\varphi_i = \frac{V_i}{V} \tag{10-32}$$

10.2.2.1　摩尔分数 x_i 与体积分数 φ_i 之间的换算关系

由于 $pV = nRT$ ，且 $pV_i = n_i RT$ ，两式相比较可得

$$\frac{V_i}{V} = \frac{n_i}{n}$$

即

$$\varphi_i = x_i \tag{10-33}$$

由于体积分数与摩尔分数相同，故混合气体成分的三种表示法，实质上只有质量分数 ω_i 和摩尔分数 x_i 两种。

10.2.2.2　质量分数 ω_i 与摩尔分数 x_i 之间的换算关系

$$x_i = \frac{n_i}{n} = \frac{m_i/M_i}{m/M} = \frac{M_{eq}}{M_i}\omega_i \tag{10-34}$$

式中，M_{eq} 称为折合摩尔质量。

$$M_i R_{g,i} = M_{eq} \cdot R_{g,eq} \tag{10-35}$$

因此可得

$$x_i = \frac{R_{g,i}}{R_{g,eq}}\omega_i \tag{10-36}$$

由于 $\sum x_i = 1$ ，因此有

$$R_{g,eq} = \sum R_{g,i} \cdot \omega_i = \sum \frac{R}{M_i} \cdot \omega_i = R \sum \frac{\omega_i}{M_i} \tag{10-37}$$

式中，$R_{g,eq}$ 为折合气体常数 $[\mathrm{J/(kg \cdot K)}]$ 。

10.2.3　混合理想气体的比热容、热力学能和焓

10.2.3.1　混合理想气体的比热容

根据比热容定义，混合理想气体的比热容是 1kg 混合理想气体温度升高 1K 所需的热量，1kg 中有 ω_i kg 的第 i 种组分，因而混合理想气体的比热容为

$$c = \sum \omega_i c_i \tag{10-38}$$

同理得混合理想气体的摩尔热容和体积热容分别为

$$C_m = \sum x_i \cdot C_{m,i} \qquad (10\text{-}39)$$

$$C' = \sum \varphi_i \cdot C'_i \qquad (10\text{-}40)$$

10.2.3.2　混合理想气体的热力学能和焓

U、H、S 都是广延量，具有可加性，因此混合理想气体的热力学能等于各组成气体的热力学能之和：

$$U = \sum U_i = \sum m_i \cdot u_i = \sum n_i \cdot U_{m,i} \qquad (10\text{-}41)$$

混合理想气体的比热力学能 u 及摩尔热力学能 U_m 分别为

$$u = \frac{U}{m} = \frac{\sum m_i \cdot u_i}{m} = \sum \omega_i \cdot u_i \qquad (10\text{-}42)$$

$$U_m = \frac{U}{n} = \frac{\sum n_i \cdot U_{m,i}}{n} = \sum x_i \cdot U_{m,i} \qquad (10\text{-}43)$$

同样：

$$H = \sum H_i = \sum m_i \cdot h_i = \sum n_i \cdot H_{m,i} \qquad (10\text{-}44)$$

$$h = \frac{H}{m} = \frac{\sum m_i \cdot h_i}{m} = \sum \omega_i \cdot h_i \qquad (10\text{-}45)$$

$$H_m = \frac{H}{n} = \frac{\sum n_i \cdot H_{m,i}}{n} = \sum x_i \cdot H_{m,i} \qquad (10\text{-}46)$$

同时各组成气体都是理想气体，温度 T 相同，所以混合理想气体的比热力学能和比焓也是温度的单值函数，即

$$u = f_u(T), \quad h = f_h(T)$$

10.2.3.3　混合理想气体的熵

同热力学能一样，若混合理想气体中的各组成气体分子互不干扰，各组成气体的熵相当于温度 T 下单独处在体积 V 中的熵值，这时压力为分压力 p_i，故 $s_i = f(T, p_i)$，且混合熵等于各组成气体熵的总和，即 $S = \sum S_i$。

因此，1kg 混合理想气体的熵 s 为

$$s = \sum \omega_i s_i \qquad (10\text{-}47)$$

当混合理想气体成分不变时，第 i 种组分在微元过程中的比熵变为

$$\mathrm{d}s_i = c_{p,i} \frac{\mathrm{d}T}{T} - R_{g,i} \frac{\mathrm{d}p_i}{p_i}$$

因为 $s = \sum \omega_i s_i$，因此有 1kg 混合理想气体的比熵变 $\mathrm{d}s$ 为

$$ds = \sum_i \omega_i \cdot c_{p,i} \frac{dT}{T} - \sum_i \omega_i \cdot R_{g,i} \frac{dp_i}{p_i} \tag{10-48}$$

1mol 混合理想气体的比熵变为

$$dS_m = \sum_i x_i \cdot c_{p,m,i} \frac{dT}{T} - \sum_i x_i \cdot R \frac{dp_i}{p_i} \tag{10-49}$$

10.3　理想气体的热力过程

10.3.1　研究热力过程的目的及一般方法

工程上广泛应用的各种热工设备，尽管它们的工作原理各不相同，但都是为了完成某种特定的任务而进行的相应的热力过程。例如，通过工质的吸热、膨胀、放热、压缩等一系列热力状态变化过程实现热能与机械能的相互转换。系统内工质状态的连续变化过程称为热力过程。工质的状态变化与各种作用密切联系，这种联系就是热力学基本定律及工质基本属性的具体体现，而各种热工设备，则是实现这种联系的具体手段。因此，研究热力过程的目的就在于：运用热力学的基本定律及工质的基本属性，揭示热力过程中工质状态变化的规律与各种作用量之间的内在联系，并从能量的量和质两方面进行定量分析和定性分析。

在热工设备中不可避免地存在各种不可逆因素，但又近似地具有某一简单的特征。为了突出实际过程中状态参数变化的主要特征，在不考虑实际过程的不可逆耗损的情况下，工程热力学将热工设备中的各种过程近似地概括为几种典型过程，即定容、定压、定温和绝热过程，并用简单的热力学方法予以分析计算。

本章仅限于分析理想气体的可逆过程，分析的方法是将一般规律与过程特征相结合，导出适用于具体过程的计算公式。分析的内容及步骤可概括为以下几点。

(1) 根据过程的特点，利用状态方程式及第一定律解析式，得出过程方程式 $p = f(v)$。

(2) 根据书籍参数及过程方程，确定未知的状态参数。

(3) 在 p-v 图和 T-s 图中画出过程曲线，直观地表达过程中工质状态参数的变化规律及能量转换情况。

(4) 确定工质初、终态比热力学能、比焓、比熵的变化量。

(5) 计算过程中系统与外界交换的功量及热量。

在计算中需要结合理想气体的性质及热力学第一定律的内容进行相应参数的计算。

10.3.2　理想气体的基本热力过程

根据状态公理，对于简单可压缩系统，如果有两个独立的状态参数保持不变，则系统的状态不会发生变化。一般来说，气体发生状态变化时，所有的状态参数都可能发生变化，但也可以允许一个(最多一个)状态参数保持不变，而让其他状态参数发生变化。如果在状态变化过程中，分别保持系统的比容、压力、温度或比熵为定值，则分别称为定容过程、定压过程、定温过程及定熵过程。这些由一个状态参数保持不变的过程统称为基本热力过程。

10.3.2.1 定容过程

1. 过程方程及初、终态参数的关系

气体比体积保持不变的过程称为定容过程，即

$$v = \text{定值} \tag{10-50}$$

根据定容过程的过程方程式 $v=$ 定值，以及理想气体状态方程 $pv = R_g T$，即可得出定容过程中的参数关系：

$$\frac{p_1}{T_1} = \frac{p}{T} = \frac{p_2}{T_2} = \frac{R_g}{v} = \text{定值} \tag{10-51}$$

式(10-51)说明：在定容过程中，气体的压力与温度成正比。例如，定容吸热时，气体的温度及压力均升高；定容放热时，两者均下降。

根据理想气体的性质，假定比热容为常数，则有

$$\Delta u_{12} = c_v (T_2 - T_1) \tag{10-52}$$

$$\Delta h_{12} = c_p (T_2 - T_1) \tag{10-53}$$

$$\Delta s_{12} = c_v \ln \frac{T_2}{T_1} \tag{10-54}$$

2. 定容过程在 $p\text{-}v$ 图及 $T\text{-}s$ 图上的图示

定容过程的图示如图 10-1 所示，定容线在 $p\text{-}v$ 图上是一条与横坐标 v 轴相垂直的直线，若以 1 表示初态，则 $1—2_v$ 表示定容放热；$1—2_{v'}$ 表示定容吸热，它们是两个过程。在 $T\text{-}s$ 图上，定容线是一条指数曲线，其斜率随温度升高而增大，即曲线随温度升高而变陡，$1—2_v$ 表示定容放热；$1—2_{v'}$ 表示定容吸热，它们是与 $p\text{-}v$ 图上同名过程相对应的两个过程，过程线下的面积代表所交换的热量。

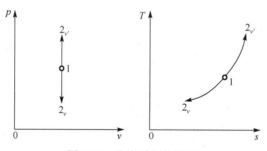

图 10-1 定容过程的图示

3. 功量和热量

因为定容过程的体积变化 $\mathrm{d}v = 0$，因此定容过程的容积变化功及技术功分别为

$$w = \int_1^2 p \mathrm{d}v = 0 \tag{10-55}$$

$$w_t = -\int v \mathrm{d}p = v(p_2 - p_1) \tag{10-56}$$

在定容过程中，热量可利用比热的概念，也可用热力学第一定律来计算，即

$$q = c_v(T_2 - T_1) = u_2 - u_1 \tag{10-57}$$

即系统热力学能变化等于系统与外界交换的热量，这是定容过程中能量转换的特点。

10.3.2.2　定压过程

压力保持不变的过程称为定压过程。

1. 过程方程及初、终态参数的关系

根据定压过程的特征，其过程方程为

$$p = 定值 \tag{10-58}$$

根据过程方程及状态方程得

$$\frac{v_1}{T_1} = \frac{v}{T} = \frac{v_2}{T_2} = \frac{R_g}{v} = 定值 \tag{10-59}$$

式(10-59)说明：在定压过程中，气体的比容与温度成正比。因此，在定压加热过程中气体温度升高必为膨胀过程；在定压压缩过程中气体比容减小必为温度下降的放热过程。

根据理想气体的性质，假定比热容为常数，则有

$$\Delta u_{12} = c_v(T_2 - T_1) \tag{10-60}$$

$$\Delta h_{12} = c_p(T_2 - T_1) \tag{10-61}$$

$$\Delta s_{12} = c_p \ln \frac{T_2}{T_1} \tag{10-62}$$

2. 定压过程在 $p\text{-}v$ 图及 $T\text{-}s$ 图上的图示

定压过程的图示如图 10-2 所示，定压线在 $p\text{-}v$ 图上是一条平行于横坐标的直线，且 $1—2_p$ 过程为定压吸热过程，$1—2_{p'}$ 过程为定压放热过程。在 $T\text{-}s$ 图上，定压线也是一条指数曲线，但因 $c_p > c_v$，所以通过同一状态的定压线总比定容线平坦。

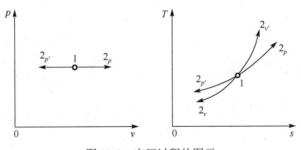

图 10-2　定压过程的图示

3. 功量和热量

定压过程的容积变化功、技术功及吸收的热量分别表示为

$$w = \int_1^2 p\mathrm{d}v = p(v_2 - v_1) = R_g(T_2 - T_1) \tag{10-63}$$

$$w_t = -\int v \mathrm{d}p = 0 \tag{10-64}$$

$$q = h_2 - h_1 = c_p(T_2 - T_1) \tag{10-65}$$

所以理想气体的气体常数 R_g 数值上等于 1kg 气体定压过程中温度升高 1K 时的膨胀功。

10.3.2.3 定温过程

温度保持不变的状态变化过程称为定温过程。按分析热力过程的一般步骤，可以依次得出以下结论。

1. 过程方程及初、终态参数的关系

$$T = 定值 \tag{10-66}$$

因此有

$$p_1 v_1 = p v = p_2 v_2 = R_g T = 定值 \tag{10-67}$$

即在定温过程中压力与比容成反比。

理想气体热力学能及焓仅是温度的函数，在定温过程中，显然有

$$\Delta u_{12} = 0 , \quad \Delta h_{12} = 0 \tag{10-68}$$

定温过程的熵变可按式（10-69）计算

$$\Delta s_{12} = R_g \ln \frac{v_2}{v_1} = -R_g \ln \frac{p_2}{p_1} \tag{10-69}$$

2. 定温过程在 p-v 图及 T-s 图上的图示

定温过程的图示如图 10-3 所示，在 p-v 图上定温过程是一条等边双曲线，过程线的斜率为负值，其中 1—2_T 是等温膨胀过程，1—$2_{T'}$ 是等温压缩过程，过程线下的面积代表容积变化功 w；过程线与纵坐标所围面积代表技术功 w_t。定温过程在 T-s 图上是一条与纵坐标 T 轴相垂直的水平直线，其中 1—2_T 及 1—$2_{T'}$ 是与 p-v 图上同名过程线相对应的两个过程，过程线 1—2_T 下的面积为正，表示吸热，1—$2_{T'}$ 下的面积为负，表示放热。

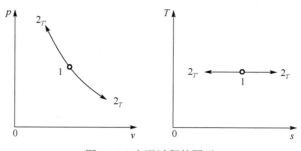

图 10-3　定温过程的图示

3. 功量和热量

定温过程中的功量及热量可表示为

$$w = \int_1^2 p \mathrm{d}v = -\int_1^2 v \mathrm{d}p = w_t \tag{10-70}$$

$$q = w = w_t = R_g T \ln \frac{v_2}{v_1} = -R_g T \ln \frac{p_2}{p_1} \qquad (10\text{-}71)$$

式(10-71)表达了定温过程中能量转换的特征，即定温过程中的热力学能及焓都不变，系统在定温中所交换的热量等于功量（$q_T = w = w_t$）。

10.3.2.4　定熵过程

1. **过程方程及初、终态参数的关系**

工质与外界没有热量交换的状态变化过程称为绝热过程，即 $\delta q = 0$。对于可逆绝热过程有

$$\mathrm{d}s = \left(\frac{\delta q}{T}\right)_{\mathrm{rev}} = 0 \qquad (10\text{-}72)$$

因此，可逆绝热过程也称为定熵过程。

值得指出，可逆绝热过程一定是定熵过程，但定熵过程不一定是可逆绝热过程。不可逆的绝热过程不是定熵过程，定熵过程与绝热过程是两个不同的概念。

根据理想气体熵的微分式(10-24)，并且当比热容比取定值时，可得

$$\frac{\mathrm{d}p}{p} + \kappa \frac{\mathrm{d}v}{v} = 0$$

对上式进行积分可得

$$\ln p + \kappa \ln v = 常数$$

即

$$pv^{\kappa} = 常数 \qquad (10\text{-}73)$$

式(10-73)为理想气体定熵过程的过程方程，其中理想气体的比热容比 κ 也称为定熵指数（绝热指数），各种理想气体的定熵指数可参阅附表 G。

根据绝热过程及理想气体的状态方程不难得出定熵过程中参数的关系：

$$p_1 v_1^{\kappa} = p_2 v_2^{\kappa} = 常数 \qquad (10\text{-}74)$$

$$T_1 v_1^{\kappa-1} = T_2 v_2^{\kappa-1} = 常数 \qquad (10\text{-}75)$$

$$\frac{T_2}{T_1} = \left(\frac{p_2}{p_1}\right)^{\frac{\kappa-1}{\kappa}} \qquad (10\text{-}76)$$

当初、终态温度变化范围在室温到 600K 之间时，将比热容比或定熵指数作为定值应用，上述各式误差不大。若温度变化幅度较大，为减少计算误差，建议用平均定熵指数 κ_{av} 来代替。

假设比热容取定值时，定熵过程中的 Δu_{12}、Δh_{12} 及 Δs_{12} 可分别表示为

$$\Delta u_{12} = c_v(T_2 - T_1) \qquad (10\text{-}77)$$

$$\Delta h_{12} = c_p(T_2 - T_1) \qquad (10\text{-}78)$$

$$\Delta s_{12} = 0 \qquad (10\text{-}79)$$

2. 可逆绝热过程在 p-v 图及 T-s 图上的图示

图 10-4 中同时画出了通过同一初态的定温线及定熵线，因为 $\kappa > 1$，所以定熵线比定温线陡，它们的斜率都是负的，$1-2_s$ 表示可逆绝热膨胀过程，$1-2_{s'}$ 是定熵压缩过程，过程线下的面积表示容积变化功，过程线与纵坐标所围的面积表示技术功。在 T-s 图上定熵过程线是一条与横坐标 s 轴垂直的直线，$1-2_s$ 及 $1-2_{s'}$ 分别表示与 p-v 图上同名过程线相对应的两个过程，过程线下的面积均为零，表示没有热量交换。

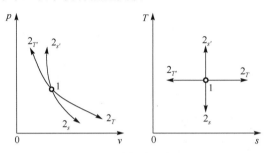

图 10-4　绝热过程的图示

3. 功量和热量

在可逆绝热过程中，系统与外界无热量交换，显然有

$$\delta q = 0 , \qquad q = \int_1^2 T \mathrm{d}s = 0 \tag{10-80}$$

闭口系统的容积变化功可根据热力学第一定律计算：

$$w = -\Delta u_{12} = c_v(T_1 - T_2) = \frac{R_g}{\kappa - 1}(T_1 - T_2)$$

$$= \frac{R_g T_1}{\kappa - 1}\left(1 - \frac{T_2}{T_1}\right) = \frac{p_1 v_1}{\kappa - 1}\left[1 - \left(\frac{p_2}{p_1}\right)^{\frac{\kappa - 1}{\kappa}}\right] \tag{10-81}$$

式 (10-81) 说明：在可逆绝热过程中，系统的热力学能变化完全是由功量交换引起的，系统对外界做功时热力学能减小，外界对系统做功时，系统的热力学能增加，这是可逆绝热过程中能量转换的特征。显然式 (10-81) 的容积变化功公式也可应用积分的方法求得。

对于稳定无摩擦的开口系统，若忽略动、位能的变化，则轴功 w_s 等于技术功 w_t，在定熵过程中，技术功 w_t 与容积变化功 w 满足以下关系，据热力学第一定律算得

$$w_t = \kappa w \tag{10-82}$$

式 (10-82) 说明：在定熵过程中，技术功等于容积变化功的 κ 倍。有了这层关系，在用积分法计算功量时，只需按 $\int p\mathrm{d}v$ 或 $\int -v\mathrm{d}p$ 进行积分，求出其中一个功量后，另一个功量即可按式 (10-82) 求得。

例 10-4　一容积为 0.15m^3 的储气罐，内装氧气，其初态压力为 $p_1 = 0.55\text{MPa}$，温度 $t_1 = 38℃$。若对氧气加热，其温度、压力都升高。储气罐上装有压力控制阀，当压力超过 0.7MPa 时，阀门便会自动打开，放走部分氧气，储气罐中维持的最大压力为 0.7MPa。问当储气罐中

的氧气温度为 285℃时，对罐内氧气加入了多少热量？设氧气的比热容为定值[c_v=0.677kJ/(kg·K)，R_g = 260J/(kg·K)]。

解： 分析，这一题目包括了两个过程，一是由 $p_1 = 0.55$MPa，$t_1 = 38$℃，被定容加热到 $p_2 = 0.7$MPa；二是由 $p_2 = 0.7$MPa，被定压加热到 $p_3 = 0.7$MPa，$t_3 = 285$℃，流程如下所示。

$v = 0.15\text{m}^3$ $p_1 = 0.55\text{MPa}$ $t_1 = 38$℃	定容过程	$v = 0.15\text{m}^3$ $p_2 = 0.7\text{MPa}$ $t_2 = ?$	定压过程	$v = 0.15\text{m}^3$ $p_3 = 0.7\text{MPa}$ $t_3 = 285$℃

由于 $p < p_2 = 0.7$MPa 时，阀门不会打开，因而储气罐中氧气的质量不变，又由于储气罐中氧气的总体积不变，所以比体积 $v = \dfrac{V}{m}$ 为定值。而当 $p \geqslant p_2 = 0.7$MPa 时，阀门开启，氧气会随热量加热不断跑出，以维持罐中最大压力 $p_2 = 0.7$MPa 不变，因而此过程又是一个质量不断变化的定压过程。该题求解如下。

（1）1—2 是定容过程

根据定容过程状态参数之间的变化规律，有

$$T_2 = T_1 \frac{p_2}{p_1} = (273 + 38) \times \frac{0.7}{0.55} \approx 395.8\text{K}$$

该过程所吸收的热量为

$$Q_{1-2} = Q_v = m_1 c_v \Delta T = \frac{p_1 V_1}{R_g T_1}(T_2 - T_1) \cdot c_v$$

$$= \frac{0.55 \times 10^6 \times 0.15}{260 \times 311} \times 0.677 \times (395.8 - 311)$$

$$\approx 58.57\text{kJ}$$

（2）2—3 过程是变质量定压过程

由于该过程中的质量随时在变，因此先列出其微元变化的吸热量。

$$\delta Q_p = m c_p \mathrm{d}T = \frac{p_2 v_2}{R_g} c_p \frac{\mathrm{d}T}{T}$$

且有

$$c_p = c_v + R_g = 0.677 + 0.260 = 0.937\text{kJ} / (\text{kg} \cdot \text{K})$$

$$Q_{2-3} = Q_p = \int_{T_2}^{T_3} \frac{p_2 v_2 c_p}{R_g} \frac{\mathrm{d}T}{T} = \frac{p_2 v_2 c_p}{R_g} \ln \frac{T_3}{T_2}$$

$$= \frac{0.7 \times 10^6 \times 0.15 \times 0.937}{260} \times \ln \frac{273 + 285}{395.8} \approx 129.96\text{kJ}$$

故对罐内氧气共加入热量：

$$Q = Q_{1-2} + Q_{2-3} = 58.57 + 129.96 = 188.53\text{kJ}$$

对于一个实际过程，关键要分析清楚所进行的过程是什么过程，一旦了解了过程的性质，就可根据给定条件，依据状态参数之间的关系求得已知的状态参数，并进一步求得过程中能量的传递与转换量。

当题目中给出统一状态下的 3 个状态参数 p、v、T 时，实际上已隐含给出了此状态下工质的质量，所以求能量转换时，应求总质量对应的能量转换量，而不应求单位质量的能量转换量。

对于本题目而言，2—3 过程是一变质量、变温过程，对于这样的过程，可先按质量不变列出微元表达式，然后积分求得。

例 10-5　空气以 $q_m = 0.012\text{kg/s}$ 的流量稳定流过散热良好的压缩机，入口参数 $p_1 = 0.102\text{MPa}$、$T_2 = 305\text{K}$，可逆压缩到出口压力 $p_2 = 0.51\text{MPa}$，然后进入储气罐。设空气按定温压缩，求 1kg 空气的焓变量 Δh 和熵变量 Δs，以及压缩机消耗的功率 $P_{t,T}$ 和每小时的散热量 $q_{Q,T}$。

解：由于空气定温压缩，故　$T_2 = T_1 = 305\text{K}$ ，　$\Delta h = 0$

$$\Delta s = -R_g \ln \frac{p_2}{p_1} = -0.287 \times \ln \frac{0.51}{0.102} \approx -0.4619\text{kJ/(kg} \cdot \text{K)}$$

$$w_{t,T} = -R_g T_1 \ln \frac{p_2}{p_1} = -0.287 \times 305 \times \ln \frac{0.51}{0.102} \approx -140.88\text{kJ/kg}$$

$$P_{t,T} = q_m \left| w_{t,T} \right| = 0.012 \times 140.88 \approx 1.69\text{kW}$$

$$q_T = w_{t,T} = -140.88\text{kJ/kg}$$

$$q_{Q,T} = q_m \cdot q_T = 0.012 \times 3600 \times (-140.88) \approx -6086.0\text{kJ/h}$$

10.3.3　多变过程

在热力分析及计算中，四个基本热力过程起着重要作用。基本热力过程的共同特征是有一个状态参数在过程中保持不变。但实际过程是多种多样的，在许多热力过程中，气体的所有状态参数都在发生变化，对于这些过程，就不能把它们简单地简化成基本热力过程。因此，要进一步研究一种理想的热力过程，其状态参数的变化规律，能高度概括地描述更多的实际过程，这种理想过程就是多变过程。

10.3.3.1　过程方程及初、终态参数的关系

$$pv^n = 定值 \tag{10-83}$$

式中，n 为多变指数。满足多变过程方程且多变指数保持常数的过程，统称为多变过程。对于不同的多变过程，n 有不同的值，$n \in (-\infty, +\infty)$，因而相应的多变过程也有无限多种。

在实际过程中，气体状态参数的变化规律并不符合多变过程方程，即很难保持 n 为定值。但是，任何实际过程总能看成由若干段过程所组成，每一段中 n 接近某一常数，而各段中的 n 值并不相同，这样，就可用多变过程的分析方法来研究各种实际过程。

值得指出，四个基本热力过程都是多变过程的特例，根据 $pv^n = 定值$，不难看出如下规律。

当 $n = 0$ 时，$pv^0 = p = 定值$，此时多变过程就是定压过程。

当 $n = 1$ 时，$pv^1 = pv = 定值$，此时多变过程就是定温过程。

当 $n = \kappa$ 时，$pv^\kappa = 定值$，此时多变过程就是定熵过程。

当 $n = \infty$ 时，$pv^{\infty} =$ 定值、$pv^{\frac{1}{\infty}} =$ 定值，此时多变过程就是定容过程。

多变过程方程与定熵过程方程具有相同的形式，仅是指数不同而已，在分析多变过程时应充分利用这个特点，以便直接引用定熵过程中的有关结论。

根据过程方程 $pv^n =$ 定值 以及状态方程 $pv = RT$，可得

$$\frac{p_2}{p_1} = \left(\frac{v_1}{v_2}\right)^n, \quad \frac{T_2}{T_1} = \left(\frac{v_1}{v_2}\right)^{n-1}, \quad \frac{T_2}{T_1} = \left(\frac{p_2}{p_1}\right)^{\frac{n-1}{n}} \tag{10-84}$$

由式(10-84)可以看出，多变过程与定熵过程参数关系的形式相同。根据多变过程的参数关系，不难得出多变指数 n 的计算公式：

$$n = \ln\frac{(p_2/p_1)}{(v_1/v_2)}, \quad n-1 = \ln\frac{(T_2/T_1)}{(v_1/v_2)}, \quad \frac{n-1}{n} = \ln\frac{(T_2/T_1)}{(p_1/p_2)}$$

当理想气体经历多变过程后，其热力学能、焓及熵的变化可按式(10-15)、式(10-16)及式(10-22)～式(10-24)进行计算。

10.3.3.2　功和热量

多变过程中的热量一般不为零，所以功 $w \neq \Delta u$，需按 $w = \int_1^2 p\mathrm{d}v$ 计算得来。通过积分，可得

$$
\begin{aligned}
w &= \int_1^2 p\mathrm{d}v = \int_1^2 p_1 v_1^{n} \cdot \frac{\mathrm{d}v}{v^n} = \left(\frac{1}{n-1}\right)(p_1 v_1 - p_2 v_2) \\
&= \left(\frac{1}{n-1}\right) R_g (T_1 - T_2) = \left(\frac{1}{n-1}\right) R_g T_1 \left[1 - \left(\frac{p_2}{p}\right)^{\frac{n-1}{n}}\right] \\
&= \frac{\kappa - 1}{n - 1} c_v (T_2 - T_1)
\end{aligned}
\tag{10-85}
$$

而在多变过程中，技术功 w_t 与容积变化功之间的关系可用式(10-86)表示：

$$w_t = nw \tag{10-86}$$

即多变过程的技术功是容积变化功的 n 倍。

理想气体定值比热容多变过程的热力学能变化仍为 $\Delta u = c_v(T_2 - T_1)$，在求得 w 和 Δu 后，热量 q 由热力学第一定律得到：

$$q = \Delta u + w = c_v(T_2 - T_1) + \frac{\kappa-1}{n-1} c_v(T_2 - T_1) = \frac{n-\kappa}{n-1} c_v(T_2 - T_1) \tag{10-87}$$

根据比热容的定义，热量为比热容乘以温差，$q = c_n(T_2 - T_1)$，与式(10-87)比较得

$$c_n = \frac{n-\kappa}{n-1} c_v \tag{10-88}$$

对于某个具体的多变过程，c_n 是一过程量，比热容为定值时，c_n 有一确定的数值。

10.3.3.3　多变过程的特征及图示

在 p-v 图、T-s 图上，可逆多变过程是一条任意的双曲线，过程线的相对位置取决于 n 值，n 值不同的各多变过程表现出不同的过程特征。

在图 10-5 中分别画出了四种基本热力过程线，从同一初态出发，向两个不同方向的同名过程线，分别代表多变指数相同的两个过程，p-v 图及 T-s 图上的同一个同名过程线，它们的方向、符号及相应位置必须一一对应，它们代表同一个过程。

从图 10-5 中可以看出，同名多变过程曲线在 p-v 图及 T-s 图上的形状虽各不相同，但是具有随 n 变化而变化的分布规律，即通过同一初态的各条多变过程曲线的相对位置，在 p-v 图及 T-s 图上是相同的。不难发现，从任何一条过程线（例如定压过程 $n = 0$，$c_n = c_p$）出发，多变指数 n 的数值沿顺时针方向递增，在定容线上 n 为 $\pm\infty$，从定容线按顺时针方向变化到定压线的区间内，n 为负值，多变比热容的数值也沿顺时针方向递增，在定温线上 $c_n = \pm\infty$，从定温线上按顺时针方向变化到定熵线的区间内，c_n 为负值。

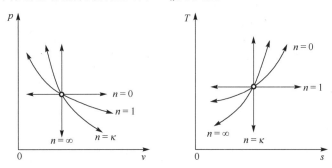

图 10-5　过程线的分布规律

根据多变过程线的上述分布规律，借助于四种基本热力过程线的相对位置，可以在 p-v 图及 T-s 图上，确定 n 为任意值时多变过程线的大致方位。如果再给出一个特征，如吸热或放热、膨胀或压缩、升温或降温等，就可以进一步确定该多变过程的方向，正确画出多变过程在图上的相对位置，这是对过程进行热力分析的基础和先决条件。

如图 10-5 所示，从同一初态出发的四种基本热力过程线，把 p-v 图及 T-s 图分成八个区域，任何多变过程的终态，必定落在这四条基本热力线上或这八个区域内，落在同一条线上或同一区域内就有相同的性质；反之，落在不同线上或不同区域内就有不同的性质。

设多变过程都是可逆过程，可根据过程特征，结合理想气体的性质及热力学第一定律，定量计算理想气体经历某一热力过程后的功量及热量大小。

在图 10-5 中，四种基本热力过程可作为判定任意多变过程的依据。如果被研究的过程线在 p-v 图及 T-s 图上的位置确定后，可以依据下面的条件对该过程进行定性分析。

（1）过程线的位置在通过初态的定温线上方，$\Delta u > 0$、$\Delta h > 0$；
若在下方，则 $\Delta u < 0$、$\Delta h < 0$。
（2）过程线的位置在通过初态的定熵线右方，$\mathrm{d}s > 0$、$\delta q > 0$；
若在左方，则 $\mathrm{d}s < 0$、$\delta q < 0$。
（3）过程线的位置在通过初态的定容线右方，$\mathrm{d}v > 0$、$\delta w > 0$；
若在左方，则 $\mathrm{d}v < 0$、$\delta w < 0$。
（4）过程线的位置在通过初态的定压线上方，$\mathrm{d}p > 0$、$\delta w_t < 0$；
若在下方，则 $\mathrm{d}p < 0$、$\delta w_t > 0$。

不难发现，判据（1）、（2）在 T-s 图上显而易见，而在 p-v 图上则不易识别；判据（3）、（4）在 p-v 图上易见，而在 T-s 图上不易识别。

值得指出，上述判据是根据多变过程线在坐标图上的分布规律总结出来的，对于 $p\text{-}v$ 图、$T\text{-}s$ 图及其他状态参数坐标图都是普遍适用的。因此，通过 $T\text{-}s$ 图来理解判据(1)、(2)，通过 $p\text{-}v$ 图来理解判据(3)、(4)，就可对任何状态坐标上的过程线进行定性分析。

表 10-2 所示为理想气体在各种可逆过程中的计算公式(定值比热容)。

表 10-2　理想气体在各种可逆过程中的计算公式(定值比热容)

	定容过程 $n=\infty$	定压过程 $n=0$	定温过程 $n=1$	定熵过程 $n=\kappa$	多变过程 n
过程特征	$v=$ 定值	$p=$ 定值	$T=$ 定值	$s=$ 定值	
T、p、v 之间的关系式	$\dfrac{T_1}{p_1}=\dfrac{T_2}{p_2}$	$\dfrac{T_1}{v_1}=\dfrac{T_2}{v_2}$	$p_1v_1=p_2v_2$	$p_1v_1^{\kappa}=p_2v_2^{\kappa}$ $T_1v_1^{\kappa-1}=T_2v_2^{\kappa-1}$ $T_1p_1^{\frac{\kappa-1}{\kappa}}=T_2p_2^{\frac{\kappa-1}{\kappa}}$	$p_1v_1^{n}=p_2v_2^{n}$ $T_1v_1^{n-1}=T_2v_2^{n-1}$ $T_1p_1^{\frac{n-1}{n}}=T_2p_2^{\frac{n-1}{n}}$
Δu	$c_v(T_2-T_1)$	$c_v(T_2-T_1)$	0	$c_v(T_2-T_1)$	$c_v(T_2-T_1)$
Δh	$c_p(T_2-T_1)$	$c_p(T_2-T_1)$	0	$c_p(T_2-T_1)$	$c_p(T_2-T_1)$
Δs	$c_v\ln\dfrac{T_2}{T_1}$	$c_p\ln\dfrac{T_2}{T_1}$	$\dfrac{q}{T}$ $R_g\ln\dfrac{v_2}{v_1}$ $R_g\ln\dfrac{p_1}{p_2}$	0	$c_v\ln\dfrac{T_2}{T_1}+R_g\ln\dfrac{v_2}{v_1}$ $c_p\ln\dfrac{T_2}{T_1}-R_g\ln\dfrac{p_2}{p_1}$ $c_v\ln\dfrac{p_2}{p_1}+c_p\ln\dfrac{v_2}{v_1}$
比热容 c	$c_v=\dfrac{R_g}{\kappa-1}$	$c_p=\dfrac{\kappa R_g}{\kappa-1}$	∞	0	$\dfrac{n-\kappa}{n-1}c_v$
过程功 $w=\displaystyle\int_1^2 p\,\mathrm{d}v$	0	$p(v_2-v_1)$ $R_g(T_2-T_1)$	$R_gT\ln\dfrac{v_2}{v_1}$ $R_gT\ln\dfrac{p_1}{p_2}$	$-\Delta u$ $\dfrac{R_g}{\kappa-1}(T_1-T_2)$ $\dfrac{R_gT_1}{\kappa-1}\left[1-\left(\dfrac{p_2}{p_1}\right)^{\frac{\kappa-1}{\kappa}}\right]$	$\dfrac{R_g}{\kappa-1}(T_1-T_2)$ $\dfrac{R_gT_1}{\kappa-1}\left[1-\left(\dfrac{p_2}{p_1}\right)^{\frac{\kappa-1}{\kappa}}\right]$
技术功	$v(p_1-p_2)$	0	$w_t=w$	$-\Delta h$ $\dfrac{\kappa R_g}{\kappa-1}(T_1-T_2)$ $\dfrac{\kappa R_gT_1}{\kappa-1}\left[1-\left(\dfrac{p_2}{p_1}\right)^{\frac{\kappa-1}{\kappa}}\right]$ $w_t=\kappa w$	$\dfrac{n R_g}{n-1}(T_1-T_2)$ $\dfrac{n R_gT_1}{n-1}\left[1-\left(\dfrac{p_2}{p_1}\right)^{\frac{n-1}{n}}\right]$ $w_t=nw$
过程热量 q	Δu	Δh	$T(s_2-s_1)$ $q=w=w_t$	0	$\dfrac{n-\kappa}{n-1}c_v(T_2-T_1)$

例 10-6　空气在膨胀透平中有 $p_1=0.6\text{MPa}$、$T_1=900\text{K}$，绝热膨胀到 $p_2=0.1\text{MPa}$。工质的质量流量 $q_m=5\text{kg/s}$，设比热容为定值，$\kappa=1.4$，试求：

(1)膨胀终了时，空气的温度及膨胀透平的功率；

(2)过程中热力学能及焓的变化量；

(3)将单位质量的透平输出功表示在 $p\text{-}v$ 图及 $T\text{-}s$ 图上；

(4)若透平效率 $\eta_t=0.9$，则终态温度和膨胀透平功率又为多少？

解：(1)空气在透平中经可逆绝热过程，即定熵过程，所求的功是轴功，在动、位能差忽略不计时，为技术功：

$$T_2 = T_1 \left(\frac{p_2}{p_1}\right)^{\frac{\kappa-1}{\kappa}} = 900 \times \left(\frac{0.1}{0.6}\right)^{\frac{1.4-1}{1.4}} \approx 539.1\text{K}$$

$$w_t = \frac{\kappa}{\kappa-1} R_g T_1 \left[1 - \left(\frac{p_2}{p_1}\right)^{\frac{k-1}{k}}\right]$$

$$= \frac{1.4}{1.4-1} \times 287 \times 900 \times \left[1 - \left(\frac{0.1}{0.6}\right)^{\frac{1.4-1}{1.4}}\right]$$

$$\approx 362.2\text{kJ}$$

则透平机输出功率：

$$P = q_m w_t = 5 \times 362.2 = 1811\text{kW}$$

(2) $\quad\quad \Delta U = q_m c_v (T_2 - T_1) = 5 \times \frac{5}{2} \times 287 \times (539.1 - 900) \approx -1294.7\text{kW}$

$$\Delta H = q_m c_p (T_2 - T_1) = k \cdot \Delta U \approx -1812.5\text{kW}$$

(3) 在 $p\text{-}v$ 图上比较技术功比较方便，技术功是过程线与纵坐标所围的面积，在 $T\text{-}s$ 图上表示热量较容易，如果能将 w_t 等效成某过程的热量，则表示就没有困难了。因理想气体的焓只是温度的函数，设 $T_1 = T_1'$，则：

$$h_1 = h_1' \quad\quad (q = \Delta h + w_t)$$

$$\therefore \quad w_t = -\Delta h = h_1 - h_2 = h_2' - h_2 = c_p(T_1' - T_2) = q_{p1'2}$$

即 $w_t = 1'\text{—}2$ 定压过程的热量，在 $T\text{-}s$ 图中为 $1'\text{—}2\text{—}a\text{—}b\text{—}1'$ 所围面积。

(4) $\eta_t = 0.9$，说明此过程为不可逆绝热过程。

透平机实际输出功率：$P' = P \cdot \eta_t = 1812.5 \times 0.9 \approx 1631.3\text{kW}$

由热力学第一定律：$\quad\quad\quad\quad \Delta H + P' = 0$

得 $\quad\quad\quad\quad\quad\quad\quad q_m c_p (T_2' - T_1) + P' = 0$

$$T_2' = -\frac{P'}{q_m c_p} + T_1 = -\frac{P'}{q_m \cdot \frac{7}{2} R_g} + T_1 = -\frac{1631.3 \times 10^3}{5 \times \frac{7}{2} \times 287} + 900 \approx 575.2\text{K}$$

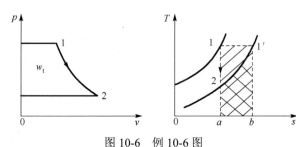

图 10-6   例 10-6 图

10.4　气体的压缩过程

工业上需要的压力较高的气体称为压缩气体，而用于产生压缩气体的设备称为压气机(压缩机)。压气机广泛应用于动力工程中，也是制冷装置的主要设备。

由于使用场合及工作压力范围不同，压气机的结构形式及工作原理也有很大差异。按工作原理及构造，压气机可分为活塞式压气机(往复式)、叶轮式压气机(离心式)及引射式压气机三种。家用风扇、排气扇等就属于第二类压气机。

各类压气机在结构及工作原理上是不同的，但从热力学观点来看，气体状态变化过程并没有本质的不同，都是消耗外功，经过进气、压缩、排气三个阶段，达到使气体压缩升压的目的。下面主要以活塞式压气机为例来分析压气机的工作过程。

10.4.1　单级活塞式压气机的工作原理

活塞式压气机由进气、压缩、排气三个过程组成，其中进气和排气过程不是热力过程，只是气体的迁移过程，缸内气体数量发生变化，而热力学状态不变。

从图 10-7 中可看出，a—1 及 2—b 为引入和输出气缸的过程，1—2 为气体在压气机中进行压缩的热力过程，此时气体的压力从 p_1 上升到 p_2。在压缩过程中，气体的终压 p_2 与初压 p_1 之比 p_2/p_1 称为增压比，用符号 π 来表示。在此过程中，压气机中的气体数量不变，而气体状态发生改变。压缩气体的生产过程包括气体的流入、压缩和输出，所以压气机耗功应以技术功计，在图 10-7 中为过程线与纵坐标所围的面积，通常用符号 W_C 表示压气机的耗功，即

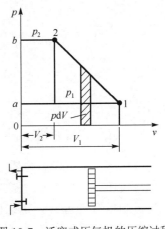

$$W_C = -W_t$$

对于 1kg 工质，可写成：

$$w_C = -w_t$$

图 10-7　活塞式压气机的压缩过程

压气过程可分为两种极限情况和一种实际情况。

(1)绝热过程：当压缩过程快，且气缸散热较差时，可视为绝热过程。在绝热压缩过程中所消耗的压缩功为

$$w_{C,s} = -w_{t,s} = \frac{\kappa}{\kappa-1} R_g T_1 \left[\left(\frac{p_2}{p_1} \right)^{\frac{\kappa-1}{\kappa}} - 1 \right] = \frac{\kappa}{\kappa-1} R_g T_1 (\pi^{\frac{\kappa-1}{\kappa}} - 1) \tag{10-89}$$

(2)等温过程：当压缩过程十分缓慢，且气缸散热条件良好时，可视为等温过程。在等温压缩过程中所消耗的压缩功为

$$w_{C,T} = -w_{t,T} = R_g T_1 \ln \frac{p_2}{p_1} = R_g T_1 \ln \pi \tag{10-90}$$

(3)多变指数为 n 的压缩过程，$1 < n < \kappa$。在多变压缩过程中所消耗的压缩功为

$$w_{C,n} = -w_{t,n} = \frac{n}{n-1}R_g T_1 \left[\left(\frac{p_2}{p_1} \right)^{\frac{n-1}{n}} - 1 \right] = \frac{n}{n-1}R_g T_1 (\pi^{\frac{n-1}{n}} - 1) \tag{10-91}$$

压力机的三种热力过程如图 10-8 所示。

从图 10-8 中可以看出，在初态及终态压力相同的情况下，三种情况的压气过程有

$$w_{C,s} > w_{C,n} > w_{C,T}, \quad T_{C,s} > T_{C,n} > T_{C,T}, \quad v_{C,s} > v_{C,n} > v_{C,T} \tag{10-92}$$

这就是说，把一定量的气体从相同初态压缩到相同终态时，定温过程所消耗的功最少，绝热过程最多，实际过程介于两者之间，且随着 n 的减小而减少；且在绝热过程中气体的温升及比体积也较大，这对机器的运行也是不利的，所以在压气过程中，应尽量减小 n 值，使之接近定温过程，对于单级活塞式压气机，通常多变指数 $n = 1.2 \sim 1.3$。同时从式 (10-89)～式 (10-91) 中可以看到，压缩过程消耗的压缩功也与压缩初温及增压比 π 的大小成正比。

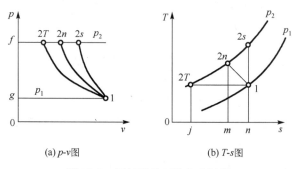

(a) p-v图　　　　(b) T-s图

图 10-8　压气机的三种热力过程

10.4.2　多级压缩和级间冷却

如前所述，降低压缩前的温度 T_1 及减小增压比可有效降低压缩过程中所消耗的功。对于活塞式压气机，可采用在气缸外加装冷却装置的方式来降低压缩气体的温度。而采用多级压缩的方式则可有效地减小增压比 π。在工程中，压气机常采用多级压缩、级间冷却的方式。

多级压缩、级间冷却就是将气体逐级在不同气缸中压缩，每经过一次压缩，就在中间冷却器中定压冷却到压缩前的温度，然后进入下一级气缸继续被压缩。图 10-9 所示为两级压缩、中间冷却的示意过程。

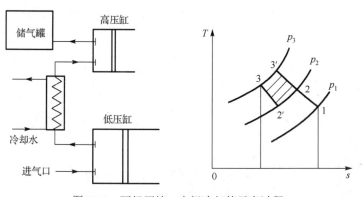

图 10-9　两级压缩、中间冷却的示意过程

在进行理论分析时，可做如下假定。

（1）假定被压缩气体是定比热容理想气体，两级气缸中的压缩过程具有相同的多变指数 n，并且不存在摩擦。

（2）假定第二级气缸的进气压力等于第一级气缸的排气压力（即不考虑气体流经管道、阀门和中间冷却器时的压力损失）：

$$p_2 = p_{2'}$$

（3）假定两个气缸的进气温度相同，（即认为进入第二级气缸的气体在中间冷却器中得到充分的冷却）：

$$T_1 = T_{2'}$$

根据式（10-91），结合上述假定条件，可得两级压气机消耗的功为

$$w_C = w_{C,L} + w_{C,H} = \frac{n}{n-1} R_g T_1 \left[\left(\frac{p_2}{p_1} \right)^{\frac{n-1}{n}} - 1 \right] + \frac{n}{n-1} R_g T_{2'} \left[\left(\frac{p_3}{p_2} \right)^{\frac{n-1}{n}} - 1 \right]$$

$$= \frac{n}{n-1} R_g T_1 \left[\left(\frac{p_2}{p_1} \right)^{\frac{n-1}{n}} + \left(\frac{p_3}{p_2} \right)^{\frac{n-1}{n}} - 2 \right]$$

(10-93)

在第一级进气压力 p_1（最低压力）和第二级排气压力 p_3（最高压力）之间，合理选择 p_2，可使压气机消耗的功最小。对式（10-93）求一阶层数并令其等于零，结果解得

$$p_2 = \sqrt{p_1 p_3}$$

$$\frac{p_2}{p_1} = \frac{p_3}{p_2} = \sqrt{\frac{p_3}{p_1}} = \pi$$

(10-94)

此时压气机所消耗的功为

$$w_{C,min} = \frac{2n}{n-1} R_g T_1 \left[\left(\frac{p_2}{p_1} \right)^{\frac{n-1}{n}} - 1 \right]$$

(10-95)

可以证明，若为 m 级压缩，各级压力分别为 $p_1, p_2, \cdots, p_m, p_{m+1}$，每级中间冷却器都将气体冷却到最初温度，则此时若使压气机消耗的总功最小，必须满足：

$$\pi = \frac{p_2}{p_1} = \frac{p_3}{p_2} = \cdots = \frac{p_m}{p_{m-1}} = \frac{p_{m+1}}{p_m} = \sqrt{\frac{p_{m+1}}{p_1}}$$

(10-96)

此时压气机耗功为

$$w_C = \sum_{i=1}^{m} w_{C,i} = m \frac{n}{n-1} R_g T_1 (\pi^{\frac{n-1}{n}} - 1)$$

(10-97)

10.4.3　单级活塞式压气机的实际过程

在实际过程中，由于制造公差及材料的受热、膨胀及安装排气阀等因素的影响，当活塞运动到死点位置上时，在活塞顶面与气缸盖间有一定的空隙，该空隙的容积称为余隙容积，

用 V_c 表示，并用 V_h 表示排气量，它是活塞从上死点运动到下死点时活塞扫过的容积。

从图 10-10 中可以看出，1—2 为压缩过程，2—3 为排气过程，3—4 为余隙中气体的膨胀过程，4—1 为有效进气过程。

余隙容积会对压气机的生产量及耗功产生较大的影响。

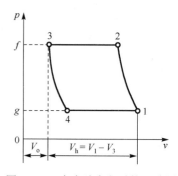

图 10-10　有余隙容积时的示功图

10.4.3.1　余隙容积对生产量的影响

如图 10-10 所示，由于余隙容积的影响，气缸内的实际进气容积 V 等于 $V_1 - V_4$，小于排气量，用 η_V 表示有效吸气容积 V 与气缸排量 V_h 之间的比，称为容积效率，因此有

$$\eta_V = \frac{V}{V_h} = \frac{V_1 - V_4}{V_1 - V_3} \tag{10-98}$$

因为 $V_4 / V_3 = (P_3 / P_4)^{1/n} = (p_1 / p_2)^{1/n}$，所以有

$$\eta_V = \frac{(V_1 - V_3) - (V_4 - V_3)}{V_1 - V_3} = 1 - \frac{V_3}{V_1 - V_3}\left(\frac{V_4}{V_3} - 1\right) = 1 - \frac{V_C}{V_h}(\pi^{\frac{1}{n}} - 1) \tag{10-99}$$

从式 (10-99) 可看出：当余隙比 V_C/V_h 一定时，要使 η_V 增大，则需减小 π 值；且当 π 达到一定数值时，η_V 为零。同时，当增压比 π 一定时，余隙比越大，则 η_V 越小。

10.4.3.2　余隙容积对理论耗功的影响

由于余隙容积中剩余气体的膨胀功可被利用，故压气机耗功 W_C 可用图 10-10 中的面积 $12fg1$ 和面积 $43fg4$ 之差表示，即

$$W_C = S_{12fg1} - S_{43fg4} = \frac{n}{n-1}P_1V_1\left[\left(\frac{P_2}{P_1}\right)^{\frac{n-1}{n}} - 1\right] - \frac{n}{n-1}P_4V_4\left[\left(\frac{P_3}{P_4}\right)^{\frac{n-1}{n}} - 1\right]$$

由于 $P_1 = P_4$，$P_2 = P_3$，$V_1 - V_4 = V$，所以上式简化为

$$W_C = \frac{n}{n-1}P_1V(\pi^{\frac{n-1}{n}} - 1) = \frac{n}{n-1}mR_gT_1(\pi^{\frac{n-1}{n}} - 1) \tag{10-100}$$

式中，m 为压气机生产的压缩气体的质量。若生产 1kg 压缩气体，则：

$$w_C = \frac{n}{n-1}R_gT_1(\pi^{\frac{n-1}{n}} - 1) \tag{10-101}$$

由式 (10-100) 及式 (10-101) 得：活塞式压气机余隙容积的存在，虽对压缩一定量气体时的理论耗功无影响，但使容积效率 η_V 降低，即单位时间内生产的压缩气体量减少，因此在设计制造活塞式压气机时应尽量减小余隙容积。

例 10-7　空气参数为 $p_1 = 1 \times 10^5 \mathrm{Pa}$，$t_1 = 50℃$，$V_1 = 0.032\mathrm{m}^3$，空气进入压气机，按多变过程压缩至 $p_2 = 1 \times 10^6 \mathrm{Pa}$，$V_2 = 0.0053\mathrm{m}^3$。试求：

(1) 该过程的多变指数；

(2) 压气机所消耗的功；

(3) 压缩终了时空气的温度；

(4) 压缩过程中传出的热量。

解： (1) 多变指数

$$\frac{p_2}{p_1} = \left(\frac{V_1}{V_2}\right)^n$$

$$n = \frac{\ln\frac{p_2}{p_1}}{\ln\frac{V_1}{V_2}} = \frac{\ln\frac{1\times10^6}{1\times10^5}}{\ln\frac{0.032}{0.0053}} \approx 1.28$$

(2) 压气机的耗功

$$
\begin{aligned}
W_t &= \frac{n}{n-1}\cdot(p_1V_1 - p_2V_2) \\
&= \frac{1.28}{1.28-1}\times(1\times10^5\times0.032 - 1\times10^6\times0.0053) \\
&= -9.6\text{kJ}
\end{aligned}
$$

(3) 压缩终温

$$T_2 = T_2\cdot\left(\frac{p_2}{p_1}\right)^{\frac{n-1}{n}} = (50+273)\times\left(\frac{1\times10^6}{1\times10^5}\right)^{\frac{1.28-1}{1.28}} \approx 534.5\text{K}$$

(4) 压缩过程传热量

$$Q = \Delta H + W_t = mc_p(T_2 - T_1) + W_t$$

$$m = \left(\frac{P_1V_1}{R_gT_1}\right) = \frac{1\times10^5\times0.032}{287\times323} \approx 3.452\times10^{-2}\text{kg}$$

于是

$$Q = 3.452\times10^{-2}\times1.004\times(534.5-323) - 9.6 \approx -2.27\text{kJ}$$

例 10-8　在两级压缩活塞式压气机装置中，空气从初态 p_1=0.1MPa、t_1=27℃压缩到终压 p_4=6.4MPa。设两气缸中的可逆多变过程的多变指数均为 n=1.2，且级间压力取最佳中间压力。要求压气机每小时向外供给 4m³ 的压缩空气量。求：

(1) 压气机总的耗功率；

(2) 每小时流经压气机水套及中间冷却器总的水量(设水流过压气机水套及中间冷却器时的温升都是 15℃)。

解： (1) 压气机的最佳中间压力 p_2 为

$$p_2 = \sqrt{p_1p_4} = \sqrt{0.1\times10^6\times6.4\times10^6} = 0.8\times10^6\text{Pa}$$

压气机总的耗功率为

$$P = \sum_i q_m w_{t,i} = 2\frac{n}{n-1}p_1 V_1\left[1-\left(\frac{p_2}{p_1}\right)^{\frac{n-1}{n}}\right] = 2\frac{n}{n-1}p_3 V_3\left[1-\left(\frac{p_4}{p_3}\right)^{\frac{n-1}{n}}\right]$$

因为
$$\frac{p_4 V_4}{p_3 V_3} = \frac{T_4}{T_3} = \left(\frac{p_4}{p_3}\right)^{\frac{n-1}{n}}$$

故
$$p_3 V_3 = \frac{p_4 V_4}{(p_4/p_3)^{(n-1)/n}}$$

所以

$$P = 2\frac{n}{n-1}p_4 V_4\left[\left(\frac{p_4}{p_3}\right)^{\frac{1-n}{n}}-1\right]$$

$$= 2\times\frac{1.2}{1.2-1}\times 6.4\times 10^6\times 4\times\left[\left(\frac{6.4}{0.8}\right)^{\frac{1-1.2}{1.2}}-1\right]$$

$$\approx -89.977\text{kJ/h} \approx -25\text{kW}$$

(2) 空气压缩终了的温度 T_4 为

$$T_3 = T_1 = 300\text{K}$$

$$T_4 = T_3\cdot\left(\frac{p_4}{p_3}\right)^{\frac{n-1}{n}} = 300\times 8^{\frac{1.2-1}{1.2}} \approx 424.3\text{K}$$

空气的质量流量为

$$q_m = \frac{p_4 V_4}{R_g T_4} = \frac{6.4\times 10^6\times 4}{287\times 424.3} \approx 210.2\text{kg/h}$$

压缩空气在多变压缩过程中，对冷却水放出的热流量 Q_n（也是冷却水流经压气机水套时带走的热流量）为

$$Q_n = 2\Delta H + W_t = 2q_m c_p(T_2 - T_1) + P$$

$$= 2\times 210.2\times 1004\times(424.3-300) - 89.977\times 10^6$$

$$\approx -37.51\text{J/h}$$

压缩空气在中间冷却器中，对冷却水放出的热流量 Q_p（也是冷却水流经中间冷却器时带走的热流量）为

$$Q_p = q_m c_p(T_3 - T_2)$$

$$= 210.2\times 1004\times(300-424.3) \approx -26.23\times 10^6\text{J/h}$$

冷却水流经压气机水套及中间冷却器时，带走的总热流量 Q 为

$$Q = Q_n + Q_p$$

$$= (37.51\times 10^6 + 26.23\times 10^6) = 63.74\times 10^6\text{J/h}$$

每小时流经压气机水套及中间冷却器总的冷却水量为

$$q_{m,\text{H}_2\text{O}} = \frac{Q}{c_{p,\text{H}_2\text{O}}\Delta t} = \frac{63.74 \times 10^6}{4187 \times 15} \approx 1014.9\text{kg/h}$$

10.5　气体在喷管中的流动过程

喷管是一种使流体压力降低而流速提升的特殊形状的管段，在工程中有着广泛的应用。例如，在燃气轮机中，高温、高压的工质首先流经喷管获得高速，然后利用高速气流的动能推动叶轮快速转动而对外做功。喷气式发动机和火箭发动机是利用尾部喷管喷出气流时的反作用力推动飞行器前进的。另外，工业上常用的各种喷射泵、引射器、抽气器等也都用到了喷管。

与喷管作用相反的管段称为扩压管，它将高速气流自一端引入，而在另一端得到压力较高而流速较低的气体。因为气体在扩压管中的过程是在喷管中过程的逆过程，所以本书仅介绍气体在喷管中的流动过程。

10.5.1　稳定流动中的基本方程式

10.5.1.1　连续性方程

气体在喷管中稳定流动应满足质量守恒定律，即单位时间流过喷管各个截面的质量流量应相等，即

$$q_m = \frac{Ac_\text{f}}{v} = 常数 \tag{10-102}$$

式中，A 为截面面积；c_f 为流速。对式 (10-102) 进行微分：

$$\text{d}q_m = \text{d}\left(\frac{Ac_\text{f}}{v}\right) = 0$$

可得

$$\frac{\text{d}A}{A} + \frac{\text{d}c_\text{f}}{c_\text{f}} - \frac{\text{d}v}{v} = 0 \tag{10-103}$$

式 (10-103) 称为连续性方程，它表明了气体流经喷管时流速变化与比体积变化及喷管截面变化之间的制约关系，适用于任何工质的可逆与不可逆稳定流动过程。

10.5.1.2　能量方程式

气体在喷管中流动必须遵循热力学第一定律，即满足开口系统稳定流动能量方程式：

$$q = \Delta h + \frac{1}{2}\Delta c_\text{f}^2 + g\Delta z + w_i$$

对于一般情况，在稳定流动中，流道高低位置改变不大，气体密度改变也很小，因此气体的位能改变极小，可以忽略，即 $g\Delta z \approx 0$，在流动中，一般与外界没有热量交换（$q \approx 0$），又不对外输出轴功（$w_i \approx 0$），则上式可简化为

$$\Delta h + \frac{1}{2}\Delta c_\text{f}^2 = 0$$

或写成
$$h_2 + \frac{1}{2}\Delta c_{f2}^2 = h_1 + \frac{1}{2}\Delta c_{f1}^2 = \text{const} = h_0 \qquad (10\text{-}104)$$

对于微元过程而言：
$$\mathrm{d}h + \frac{1}{2}\mathrm{d}(c_f^2) = 0 \qquad (10\text{-}105)$$

式(10-105)表明，在稳定流动中，质量流的焓变与动能变化之间的关系为：动能增加，则焓值必降低；反之亦然。

10.5.1.3 过程方程

如上所述，气体在喷管中的流动可视为一维可逆绝热的稳定流动过程，因此其过程可用可逆过程方程进行描述，即

$$p_1 v_1^\kappa = p_2 v_2^\kappa = \text{常数}$$

对上式进行微分得

$$\frac{\mathrm{d}p}{p} + \kappa \frac{\mathrm{d}v}{v} = 0 \qquad (10\text{-}106)$$

式中，绝热指数 κ 取过程的平均值。

式(10-103)、式(10-105)、式(10-106)即描述一元可逆绝热稳定流动的基本方程式，它们适用于理想气体当位能变化可以忽略不计时，不计对外做功的条件。

10.5.2 喷管截面的变化规律

喷管在设计中应使气体在给定的进口和出口状态，尽可能获得更多的动能，这就要求喷管的流道截面形状符合流动过程的规律。这时在不产生任何能量损失，即气体在喷管内保持定熵流动过程时，喷管截面面积的变化与气体的流速变化、状态变化之间必须满足一定的条件，这些条件就由上述喷管流动的基本方程式求得。

对于喷管定熵稳定流动过程，根据热力学第一定律有

$$\mathrm{d}h = v\mathrm{d}p$$

对比式(10-105)，有

$$c_f \mathrm{d}c_f = -v\mathrm{d}p \qquad (10\text{-}107)$$

根据声速的定义：

$$c = \sqrt{\kappa p v} \qquad (10\text{-}108)$$

同时定义马赫数 Ma 为流体流速与当地声速之比，即

$$Ma = \frac{c_f}{c} \qquad (10\text{-}109)$$

联立式(10-106)、式(10-108)、式(10-109)，整理后可得

$$\frac{\mathrm{d}p}{p} = -\kappa (Ma)^2 \frac{\mathrm{d}c_f}{c_f} \qquad (10\text{-}110)$$

式(10-110)表明，气体流速与压力之间的变化成反比。

同时，将式(10-106)及式(10-110)代入式(10-103)后可得

$$\frac{\mathrm{d}A}{A} = [(Ma)^2 - 1]\frac{\mathrm{d}c_f}{c_f} \qquad (10\text{-}111)$$

式(10-111)表明，喷管截面与气流速度之间的变化规律取决于马赫数。

当 $Ma < 1$ 时，称气体进行亚声速流动，此时气体的流速与流道截面积成反比，若要使气体加速，则流道截面沿流动方向逐渐收缩，这样的喷管称为渐缩喷管，如图 10-11(a)所示。当 $Ma = 1$ 时，气流速度等于声速，称气体进行声速流动。当 $Ma > 1$ 时，称气体进行超声速流动，若要使气体加速，则流道截面沿流动方向逐渐扩大，这种喷管称为渐扩喷管，如图 10-11(b)所示。

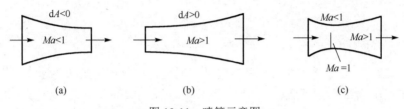

图 10-11　喷管示意图

通过对式(10-111)分析可知，通过渐缩喷管，气流速度最大值只能达到声速。欲使气流在喷管中自亚声速连续增加至超声速，其截面变化应先收缩后扩张，这样的喷管称为缩放喷管或拉瓦尔管，如图 10-10(c)所示。在收缩与扩张的连接部位，气体的速度正好为声速，这个截面通常称为临界截面。临界截面的参数称为临界参数，用下角标 cr 表示，如临界压力 p_{cr}、临界比体积 v_{cr}、临界流速 $c_{f,cr}$ 等。

10.5.3　喷管的计算

10.5.3.1　流速的计算
由能量方程式(10-104)

$$\frac{1}{2}c_{f2}^2 + h_2 = \frac{1}{2}c_{f1}^2 + h_1 = h_0$$

可得气体在喷管内绝热流动时任一截面上的流速，可由式(10-112)进行计算：

$$c_{f2} = \sqrt{2(h_0 - h_2)} = \sqrt{2(h_1 - h_2) + c_{f1}^2} \qquad (10\text{-}112)$$

式中，$(h_1 - h_2)$ 称为绝热焓降，又叫可用焓降；h_0 称为总焓或滞止焓。

对于理想气体：

$$c_{f2} = \sqrt{2c_p(T_0 - T_2)} \qquad (10\text{-}113)$$

假定比热容为定值，流动过程是可逆的，式(10-113)又可进一步推演得到：

$$c_{f2} = \sqrt{2\frac{\kappa}{\kappa-1}R_g T_0\left[1 - \left(\frac{p_2}{p_0}\right)^{\frac{\kappa-1}{\kappa}}\right]} = \sqrt{2\frac{\kappa}{\kappa-1}p_0 v_0\left[1 - \left(\frac{p_2}{p_0}\right)^{\frac{\kappa-1}{\kappa}}\right]} \qquad (10\text{-}114)$$

由式(10-114)可得，喷管出口截面的流速取决于工质的性质、进口截面处工质的状态与出口截面与临界截面的压力比 p_2/p_0，当工质进口截面处的状态确定时，喷管出口截面的流速只取决于压力比 p_2/p_0，并且随着 p_2/p_0 的减小而增大。

前面的分析已指出，$Ma=1$ 的截面称为临界截面，该截面处的压力为临界压力 p_{cr}，流速为临界流速 $c_{f,cr}$。而压力比 p_{cr}/p_0 称为临界压力比，用 ν_{cr} 表示。由式(10-108)及式(10-114)可得临界流速为

$$c_{f,cr} = \sqrt{2\frac{\kappa}{\kappa-1}p_0 v_0 \left[1-\left(\frac{p_{cr}}{p_0}\right)^{\frac{\kappa-1}{\kappa}}\right]} = \sqrt{\kappa p_{cr} v_{cr}}$$

根据过程方程式 $p_0 v_0^\kappa = p_{cr} v_{cr}^\kappa = $ 常数，由上式可求得临界压力比为

$$\nu_{cr} = \frac{p_{cr}}{p_0} = \left(\frac{2}{\kappa+1}\right)^{\frac{\kappa}{\kappa-1}} \tag{10-115}$$

临界压力比 ν_{cr} 只与工质的性质有关，它是气流速度从亚声速到超声速的转折点。对于理想气体，如取定值比热容，则双原子气体的 $\kappa=1.4$，$\nu_{cr}=0.528$；对于水蒸气，如为过热蒸气，则 $\kappa=1.3$，$\nu_{cr}=0.546$；对于干饱和蒸气，取 $\kappa=1.135$，$\nu_{cr}=0.577$。将临界压力比公式(10-115)代入式(10-114)，可得理想气体的临界流速为

$$c_{f,cr} = \sqrt{2\frac{\kappa}{\kappa+1}p_0 v_0} = \sqrt{2\frac{\kappa}{\kappa+1}R_g T_0} \tag{10-116}$$

式(10-116)表明：工质一旦确定(即 κ 值已知)，临界速度只取决于滞止状态的参数。对于理想气体则只取决于滞止状态时的温度。

10.5.3.2　流量的计算

对已有的喷管，尺寸已定，又知道喷管进、出口参数时，流量可按下式进行计算：

$$q_m = \frac{A c_f}{v}$$

习惯上常按最小截面(即收缩喷管的出口截面，缩放喷管的喉部截面)来计算流量，所以上式又可表示为

$$q_m = \frac{A_2 c_{f2}}{v_2} \qquad \text{或} \qquad q_m = \frac{A_{cr} c_{f,cr}}{v_{cr}}$$

为揭示流量随进、出口参数变化的关系，把流量公式做进一步推导，最后得到：

$$q_m = \frac{A_2}{v_2}\sqrt{2\frac{\kappa}{\kappa-1}p_0 v_0\left[1-\left(\frac{p_2}{p_0}\right)^{\frac{\kappa-1}{\kappa}}\right]} \tag{10-117}$$

式(10-117)表明：当进口参数，即滞止参数及喷管出口截面积保持恒定时，流量仅随 p_2/p_0 变化。

对于渐缩喷管，当背压 p_b(喷管出口截面外的环境压力)由 p_0 逐渐降低时，出口压力 p_2 及 p_2/p_0 也随之降低，流量则逐渐增加，如图 10-12 中的曲线 ab 所示。当背压 p_b 继续减小时，

由于气流在渐缩喷管中最多只能被加速到声速，因而渐缩喷管的出口压力最多降至 $p_2 = p_b$，就不再随 p_b 的降低而降低，而是维持 $p_2 = p_b$ 不变，从而流量也保持最大值不变，如图 10-12 中的 bc 线所示。这时，渐缩喷管的出口截面积即临界截面 A_{min}，出口压力即临界压力 p_{cr}，也就是说式 (10-117) 中的 $A_2 = A_{min}$，$p_2 = p_{cr}$。考虑到式 (10-115)，则式 (10-117) 也可化简为

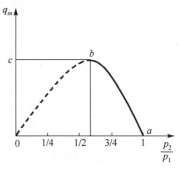

图 10-12　喷管的流量

$$q_{m,max} = A_{min} \cdot \sqrt{2 \frac{\kappa}{\kappa+1}\left(\frac{2}{\kappa+1}\right)^{\frac{2}{\kappa-1}} p_0 v_0} \qquad (10\text{-}118)$$

对于缩放喷管，因渐缩段后有渐扩通道引导，可使气流得到进一步膨胀和加速，出口压力可降至 p_{cr} 以下，故缩放喷管可工作于 $p_b < p_{cr}$ 的情况下，这时缩放喷管的最小喉部截面即临界截面。分析可知，缩放喷管渐缩段的工作情况与渐缩喷管当 $p_2 = p_b$ 时的工作情况相同，因而流体的流量总可达到最大值 $q_{m,max}$；在渐扩段中，流体工作压力继续降至 p_b 后从出口流出，但并不影响流量，因为在稳定流动的喷管中，各截面的流量相等，所以缩放喷管的进口参数及喉部尺寸 A_{min} 一定，p_b 在小于 p_{cr} 的范围内变动时，临界截面上的压力总是 p_{cr}，流速总是 $c_{f,cr}$，流量总保持 $q_{m,max}$ 不变，流量可按式 (10-118) 计算得到，倘若 A_{min} 改变，流量也当随之改变。

例 10-9　空气进入喷管时流速为 300m/s，压力为 0.5MPa，温度为 450K，喷管背压 p_b= 0.28MPa，求：喷管的形状、最小截面积及出口流速。已知：空气 c_p= 1004J/(kg·K)，R_g= 287J/(kg·K)。

解：由于 c_{f1}=300m/s，所以应采用滞止参数

$$h_0 = h_1 + \frac{c_{f1}^2}{2}$$

$$T_0 = T_1 + \frac{c_{f1}^2}{2c_p} = 450 + \frac{300^2}{2\times1004} \approx 494.82K$$

滞止过程绝热

$$p_0 = p_1\left(\frac{T_0}{T_1}\right)^{\frac{\kappa}{\kappa-1}} = 0.5\times\left(\frac{494.82}{450}\right)^{\frac{1.4}{1.4-1}} \approx 0.697Mpa$$

$$v_{cr} = \frac{p_{cr}}{p_0}$$

$$p_{cr} = v_{cr}p_0 = 0.528\times0.697 \approx 0.368Mpa$$

$$p_b = 0.28Mpa < p_{cr}$$

所以采用缩放喷管。

$$p_{喉} = p_{cr} = 0.368Mpa$$

$$p_2 = p_b = 0.28Mpa$$

$$T_{cr} = T_0 \left(\frac{p_{cr}}{p_0} \right)^{\frac{\kappa-1}{\kappa}} = T_0 v_{cr}^{\frac{\kappa-1}{\kappa}} = 494.82 \times 0.528^{\frac{1.4-1}{1.4}} \approx 412.29 K$$

$$v_{cr} = \frac{R_g T_{cr}}{p_{cr}} = \frac{287 \times 412.29}{0.368 \times 10^6} \approx 0.3215 m^3/kg$$

$$c_{cr} = \sqrt{\kappa R_g T_{cr}} = \sqrt{1.4 \times 287 \times 412.29} \approx 407.01 m/s$$

或

$$c_{cr} = \sqrt{2(h_0 - h_{cr})} = \sqrt{2c_p(T_0 - T_{cr})} = \sqrt{2 \times 1004 \times (494.82 - 412.29)} \approx 407.08 m/s$$

$$T_2 = T_0 \left(\frac{P_2}{P_0} \right)^{\frac{\kappa-1}{\kappa}} = 494.82 \times \left(\frac{0.28}{0.697} \right)^{\frac{0.4}{1.4}} \approx 381.32 K$$

$$c_{f2} = \sqrt{2(h_0 - h_2)} = \sqrt{2 \times 1004 \times (494.82 - 381.32)} \approx 477.4 m/s$$

注意：若不考虑 c_{f1}，则 $p_{cr} = v_{cr} p_1 = 0.528 \times 0.5 = 0.264 MPa < p_b$，应采用渐缩喷管，此时 $p_2 = p_b = 0.28MPa$。

例 10-10　如图 10-13 所示，滞止压力为 0.65MPa、滞止温度为 350K 的空气，可逆绝热流经一收缩喷管，在喷管截面积为 0.0026m² 处，气流马赫数为 0.6。若喷管背压为 0.3MPa，试求喷管出口截面积 A_2。

解：在截面 A 处

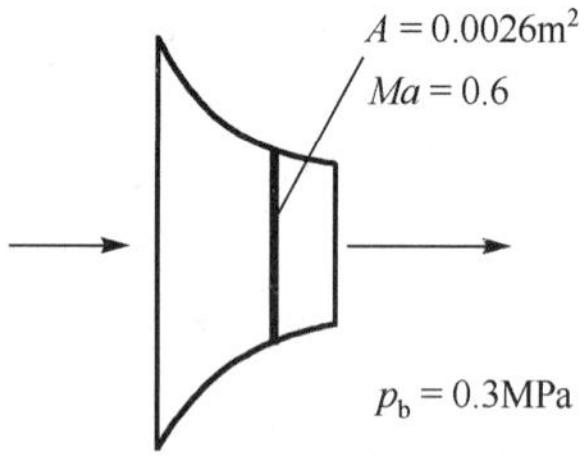

$$c_{fA} = \sqrt{2(h_0 - h_A)} = \sqrt{2c_p(T_0 - T_A)}$$

$$= \sqrt{2 \frac{\kappa R_g}{\kappa - 1}(T_0 - T_A)}$$

$$c = \sqrt{\kappa R_g T_A}$$

图 10-13　例 10-10 图

$$Ma = \frac{c_{fA}}{c} = \frac{\sqrt{2 \frac{\kappa R_g}{\kappa - 1}(T_0 - T_A)}}{\sqrt{\kappa R_g T_A}} = \sqrt{\frac{2}{\kappa - 1} \left(\frac{T_0}{T_A} - 1 \right)} \approx 0.6$$

$$T_0 = 350K, \quad T_A = 326.49K$$

$$c_{fA} = cMa = c\sqrt{\kappa R_g T_A} = 0.6 \times \sqrt{1.4 \times 287 \times 326.49} \approx 217.32 m/s$$

$$p_A = p_0 \left(\frac{T_A}{T_0} \right)^{\frac{\kappa}{\kappa-1}} = 0.65 \times \left(\frac{326.49}{350} \right)^{\frac{1.4}{1.4-1}} \approx 0.510 MPa$$

$$v_A = \frac{R_g T_A}{P_A} = \frac{287 \times 326.49}{0.510 \times 10^6} \approx 0.1837 m^3/kg$$

$$q_m = \frac{A c_{fA}}{v_A} = \frac{2.6 \times 10^{-3} \times 217.32}{0.1837} \approx 3.08 kg/s$$

习　题

10-1. 已知氮气的摩尔质量 $M = 28.01 \times 10^{-3}$ kg/mol，试求：

(1) 氮气的摩尔气体常数 R；

(2) 标准状态下氮气的比体积 v_o 和密度 ρ_o；

(3) 标准状态下 1m^3 氮气的质量 m_o；

(4) $p = 0.1$ MPa，$t = 500$℃时氮气的比体积 v 和密度 ρ；

(5) 上述状态下的摩尔体积 V_m。

10-2. 空压机每分钟从大气中吸入温度 t_b=17℃、压力 $p = p_b$=750mmHg 的空气 0.2m^3，充入体积 V=1m^3 的储气罐中。储气罐中原有温度 t_1=17℃、表压力 $p_{e.1}$=0.05MPa 的空气，问经过多长时间 (min) 储气罐内的气体压力才能提高到 p_2=0.7MPa、温度 t_1=50℃？

10-3. 烟囱底部烟气的温度为 250℃，顶部烟气的温度为 100℃。若不考虑顶、底两截面间压力微小的差异，欲使烟气以同样的速度流经此两截面，试求顶、底两截面面积之比。

10-4. 某种理想气体初态时 $p_1 = 520$ kPa、$V_1 = 0.1419\text{m}^3$，经放热膨胀过程，终态的 $p_2 = 170$ kPa、$V_2 = 0.2744\text{m}^3$，过程中焓值变化 $\Delta H = -67.95$ kJ。已知该气体的比定压热容 $c_p = 5.20$ kJ/(kg·K)，且为定值，试求：

(1) 热力学能变化量 ΔU；

(2) 比定容热容 c_v 和气体常数 R_g。

10-5. 绝热刚性容器中间用隔热板将容器一分为二，左侧有 0.05kmol 的 300K、2.8MPa 的高压空气，右侧为真空。若抽去隔热板，试求容器中的熵变。

10-6. 50kg 废气和 75kg 的空气混合。已知废气中各组成气体的质量分数为 ω_{CO_2} =14%、ω_{O_2} =6%、ω_{H_2O} =5%、ω_{N_2} =75%，空气中 O_2、N_2 的质量分数为 ω_{O_2} =23.2%、ω_{N_2} =76.8%。混合后气体压力 $p = 0.3$ MPa，试求混合气体的：

(1) 质量分数；

(2) 折合气体常数；

(3) 折合摩尔质量；

(4) 摩尔分数；

(5) 各组成气体的分压力。

10-7. 流量为 3mol/s 的 CO_2、2mol/s 的 N_2、4.5mol/s 的 O_2 的三股气流稳定流入总管道混合。混合前每股气流的温度和压力相同，都是 76.85℃、0.7MPa，混合气流的总压力 $p = 0.7$ MPa、温度仍为 t =76.85℃。试借助气体热力性质表计算：

(1) 混合气流中各组成气体的分压力；

(2) 混合前、后气流的焓值变化 ΔH 及混合气流的焓值 H；

(3) 导出温度、压力分别相同的几种不同气体混合后系统熵变为 $\Delta S = -Rn_i\ln x_i$，并计算本题混合前后熵的变化量 ΔS；

(4) 若三股气流为同种气体，熵变如何？

10-8. 有 2.3kg 的 CO，初态 $T_1 = 477$ K、$p_1 = 0.32$ MPa，经可逆定容加热，终温 $T_2 = 600$ K，设 CO 为理想气体，求 ΔU、ΔH、ΔS，求过程功及过程热量。

(1)比热容为定值；

(2)比热容为变值，按气体性质表计算。

10-9. 甲烷 CH_4 的初始状态 $p_1 = 0.47MPa$、$T_1 = 393K$，经可逆定压冷却对外放出热量 4110.76J/mol，试确定其终温及 $1molCH_4$ 的热力学能变化量ΔU_m、焓变化量ΔH_m。设甲烷的比热容近似为定值，$c_p = 2.3298kJ/(kg·K)$。

10-10. 氧气由 $t_1=40℃$，$p_1 = 0.4MPa$ 被压缩到 $p_2 = 0.8MPa$，试计算 1kg 压缩氧气消耗的技术功。

(1)按定温压缩计算；

(2)按绝热压缩计算，设比热容为定值；

(3)将它们表示在 $p\text{-}v$ 图和 $T\text{-}s$ 图上，试比较两种情况的技术功大小。

10-11. 3kg 空气从 $p_1 = 1MPa$、$T_1 = 900K$，可逆绝热膨胀到 $p_2 = 0.1MPa$。设比热容为定值，绝热指数 $\kappa = 1.4$，求：

(1)终态参数 T_2 和 v_2；

(2)过程功和技术功；

(3) ΔU 和ΔH。

10-12. 0.5kmol 某种单原子理想气体，由 $25℃$、$2m^3$ 可逆绝热膨胀到 1atm，然后在此状态的温度下定温可逆压缩到 $2m^3$。

(1)画出各过程的 $p\text{-}v$ 图及 $T\text{-}s$ 图；

(2)计算整个过程的 Q、W、ΔU、ΔH 及 ΔS。

10-13. 试将满足以下要求的多变过程表示在 $p\text{-}v$ 图和 $T\text{-}s$ 图上(先标出四个基本热力过程)：

(1)工质膨胀、吸热且降温；

(2)工质压缩、放热且升温；

(3)工质压缩、吸热且升温；

(4)工质压缩、降温且降压；

(5)工质放热、降温且升压；

(6)工质膨胀且升压。

10-14. 如图所示，1mol 理想气体，从状态 1 经定压过程到达状态 2，再经定容过程到达状态 3，另一途径为经 1—3 过程直接到达 3。已知 $p_1 = 0.1MPa$，$T_1 = 300K$，$v_2 = 3v_1$，$p_3 = 2p_2$，试证明：

(1) $Q_{1-2} + Q_{2-3} \neq Q_{1-3}$；

(2) $\Delta S_{1-2} + \Delta S_{2-3} = \Delta S_{1-3}$

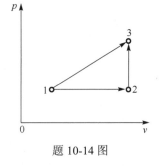

题 10-14 图

10-15. 某单级活塞式压气机每小时吸入空气量 $V_1 =100m^3$，吸入空气的状态参数是 $p_1 = 0.1MPa$、$t_1 =20℃$，输出空气的压力为 $p_2 = 0.1MPa$。试按下列三种情况计算压气机的理想功率(以 kW 表示)：

(1)定温压缩；

(2)绝热压缩(设 $\kappa=1.4$)；

(3)多变压缩(设 $n=1.2$)。

10-16. 某单级活塞式压气机吸入空气的参数为 $p_1 = 0.1MPa$、$t_1=33℃$、$V_1 = 0.04m^3$，经多变压缩过程后 $p_2 = 0.45MPa$、$V_2 = 0.014m^3$。求：

(1)压缩过程的多变指数;

(2)压缩终了时空气的温度;

(3)所需的压缩功;

(4)压缩过程中传出的热量,空气的比热容按定值计算。

10-17．某活塞式空气压缩机容积效率为 $\eta_V = 0.95$,每分钟吸入空气 $14m^3$,其入口处状态参数为 $p_1 = 0.1MPa$、$t_1 = 27℃$,压缩至 $0.52MPa$ 排出。设过程可视为等熵过程,试求:

(1)余隙容积比;

(2)该压缩机所消耗的功。

10-18．空气初态为 $p_1 = 0.1MPa$、$t_1 = 23℃$,经过三级活塞式压气机后,压力提高到 $12.5MPa$ 后输出。设压缩过程可视为等熵压缩,求:

(1)余隙容积比;

(2)所需要的输出或输入功率。

10-19．空气进入某缩放喷管时的流速为 $300m/s$,相应的压力为 $0.5MPa$,温度为 $450K$,试求各滞止参数、临界压力和临界流速。若出口截面的压力为 $0.4MPa$,则出口流速和出口温度各为多少(按定比热容理想气体计算,不考虑摩擦)?

10-20．试设计一喷管,流体为空气。已知 $p_{cr} = 0.8MPa$,$T_{cr} = 290K$,喷管出口压力 $p_2 = 0.1MPa$,流量 $q_m = 1kg/s$(按定比热容理想气体计算,不考虑摩擦)。

第 11 章　热力学第二定律

热力学第一定律揭示了这样一个自然规律，即在热力过程中，参与转换与传递的各种能量在数量上是守恒的，但它并没有说明能量守恒的过程是否都能实现。经验告诉我们，自然过程是有方向的，揭示热力过程方向、条件与限度的定律是热力学第二定律。只有同时满足热力学第一定律和热力学第二定律的过程才是能实现的过程，热力学第一定律和第二定律共同组成了热力学的理论基础。

本章将讨论热力学第二定律的实质及其表述，建立第二定律各种形式的数学表达式，给出过程能否实现的数学判据，重点剖析作为不可逆程度的度量 —— 孤立系统的熵增、不可逆过程的熵产等内容。

11.1　自发过程的方向性与热力学第二定律的表述

11.1.1　自发过程的方向性

自然过程中凡是能够独立地、无条件自动进行的过程，都称为自发过程。例如，热量从高温向低温传递的过程、机械能通过摩擦转变为热能的过程、混合过程、自由膨胀过程等，这些过程都为自发过程。

另一类不能独立地、无条件自动进行而需要外界帮助作为补充条件的过程，称为非自发过程。自发过程的反向是非自发过程，如热转化为功、热量由低温物体传向高温物体、气体自发压缩、流体组分的分离等。由于自然过程存在方向性，热力系统中若进行了一个自发过程，虽然可以通过反向的非自发过程使系统复原，但后者会给外界留下影响，无法做到热力系统和外界全部恢复原状，因而不可逆是自发过程的重要特征和属性。

11.1.2　热力学第二定律的表述

热力学第二定律就是对各个过程进行的方向、条件及限度的描述。针对各类具体问题，热力学第二定律具有多种不同表述。但它们反映的是同一个规律，因此各种表述是相互统一和等效的，两种比较经典的表述如下。

1）克劳修斯表述

克劳修斯从热量传递方向性的角度，将热力学第二定律表述为"热不可能自发地、不付代价地从低温物体传至高温物体"。

2）开尔文表述

开尔文从热功转换的角度，将热力学第二定律表述为"不可能制造出从单一热源吸热，使之全部转化为功而不留下其他任何变化的热力发动机"。

人们把能够从单一热源取热，使之完全转变为功而不引起其他变化的机器叫"第二类永动机"。因此，开尔文的说法也可表述为"第二类永动机是不可能制造成功的"。

以上两种表述说明，热从低温物体传至高温物体，以及热变功都是非自发过程，要使它们实现，必须花费一定代价或具备一定条件，也就是要引起其他变化。在制冷机或热泵中，此代价就是消耗的功量或热量，而热变功至少还要有一个放热的冷源。

11.2　卡诺循环与卡诺定理

热力学第二定律的上述两种说法还仅仅停留在经验总结上，卡诺循环的提出和卡诺定理的证明，大大推进了热力学第二定律从感性和实践的认识向理性和抽象概念的发展。

11.2.1　卡诺循环

卡诺循环是由两个可逆等温过程及两个可逆绝热过程所组成的可逆循环。理想的卡诺循环是内、外都可逆的循环。外部可逆的含义是卡诺机与热源之间的传热是在温差无限小(等温)的条件下进行的，因而工质交换热量时的温度等于相应的热源的温度，即 $T_1 = T_{r1}$，$T_2 = T_{r2}$。内部可逆是指循环中的每个过程都是无摩擦的准静态过程。卡诺循环可以正向进行，也可以逆向进行，它们都能使系统及外界恢复到初态而不留下任何变化。

图 11-1 所示为一个工作于两个恒温热源之间的卡诺热机，它以部分热量从高温热源传向低温热源作为补偿条件，来实现热能转换成机械能(功)的目的。假定工质为 1kg 的理想气体，ab 为等温吸热过程，bc 为绝热膨胀降温过程；cd 为等温放热过程；da 为绝热压缩升温过程。工质从初态 a 出发，经历一个正向卡诺 $abcda$ 又回到初态。

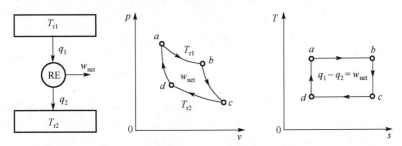

图 11-1　一个工作于两个恒温热源之间的卡诺热机

若以 q_1 表示循环中从高温热源吸收的热量；q_2 表示循环中向低温热源放出的热量；w_{net} 表示循环净功，则卡诺循环热效率 $\eta_{t,c}$ 可很容易地表示为

$$\eta_{t,c} = \frac{w_{net}}{q_1} = 1 - \frac{q_2}{q_1} = 1 - \frac{T_2}{T_1} \tag{11-1}$$

由式(11-1)可得出如下几点重要结论。

(1)卡诺循环的热效率只取决于高温热源和低温热源的温度 T_1 和 T_2，也就是工质吸热和放热的温度，提高 T_1 或降低 T_2，可提高热效率。

(2)卡诺循环的热效率只能小于1，决不能等于1。因为 $T_1 = \infty$ 或 $T_2 = 0$ 的情况无法实现，也就是说，即使在理想情况下，也不可能将热能全部转化为机械能。

(3)$T_1 = T_2$ 时，$\eta_{t,c} = 0$，即在温度平衡体系中，热能不可能转变成机械能，热能产生动力一定要有温度差作为热力学条件，从而验证了借助单一热源连续做功的机器制造不出来的结论，或第二类永动机是不存在的。

卡诺循环的热效率公式奠定了热力学第二定律的理论基础，为提高各种动力机热效率指出了方向；即尽可能提高工质的吸热温度，同时应尽可能降低工质的放热温度，使之接近可自然得到的温度——环境温度。

提高 $\eta_{t,c}$，就要使 T_1、T_2 之间相差很大，因此需要很大的压力差和体积压缩比，结果造成 p_a 很高，或 v_c 极大，这给实际设备带来很大困难。并且气体定温过程不易实现，因此在实际中制造卡诺循环机器难以实现。

在图 11-2 中，逆向循环与正向循环经历相同的过程，仅是绕向(逆时针方向)不同而已。

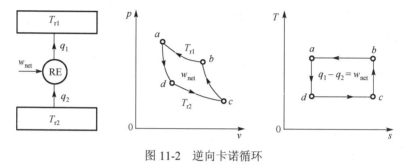

图 11-2　逆向卡诺循环

此时可容易得到卡诺制冷循环的效率 ε_c 及卡诺热泵循环的效率 ε'_c 分别为

$$\varepsilon_c = \frac{q_2}{w_{net}} = \frac{q_2}{q_1 - q_2} = \frac{T_2}{T_1 - T_2} \tag{11-2}$$

$$\varepsilon'_c = \frac{q_1}{w_{net}} = \frac{q_1}{q_1 - q_2} = \frac{T_1}{T_1 - T_2} \tag{11-3}$$

11.2.2　卡诺定理

在卡诺定理证明之前，上述三个经济指标式(11-1)～式(11-3)没有任何普遍意义，它既不能回答两个热源间不可逆循环是否小于可逆循环的热效率，也不能回答采用非理想气体为工质的可逆循环热效率是否与理想气体的可逆循环热效率相等，更不能对多于两个热源的循环热效率做出评价。而卡诺定理及其两个分定理则为上述问题找到了答案。

卡诺定理 表述为：在两个恒温热源之间工作的所有热机，不可能具有比可逆机更高的热效率。

卡诺定理包括两个分定理。

定理一：在相同温度的高温热源和相同温度的低温热源之间工作的一切可逆循环，其热效率都相等，与可逆循环的种类及工质种类无关。

定理二：在温度同为 T_1 的热源和同为 T_2 的冷源间工作的一切不可逆循环，其热效率必小于可逆循环。

卡诺定理及其两个分定理的证明可采用反证法，本书就不一一赘述了。

从以上分析可得出以下几点结论。

(1)在两个热源间工作的一切可逆循环，它们的热效率均相同，与工质的性质无关(与是否为理想气体无关)，只决定于热源及冷源的温度，其热效率 $\eta_t = \dfrac{T_1 - T_2}{T_1}$。

(2)温度界限相同，但具有两个以上热源的可逆循环，其热效率低于卡诺循环。

(3)不可逆循环的热效率必定小于同样条件下的可逆循环的热效率。

例 11-1　利用逆向卡诺机作为热泵为房间供热，设室外温度为–5℃，室内温度要保持 20℃。要求每小时向室内供热 2.5×10^4 kJ，试问：

(1)每小时从室外吸多少热量？

(2)此循环的供暖系数多大？

(3)热泵由电机驱动，设电机效率为 95%，求电机功率多大？

(4)如果直接用电炉取暖，问每小时耗电几度(kW·h)？

解：由题意可得

$$T_1 = 20 + 273 = 293\text{K} , \qquad T_2 = -5 + 273 = 268\text{K} , \qquad q_{Q_1} = 2.5 \times 10^4 \text{kJ/h}$$

(1)当循环为逆向卡诺循环时：

$$\frac{q_{Q_1}}{T_1} = \frac{q_{Q_2}}{T_2}$$

$$q_{Q_2} = \frac{T_2}{T_1} q_{Q_1} = \frac{268}{293} \times 2.5 \times 10^4 \approx 2.287 \times 10^4 \text{kJ/h}$$

(2)循环的供暖系数：

$$\varepsilon' = \frac{T_1}{T_1 - T_2} = \frac{293}{293 - 268} = 11.72$$

(3)每小时耗电能：

$$q_w = q_{Q_1} - q_{Q_2} = (2.5 - 2.287) \times 10^4 = 0.213 \times 10^4 \text{kJ/h}$$

由于电机效率为 95%，因而电机功率为

$$P = \frac{0.213 \times 10^4}{3600 \times 0.95} \approx 0.623 \text{kW}$$

(4)若直接用电炉取暖，则 2.5×10^4 kJ/h 的热能全部由电能供给，则每小时的耗电量为

$$P = 2.5 \times 10^4 \text{kJ/h} \approx 6.94 \text{kW}$$

即每小时耗电 6.94 度。

例 11-2　如图 11-3 所示，在恒温热源 T_1 和 T_0 之间工作的热机做出的循环净功 W_{net} 正好带动工作于 T_H 和 T_0 之间的热泵，热泵的供热量 Q_H 用于谷物烘干。已知 $T_1 = 1000\text{K}$、$T_H = 360\text{K}$、$T_0 = 290\text{K}$、$Q_1 = 100\text{kJ}$。

(1)若热机效率 $\eta_t = 40\%$，热泵供暖系数 $\varepsilon' = 3.5$，求 Q_H；

(2)设 E 和 P 都以可逆机代替，求此时的 Q_H；

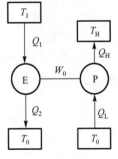

图 11-3　例 11-2 图

(3)计算结果 $Q_H > Q_1$，表示冷源中有部分热量传入温度为 T_H 的热源，此复合系统并未消耗机械功，将热量由 T_0 传给了 T_H，是否违背了第二定律？为什么？

解：(1)热机 E 输出功

$$W_{net} = \eta_{t,E}Q_1 = 0.4 \times 100 = 40\text{kJ}$$

热泵向热源 T_H 输送热量

$$Q_H = \varepsilon'W_{net} = 3.5 \times 40 = 140\text{kJ}$$

(2) 若 E、P 都是可逆机，则

$$\eta_{E,rev} = 1 - \frac{T_0}{T_1} = 1 - \frac{290}{1000} = 0.71$$

$$W_{net,rev} = \eta_{E,rev}Q_1 = 0.71 \times 100 = 71\text{kJ}$$

$$\varepsilon'_{P,rev} = \frac{T_H}{T_H - T_0} = \frac{360}{360 - 290} \approx 5.14$$

$$Q_{H,rev} = \varepsilon'_{P,rev}W_{net,rev} = 5.14 \times 71 = 364.94\text{kJ}$$

(3) 上述两种情况的 Q_H 均大于 Q，但这并不违背热力学第二定律，以(1)为例，包括温度为 T_1、T_H、T_0 的诸热源和冷源，以及热机 E、热泵 P 在内的一个大热力系统并不消耗外功，但是 $Q_2 = Q_1 - W_{net} = 100 - 40 = 60\text{kJ}$，$Q_L = Q_H - W_{net} = 140 - 40 = 100\text{kJ}$，就是说虽然经过每一循环，冷源 T_0 吸入热量 60kJ，放出热量 100kJ，传出热量 40kJ 给 T_H 的热源，但是必须注意到同时有 100kJ 热量自高温热源 T_1 传给温度(T_H)较低的热源，所以 40kJ 热量自低温传给高温热源 ($T_0 \rightarrow T_H$) 是花了代价的，这个代价就是 100kJ 热量自高温热源传给了低温热源($T_1 \rightarrow T_H$)，所以不违背热力学第二定律。

11.3　热力学第二定律的数学表达式

11.3.1　克劳修斯不等式

克劳修斯不等式是判定热力循环能否进行的热力学第二定律的数学表达式。下面以正向可逆循环及正向不可逆循环为例，推导克劳修斯不等式。

某一正向循环(1)如图 11-4 所示，工作于温度分别为 T_1 和 T_2 之间的可逆热机，当该热机经历一个微元时刻时，该热机从高温热源吸收热量 δQ_1，同时向低温热源放热 δQ_2，根据卡诺定理可得该可逆热机在这一微元时刻的热效率为

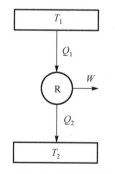

图 11-4　某一正向循环(1)

$$\eta_{t,R} = 1 - \frac{\delta|Q_2|}{\delta Q_1} = 1 - \frac{T_2}{T_1} \tag{11-4}$$

根据式(11-4)可得

$$\frac{\delta Q_1}{T_1} = \frac{\delta|Q_2|}{T_2} \tag{11-5}$$

将式(11-5)中的所有参数改用代数值，Q_2 本身为负值，因此式(11-5)中的 Q_2 前面要加负号 "–"，因而得

$$\frac{\delta Q_1}{T_1} = \frac{-\delta Q_2}{T_2} \tag{11-6}$$

对该热机所经历的可逆循环积分求和，即得

$$\int_{\text{吸热过程}} \frac{\delta Q_1}{T_1} + \int_{\text{放热过程}} \frac{-\delta Q_2}{T_2} = 0 \tag{11-7}$$

即

$$\oint \frac{\delta Q}{T_r} = 0 \tag{11-8}$$

用文字表达为：任意工质经历任一可逆循环，微小量 $\dfrac{\delta Q}{T_r}$ 沿

循环的积分为零。$\oint \dfrac{\delta Q}{T_r}$ 由克劳修斯首先提出，称为克劳修斯积分。

式(11-8)称为克劳修斯等式。

某一正向循环(2)如图 11-5 所示，工作于温度分别为 T_1 和 T_2 之间的不可逆热机，当该热机经历一个微元时刻时，该热机同样从高温热源吸收热量 δQ_1，但此时热机向低温热源放出的热量为 $\delta Q_2'$，根据卡诺定理可得该不可逆热机在这一微元时刻的热效率为

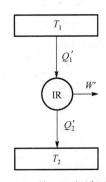

图 11-5　某一正向循环(2)

$$\eta_{t,\text{IR}} = 1 - \frac{\delta |Q_2'|}{\delta Q_1} < 1 - \frac{T_2}{T_1} \tag{11-9}$$

根据式(11-9)可得

$$\frac{\delta Q_1}{T_1} < \frac{\delta |Q_2|}{T_2} \tag{11-10}$$

同样用代数值代替式(11-10)中的绝对值，则式(11-10)改写为

$$\frac{\delta Q_1}{T_1} < \frac{-\delta Q_2}{T_2} \tag{11-11}$$

对该热机所经历的不可逆循环积分求和，即得

$$\int_{\text{吸热过程}} \frac{\delta Q_1}{T_1} < \int_{\text{放热过程}} \frac{-\delta Q_2}{T_2} < 0 \tag{11-12}$$

即

$$\oint \frac{\delta Q}{T_r} < 0 \tag{11-13}$$

用文字表达为：任意工质经历任一不可逆循环，微小量 $\dfrac{\delta Q}{T_r}$ 沿循环的积分小于零。归并式

(11-8)及式(11-13)，可得

$$\oint \frac{\delta Q}{T_r} \leqslant 0 \tag{11-14}$$

这就是用于判断循环是否可逆的热力学第二定律的数学表达式，也称为克劳修斯不等式。

式(11-14)表明，当克劳修斯积分 $\oint \dfrac{\delta Q}{T_r}$ 等于零时，循环可逆；当其小于零时，循环不可逆；其大于零的循环则不能实现。

这是用正向循环推导的克劳修斯不等式，同样用逆向循环也能得出该结论，本书就不一一赘述了。

例 11-3 热机工作于温度分别为 1000K 和 300K 的两恒温热源之间，热机从高温热源吸收热量 2000kJ，利用克劳修斯不等式判断下列热机能否实现。

(1)热机向低温热源释放热量 800kJ；

(2)热机向低温热源释放热量 500kJ。

解：根据克劳修斯不等式，有

$$\oint \frac{\delta Q}{T} = \frac{Q_1}{T_1} + \frac{Q_2}{T_2}$$

(1)当 $Q_1 = 2000\text{kJ}$ 、 $Q_2 = -800\text{kJ}$ 时：

$$\oint \frac{\delta Q}{T} = \frac{Q_1}{T_1} + \frac{Q_2}{T_2} = \frac{2000}{1000} + \frac{-800}{300} \approx -0.667\text{kJ/K} < 0$$

因此该热机可以实现。

(2)当 $Q_1 = 2000\text{kJ}$ 、 $Q_2 = -500\text{kJ}$ 时：

$$\oint \frac{\delta Q}{T} = \frac{Q_1}{T_1} + \frac{Q_2}{T_2} = \frac{2000}{1000} + \frac{-500}{300} \approx 0.333\text{kJ/K} > 0$$

因此该热机不能实现。

11.3.2 熵的导出

当某一热力循环是可逆循环时，克劳修斯不等式为零。根据状态函数的数学特性，可以断定被积函数 $\dfrac{\delta Q}{T_r}$ 是某个状态参数的全微分。1865 年，克劳修斯将这个新的状态参数命名为熵(Entropy)，以符号 S 表示，即

$$\mathrm{d}S = \frac{\delta Q}{T_r} = \frac{\delta Q}{T} \tag{11-15}$$

式中，δQ 表示可逆过程的传热量；T_r 为热源温度。因为此微元传热过程可逆，无传热温差，故热源温度 T_r 也等于工质的温度 T，这就是熵的定义式。1kg 工质的比熵变

$$\mathrm{d}S = \frac{\delta q}{T_r} = \frac{\delta q}{T} \tag{11-16}$$

根据状态参数的特征有

$$\oint \mathrm{d}S = 0 \tag{11-17}$$

$$\Delta S = \int_1^2 \mathrm{d}S = \int_1^2 \frac{\delta Q}{T} \tag{11-18}$$

式(11-18)提供了计算任意可逆过程熵变的途径，熵变表示可逆过程中热交换的方向和大小。

11.3.3 不可逆过程的熵变

可逆过程中的熵变ΔS_{12}可按式(11-18)求取。而不可逆过程的熵变与热量变化之间有何关系呢？

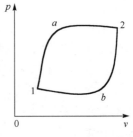

图 11-6 不可逆过程的熵变

不可逆过程的熵变如图 11-6 所示。设工质由平衡的初态 1 分别经可逆过程 1—b—2 和不可逆过程 1—a—2 到达平衡状态 2，因过程 1—b—2 可逆，故有

$$\int_{1-b-2} \frac{\delta Q}{T_r} = - \int_{2-b-1} \frac{\delta Q}{T_r}$$

已知 1 和 2 是平衡态，S_1 和 S_2 各有一定的数值，对此可逆过程可按式(11-18)写出来：

$$\Delta S_{12} = S_2 - S_1 = \int_{1-b-2} \frac{\delta Q}{T_r} = - \int_{2-b-1} \frac{\delta Q}{T_r} \tag{11-19}$$

1—a—2—b—1 为一不可逆循环，应用克劳修斯不等式 $\int_1^2 \frac{\delta Q}{T} \leqslant 0$，则

$$\int_{1-a-2} \frac{\delta Q}{T_r} + \int_{2-b-1} \frac{\delta Q}{T_r} < 0 \tag{11-20}$$

将式(11-19)代入式(11-20)，并整理可得

$$\int_{1-a-2} \frac{\delta Q}{T_r} < - \int_{2-b-1} \frac{\delta Q}{T_r} = \int_{1-b-2} \frac{\delta Q}{T_r} = \Delta S_{12}$$

即

$$S_2 - S_1 > \int_{\text{不可逆}} \frac{\delta Q}{T_r} \tag{11-21}$$

归并式(11-18)、式(11-21)得

$$S_2 - S_1 \geqslant \int \frac{\delta Q}{T_r} \tag{11-22}$$

其中等号表示可逆过程，大于号表示不可逆过程，不可能出现小于 $\int \frac{\delta Q}{T_r}$ 的过程。

对于 1kg 工质，则

$$S_2 - S_1 \geqslant \int \frac{\delta q}{T_r} \tag{11-23}$$

写成微分形式为

$$dS \geqslant \frac{\delta Q}{T_r} \tag{11-24}$$

对于 1kg 工质，有

$$dS \geqslant \frac{\delta q}{T_r} \tag{11-25}$$

由式(11-24)可知，如果工质经历了微元不可逆过程，则有 dS 大于 $\delta Q/T$，二者的差值愈大，偏离可逆过程愈远，或者说过程的不可逆性愈大。这时 $\delta Q/T$ 仅是熵变的一部分，而另一部分则是由过程的不可逆性引起的。这里由热量变化引起的熵变称为热熵流，用符号 S_f 表示，S_f 可以大于零、小于零或等于零；而由不可逆性引起的熵变称为熵产，用符号 S_g 表示，S_g 一定大于或等于零，当 $S_g > 0$ 时，过程不可逆，而当 $S_g < 0$ 时，过程可逆。熵变、热熵流及熵产之间有如下关系：

$$\Delta S = \Delta S_f = \Delta S_g \tag{11-26}$$

值得注意的是，熵变是状态量，而热熵流及熵产是过程量。由于熵产不易通过计算得到，因此一般不用式(11-26)计算熵变。通常情况下，熵变的计算用如下公式。

如果工质是理想气体，其熵变的计算利用式(10-22)~式(10-24)。

对于固体或液体，由于其压缩性很小，所以过程的 dV 近似为零，且一般情况下，$c_p = c_v = c$，所以根据 $\delta Q = dU + pdV$，有

$$dS = \frac{\delta Q}{T} = \frac{dU}{T} = \frac{mcdT}{T}$$

当比热容为定值时

$$\Delta S = mc \ln \frac{T_2}{T_1} \tag{11-27}$$

对于热源

$$\Delta S = \frac{Q}{T} \tag{11-28}$$

对于理想功源，$\Delta S = 0$。

例 11-4　某热机工作于 $T_1 = 2000K$、$T_2 = 300K$ 的两个恒温热源之间，试问下列几种情况能否实现？是否是可逆循环？

(1) $Q_1 = 1kJ$，$W_{net} = 0.9kJ$；

(2) $Q_1 = 2kJ$，$Q_2 = 0.3kJ$；

(3) $Q_2 = 0.5kJ$，$W_{net} = 1.5kJ$。

解： 方法一，利用卡诺定理。

在 T_1、T_2 间工作的可逆循环热效率最高，等于卡诺循环热效率，即

$$\eta_{t,c} = 1 - \frac{T_2}{T_1} = 1 - \frac{300K}{2000K} = 0.85$$

(1) $Q_2 = Q_1 - W_{net} = 1 - 0.9 = 0.1kJ$

$$\eta_t = 1 - \frac{Q_2}{Q_1} = 1 - \frac{0.1}{1} = 0.9 > \eta_{t,c} \qquad \text{不可能实现}$$

(2) $\eta_t = 1 - \frac{Q_2}{Q_1} = 1 - \frac{0.3}{2} = 0.85 = \eta_{t,c} \qquad \text{是可逆循环}$

(3) $Q_1 = Q_2 + W_{\text{net}} = 0.5 + 1.5 = 2\text{kJ}$

$$\eta_t = 1 - \frac{Q_2}{Q_1} = 1 - \frac{0.5}{2} = 0.75 < \eta_{t,c} \qquad \text{是不可逆循环}$$

方法二，利用克劳修斯不等式。

(1) $\oint \dfrac{\delta Q}{T_r} = \dfrac{Q_1}{T_{r1}} + \dfrac{Q_2}{T_{r2}} = \dfrac{1}{2000} + \dfrac{-0.1}{300} \approx 0.000167\text{kJ/K} > 0 \qquad$ 不可能实现

(2) $\oint \dfrac{\delta Q}{T_r} = \dfrac{Q_1}{T_{r1}} + \dfrac{Q_2}{T_{r2}} = \dfrac{2}{2000} + \dfrac{-0.3}{300} = 0 \qquad$ 是可逆循环

(3) $\oint \dfrac{\delta Q}{T_r} = \dfrac{Q_1}{T_{r1}} + \dfrac{Q_2}{T_{r2}} = \dfrac{2}{2000} + \dfrac{-0.5}{300} \approx -0.00067\text{kJ/K} < 0$ 是不可逆循环

例 11-5　燃气经过燃气轮机，由 0.8MPa、420℃绝热膨胀到 0.1MPa、130℃。设燃气比热容 $c_p = 1.01\text{kJ/(kg·K)}$，$c_v = 0.732\text{kJ/(kg·K)}$。

(1) 该过程能否实现？过程是否可逆？

(2) 若能实现，计算 1kg 燃气做出的技术功 w_t，设燃气进、出口动能差、位能差忽略不计。

解：(1) 由题意，先求燃气的气体常数：

$$R_g = c_p - c_v = 1.01 - 0.732 = 0.278\text{kJ/(kg·K)}$$

$$\begin{aligned}
\Delta s &= c_p \ln \frac{T_2}{T_1} - R_g \ln \frac{p_2}{p_1} \\
&= 1.01 \times \ln \frac{(130 + 273)}{(420 + 273)} - 0.278 \times \ln \frac{0.1}{0.8} \\
&\approx 0.03057\text{kJ/(kg·K)}
\end{aligned}$$

因为 $\Delta s = 0$，该绝热过程是不可逆绝热过程。

(2) 稳定流动系统能量方程，在不计动能差、位能差，且 $q=0$ 时，可简化为

$$w_t = w_i = h_1 - h_2 = c_p(T_1 - T_2)$$
$$= 1.01 \times (693 - 403) = 292.9\text{kJ/kg}$$

11.4　孤立系统熵增原理

11.4.1　孤立系统的熵增原理

在 11.3 节中，由克劳修斯积分等式得出了状态参数熵，由克劳修斯积分不等式得出了过程判据。在本节中将进一步讨论过程的不可逆性、方向性与熵参数的内在联系，由此揭示热现象的又一重要原理——熵增原理。

沿用闭口绝热系统的概念，一个孤立系统(不与外界进行能量和质量交换)有

$$\Delta S_{\text{iso}} \geqslant 0 \quad \text{或} \quad \text{d}S_{\text{iso}} \geqslant 0 \tag{11-29}$$

式(11-29)表明：孤立系统内部发生不可逆变化时，孤立系统的熵增大，$\text{d}S_{\text{iso}}>0$，在极限情况(可逆变化)时，熵保持不变，$\text{d}S_{\text{iso}}=0$，且使孤立系统的熵减小的过程是不可能实现的。

简言之：孤立系统的熵可以增大或保持不变，但不可能减小。这一结论为孤立系统的熵增原理，简称熵增原理。

式(11-29)阐明了过程进行的方向，指明了热过程进行的限度，揭示了热过程进行的条件，突出反映了热力学第二定律的本质，是热力学第二定律的另一种数学表达式。

例 11-6 0.25kg CO 在闭口系统中由初态 $p_1 = 0.25\text{MPa}$、$t_1 = 120℃$ 膨胀到终态 $t_2 = 25℃$、$p_2 = 0.125\text{MPa}$，做出膨胀功 $W = 8.0\text{kJ}$，已知环境温度 $t_0 = 25℃$，CO 的 $R_g = 0.297\text{kJ/(kg·K)}$，$c_v = 0.747\text{kJ/(kg·K)}$，试计算过程热量，并判断该过程是否可逆。

解： 由题意可得

$$T_1 = 120 + 273 = 393\text{K} , \qquad T_2 = 25 + 273 = 298\text{K}$$

由闭口系统能量方程 $Q = \Delta U + W$ 可得

$$\begin{aligned} Q &= \Delta U + W = mc_v(T_2 - T_1) + W \\ &= 0.25 \times 0.747 \times (298 - 393) + 8 \\ &\approx -9.74\text{kJ} \end{aligned}$$

即系统向外放热 9.74kJ。

而该过程的熵变为

$$\begin{aligned} \Delta S &= m\left(c_p \ln\frac{T_2}{T_1} - R_g \ln\frac{p_2}{p_1} \right) \\ &= 0.25 \times \left(0.747 \times \ln\frac{298}{393} - 0.297 \times \ln\frac{0.125}{0.25} \right) \\ &\approx -0.00021\text{kJ/(kg·K)} \end{aligned}$$

此时环境吸热，其吸热量及熵变为

$$Q_{\text{sur}} = -Q = 9.74\text{kJ}$$

$$\Delta S_{\text{sur}} = \frac{Q_{\text{sur}}}{T_0} = \frac{9.74}{298} \approx 0.03268\text{kJ/K}$$

系统和环境组成的孤立系统熵变为

$$\Delta S_{\text{iso}} = \Delta S + \Delta S_{\text{sur}} = -0.00021 + 0.03268 = 0.03247\text{kJ/K} > 0$$

由于孤立系统熵变大于零，该过程为不可逆膨胀过程。

例 11-7   将一根质量 $m = 0.36\text{kg}$ 的金属棒投入质量 $m_w = 9\text{kg}$ 的水中，初始时金属棒的温度 $T_{m,1} = 1060\text{K}$，水的温度 $T_w = 295\text{K}$。金属棒和水的比热容分别为 $c_m = 420\text{J/(kg·K)}$ 和 $c_w = 4187\text{J/(kg·K)}$，求：终温 T_f 和由金属棒、水组成的孤立系统的熵变。设容器绝热。

解： 取容器内水和金属棒为热力系统，有闭口系统能量方程 $\Delta U = Q - W$，因为绝热，不做外功，故 $Q = 0$，$W = 0$，得 $\Delta U = 0$，即 $\Delta U_m + \Delta U_w = 0$，因此可得

$$m_w c_w(T_f - T_w) + m_m c_m(T_f - T_m) = 0$$

由该式可得混合后系统的平均温度 T_f 为

$$T_f = \frac{m_w c_w T_w + m_m c_m T_m}{m_w c_w + m_m c_m}$$

$$= \frac{9 \times 4187 \times 295 + 0.36 \times 420 \times 1060}{9 \times 4187 + 0.36 \times 420}$$

$$\approx 298.1\text{K}$$

由金属棒和水组成的孤立系统的熵变为金属棒熵变和水熵变之和，即

$$\Delta S_{\text{iso}} = \Delta S_{\text{m}} + \Delta S_{\text{w}}$$

其中，

$$\Delta S_{\text{m}} = m_{\text{m}} c_{\text{m}} \ln \frac{T_{\text{f}}}{T_{\text{m}}}$$

$$= 0.36 \times 0.42 \times \ln \frac{298.1}{1060}$$

$$\approx -0.1918\text{kJ/K}$$

$$\Delta S_{\text{w}} = m_{\text{w}} c_{\text{w}} \ln \frac{T_{\text{f}}}{T_{\text{w}}}$$

$$= 9.0 \times 4.187 \times \ln \frac{298.1}{295}$$

$$\approx 0.3939\text{kJ/K}$$

所以孤立系统的熵变为

$$\Delta S_{\text{iso}} = \Delta S_{\text{m}} + \Delta S_{\text{w}}$$

$$= -0.1918 + 0.3939$$

$$= 0.2021\text{kJ/K}$$

11.4.2　做功能力的损失

系统(或工质)的做功能力，是指在给定环境条件下，系统达到与环境热力平衡时可能做出的最大有用功。因此，通常将环境温度 T_0 作为衡量做功能力的基准温度。

实践告诉我们，任何过程只要有不可逆因素存在，就将造成系统做功能力的损失，而不可逆过程进行的结果又将包含该系统在内的孤立系统的熵增加，通过分析可得孤立系统熵增与系统做功能力损失 I 之间的联系为

$$I = T_0 \cdot \Delta S_{\text{iso}} \tag{11-30}$$

例 11-8　将 100kg 温度为 20℃的水与 200kg 温度为 80℃的水在绝热容器中混合，求混合前、后水的熵变及有用功损失。设水的比热容为定值，c_{w}=4.187kJ/(kg·K)，环境温度 T_0=20℃。

解：闭口系统，W=0，Q=0，故 $\Delta U = 0$，设混合后水温为 t，则

$$m_1 c_{\text{w}}(t - t_1) = m_2 c_{\text{w}}(t_2 - t)$$

$$t = \frac{m_2 t_2 + m_1 t_1}{m_2 + m_1} = \frac{100 \times 20 + 200 \times 80}{100 + 200} = 60℃$$

即　$T_1 = 20 + 273 = 293\text{K}$，　$T_2 = 80 + 273 = 353\text{K}$，　$T = 60 + 273 = 333\text{K}$

$$\Delta S_{1-2} = \Delta S_1 + \Delta S_2$$

$$= m_1 c_w \ln \frac{T}{T_1} + m_2 c_w \ln \frac{T}{T_2} = c_w \left(m_1 \ln \frac{T}{T_1} + m_2 \ln \frac{T}{T_2} \right)$$

$$= 4.187 \times \left(100 \times \ln \frac{333}{293} + 200 \times \ln \frac{333}{353} \right)$$

$$\approx 4.7392 \text{kJ/K}$$

绝热过程熵流 $S_f = 0$，熵变等于熵产 $\Delta S_{1-2} = S_g$，则系统的有用功损失为

$$I = T_0 S_g = (20 + 273) \times 4.7392 \approx 1388.6 \text{kJ}$$

习　　题

11-1．判断下述说法是否正确。

(1)熵增大的过程必定是吸热过程。

(2)熵减小的过程必为放热过程。

(3)定熵过程必为可逆绝热过程。

(4)熵增大的过程必为不可逆过程。

(5)使系统熵增大的过程必为不可逆过程。

(6)熵产大于零的过程必为不可逆过程。

11-2．某发明者自称设计出一台在 600K 和 290K 的热源之间工作的热机。该热机从高温热源吸收热量 2000kJ，可做出 1000kJ 的净功，他的设计合理吗？

11-3．利用逆向卡诺机作为热泵为房间供热，设室外温度为 5℃，室内温度保持 20℃。要求每小时向室内供热 2.5×10^4 kJ，试问：

(1)每小时从室外吸多少热量？

(2)此循环的供暖系数多大？

(3)热泵由电机驱动，设电机效率为 95%，求电机功率多大？

(4)如果直接用电炉取暖，问每小时耗电几度(kW·h)？

11-4．某热机工作于 $T_1 = 1000$K、$T_2 = 300$K 的两个恒温热源之间。试问下列几种情况能否实现？是否为可逆循环？

(1) $Q_1 = 1$kJ，$W_{net} = 0.7$kJ；

(2) $Q_1 = 1$kJ，$Q_2 = 0.5$kJ；

(3) $Q_2 = 0.1$kJ，$W_{net} = 0.9$kJ。

试用卡诺定理及克劳修斯不等式两种方法进行判定。

11-5．设有 1kmol 某种理想气体进行如图所示循环 1—2—3—1。且已知：$T_1 = 1500$K，$T_2 = 300$K，$p_2 = 0.1$MPa。设比热容为定值，取绝热指数 $\kappa = 1.4$。

(1)求初态压力；

(2)在 T-s 图上画出该循环；

(3)求循环热效率；

(4)该循环的放热很理想，T_1 也较高，但热效率不很高，问原因何在(提示：算出平均温度)？

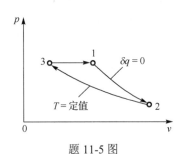

题 11-5 图

11-6. 1kg 空气，温度为 20℃，压力为 2MPa，向真空做绝热自由膨胀，容积增加为原来的 3 倍。求膨胀后的温度、压力及熵增（设比热容为定值）。

11-7. 将绝热容器内的管道中流动的空气由 $t_1 = 7℃$ 定压加热到 $t_2 = 57℃$，有两种方案。方案 A：叶轮搅拌容器内的黏性液体，通过黏性液体加热空气。方案 B：容器中通入 $p = 0.1\text{MPa}$ 的饱和水蒸气，加热空气后冷却为饱和水，如图所示。设两系统均为稳态工作，且不计动能、位能影响。试分别计算两种方案流过 1kg 空气时系统的熵产并从热力学角度分析哪一种方案更合理。已知水蒸气进、出口的熵值及焓值分别为 $s_3 = 7.3589\text{kJ/(kg·K)}$、$s_4 = 1.3028\text{kJ/(kg·K)}$ 和 $h_3 = 2673.14\text{kJ/kg}$、$h_4 = 417.52\text{kJ/kg}$。

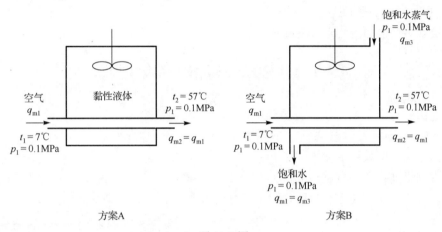

题 11-7 图

11-8. 两物体 A 和 B 质量及比热容相同，即 $m_1=m_2=m$，$c_{p1}=c_{p2}=c_p$，温度各为 T_1 和 T_2，且 $T_1>T_2$，设环境温度为 T_0。按一系列微元卡诺循环工作的可逆机，以 A 为热源，B 为冷源，循环运行，使 A 物体温度逐渐降低，B 物体温度逐渐升高，直至两物体温度均为 T_f。试求：

(1)证明 $T_f = \sqrt{T_1 \cdot T_2}$，以及最大循环净功 $W_{\max} = mc_p(T_1 + T_2 - 2T_f)$；

(2)若 A 和 B 直接传热，达到热平衡时的温度为 T_m，求 T_m 及不等温传热引起的有用功损失。

11-9. 100kg 温度为 0℃的冰，在大气环境中融化为 0℃的水，已知冰的溶解热为 335kJ/kg，设环境温度 $T_0=293\text{K}$，求冰化为水的熵变、过程中的熵流、熵产及有用功损失。

11-10. 在一台蒸汽锅炉中，烟气定压放热，温度从 1500℃降低到 250℃。所放出的热量用以生产水蒸气。压力为 9.0MPa、温度为 30℃的锅炉给水被加热、汽化、过热成 $p =19.0\text{MPa}$、$t =1450℃$ 的过热蒸汽。将烟气近似为空气，取比热容为定值且 $c_p=1.079\text{kJ/(kg·K)}$。试求：

(1)产生 1kg 过热蒸汽的烟气质量(kg)；

(2)生产 1kg 过热蒸汽时，烟气熵的减小以及过热蒸汽熵的增大；

(3)将烟气和水蒸气作为孤立系统时，生产 1kg 过热蒸汽孤立系统熵的增大为多少？

(4)环境温度为 15℃时做功能力的损失。

第 12 章　水蒸气的热力性质

在动力、制冷、化学工程中，经常用到各种蒸气，如水蒸气、氨蒸气、氟利昂蒸气等，蒸气是指离液态较近在工作过程中往往会有集态变化的某种实际气体。显然，蒸气不能作为理想气体处理，它的性质较复杂。

本章主要介绍水蒸气产生的一般原理、水和水蒸气状态参数的确定、水蒸气图表的结构和应用以及水蒸气热力过程功和热量的计算。

12.1　水的定压加热汽化过程

蒸气是由液体汽化而产生的，液体的汽化有蒸发和沸腾两种不同的形式。而物质由气态转变为液态的过程称为凝结。凝结的速度取决于空间蒸气的压力。

在汽化过程中，如果液面上方是和大气相连的自由空间，一般情况下汽化过程会一直进行到液体全部变化成蒸气为止。当液体在有限的密闭空间下汽化时，则不仅有分子逸出液体表面进入蒸气空间，而且也会有分子从蒸气空间落到液体表面，回到液体中。饱和系统如图 12-1 所示。当液体分子脱离液体表面的汽化速度与气体分子回到液体中的凝结速度相等时，称这种液体和蒸气所处的动态平衡状态为饱和状态。饱和状态下的蒸气和液体分别称为饱和蒸气和饱和液体。饱和蒸气的压力和温度分别称为饱和压力 p_s 和饱和温度 t_s，二者一一对应，且饱和压力愈高，饱和温度也愈高。例如，对于水蒸气，当 $p_s =$ 0.101325MPa 时，$t_s = 100℃$；当 $p_s = 1MPa$ 时，$t_s = 179.916℃$。

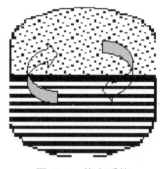

图 12-1　饱和系统

工程上所用的水蒸气通常是在锅炉中对水定压加热产生的。为形象表述，假设水是在气缸内进行定压加热，水蒸气定压加热图如图 12-2 所示。

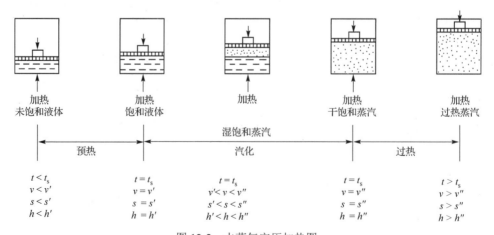

图 12-2　水蒸气定压加热图

在一定压力下的未饱和水，受外界加热，温度升高，当温度升到该压力所对应的饱和温度时，称其为饱和水。水继续加热，并开始沸腾，在定温下，产生蒸汽而形成饱和水和饱和水蒸气的混合物，称为湿饱和水蒸气（简称湿蒸汽）。水继续吸热，直至水全部汽化为蒸汽，这时的蒸汽因不含液体，而称为干饱和蒸汽（简称饱和蒸汽）。至此为止，工质的全部汽化过程都是在饱和温度下进行的。对饱和蒸汽继续定压加热，则蒸汽的温度将从饱和温度起不断升高。这时蒸汽的温度已超过相应压力下的饱和温度，称为过热蒸汽，其温度超过饱和温度的值称为过热度。可见水蒸气的产生分预热、汽化、过热三个阶段。

将蒸汽在不同压力下的定压发生过程，在 p-v 图及 T-s 图上表示出来，水定压汽化过程的 p-v 图和 T-s 图如图 12-3 所示。将所有压力下的饱和液相点及干饱和汽相态的点分别用一条光滑的曲线连接起来，就构成了饱和液态线（也称为下界限线）和干饱和蒸汽线（也称为上界限线），且两条线交于临界点。

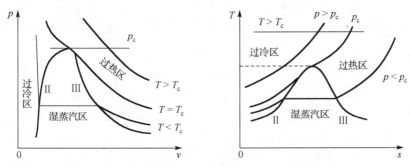

图 12-3　水定压汽化过程的 p-v 图和 T-s 图

为便于记忆，特将水蒸气的 p-v 图及 T-s 图总结为一点、二线、三区、五态。一点是指临界点；二线为饱和液态线和干饱和蒸汽线；三区为未饱和区（过冷区）、湿蒸汽区及过热区；五态为未饱和液体（过冷液）状态、饱和液体状态、湿饱和蒸汽状态、干饱和蒸汽状态和过热蒸汽状态。

12.2　水和水蒸气的状态参数

如前所述，蒸汽的热力性质较为复杂。在工程计算中，通常是将实验测得的数据，运用热力学一般关系，把计算而得的数据制成蒸气图表以供查用。通常可查到状态参数 p、v、T、h、s，至于热力学能 u，需用公式 $u = h - pv$ 计算得到。

应用水蒸气热力性质图表时，其基准点在不同文献中均以三相点液相水作为基准点。

12.2.1　水蒸气表

针对水蒸气的五种不同状态，一般将水蒸气表分为两类：一类为饱和水和干饱和蒸汽表，如表 12-1 所示，表中列出饱和液态线（各参数的右上角标注“′”）和干饱和蒸汽线（各参数右上角标注“″”）上的数据；为查用方便，又可分为按温度与按压力排列两种形式。另一类为未饱和水和过热蒸汽表，如表 12-2 所示。在该表中，以压力和温度为独立参数，列出未饱和水和过热蒸汽的 v、h、s，u 依旧需要用公式 $u = h - pv$ 计算得到。表 12-1 及表 12-2 是水蒸气表的部分节录。

表 12-1 饱和水和干饱和蒸汽表（节录）

形式	$\{t\}_℃$	$\{p\}_{MPa}$	$\{v'\}_{m^3/kg}$	$\{v''\}_{m^3/kg}$	$\{h'\}_{kJ/kg}$	$\{h''\}_{kJ/kg}$	$\{r\}_{kJ/kg}$	$\{s'\}_{kJ/(kg·K)}$	$\{s''\}_{kJ/(kg·K)}$
	0	0.0006112	0.00100022	206.154	−0.05	2500.51	2500.6	−0.0002	9.1544
	0.01	0.0006117	0.00100018	206.012	0.00	2500.53	2500.5	0.0000	9.1541
	5	0.0008725	0.00100008	147.048	21.02	2509.71	2488.7	0.0763	9.0236
	15	0.0017053	0.00100094	77.910	62.96	2528.07	2465.1	0.2248	8.7794
按温度排列	25	0.0031687	0.00100302	43.362	104.77	2546.29	2441.5	0.3670	8.5560
	35	0.0056263	0.00100605	25.222	146.59	2564.38	2417.8	0.5050	8.3511
	70	0.31178	0.00102276	5.0443	293.01	2626.10	2333.1	0.9550	7.7540
	110	0.143243	0.00105156	1.2106	461.33	2691.26	2229.9	1.4186	7.2386
	150	0.47571	0.00109046	0.39286	632.28	2746.35	2114.1	1.8420	6.8381
	200	1.55366	0.00115641	0.12732	852.34	2792.47	1940.1	2.3307	6.4312
	250	3.97351	0.00125145	0.050112	1085.3	2800.66	1715.4	2.7926	6.0716
	300	8.58308	0.00140369	0.021669	1344.0	2748.71	1404.7	3.2533	5.7042
	350	16.521	0.00174008	0.008812	1670.3	2563.39	893.0	3.7773	5.2104
	373.99	22.064	0.003106	0.003106	2085.9	2085.87	0.0	4.4092	4.4092

形式	$\{p\}_{MPa}$	$\{t\}_℃$	$\{v'\}_{m^3/kg}$	$\{v''\}_{m^3/kg}$	$\{h'\}_{kJ/kg}$	$\{h''\}_{kJ/kg}$	$\{r\}_{kJ/kg}$	$\{s'\}_{kJ/(kg·K)}$	$\{s''\}_{kJ/(kg·K)}$
	0.001	6.9491	0.0010001	129.185	29.21	2513.29	2484.1	0.1056	8.9735
	0.003	24.1142	0.0010028	45.666	101.07	2544.68	2443.6	0.3546	8.5758
	0.004	28.9533	0.0010041	34.796	121.30	2553.46	2432.2	0.4221	8.4725
	0.005	32.8793	0.0010053	28.191	137.72	2560.55	2422.8	0.4761	8.3830
	0.01	45.7988	0.0010103	14.673	191.76	2583.72	2392.0	0.6490	8.1481
	0.02	60.0650	0.0010172	7.6497	251.43	2608.90	2357.5	0.8320	7.9028
按压力排列	0.05	81.3388	0.0010299	3.2409	340.55	2645.31	2403.8	1.0912	7.5928
	0.1	99.634	0.0010432	1.6943	417.52	2675.14	2257.6	1.3028	7.3589
	0.2	120.240	0.0010605	0.88585	504.78	2706.53	2201.7	1.5303	7.1272
	0.5	151.867	0.0010925	0.37486	640.35	2748.59	2108.2	1.8610	6.8214
	1.0	179.916	0.0011272	0.19438	762.84	2777.67	2014.8	2.1388	6.5859
	2.0	212.417	0.0011767	0.099588	908.64	2798.66	1890.0	2.4471	6.3395
	3.0	233.893	0.0012166	0.066662	10008.2	2803.19	1794.9	2.6454	6.1854
	5.0	263.980	0.0012862	0.039439	1154.2	2793.64	1639.5	2.9201	5.9724
	22.064	373.99	0.003106	0.003106	2085.9	2085.87	0.0	4.4092	4.4092

表 12-2 未饱和水和过热蒸汽表（节录）

	$p = 0.01MPa$	$p = 0.1MPa$
	$t_s = 45.7988℃$	$t_s = 99.634℃$
	$v' = 0.0010103 m^3/kg$	$v' = 0.0010432 m^3/kg$
饱和参数	$h' = 191.76 kJ/kg$	$h' = 417.52 kJ/kg$
	$s' = 0.6490 kJ/(kg·K)$	$s' = 1.3028 kJ/(kg·K)$
	$v'' = 14.673 m^3/kg$	$v'' = 1.6943 m^3/kg$
	$h'' = 2583.72 kJ/kg$	$h'' = 2675.14 kJ/kg$
	$s'' = 8.1481 kJ/(kg·K)$	$s'' = 7.3589 kJ/(kg·K)$

续表

t/℃	v/(m³/kg)	h/(kJ/kg)	s/[kJ/(kg·K)]	v/(m³/kg)	h/(kJ/kg)	s/[kJ/(kg·K)]
0	0.0010002	−0.04	−0.0002	0.0010002	0.05	−0.0002
10	0.0010003	42.01	0.1510	0.0010003	42.10	0.1519
20	0.0010018	83.87	0.2963	0.0010018	83.96	0.2963
30	0.0010044	125.68	0.4366	0.0010044	125.77	0.4365
40	0.0010079	167.51	0.5723	0.0010078	167.59	0.5723
50	14.869	2591.8	8.1732	0.0010121	209.40	0.7037
60	15.336	2610.8	8.2313	0.0010171	251.22	0.8312
70	15.802	2629.9	8.2876	0.0010227	293.07	0.9549
80	16.268	2648.9	8.3422	0.0010290	334.97	1.0753
90	16.732	2667.9	8.3954	0.0010359	379.96	1.1925
100	17.196	2686.9	8.4471	1.6961	2657.9	7.3609
110	17.660	2706.2	8.6008	1.7448	2696.2	7.4146
120	18.124	2725.1	8.5466	1.7931	2716.3	7.4665
130	18.587	2744.2	8.5945	1.8411	2736.3	7.5167
140	19.059	2763.3	8.7447	1.8889	2756.2	7.5654
150	19.513	2782.5	8.7905	1.9364	2776.0	7.6128

注：① 本表数据摘录自严家录等著《水和水蒸气热力性质图表》（第二版），高等教育出版社，2004。

② 黑线以上为未饱和水，黑线以下为过热蒸汽。

在表 12-1、表 12-2 中，当饱和水全部汽化，在饱和温度 t_s 下由饱和水变成干饱和蒸汽时，其 1kg 工质所吸收的热量为

$$q = T_s(s'' - s') = h'' - h' = (u'' - u') + p(v'' - v') \tag{12-1}$$

式中，$u'' - u'$ 表示用于增加热力学能的热量；$p(v'' - v')$ 表示汽化时比体积增大用作膨胀功的热量。

当饱和水加热变成干饱和蒸汽时，其中间状态为湿饱和蒸汽，它由饱和水和干饱和蒸汽组成，此时水的温度及压力分别为 $t_0 = t_s$、$p_0 = p_s$，且 t_s 与 p_s 相互对应。因此首选引入一独立参数干度 x，它表征湿蒸汽中干饱和蒸汽的质量分数，其数学表达式为

$$x = \frac{m_1}{m_g + m_1} \tag{12-2}$$

式中，m_g 为干饱和蒸汽的质量；m_1 为饱和水的质量。

因为 1kg 湿蒸汽由 x kg 干蒸汽和 $(1-x)$kg 饱和水混合而成，因此 1kg 湿蒸汽中的各参数就等于 x kg 干蒸汽的相应参数与 $(1-x)$kg 饱和水的相应参数的和，即

$$v_x = xv'' + (1-x)v' = v' + x(v'' - v') \tag{12-3}$$

$$h_x = xh'' + (1-x)h' = h' + x(h'' - h') \tag{12-4}$$

$$s_x = xs'' + (1-x)s' = s' + x(s'' - s') \tag{12-5}$$

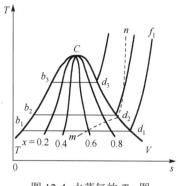

图 12-4 水蒸气的 $T\text{-}s$ 图

12.2.2 水蒸气图

分析水蒸气的热力过程或热力循环时常使用温熵图（$T\text{-}s$ 图，见图 12-4）。在 $T\text{-}s$ 图中，CT 为饱和水线，CV 为干饱和蒸汽线，这两条界限曲线将全图划分成湿区（曲线中间部分）和过热区（曲线右上部分），此外还有定干度线（$x=$ 定值）和定压线（在湿区为定温线，呈水平；在过热区向右上斜）。在详图上还有定容线和定热力学能线，故可根据任意两个已知状态参数求得其他各个参数，焓值则按 $h = u + pv$ 计算得到。根据比熵的定义，定压过程线下面的面积表示在可逆的定压过程中每千克水的吸热量。

在分析热力循环时 $T\text{-}s$ 图尤为重要，但由于热量和功在 $T\text{-}s$ 图上均以面积表示，故而在做数值计算时也有其不便之处。

利用水蒸气表确定水蒸气状态参数的优点是数值的准确度高，但由于水蒸气表上所给出的数据是不连续的，在遇到间隔中的状态时，需要用内插法求得，甚为不便。另外，当已知状态参数不是压力或温度，或分析过程中遇到跨越两相的状态时，使用水蒸气表尤其感到不便。为了使用上的便利，工程上根据水蒸气表上已列出的各种数值，用不同的热力参数坐标制成各种水蒸气线图，以方便工程上的计算。除了前已述及的 $T\text{-}s$ 图外，热工上使用较广的还有一种以焓为纵坐标、以熵为横坐标的焓熵图（即 $h\text{-}s$ 图）。水蒸气的焓熵图如图 12-5 所示。

图中饱和水线 $x = 1$ 的上方为过热蒸汽区；下方为湿蒸汽区。$h\text{-}s$ 图中还绘制了等压线、等温线、等干度线和等容线。在湿蒸汽区，等压线与等温线重合，是一组斜率不同的直线。在过热蒸汽区，等压线与等温线分开，等压线为向上倾斜的曲线，而等温线则先弯曲而后趋于平坦。此外，在 $h\text{-}s$ 图上还有等容线（图 12-5 中未画出），在湿蒸汽区中还有等干度线。由于等容线与等压线在延伸方向上有些近似（但更陡些），为了便于区别，在通常的 $h\text{-}s$ 图中，常将等容线印成红线或虚线。

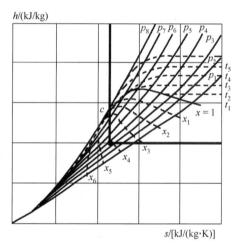

图 12-5 水蒸气的焓熵图

由于工程上用到的水蒸气常常是过热蒸汽或干度大于 50% 的湿蒸汽，故 $h\text{-}s$ 图的实用部分仅是它的右上角。工程上实用的 $h\text{-}s$ 图，是将这部分放大而绘制的。

例 12-1 利用水蒸气表，确定下列各点的状态和 h、s 的值。

(1) $t = 45.8℃$，$v = 0.00101 \text{m}^3/\text{kg}$；

(2) $t = 200℃$，$x = 0.9$；

(3) $p = 0.5\text{MPa}$，$t = 165℃$；

(4) $p = 0.5\text{MPa}$，$v = 0.545 \text{m}^3/\text{kg}$

解： 利用水蒸气表进行如下分析。

（1）由已知温度查得 $v' = 0.00101\text{m}^3/\text{kg} = v$，确定该状态为饱和水。由饱和水和干饱和蒸汽表查得该饱和水的焓和熵分别为

$$P_s = 0.01\text{MPa}, \quad h = 191.76\text{kJ/kg}, \quad s = 0.6490\text{kJ/(kg} \cdot \text{K)}$$

（2）由于条件中使用了干度，可以确定该状态为湿蒸汽，首先利用饱和水和干饱和蒸汽表求取其在饱和水及干饱和水蒸气状态的相差参数，因此有

$$h' = 852.34\text{kJ/kg}, \quad h'' = 2792.47\text{kJ/kg}, \quad s' = 2.3307\text{kJ/(kg} \cdot \text{K)}, \quad s'' = 6.4312\text{kJ/(kg} \cdot \text{K)}$$

$$h_x = xh'' + (1-x)h' = 0.9 \times 2792.47 + (1-0.9) \times 852.34 \approx 2598.5\text{kJ/kg}$$

$$s_x = xs'' + (1-x)s' = 0.9 \times 6.4312 + (1-0.9) \times 2.3307 \approx 6.0212\text{kJ/(kg} \cdot \text{K)}$$

（3）当 $p = 0.5\text{MPa}$ 时，查得 $t_s = 151.876℃$，现 $t > t_s$，所以为过热蒸汽状态。查未饱和水和过热蒸汽表得

$$p = 0.5\text{MPa}, \quad t = 160℃ \text{ 时}, \quad h = 2767.2\text{kJ/kg}, \quad s = 6.8647\text{kJ/(kg} \cdot \text{K)}$$

$$p = 0.5\text{MPa}, \quad t = 170℃ \text{ 时}, \quad h = 2789.6\text{kJ/kg}, \quad s = 6.9160\text{kJ/(kg} \cdot \text{K)}$$

题给出 $t = 160℃$，故其可从上面两者之间按线性插值求得

$$h_{165} = h_{160}\frac{165 - 160}{170 - 160}(h_{170} - h_{160})$$

$$= 2767.2 + \frac{5}{10} \times (2789.6 - 2767.2) = 2778.4\text{kJ/kg}$$

$$s_{165} = s_{160} + \frac{165 - 160}{170 - 160}(s_{170} - s_{160})$$

$$= 6.8647 + \frac{5}{10} \times (6.9160 - 6.8647) \approx 6.8904\text{kJ/(kg} \cdot \text{K)}$$

（4）当 $p = 0.5\text{MPa}$ 时，饱和蒸汽的比体积 $v'' = 0.37490\text{m}^3/\text{kg}$，因 $v > v''$，所以该状态为过热蒸汽状态。查未饱和水和过热蒸汽表得

$$p = 0.5\text{MPa}, \quad t = 320℃ \text{ 时}, \quad v = 0.54164\text{m}^3/\text{kg}, \quad h = 3104.9\text{kJ/kg}, \quad s = 7.5297\text{kJ/(kg} \cdot \text{K)}$$

$$p = 0.5\text{MPa}, \quad t = 330℃ \text{ 时}, \quad v = 0.55115\text{m}^3/\text{kg}, \quad h = 3125.6\text{kJ/kg}, \quad s = 7.5643\text{kJ/(kg} \cdot \text{K)}$$

按线性插值求得，此时蒸汽的各个状态参数分别为

$$t = 323.6℃, \quad h = 3112.4\text{kJ/kg}, \quad s = 7.5422\text{kJ/(kg} \cdot \text{K)}$$

12.3　水蒸气的基本过程

分析水蒸气的热力过程和分析理想气体一样，即确定过程中工质状态参数变化的规律，以及过程中能量的转换情况。但是，理想气体的状态参数可以通过简单计算得到，而水蒸气的状态参数却要用查表或图的方法得到。过程中各参数的转换关系，同样依据热力学第一、第二定律进行计算确定。

分析水蒸气热力过程的一般步骤如下。

(1)根据初态的两个已知参数，通常为(p, t)、(p, x)、(t, x)，从表或图中查得其他参数。

(2)根据过程特征，如定温、定压、定容、定熵等，加上一个终态参数，确定终态，再从表或图上查得终态的其他参数。

(3)根据已求得的初、终态参数，应用热力学第一、第二定律的基本方程及参数定义式等计算q、w、Δh、Δu，方法如下。

定容过程 $w = 0$，$w_t = v(p_1 - p_2)$

$$q = u_2 - u_1 = (h_2 - h_1) - (p_2 - p_1)v$$

定压过程 $w = p(v_2 - v_1)$，$w_t = 0$

$$q = h_2 - h_1$$

定温过程 $w = q - \Delta u$，$w_t = q - \Delta h$

$$q = T(s_2 - s_1)$$

定熵过程 $w = -\Delta u$，$w_t = -\Delta h$

$$q = \int T\mathrm{d}s = 0$$

例 12-2   在一台蒸汽锅炉中，烟气定压放热，温度从1500℃降低到250℃，所放出的热量用以生产水蒸气。压力为 9.0MPa、温度为 30℃的锅炉给水被加热、汽化、过热成压力为9.0MPa、温度为 450℃的过热蒸汽。将烟气近似为空气，取比热容为定值，且 $c_p = 1.079\mathrm{kJ/(kg \cdot K)}$，试求：

(1)产生 1kg 过热蒸汽需要多少千克烟气？

(2)生产 1kg 过热蒸汽时，烟气熵的减少以及过热蒸汽熵的增大各为多少？

(3)将烟气和水蒸气作为孤立系统，求生产1kg 过热蒸汽时，孤立系统熵增为多少？设环境温度 $T_0 = 15℃$，求有用功损失 I。

解：由未饱和水和过热蒸汽表查得

给水：$p = 0.9\mathrm{MPa}$，$t_{w,1} = 30℃$ 时，$h_{w,1} = 1333.86\mathrm{kJ/kg}$，$s_{w,1} = 0.4338\mathrm{kJ/(kg \cdot K)}$；

过热蒸汽：$p = 9.0\mathrm{MPa}$，$t_{w,2} = 450℃$ 时，$h_{w,2} = 3256.0\mathrm{kJ/kg}$，$s_{w,2} = 6.4835\mathrm{kJ/(kg \cdot K)}$；

烟气进、出口温度：$t_{g1} = 1500℃$，$t_{g2} = 250℃$。

(1)由热力平衡方程可确定1kg 过热蒸汽需 $m$kg 烟气量：

$$mc_p(t_{g,2} - t_{g,1}) = h_{w,2} - h_{w,1}$$

$$m = \frac{h_{w,2} - h_{w,1}}{c_p(t_{g,2} - t_{g,1})} = \frac{(3256.0 - 133.86) \times 10^3}{1079 \times (1500 - 250)} \approx 2.31\mathrm{kg}$$

(2)在定压情况下，烟气熵变为

$$\Delta S_g = mc_p \ln\frac{T_{g,2}}{T_{g,1}} = 2.31 \times 1079 \times \ln\frac{250 + 273}{1500 + 273} \approx -3.043\mathrm{kJ/K}$$

水的熵变：

$$\Delta s_w = s_{w,2} - s_{w,1} = 6.4835 - 0.4338 = 6.0497 \text{kJ/(kg} \cdot \text{K)}$$

(3)孤立系统的熵变：

$$\Delta S_{iso} = \Delta S_g + \Delta s_w = -3.043 + 6.0497 \approx 3.007 \text{kJ/K}$$

因此系统的有用功损失为

$$I = T_0 \Delta S_{iso} = (273 + 15) \times 3.007 \approx 866.0 \text{kJ}$$

例 12-3 一容积为 100m^3 的开口容器，装满 0.1MPa、20℃的水。问将容器内的水加热到 90℃将会有多少千克水溢出（忽略水的汽化，假定加热过程中容器体积保持不变）？

解： 当 $p_1 = p_2 = 0.1$MPa 时，对应饱和水温度 $t_s = 99.634$℃。由题给条件可知：$t < t_s$。

由于初、终态均处于未饱和水状态，查未饱和水和过热蒸汽表得

$$v_1 = 0.0010018\text{m}^3/\text{kg}, \quad v_2 = 0.0010359\text{m}^3/\text{kg}$$

可算出容器内初、终态时水的质量分别为

$$m_1 = \frac{V}{v_1} = \frac{100}{0.0010018} \approx 99.820 \times 10^3 \text{kg}$$

$$m_2 = \frac{V}{v_2} = \frac{100}{0.0010359} \approx 96.534 \times 10^3 \text{kg}$$

$$\therefore \quad \Delta m = m_1 - m_2 = 3286 \text{kg}$$

习 题

12-1. 利用水蒸气图表，填充下表空白。

序号	p/MPa	t/℃	h/(kJ/kg)	s/[kJ/(kg·K)]	x	过热度/℃
1	3	500				
2	0.5		3244			
3		360	3140			
4	0.02				0.90	

12-2. 过热蒸汽的 p=3MPa、t=400℃，试根据水蒸气表求 v、h、s、u 和过热度，再用 h-s 图求上述参数。

12-3. 已知水蒸气的压力 $p = 0.5$MPa、比体积 $v = 0.35\text{m}^3/\text{kg}$，问其是不是过热蒸汽？如果不是，那么是饱和蒸汽还是湿蒸汽？用水蒸气表求出其他参数。

12-4. 1kg、p_1 = 2MPa、x_1 = 0.95 的蒸汽，定温膨胀到 p_2=1MPa，求终点状态参数 t_2、v_2、h_2、s_2，并求该过程中对蒸汽所加入的热量 q 和过程中蒸汽对外界所做的膨胀功 w。

12-5. 某容器盛有 0.5kg、$t = 120℃$ 的干饱和蒸汽，在定容下冷却至 80℃。求冷却过程中蒸汽所放出的热量。

12-6. 水蒸气由 $p_1 = 1MPa$、$t_1 = 300℃$ 可逆绝热膨胀到 $p_2 = 0.1MPa$，求每千克蒸汽所做出的轴功和膨胀功。

12-7. 某锅炉每小时生产 10000kg 的蒸汽，蒸汽的表压力 $p_e = 1.9MPa$、温度 $t_1 = 350℃$。设锅炉给水的温度 $t_2 = 40℃$，锅炉的效率 $\eta_B = 0.78$，煤的发热量(热值)$Q_p = 2.97×10^4 kJ/kg$，求每小时锅炉的耗煤量是多少？锅炉内水的加热、汽化以及蒸汽的过热都在定压下进行。锅炉效率 η_B 的定义为 $\eta_B = \dfrac{水和蒸汽所吸收的热量}{燃料燃烧时可提供的热量}$。未被水和蒸汽吸收的热量是锅炉的热损失，其中主要是烟囱排烟带走的热能。

第13章 动力循环

从热力学角度来分析热机循环，分析的是其热能利用的经济性(即循环的热效率)及其影响因素，从而研究提高循环热效率的途径。

所有实际的动力循环都是不可逆的，十分复杂。因此在对动力循环进行分析时，首先要建立实际循环的简化热力学模型，用简单、典型的可逆过程和循环来近似实际复杂的不可逆过程和循环，通过热力学分析和计算，找出其基本特性和规律。只要这种简化的热力学模型是合理的、接近实际情况的，那么分析和计算的结果就具有理论上的指导意义。必要时还可以进一步考虑各种不可逆因素的影响，对分析结果进行必要的修正，以提高其精度。

本章将分别介绍几路动力装置的工作原理，并对相应的理想循环进行分析。

13.1 蒸汽动力装置循环

利用固体、液体或气体燃料(如煤、渣油，甚至可燃垃圾)燃烧放出的热量进行发电的工厂称为热力发电厂(或称火力发电厂)。现代大型热力发电厂都是由锅炉、汽轮机、凝汽器、水泵、发电机等设备构成的。近年来，我国已成批生产功率分别为 200MW、300MW、600MW 的热力发电机组，我国建成的大型火力发电厂的装机容量可达 1000MW 以上。

热力发电厂的蒸汽动力装置主要以水蒸气作为工质，其工作循环称为蒸汽动力循环。

13.1.1 兰金循环

兰金循环(Rankine Cycle)是最简单也是最基本的蒸汽动力循环，它由锅炉、汽轮机、凝汽器和水泵四个基本的、也是主要的设备组成，如图 13-1(a)所示为该装置的示意图。实际循环都是在兰金循环的基础上经过改进建立起来的。兰金循环的工作过程如下：低温、高压的水在锅炉中被加热成高温、高压的水蒸气后进入汽轮机进行膨胀做功，通过汽轮机将热能转换成机械能，进而通过发电机转换成电能；做过功的低温、低压的乏汽离开汽轮机后进入凝汽器冷凝成低温、低压的饱和水后，由水泵加压后送入锅炉中重新被加热，完成一个工作循环。如果忽略水泵、汽轮机中的摩擦和散热以及工质在锅炉、凝汽器中的压力变化，上述工质的循环过程就可以简化为由以下四个理想化的可逆过程组成的兰金循环。

(1)水蒸气在汽轮机中的可逆绝热膨胀过程 1—2。

(2)乏汽在凝汽器中的可逆定压放热过程 2—3。

(3)水在水泵中的可逆绝热压缩过程 3—4。

(4)水与水蒸气在锅炉中的可逆定压加热过程 4—5—6—1。

兰金循环在 $T\text{-}s$ 图中的表示如图 13-1(b)所示。

13.1.2 兰金循环分析

下面对兰金循环中的热功转化过程进行定量分析。

在循环中，每千克蒸汽对外所做出的净功 w_{net} 应等于蒸汽流过汽轮机所做的功 $w_{s,1-2}$ 与水

在水泵内被绝热压缩时所消耗的功 $w_{s,3-4}$ 之差。根据稳定流动的能量方程式，有

$$w_{s,1-2} = h_1 - h_2, \qquad w_{s,3-4} = h_4 - h_3$$

于是

$$w_{\text{net}} = (h_1 - h_2) - (h_4 - h_3)$$

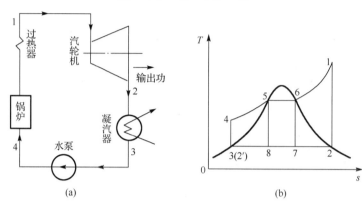

图 13-1　简单蒸汽动力装置流程图

在循环中，水在锅炉中被定压加热时所吸热量为

$$q_1 = h_1 - h_4$$

而乏汽在凝汽器中定压放热时所放出的热量为

$$q_2 = h_2 - h_3$$

那么循环热效率 η_{t} 为

$$\eta_{\text{t}} = \frac{w_{\text{net}}}{q_1} = \frac{w_{\text{T}} - w_{\text{p}}}{q_1} = \frac{(h_1 - h_2) - (h_4 - h_3)}{h_1 - h_4} \tag{13-1}$$

与汽轮机做出的功相比，水泵耗功极小，这样热效率可近似表示为

$$\eta_{\text{t}} = \frac{h_1 - h_2}{h_1 - h_4} \tag{13-2}$$

而以上各点的参数可通过已知条件查水和水蒸气热力性质图或表得到。

当机组功率一定时，机组的尺寸是由其所消耗的蒸汽量决定的。因此，除了热效率之外，还有一个衡量其经济性的重要指标——汽耗率。它定义为蒸汽动力装置每输出 1kW·h（3600kJ）的功所消耗的蒸汽量，用 d 表示为

$$d = \frac{3600}{w} \text{kg/(kw·h)} \tag{13-3}$$

兰金循环是最基本的蒸汽动力循环，它结构简单，但是效率较低。现代大、中型蒸汽动力装置中所采用的循环都是在兰金循环的基础上改进得到的。

例 13-1　在兰金循环中，蒸汽轮机入口的蒸汽状态为 p_1=16.5MPa，t_1=550℃，蒸汽轮机乏汽的压力 p_2=0.004MPa，求循环热效率和汽耗率。

解：兰金循环如图 13-1 所示。由给定参数，自水蒸气图、表查得所需参数。

由 p_1=16.5MPa，t_1=550℃，查得 h_1 = 3432.6kJ/kg，s_1 = 6.4625kJ/(kg·K)。

由 $p_2 = 0.004\text{MPa}$，$s_2 = s_1$，查得 $h_2 = 1946.2\text{kJ/kg}$。

由 $p_3 = p_2$，查得饱和水的焓与熵分别为 $h_3 = 121.4\text{kJ/kg}$，$s_3 = 0.4224\text{kJ/(kg·K)}$。

由 $p_4 = p_1$，$s_4 = s_3$，查得 $h_4 = 139.1\text{kJ/kg}$。

根据上述参数，计算得出水蒸气在汽轮机中定熵膨胀所做的功为

$$w_T = h_1 - h_2 = 3432.6 - 1946.2 = 1486.4\text{kJ/kg}$$

水泵定熵压缩所消耗的功

$$w_p = h_4 - h_3 = 139.1 - 121.4 = 17.7\text{kJ/kg}$$

因此汽轮机所输出的净功为

$$w = w_T - w_p = 1468.7\text{kJ/kg}$$

工质在锅炉中所吸收的热量

$$q_H = h_1 - h_4 = 3432.6 - 139.1 = 3293.5\text{kJ/kg}$$

循环的热效率：

$$\eta_t = \frac{w}{q_H} = \frac{1468.7}{3293.5} \approx 0.446$$

汽耗率：

$$d = \frac{3600}{w} = \frac{3600}{1468.7} \approx 2.451\text{kg/(kw·h)}$$

在上述计算中可以发现，水泵耗功只占汽轮机所做功的 1.1%左右，因此在很多计算中，水泵的耗功通常可以忽略不计。

13.1.3　蒸汽参数对循环的影响

由式 (13-2) 可知，兰金循环的热效率取决于汽轮机进口新蒸汽的焓 h_1、乏汽的焓 h_2 及凝结水的焓 h_3。新蒸汽的焓 h_1 取决于新蒸汽的压力 p_1 及温度 T_1；乏汽的焓 h_2 除了取决于 p_1、T_1 外，还与乏汽的压力 p_2 有关；h_3 是乏汽所处压力为 p_2 时对应的饱和水的焓值，也取决于 p_2 的值。由此可见，影响兰金循环热效率的主要因素不外乎新蒸汽的压力 p_1 及温度 T_1，以及乏汽的压力 p_2。分析蒸汽参数对循环的影响，运用 $T\text{-}s$ 图最方便。

13.1.3.1　蒸汽初压力的影响

假定初温 T_1 和背压 p_2 保持不变，把初压由 p_1 提高到 p_1'，初温的影响如图 13-2 所示。由于背压不变，所以平均放热温度保持不变，而平均吸热温度提高，因此循环效率也随之提高。

但是，单纯地提高初压会导致乏汽干度的下降，而乏汽干度过低会危及汽轮机运行的安全性，并降低汽轮机的工作效率。一般要求乏汽的干度不低于 85%。

13.1.3.2　蒸汽初温度的影响

如果维持初压 p_1 和背压 p_2 不变，将蒸汽初温从 T_1 提高到 T_1'，初压的影响如图 13-3 所示，循环的平均吸热温度也必然提高，即循环的效率也随着提高。从图中还可以看出，初温提高还可以带来另外两个明显的好处：单位工质循环的功量将增加，并由此减小循环的汽耗率（在

功率一定的条件下，汽耗率反映了设备尺寸的大小，汽耗率越小，设备的尺寸越小，设备的投资也越小）；乏汽的干度将升高，从而改善汽轮机的工作条件。

尽管从热力学的角度来看，提高初温总是有利的；但是由于受到金属材料耐热性能的限制，一般初温取在 600℃以下。

13.1.3.3 乏汽参数的影响

背压对热效率的影响也是十分明显的。当初参数 p_1 和 T_1 不变时，降低背压 p_2，则乏汽压力的影响如图 13-4 所示。此时蒸汽动力循环的平均放热温度明显下降，而平均吸热温度的变化很小，这样使得循环的热效率得以提高。但是背压必然受到环境温度的制约，即对应于背压条件下的蒸汽饱和温度不能低于环境温度。现代蒸汽动力装置的背压可设计在 0.003～0.004MPa，其对应的饱和温度为 28℃左右，略高于冷却水的温度。

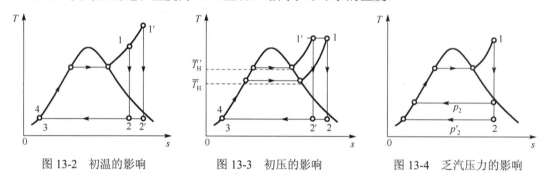

图 13-2 初温的影响　　　图 13-3 初压的影响　　　图 13-4 乏汽压力的影响

13.1.4 提高蒸汽动力循环效率的其他措施

通过前面的分析可知，单纯地调整蒸汽参数，可以提高循环效率，但同时也受到各种制约，如乏汽干度、材料及环境温度等。为了更好地解决这些矛盾，还可以通过改进循环结构来提高热效率。比较常用的方法有再热循环和抽汽回热循环。

13.1.4.1 再热循环

由前面的分析可知，在兰金循环中提高 p_1，可以提高循环效率 η_t，但如果不相应地提高温度 T_1，则将使得 x_2 减小，对汽轮机运行安全产生不利后果。为此将兰金循环做适当改进，解决的办法：中间再热。即当新汽膨胀到某一中间压力时，撤出(高压)汽轮机，导入换热器再加热，然后导入(低压)汽轮机，继续膨胀到背压 p_2。这样的循环称为再热循环。再热循环的主要目的是在提高新蒸汽压力 p_1 的情况下，提高汽轮机出口乏汽干度 x_2，但能否使热效率 η_t 进一步提高，取决于中间再热压力。再热循环设备简图及再热循环的 T-s 图如图 13-5 及图 13-6 所示。

忽略泵功时，再热循环所做的功为

$$w_t = (h_1 - h_5) + (h_6 - h_2)$$

循环加热量：

$$q_1 = (h_1 - h_4) + (h_6 - h_5)$$

再热循环热效率：

$$\eta_t = \frac{w_t}{q_1} = \frac{(h_1 - h_5) + (h_6 - h_2)}{(h_1 - h_4) + (h_6 - h_5)} \tag{13-4}$$

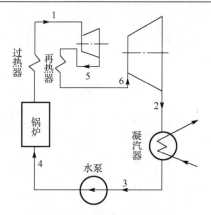

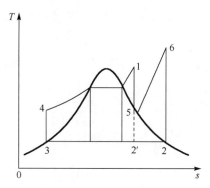

图 13-5　再热循环设备简图　　　　　　　图 13-6　再热循环的 T-s 图

从 T-s 图中可以看出，选择合适的再热压力，不仅可以使乏汽干度得到提高，而且由于附加循环 $2'$—5—6—2—$2'$ 提高了整个循环的平均吸热温度，因此还可以使循环热效率 η_t 得到提高。依据计算及运行经验，最佳中间再热压力一般在蒸汽初压力的 20%～30%。

13.1.4.2　抽汽回热循环

1. 抽汽回热循环

兰金循环效率不高的一个主要原因：水的加热及水蒸气的过热过程是变温加热过程，尤其是水泵加压后的未饱和水温度很低，使得平均加热温度不高，传热的不可逆损失较大，因此热效率低下。因此，可利用汽轮机中做过功的蒸汽来加热锅炉给水，消除兰金循环中水在较低温度下吸热的不利影响，以提高热效率。而这种利用从汽轮机中间抽出的做过部分功的低压蒸汽加热给水，给水温度升高后再进入锅炉吸热，从而提高吸热过程的平均温度，以达到提高循环效率目的的循环称为回热循环。抽汽回热的优点如下。

(1)减轻了锅炉的热负荷，可使锅炉的传热面积减小。

(2)减少了进入凝汽器的乏汽，可使凝汽器的传热面积减小。

(3)汽轮机低压段因抽汽流量减小，叶片长度可缩短，使高、低压结构更均衡。

一级抽汽回热循环流程图和一级抽汽回热循环 T-s 图如图 13-7 和图 13-8 所示。显然，由于采用了抽汽回热，工质在热汽(锅炉)中的吸热从兰金循环的 4—1 变到 5—1，从而提高了平均吸热温度。另外，还可用理论分析的方法，把一级抽汽回热循环的热效率 $\eta_{t,R}$ 与无回热的兰金循环热效率 η_t 做比较，同样可以说明采用抽汽回热循环可以提高蒸汽动力循环的热效率。

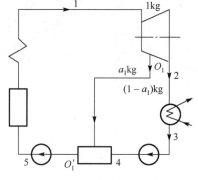

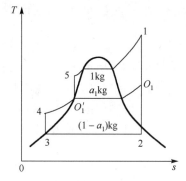

图 13-7　一级抽汽回热循环流程图　　　　　图 13-8　一级抽汽回热循环 T-s 图

2. 回热循环分析

对回热循环进行计算，首先要研究抽汽量 a_1，图 13-9 所示为混合式回热器示意图，根据质量守恒定律和能量守恒定律有

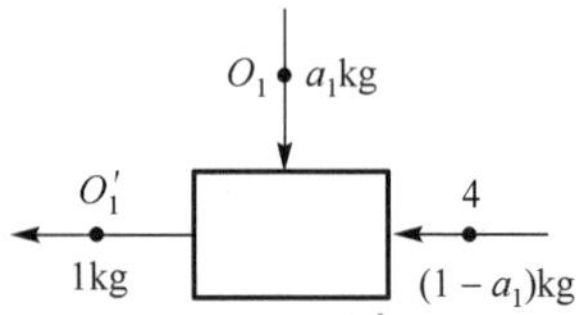

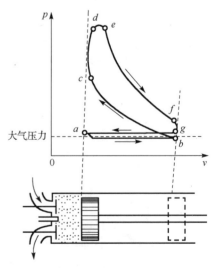

$$a_1 h_{O_1} + (1 - a_1) h_4 = h'_{O_1}$$

则

$$a_1 = \frac{h'_{O_1} - h_4}{h_{O_1} - h_4}$$

图 13-9　混合式回热器示意图

忽略泵功时，循环吸热量为

$$q_1 = h_1 - h_5 = h_1 - h'_{O_1}$$

循环所做的功为

$$w_t = (h_1 - h_{O_1}) + (1 - a_1)(h_{O_1} - h_2) \tag{13-5}$$

则循环热效率为

$$\eta_{t,R} = \frac{w_t}{q_1} = \frac{(h_1 - h_{O_1}) + (1 - a_1)(h_{O_1} - h_2)}{h_1 - h_5} \tag{13-6}$$

以上对一级抽汽回热循环的计算，原则上同样适用于多级抽汽回热循环。各级抽汽量依据上述方法在各级回热加热器能量平衡基础上确定。另外，回热加热除了混合式的，还有表面式的，即抽汽与冷凝水不直接接触，通过换热器壁面交换热量。

13.2　活塞式内燃机的实际循环

内燃机一般都是活塞式的，包括煤气机、汽油机、柴油机等，其共同特点：工质的膨胀和压缩以及燃料的燃烧等过程都是在同一个带活塞的气缸中进行的。因此内燃机的结构比较紧凑。

按完成一个工作循环的活塞所经历的冲程数不同，内燃机又分为四冲程内燃机和二冲程内燃机。汽油机、煤气机一般是点燃式四冲程内燃机，而柴油机则是压燃式四冲程内燃机。

本节将以四冲程内燃机为例介绍其工作原理和循环过程。

13.2.1　活塞式内燃机的理想循环

四冲程活塞式内燃机的工作过程如图 13-10 所示。当活塞从最左端（即所谓上止点）向右移动时，进气阀开放，空气被吸进气缸。这时气缸中空气的压力由于进气管道和进气阀门的阻力而略低于外界大气压力（图中 $a \rightarrow b$）。然后活塞从最右端（即所谓下止点）向左移动，这时进气阀和排气阀都关闭着，空气被压缩，这一过程接近绝热压缩过程，温度和压力同时升高（过程 $b \rightarrow c$）。当活塞即将到达上止点时，由喷油嘴

图 13-10　四冲程活塞式内燃机的工作过程

向气缸中喷柴油，柴油遇到高温的压缩空气立即迅速燃烧，温度和压力在一瞬间急剧上升，以致活塞在上止点附近移动极微，因此这一过程接近定容燃烧过程($c{\rightarrow}d$)。接着活塞开始向右移动，燃烧继续进行，直到喷进气缸内的燃料燃烧完为止，这时气缸中的压力变化不大，接近定压燃烧过程($d{\rightarrow}e$)。此后，活塞继续向右移动，燃烧后的气体膨胀做功，这一过程接近绝热膨胀过程($e{\rightarrow}f$)。当活塞接近下止点时，排气阀门开放，而活塞几乎停留在下止点附近，接近定容排气过程($f{\rightarrow}g$)。最后，活塞由下止点向左移动，将剩余在气缸中的废气排出，这时气缸中气体的压力由于排气阀门和排气管道的阻力而略大于大气压力($g{\rightarrow}a$)。当活塞第二次回到上止点时(活塞共往返 4 次)，便完成了一个循环。此后，便是循环的不断重复。

显然，上述内燃机的实际循环是开式的不可逆循环，并且是不连续的。在循环过程中，工质的质量和成分不断变化，这样复杂的不可逆循环给分析和计算带来很大困难。为了便于理论分析，必须对实际循环加以合理的抽象、概括和简化，忽略次要因素，将实际循环理想化。具体做法如下。

(1)假设一定量的工质在气缸中进行封闭循环。

(2)用空气的性质代替工质的性质。

(3)忽略过程中的进、排气，以及过程中的各种不可逆损失，认为工质的膨胀及压缩过程是可逆绝热过程。

(4)将燃烧过程看成从高温热源吸热的过程，将排气过程看成向低温热源放热的过程。

(5)忽略工质的动、位能变化。

经过上述抽象、概括和简化，可将实际柴油机循环理想化为如图 13-11 所示的理想可逆循环的 p-v 图及 T-s 图，其中 1—2 是可逆绝热压缩过程，2—3 是可逆定容加热过程，3—4 是可逆定压加热过程，4—5 是可逆绝热膨胀过程，5—1 是可逆定容放热过程。该循环称为混合加热循环，又称为塞巴斯(Sabathe)循环。

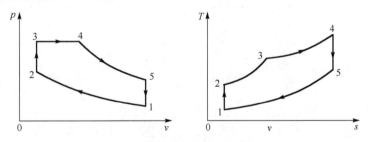

图 13-11 理想可逆循环的 p-v 图和 T-s 图

13.2.2 活塞式内燃机的理想循环的分析

在分析各种活塞式内燃机的理想循环之前，先说明表征活塞式内燃机理想循环的几个特征参数，主要包括绝热压缩比 ε、定容增压比 λ 及定压预胀比 ρ。

绝热压缩比 $\varepsilon = v_1 / v_2$，表示绝热压缩过程中工质体积被压缩的程度。

定容增压比 $\lambda = p_3 / p_2$，表示定容加热过程中工质压力升高的程度。

定压预胀比 $\rho = v_4 / v_3$，表示定压加热过程中工质体积膨胀的程度。

13.2.2.1 混合加热理想循环

在图 13-11 所示的混合加热理想循环中，单位质量的工质从高温热源吸收热量 q_1，向低温热源放出热量 q_2，其值分别为

$$q_1 = c_v(T_3 - T_2) + c_p(T_4 - T_3)$$

$$q_2 = c_v(T_5 - T_1)$$

根据循环热效率的公式，则有

$$\eta_t = 1 - \frac{q_2}{q_1} = 1 - \frac{c_v(T_5 - T_1)}{c_v(T_3 - T_2) + c_p(T_4 - T_3)}$$

$$= 1 - \frac{T_5 - T_1}{(T_3 - T_2) + \kappa(T_4 - T_3)} \tag{13-7}$$

1—2 过程为可逆绝热过程，因此有

$$\frac{T_2}{T_1} = \left(\frac{v_1}{v_2}\right)^{\kappa-1} \Rightarrow T_2 = T_1 \varepsilon^{\kappa-1}$$

2—3 过程为定容吸热过程，因此有

$$\frac{T_3}{T_2} = \frac{p_3}{p_2} = \lambda \Rightarrow T_3 = \lambda T_2 = \lambda T_1 \varepsilon^{\kappa-1}$$

3—4 过程为定压吸热过程，因此有

$$\frac{T_4}{T_3} = \frac{v_4}{v_3} = \rho \Rightarrow T_4 = \rho T_3 = \rho \lambda T_1 \varepsilon^{\kappa-1}$$

4—5 过程为可逆绝热膨胀过程，因此有

$$T_5 = T_4 \left(\frac{v_4}{v_5}\right)^{\kappa-1} = T_4 \left(\frac{\rho v_3}{v_1}\right)^{\kappa-1} = T_4 \left(\frac{\rho v_2}{v_1}\right)^{\kappa-1} = T_1 \lambda \rho^\kappa$$

将以上各温度值代入式(13-7)，可得

$$\eta_t = 1 - \frac{\lambda \rho^\kappa - 1}{\varepsilon^{\kappa-1}[(\lambda - 1) + \kappa \lambda(\rho - 1)]} \tag{13-8}$$

从式(13-8)中可得到，混合加热理想循环的热效率随绝热压缩比 ε 和定容增压比 λ 的增大而提高，随定压预胀比 ρ 的增大而降低。另外，受强度机械效率等实际因素的影响，柴油机的绝热压缩比不能任意提高，实际柴油机的绝热压缩比一般在 ε=13～20 变化。

13.2.2.2 定压加热理想循环

有些柴油机的燃烧过程主要在活塞离开上止点的一段行程中进行。这时一面燃烧，一面膨胀，气缸内气体的压力基本保持不变，相当于定压加热。这种定压加热的内可逆理想循环又称狄塞尔循环。定压加热理想循环的 $p\text{-}v$ 图和 $T\text{-}s$ 图如图 13-12 所示。狄塞尔循环由定熵压缩过程 1—2、定压加热过程 2—3、定熵膨胀过程 3—4 和定容放热过程 4—1 组成。它可以看成混合加热循环的特例。当 $\lambda = 1$ 时，$p_3 = p_2$，状态 3 和状态 2 合并，混合加热循环便成了定压加热循环。令式(13-8)中的 $\lambda = 1$，即可得定压加热循环的理论热效率的计算公式：

$$\eta_t = 1 - \frac{\rho^\kappa - 1}{\kappa \varepsilon^{\kappa-1}(\rho - 1)} \tag{13-9}$$

当然也可用各状态点的参数表示定压加热理想循环的热效率：

$$\eta_t = \frac{q_1 - q_2}{q_1} = 1 - \frac{T_4 - T_1}{\kappa(T_3 - T_2)} \tag{13-10}$$

从式(13-9)可以看出，定压加热理想循环的热效率 η_t 随绝热压缩比 ε 的增大而提高，随定压预胀比 ρ 的增大(即增加了发动机的负荷)而降低。

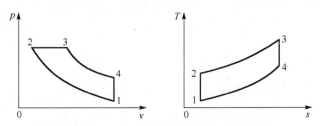

图 13-12　定压加热理想循环的 p-v 图和 T-s 图

13.2.2.3　定容加热理想循环

点燃式内燃机(汽油机、煤气机)压缩的是燃料和空气的可燃混合物。压缩终了时，活塞处于左止点处，火花塞产生火花点燃可燃混合物，由于燃烧迅速，此时活塞位移极小，近似在定容情况下燃烧，因此可按定容加热理想循环(又称奥托循环)来分析。定压加热理想循环的 p-v 图和 T-s 图如图 13-13 所示。该循环由定熵压缩过程 1—2、定容加热过程 2—3、定熵膨胀过程 3—4 和定容放热过程 4—1 组成。

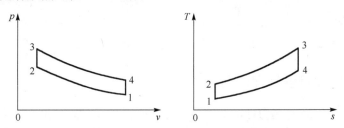

图 13-13　定压加热理想循环的 p-v 图和 T-s 图

定容加热循环可以看成混合加热循环在定压预胀比 $\rho = 1$ 时的特例，因此由式(13-8)可得定容加热循环的热效率：

$$\eta_t = 1 - \frac{q_2}{q_1} = 1 - \frac{T_4 - T_1}{T_3 - T_2} = 1 - \frac{1}{\varepsilon^{\kappa-1}} \tag{13-11}$$

式(13-11)表明：定容加热理想循环的热效率依绝热压缩比 ε 而定，且随 ε 的增大而提高，但由于汽油机在吸气过程中吸入气缸的是空气-汽油的混合物，受混合气体自燃温度的限制，绝热压缩比又不能任意增大，一般限定在 $\varepsilon = 5 \sim 12$，绝热压缩比过大，会发生"爆燃"现象，使发动机不能正常工作。循环热效率也与指数 κ 有关，且 κ 值随气体温度升高而减小，使热效率降低。

活塞式内燃机各种循环热效率的比较，取决于循环实施时的条件。在不同条件下进行比较可以得到不同结果。因为压缩的是空气，不受燃点的限制，所以柴油机的绝热压缩比 $\varepsilon = 13 \sim 18$，高于汽油机的 $\varepsilon = 5 \sim 9$，故而效率较高，马力较大。

例 13-2 内燃机定容加热循环如图 13-12 所示，其工质性质按空气来计算，其初始状态为 $p_1 = 0.1\text{MPa}$、$t_1 = 20°C$。绝热压缩比 $\varepsilon = 8$，对每千克工质加入的热量为 $q_\text{H} = 800\text{kJ/kg}$。试计算：

(1) 循环的最高压力与最高温度；

(2) 循环的热效率；

(3) 循环的净功量。

解：(1) 首先计算压缩的终点温度 T_2 和压力 p_2：

$$T_2 = T_1 \varepsilon^{\kappa-1} = (273 + 20) \times 8^{1.4-1} \approx 673.1\text{K}$$

$$p_2 = p_1 \varepsilon^{\kappa} = 0.1 \times 8^{1.4} \approx 1.84\text{MPa}$$

由定容加热过程吸热量的计算式，可得循环的最高温度 T_3：

$$T_3 = T_2 + \frac{q_\text{H}}{c_v} = 673.1 + \frac{800}{0.717} \approx 1788.9\text{K}$$

根据定容过程，可以得到循环的最高压力 p_3：

$$p_3 = \frac{T_3}{T_2} p_2 = \frac{1788.9}{673.1} \times 1.84 \approx 4.89\text{MPa}$$

(2) 循环热效率可以由式 (13-11) 得到：

$$\eta_\text{t} = 1 - \frac{1}{\varepsilon^{\kappa-1}} = 1 - \frac{1}{8^{1.4-1}} \approx 0.5647$$

(3) 循环的净功量为

$$w = \eta_\text{t} q_\text{H} = 0.5647 \times 800 \approx 451.8\text{kJ/kg}$$

13.2.3 活塞式内燃机各种理想循环的热力学比较

内燃机各种理想循环的热力性能取决于实施循环时的条件，因此在对各种理想循环热效率做比较时，必须要有一个共同的标准，一般在初始状态相同的情况下，分别以绝热压缩比、吸热量、最高压力和最高温度相同作为比较基础，且在 T-s 图上最为简便。

13.2.3.1 相同绝热压缩比 ε、相同吸热量 q_1 时的比较

在图 13-14 中，1—2—3—4—1 为定容加热理想循环，1—2—2'—3'—4'—1 为混合加热理想循环，1—2—3″—4″—1 为定压加热理想循环。

因为 q_1 相同，即

$$S_{2-3-5-6-2} = S_{2-2'-3'-5'-6-2} = S_{2-3''-5''-6-2}$$

比较 q_2：

$$定容过程 \quad q_{2,v} = S_{1-4-5-6-1}$$

$$混合过程 \quad q_{2,m} = S_{1-4'-5'-6-1}$$

$$定压过程 \quad q_{2,p} = S_{1-4''-5''-6-1}$$

所以 $q_{2,v} < q_{2,m} < q_{2,p}$

又因为 $\eta_t = 1 - \dfrac{T_2}{T_1}$，所以可得到结论：

$$\eta_{t,v} > \eta_{t,m} > \eta_{t,p} \tag{13-12}$$

在上述结论中，回避了不同机型应采用不同绝热压缩比的问题，但实际上，由于采用不同的燃料，绝热压缩比 ε 应取不同值，显然这一标准与实际情况不完全符合。

13.2.3.2 最高循环压力和最高循环温度相同时的比较

这种比较实质上是热力强度和机械强度相同情况下的比较。在图 13-15 中，1—2—3—4—1 是定容加热理想循环；1—2′—3′—3—4—1 为混合加热理想循环，1—2″—3—4—1 为定压加热理想循环。从图中可以看出：

$$S_{2''-3-6-5-2''} > S_{2'-3'-3-6-5-2'} > S_{2-3-6-5-2}$$

即 $q_{1,p} > q_{1,m} > q_{1,v}$，而这几个循环的放热量均相同，即 $q_{2,p} = q_{2,m} = q_{2,v}$，因此有

$$\eta_{t,p} > \eta_{t,m} > \eta_{t,v} \tag{13-13}$$

从式(13-13)可以得到：在进气状态相同、最高循环压力和最高循环温度相同的条件下，定压加热理想循环的热效率最高，混合加热理想循环次之，而定容加热理想循环最低，这是符合实际的。事实上，柴油机的热效率通常高于汽油机的热效率。

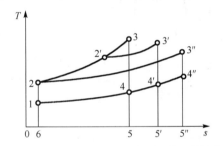

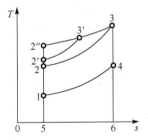

图 13-14 ε 相同、q_1 相同时理想循环的比较　　图 13-15 $T_{\max}$、$p_{\max}$ 相同时，理想循环比较

13.3 燃气轮机装置的循环

13.3.1 燃气轮机装置简介

燃气轮机装置是一种以空气和燃气为工质的旋转式热力发动机，主要结构包括燃气轮机(透平或动力涡轮)、压气机(空气压缩机)、燃烧室；另有其他附属设备。和内燃机循环的各个过程都在气缸内进行不同，燃气轮机装置中的工质在不同设备间流动，一个设备完成一个过程，所有过程构成循环。定压燃烧燃气轮机装置简图如图 13-16 所示。定压燃烧燃气轮机装置流程图如图 13-17 所示。

空气首先进入压气机内，压缩到一定压力后送入燃烧室，和喷入的燃油混合后进行燃烧，产生高温燃气，并与燃烧室剩余空气混合后，进入燃气轮机的喷管，膨胀加速冲击燃气轮机的叶片对外做功。做功后的废气排入大气。而燃气轮机所做功的一部分用于带动压气机，其余部分(称为净功)对外输出，用于带动发电机或其他负载。

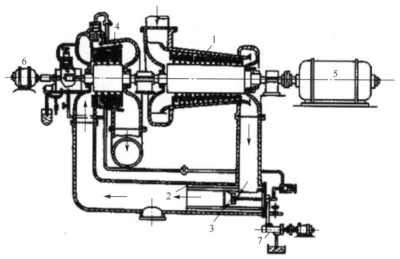

1—压气机；2—燃烧室；3—喷油嘴；4—燃气轮机；5—发电机；6—启动电动机；7—燃料泵。

图 13-16 定压燃烧燃气轮机装置简图

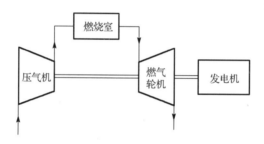

图 13-17 定压燃烧燃气轮机装置流程图

13.3.2 燃气轮机装置定压加热理想循环——布雷顿循环

燃气轮机装置循环的理想循环是布雷顿循环(Brayton Cycle)，由四个理想热力过程组成，其 p-v 图及 T-s 图如图 13-18 所示。

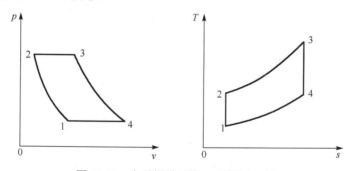

图 13-18 布雷顿循环的 p-v 图及 T-s 图

图中，1—2 为在压气机内进行的绝热压缩过程；2—3 是在燃烧室与燃气通道内进行的定压加热过程；3—4 是在燃气轮机内发生的绝热膨胀过程；4—1 是做完功的乏汽向大气环境定压放热过程。

根据热效率的定义，布雷顿循环的热效率为

$$\eta_t = 1 - \frac{q_2}{q_1} = 1 - \frac{c_p(T_4 - T_1)}{c_p(T_3 - T_2)} = 1 - \frac{T_4 - T_1}{T_3 - T_2} \tag{13-14}$$

定义循环增压比 $\pi = \dfrac{p_2}{p_1}$，循环增温比 $\tau = \dfrac{T_3}{T_1}$，则由各过程特征可得

$$\frac{T_2}{T_1} = \left(\frac{p_2}{p_1}\right)^{\frac{\kappa-1}{\kappa}} = \left(\frac{p_3}{p_4}\right)^{\frac{\kappa-1}{\kappa}} = \frac{T_3}{T_4} = \pi^{\frac{\kappa-1}{\kappa}} \Rightarrow \frac{T_2}{T_1} = \frac{T_3}{T_4}$$

$$\eta_t = 1 - \frac{T_4 - T_1}{T_3 - T_2} = 1 - \frac{T_1\left(\dfrac{T_4}{T_1} - 1\right)}{T_2\left(\dfrac{T_3}{T_2} - 1\right)} = 1 - \frac{T_1}{T_2} = 1 - \frac{1}{\pi^{\frac{\kappa-1}{\kappa}}} \tag{13-15}$$

式 (13-15) 表明：布雷顿循环的热效率取决于循环增压比 $\pi = \dfrac{p_2}{p_1}$，且随 π 的增大而提高。而对于循环增压比 π 的选择，还应考虑它对循环净功 w_{net} 的影响。循环净功 w_{net} 为循环吸热量与放热量的差值，即

$$\begin{aligned}
w_{net} &= q_1 - q_2 = c_p(T_3 - T_2) - c_p(T_4 - T_1) \\
&= c_p T_1\left(\frac{T_3}{T_1} - \frac{T_4}{T_1} - \frac{T_2}{T_1} + 1\right) \\
&= c_p T_1\left(\frac{T_3}{T_1} - \frac{T_4}{T_3}\frac{T_3}{T_1} - \frac{T_2}{T_1} + 1\right)
\end{aligned}$$

由于循环增温比 $\tau = \dfrac{T_3}{T_1}$，因此有

$$w_{net} = c_p T_1\left(\tau - \tau\pi^{\frac{1-\kappa}{\kappa}} - \pi^{\frac{\kappa-1}{\kappa}} + 1\right) \tag{13-16}$$

式 (13-16) 表明：在一定温度范围 T_1、T_3 内，循环净功量仅仅是循环增压比的函数，将循环净功对循环增压比求导并令导数为零，即令 $\dfrac{\mathrm{d}w_{net}}{\mathrm{d}\pi} = 0$，则得到循环净功达到最大值时的最佳循环增压比为

$$\pi_{opt} = \tau^{\frac{\kappa}{2(\kappa-1)}} = \left(\frac{T_3}{T_1}\right)^{\frac{\kappa}{2(\kappa-1)}} \tag{13-17}$$

此时循环的最大净功为

$$w_{net,max} = c_p(\sqrt{T_3} - \sqrt{T_1})^2 = c_p T_1(\sqrt{\tau} - 1)^2 \tag{13-18}$$

由此可得：对于布雷顿循环，循环增压比 π 值增大，可使循环的热效率 η_t 提高，而为了获得最大净功，又存在最佳的 π 值。因此，在选择燃气轮机装置的循环增压比 π 时，热效率与循环净功必须兼顾，这样才能既有较好的效率，又能提供较多的循环净功。

习 题

13-1. 某兰金循环的蒸汽参数取为 t_1=550℃，p_1=30bar，p_2=0.05bar。试计算：

(1) 水泵所消耗的功量；

(2) 汽轮机做功量；

(3) 汽轮机出口蒸汽干度；

(4) 循环净功；

(5) 循环热效率。

13-2. 在一理想再热循环中，蒸汽在 68.67bar、400℃下进入高压汽轮机，在膨胀至 9.81bar 后，将此蒸汽定压再热至 400℃，然后此蒸汽在低压汽轮机中膨胀至 0.0981bar，对每千克蒸汽求下列各值：

(1) 高压和低压汽轮机输出的等熵功；

(2) 给水泵的等熵压缩功；

(3) 循环热效率；

(4) 蒸汽消耗率。

13-3. 某热电厂 (或称热电站) 以背压式汽轮机的乏汽供热，其新蒸汽参数为 3MPa、400℃，背压为 0.12MPa。乏汽被送入用热系统，作加热蒸汽用。放出热量后凝结为同一压力的饱和水，再经水泵返回锅炉。设用热系统中的热量消费为 $1.06×10^7$kJ/h，问理论上此背压式汽轮机的电功率输出为多少千瓦？

13-4. 某台蒸汽轮机由两台中压锅炉供给新蒸汽，这两台锅炉每小时的蒸汽生产量相同，新蒸汽参数 p_1=3.0MPa、t_1=450℃，设备示意图如图 (a) 所示。后来因所需要的动力增大，同时为了提高动力设备的热效率，将原设备加以改装。将其中一台中压锅炉拆走，同时在原址安装一台同容量 (即每小时蒸汽生产量相同) 的高压锅炉。并在汽轮机间增设了一台背压式的高压汽轮机 (前置汽轮机)。高压锅炉所生产的蒸汽参数为 p_0=18.0MPa、t_0=550℃，高压锅炉的新蒸汽进入高压汽轮机工作。高压汽轮机的排汽背压 p_b=3.0MPa，排汽进入炉内再热。再热后的蒸汽参数与另一台中压锅炉的新蒸汽参数相同，即 p_1=3.0MPa、t_1=450℃，此蒸汽与另一台中压锅炉的新蒸汽混合进入原来的中压汽轮机工作，改装后的设备示意图如图 (b) 所示。求改装前动力装置的理想热效率，以及改装后动力装置的理想效率。改装后的理想热效率比改装前增大了百分之几？

13-5. 活塞式内燃机混合加热循环的参数：p_1=0.1MPa、t_1=17℃，压缩比 ε=16，增压比 λ = 1.4，预胀比 ρ=1.7。假设工质为空气且比热容为定值，试求循环各点的状态、循环功及循环热效率。

13-6. 当内燃机采用脉冲式废气涡轮增压器时，废气从气缸直接引入涡轮机而不经过维持稳定压力的排气总管，因而可以把工质在内燃机气缸和涡轮机中膨胀的过程看成一个连续的绝热膨胀过程，一直膨胀到环境大气压力，然后进行定压放热。这样的理想热力循环如图所示。若空气在增压器及内燃机气缸整个绝热过程 1—2 中的压缩比 ε=20，而定容加热量 $q_{1,v}$ = 250kJ/kg，定压加热量 $q_{1,p}$ = 250kJ/kg，又已知 p_1=0.1MPa、t_1=27℃，试求该循环的热效率。与相同循环参数的混合加热循环相比，其循环热效率提高的百分数是多少？

13-7. 如图所示，活塞式内燃机定容加热循环的参数：p_1=0.1MPa、t_1=27℃，压缩比 ε = 6.5，

加热量 $q_1 = 700$kJ/kg。假设工质为空气及比热容为定值，试求循环各点的状态、循环净功及循环热效率。

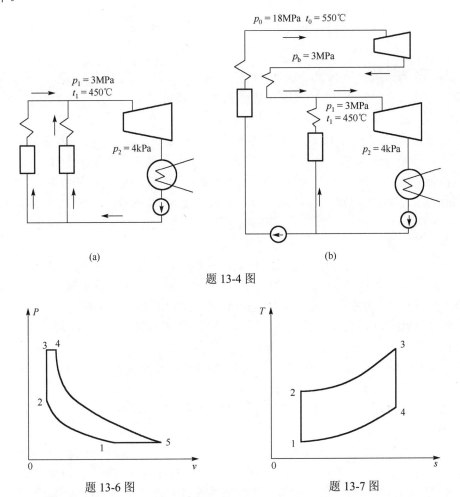

题 13-4 图

题 13-6 图   题 13-7 图

13-8．一压缩比为 6 的奥托循环，进气状态为 $p_1 = 100$kPa、$t_1 = 27$℃，在定容过程中吸热 540kJ/kg，空气质量流量为 100kg/h。已知 $\kappa = 1.4$，$c_v = 0.71$kJ/(kg·K)，试求输出功率及循环热效率。

13-9．如图 13-11 所示的混合加热理想循环，已知 $t_1 = 90$℃，$t_2 = 400$℃，$t_3 = 590$℃，$t_5 = 300$℃，工质视为空气，比热容为定值，求循环的热效率及相同温度范围内卡诺循环的热效率。

13-10．某燃气轮机装置的进气状态为 $p_1 = 0.1$MPa，$t_1 = 27$℃，循环增压比 $\pi = 4$，在燃烧室中的加热量为 333kJ/kg，经绝热膨胀到 0.1MPa。设比热容为定值，试求循环的最高温度和循环的热效率。

13-11．燃气轮机装置的定容加热循环由下述四个可逆过程组成：绝热压缩过程 1—2、定容加热过程 2—3、绝热膨胀过程 3—4 及定压放热过程 4—1。已知压缩过程的增压比 $\pi = p_2/p_1$，定容加热过程的增压比 $\lambda = p_3/p_2$，试证明其循环热效率为 $\eta_{\mathrm{t}} = \dfrac{\kappa(\lambda^{\frac{1}{\kappa}} - 1)}{\pi^{\frac{\kappa-1}{\kappa}}(\lambda - 1)}$。

第14章 制冷循环

制冷是指人为地维持物体的温度低于周围自然环境的温度,这就必须不断地将热量从该物体中取出并排向温度较高的物体(通常是自然环境,如大气、水等)。能够制造并维持物体低温的设备称为制冷装置。

制冷循环是一种逆向循环。逆向循环的目的在于把低温物体(冷源)的热量转移到高温物体(热源)上。按照克劳修斯对热力学第二定律的叙述,要使热量从低温物体传到高温物体,必须提供机械能或其他形式的能量作为代价。如果循环的目的是从低温物体(如冷藏室、冷库等)不断地取走热量,以维持物体的低温,那么称之为制冷循环。如果循环的目的是给高温物体(如需要供暖的房间)不断地提供热量,以保证高温物体的温度,那么称之为热泵循环。本章主要叙述制冷循环。

压缩制冷装置是目前使用较广泛的一种制冷装置,绝大多数家用冰箱、空调、冷柜等都采用压缩制冷方式。如果制冷工质(即制冷剂)在循环过程中一直处于气态,则称制冷循环为气体压缩式制冷循环。如果制冷工质的状态变化跨越液、气两态,则称制冷循环为蒸汽压缩式制冷循环。除此之外,还有吸收式制冷循环、吸附式制冷循环、蒸汽喷射式制冷循环及半导体制冷循环等。

本章主要介绍两种压缩式制冷循环、吸收式制冷循环及热泵的工作原理。

14.1 空气压缩式制冷循环

空气压缩式制冷循环可以视为布雷顿循环的逆循环,其装置流程图如图 14-1 所示。从冷藏室出来的空气状态为 1,$T_1 = T_L$(T_L 为冷藏室温度),接着进入压缩机进行可逆绝热压缩过程,升温升压到 T_2、p_2,再进入气体冷却器,进行可逆的定压放热过程,温度下降到 T_3($T_3 = T_0$),然后进入膨胀机进行可逆的绝热膨胀过程,压力下降到 p_4,温度进一步下降到 T_4;最后进入冷藏室,实现可逆的定压吸热过程,升温至 T_1,完成一个理想的循环。空气压缩式制冷循环的 T-s 图如图 14-2 所示。空气被视为比热容为定值的理想气体。

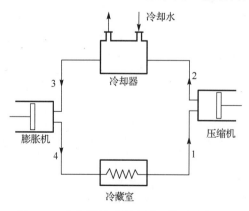

图 14-1 空气压缩式制冷循环装置流程图

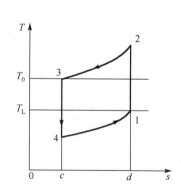

图 14-2 空气压缩式制冷循环的 T-s 图

循环从低温热源(冷藏室)吸收的热量为

$$q_2 = c_p(T_1 - T_4)$$

它也就是循环中单位工质的制冷量。

放给高温热源的热量为

$$q_1 = c_p(T_2 - T_3)$$

该循环消耗的净功为

$$w_0 = (h_2 - h_1) - (h_3 - h_4)$$

那么循环的制冷系数为

$$\varepsilon = \frac{q_2}{w_0} = \frac{c_p(T_1 - T_4)}{c_p(T_2 - T_3) - c_p(T_1 - T_4)}$$

$$= \frac{T_1 - T_4}{(T_2 - T_3) - (T_1 - T_4)} = \frac{1}{\dfrac{T_2 - T_3}{T_1 - T_4} - 1}$$

因为 1—2、3—4 都是等熵过程，可以得到各状态参数之间的关系式为

$$\frac{T_2}{T_1} = \left(\frac{P_2}{P_1}\right)^{\frac{\kappa-1}{\kappa}} = \frac{T_3}{T_4}$$

代入上式可得

$$\frac{T_2 - T_3}{T_1 - T_4} = \frac{T_3}{T_4}$$

将上面的关系式代入制冷系数计算表达式可得

$$\varepsilon = \frac{1}{\dfrac{T_3}{T_4} - 1} = \frac{T_3}{T_3 - T_4} = \frac{T_1}{T_2 - T_1} = \frac{1}{\left(\dfrac{p_2}{p_1}\right)^{\frac{\kappa-1}{\kappa}} - 1} \tag{14-1}$$

式(14-1)表明，压力比 (p_2/p_1) 越小，制冷系数越大。但压力比越小，循环中单位工质的制冷量也越小。参看图 14-3 所示的空气压缩式制冷循环状态参数图，当压力比由 p_2/p_1 下降到 p_2'/p_1 时，制冷量也由面积 1—5—7—4—1 下降为面积 1—5—6—4'—1，因此压缩比不能太小。

从图 14-3 还可以看到，在空气压缩式制冷循环中，吸热过程 4—1 的平均吸热温度总是低于冷藏室温度 T_L，放热过程 2—3 的平均放热温度总是高于环境温度 T_3，因而其制冷系数总是小于在 T_1、T_3 相同温度下工作的逆向卡诺循环的制冷系数。这一点通过对比两者制冷系数的公式也可证明。

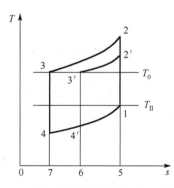

图 14-3 空气压缩式制冷循环状态参数图

空气压缩式制冷循环的制冷量为

$$Q_0 = \dot{m}c_p(T_1 - T_4) \tag{14-2}$$

式中，$\dot{m}$ 是循环工质的质量流率。由于空气的比热容 c_p 很小，T_1–T_4 又不能太大，从图 14-3 可见，T_1–T_4 越大则要求压缩比越高，从而制冷系数就要降低；再加上活塞式压缩机和膨胀机的循环工质的质量流率不能很大，否则压缩机和膨胀机就要造得庞大沉重，因此空气压缩式制冷循环的制冷量很小。如果考虑到在冷藏室和冷却器中传热需要有温差，以及压缩过程和膨胀过程的不可逆性，实际的制冷系数比理想的要小得多，为使装置的制冷量提高，只能加大空气的流量，例如，可采用叶轮式的压气机和膨胀机代替活塞式的机器，或采用回热措施，组成回热式空气压缩制冷装置，可以很好地解决上述矛盾。

14.2 蒸汽压缩式制冷循环

空气压缩式制冷循环经济性较差，且制冷量小。采用低沸点物质作为制冷剂，可以利用其在定温定压下汽化吸热和凝结放热的相变特性，实现定温吸、放热过程，可以大大地提高制冷量和经济性。因此，采用低沸点工质的蒸汽压缩式制冷循环成为一种较广泛应用的制冷循环。

图 14-4、图 14-5 分别所示为蒸汽压缩式制冷装置及蒸汽压缩式制冷循环 T-s 图。该制冷装置主要由压缩机、凝汽器、节流阀和蒸发器组成。其工作过程如下：从蒸发器出来的干饱和蒸汽 1 被吸入压缩机进行绝热压缩过程 1—2，工质升压、升温至过热蒸汽状态 2；接着进入凝汽器，进行定压放热过程 2—3—4，先从过热蒸汽状态 2 定压下冷却为干饱和蒸汽 3，然后继续在定压、定温下凝结为饱和液体 4；从凝汽器出来的饱和液体经过节流阀绝热节流，降压、降温至湿蒸汽状态 5，最后进入蒸发器，在定压下进行蒸发吸热过程 5—1 至饱和蒸汽 1，从而完成了一个循环 1—2—3—4—5—1。循环中的过程 4—5 是不可逆的绝热节流过程，在 T-s 图上只能用虚线表示。因此图 14-5 中的面积 1—2—3—4—5—1 不再表示制冷循环的耗功量。

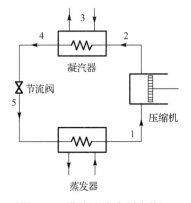

图 14-4 蒸汽压缩式制冷装置

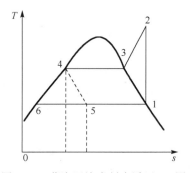

图 14-5 蒸汽压缩式制冷循环 T-s 图

每完成一个循环，每千克制冷剂在蒸发器中吸收的热量为

$$q_0 = h_1 - h_5 = h_1 - h_4$$

在凝汽器中放出的热量为

$$q_1 = h_2 - h_4$$

式中利用了绝热节流过程的性质，即 $h_4=h_5$。

循环的理论比功等于压缩机的理论比功

$$w_0 = h_2 - h_1$$

所以循环的制冷系数为

$$\varepsilon = \frac{q_0}{w_0} = \frac{h_1 - h_4}{h_2 - h_1} \tag{14-3}$$

式中，h_1 根据 p_1 来确定；h_2 可以根据 p_2 和 s_2（因为 $s_2= s_1$）来确定；h_4 即 p_2 压力下饱和液体的焓。利用工质的热力性质表和图，按照上述方法可以方便地求到上述各个参数。

由以上各式可见，蒸汽压缩式制冷循环的单位制冷量、单位冷凝热负荷及所需功量皆可用工质在各状态点的焓差来表示。由于循环中包含两个定压传热过程，因此用以压力为纵坐标、焓为横坐标所绘成的制冷剂的压焓图进行制冷循环的热力计算非常方便。通常，压焓图的纵坐标采用对数坐标，所以又称为 lg$p$-h 图。如果将蒸汽压缩式制冷循环表示在 lg$p$-h 图上，则如图 14-6 所示。

蒸汽压缩式制冷循环的吸热过程为定温过程，放热过程也有相当一部分是定温过程，因此其制冷系数比较接近于逆向卡诺循环的制冷系数。同时，蒸汽压缩式制冷循环依靠的是工质吸收的汽化潜热。由于汽化潜热较大，因此蒸汽压缩式制冷装置有较大的制冷量。正因为这样，蒸汽压缩式制冷装置在实用中得到极为广泛的应用。

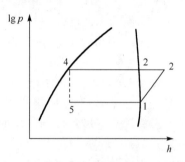

图 14-6　蒸汽压缩式制冷循环 lg$p$-h 图

例　某压缩制冷设备用氨作制冷剂。已知氨的蒸发温度为−10℃，冷凝温度为 38℃，压缩机入口是干饱和氨蒸气，要求制冷量为 10^5kJ/h，试计算制冷剂的流量、压缩机消耗的功率和制冷系数。

解：根据题意，t_1=−10℃，t_3=38℃。由氨的 lg$p$-h 图查出各状态点的参数为

$$h_1 = 1430\text{kJ/kg}，\qquad p_1 = 0.29\text{MPa}$$

$$h_2 = 1670\text{kJ/kg}，\qquad p_2 = 1.5\text{MPa}$$

$$h_4 = h_3 = 350\text{kJ/kg}$$

(1) 单位质量制冷量：

$$q_0 = h_1 - h_4 = 1430 - 350 = 1080\text{kJ/kg}$$

氨的质量流量：

$$q_m = \frac{Q}{q_0} = \frac{10^5}{1080} \approx 92.6\text{kg/h} \approx 0.0257\text{kg/s}$$

(2) 压缩机消耗的功率

$$w_0 = h_2 - h_1 = 1670 - 1430 = 240\text{kJ/kg}$$

$$P = q_m w_0 = 0.0257 \times 240 \approx 6.17\text{kW}$$

(3) 制冷系数

$$\varepsilon = \frac{q_0}{w_0} = \frac{1080}{240} = 4.5$$

14.3 吸收式制冷循环

在蒸汽压缩式制冷装置中，从蒸发器出来的低温、低压蒸汽是由压缩机压缩到高温、高压过热蒸汽状态的。工质的压缩方式也可以通过其他途径来实现。吸收式制冷循环中的压缩方式就是，利用溶质(制冷剂)在溶剂(吸收剂)中的溶解度随温度变化的特性，使制冷工质在较低的温度下被吸收剂吸收形成二元溶液，加热后又在较高的压力下从溶液中逸出，从而完成制冷工质的压缩过程。

图 14-7 所示为以溴化锂为吸收剂、水作制冷剂的吸收式制冷循环装置图。其工作过程如下：吸收器中的溴化锂溶液由溶液泵加压送入发生器，并被发生器所提供的热量加热而汽化，形成较高温度和较高压力的水蒸气。水蒸气进入凝汽器通过向冷却水放热而降温，凝结成饱和水，又经节流元件降压、降温形成低干度的湿饱和蒸汽，进入蒸发器吸热汽化，成为饱和蒸汽，然后送入吸收器。与此同时，发生器中由于水蒸发而变浓的溴化锂溶液经减压阀减压后也流入吸收器，吸收由蒸发器发出的饱和蒸汽，生成稀溴化锂溶液，再重新被利用完成新的循环，吸收过程中放出的热量由冷却水带走。

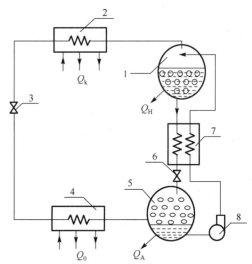

1—发生器；2—凝汽器；3,6—节流元件；4—蒸发器；
5—吸收器；7—热交换器；8—溶液泵。

图 14-7　以溴化锂为吸收剂、水作制冷剂的
吸收式制冷循环装置图

除上述溴化锂-水溶液的吸收式制冷循环外，还有用氨(制冷剂)-水(吸收剂)溶液的。

循环的性能参数$(COP)_R$是

$$(COP)_R = \frac{Q_0}{Q_H + W_p} \tag{14-4}$$

式中，Q_0 是从蒸发器吸收的热量；Q_H 是由加热器加入的热量；W_p 是溶液泵消耗的功量。由于输送液体消耗的泵功相对很小，所以在计算性能系数时泵功常被忽略不计。

吸收式制冷装置的优点是用液泵代替气体压缩，因而大大节省了机械能，其代价是消耗(低品位)热能来加热发生器。

在相同的制冷量情况下，吸收式制冷循环的设备体积要比蒸汽压缩式制冷循环的大，而且需要更多的维修服务，并只适用于具有稳定冷负荷的场合，因为从启动到稳定需要较长的时间。但其优点是可利用较低温度的热能如低压蒸汽、热水、烟气等的余热资源或太阳能实现制冷。

14.4 热 泵

热泵与制冷装置的工作原理没有什么差别，只是二者的工作目的不同。制冷装置是为了制冷，热泵的目的在于把低温热源的热量输送到高温热源。例如，可利用热泵对房间进行供暖，这时，循环在供暖房间温度 T_r（即高温热源温度 $T_H = T_r$）和大气温度 T_0（即低温热源温度 $T_L = T_0$）之间工作。输入功量 w_{net}，从大气取得热量 q_2，送给供暖房间的热量为 $q_1 = w_{net} + q_2$，以维持供暖房间的温度高于大气温度且恒定不变。而制冷循环则要求从冷藏室取走 q_2，以维持冷藏室温度低于大气温度且恒定不变。热泵循环与制冷循环本质上都是逆循环，只是温度水平不同，着眼点不同而已。

热泵循环的经济性指标是供热系数 ε'，表达式为

$$\varepsilon' = \frac{q_1}{w_{net}} \tag{14-5}$$

如果把 $q_1 = w_{net} + q_2$ 代入式(14-5)，不难得到供热系数与制冷系数之间的关系，即

$$\varepsilon' = \frac{w_{net} + q_2}{w_{net}} = 1 + \varepsilon \tag{14-6}$$

式(14-6)表明，制冷系数越高则供热系数也越高，而且热泵的供热系数恒大于 1。

热泵与其他供暖装置(如电加热器等)相比，优越之处就在于消耗同样多的能量(如功量 w_{net})可比其他方法提供更多的热量。这是因为电加热器至多只能将电能全部转化为热能，而热泵循环除了由机械功所转换的热量外，还包括制冷剂在蒸发器中所吸收的热量。

目前已有可轮流用作制冷和供暖的热泵装置。夏季作为制冷机用于制冷，冬季作为热泵用来供热。热泵装置还可以将大量较低品位(即较低温度)的热能提升为较高品位(即较高温度)的热能，以满足生产上的需要。另外，采用热泵供热取代锅炉供热还有利于保护环境不受污染。

习 题

14-1. 一制冷机工作在 245K 和 300K 之间，吸热量为 9kW，制冷系数是同温限卡诺逆循环制冷系数的 75%。试计算放热量和耗功量。

14-2. 一卡诺热泵提供 250kW 热量给温室，以便维持该室温度为 22℃。热量取自处于 0℃的室外空气。试计算供热系数、循环耗功量及从室外空气中吸取的热量。

14-3. 一逆向卡诺循环，性能参数 COP 为 4，问高温热源温度与低温热源温度之比是多少？如果输入功率为 6kW，试问制冷量为多少？如果这个系统作为热泵循环，试求循环的性能参数及能提供的热量。

14-4. 采用布雷顿逆循环的制冷机，运行在 300K 和 250K 之间，如果循环增压比分别为 3 和 6，试计算它们的 COP。假定工质可视为理想气体，$c_p = 1.004 \text{kJ/(kg·K)}$，$\kappa = 1.4$。

14-5. 采用具有理想回热的布雷顿逆循环的制冷机，工作在 290K 和 200K 之间，循环增压比为 5，当输入功率为 3kW 时，循环的制冷量是多少？循环的性能系数又是多少？工质可视为理想气体，$c_p = 1.004 \text{kJ/(kg·K)}$，$\kappa = 1.3$。

14-6. 工作在 0℃和 30℃热源之间的 R22 制冷机的冷凝液为饱和液，进入节流阀，压缩机入口工质状态为干饱和蒸汽，消耗了 3.5kW 功率。试计算制冷量为多少？放热量为多少千瓦(kW)？如果改用替代物 R134a 作为工质，工作温度及制冷量不变，此时耗功量为多少？放热量为多少？

14-7. 以 R22 为工质的制冷机，蒸发温度为-20℃，压缩机入口工质状态为干饱和蒸汽。凝汽器温度为 30℃，其出口工质状态为饱和液体，制冷量为 1kW。若工质改用替代物 HFC134a，其他参数不变。试比较它们之间的循环制冷系数、压缩机耗功量及制冷剂质量流量。

14-8. 以 R22 为工质的蒸汽压缩式制冷理想循环，运行在 900kPa 和 261kPa 之间。试确定循环性能系数。

14-9. 以 R22 为工质的蒸汽压缩式制冷循环，蒸发器温度为-5℃，它的出口工质状态是干饱和蒸汽。冷凝温度为 30℃，出口处干度为零。压缩机的压缩效率为 75%，试求循环耗功量。若工质改用 HFC134a，则循环耗功量为多少？

14-10. 冬季取暖用的热泵以 R134a 为工质，压缩机入口工质状态为干饱和蒸汽，工质在凝汽器内被冷凝为饱和液体后进入节流阀。室外温度为-10℃。如欲维持室内温度为 20℃，热泵的供热系数为多少？如果维持室内温度为 30℃，供热系数又为多少？从舒适与经济两方面考虑，室内温度以多少为宜？

第3篇 传 热 学

第15章 传热学概述

15.1 传热学研究内容

15.1.1 传热学研究对象和任务

传热学是工程热物理的一个分支，是研究由温差引起的热能热量传递规律及其应用的一门科学。热力学第二定律指出：凡是有温差存在的地方，就有热能自发地从高温物体向低温物体传递(传递过程中的热能常称为热量)。自然界和工程中普遍存在温差，所以传热是日常生活和工程中一种非常普遍的物理现象。

工程上常遇到的传热问题主要有两类：第一类是以求出局部或者平均传热速率为目的的。这类问题往往涉及对热量传递速率的计算和控制，即与增强或削弱传热有关的各种技术和设备的专用设计。例如，汽车发动机中循环使用的冷却水在散热器中放出热量，为了使散热器紧凑、效率高，必须研制新型的空冷传热元件以增强传热；为了使热力设备和管道减少散热损失，必须外加保温隔热层以削弱传热。第二类是以求得研究对象内部温度分布为目的的，以便进行某些现象的判断、温度控制和其他热力计算。这类问题常涉及各种热力发动机、机械热加工过程(如焊接、铸造、热处理、切削)。要解决这些传热问题，必须具备扎实的热量传递规律基本知识，具备分析工程传热问题的能力，掌握计算工程传热问题的基本方法，具有相应的计算能力，掌握热工参数的测量方法，并具有一定的实验技能，这就是传热学学习过程中要达到的目标和要求。

15.1.2 传热学在科学技术和工程中的应用

热量传递现象无时、无处不在，因此传热学在科学技术和工程应用的各个领域都有十分广泛的应用，不仅涉及能源动力、化工、冶金、机械等传统工业领域，而且传热学也广泛应用于诸如航空航天、微电子、新能源、生物医学等很多高新技术领域。总结起来，传热学在科学技术和工程中的应用可以分为以下三种：强化传热、削弱传热(也称热绝缘)及温度控制。

1) 强化传热

强化传热就是在一定的条件下增加热量的传递，目的是提高设备的利用率、节约能源或满足特殊的工艺要求。强化传热技术利用各种形式的翅片管、多孔表面管、表面粗糙化管、管内插件等换热器件在流动介质中附加电场、磁场、超声波、机械振动、添加剂等辅助设施，促使流过换热器件的介质产生紊流，减薄边界热阻，强化传热面的作用，从而达到有效传递热量的目的。强化传热技术在换热器上的应用主要体现在以最经济(体积小、质量小、成本低)的设备来满足热量要求，或是采用有效的方式来冷却高温部件，使其在安全、可靠的工况下运行。

2) 削弱传热

削弱传热发生在高温设备上，其目的是减少散热损失；在低温设备上，其目的则是减少冷量的损失，或称减少漏热。例如，保存液氮、液氧的低温容器(称为杜瓦瓶)，采取减少热量传递的措施可以使垂直于杜瓦瓶壁面方向的热量传递减少到采取措施前的千分之一，甚至更少，从而有效防止瓶中低温液体的蒸发，减少能量损失。

3) 温度控制

传热学在温度控制方面的问题主要体现在电子器件冷却和航天器的防护等方面。当今世界，电子设备正朝着高性能、高集成的方向发展，电子设备的功能越来越强大，体积却变得越来越小，超高的热流密度已经成为电子设备进一步发展的阻碍。对高热流密度电子芯片进行有效的温度控制是至关重要的，传热学已经形成了以解决微米-纳米尺度范围的传热与流动问题的微米-纳米研究方向。各国专家和学者研制开发出了新的温度控制方法，有相变温控技术、射流冲击强化传热技术、液态金属散热技术、热管技术、静电冷却技术、热电冷却技术及微通道冷却技术等。

生活中有很多传热学的例子，例如，许多人喜欢在冬天有暖暖阳光时晒被子，晚上盖起来会觉得很暖和，并且经过拍打以后，效果更加明显。这可以用传热学的知识来解释，棉被经过晾晒以后，可使棉花的空隙里进入更多的空气，空气在狭小的棉絮空间里的热量传递方式主要是热传导，空气的导热系数较小，具有良好的保温性能；而经过拍打的棉被可以让更多的空气进入，因而效果更明显。

再比如，夏季在 20℃的室内工作，穿单衣感到舒适，而冬季在 22℃的室内工作时，为什么必须穿绒衣才觉得舒服呢？首先，冬季和夏季的最大区别是室外温度不同。夏季室外温度比室内温度高，因此通过墙壁的热量传递方向是由室外传向室内。而冬季室外温度比室内温度低，通过墙壁的热量传递方向是由室内传向室外。因此，冬季和夏季墙壁内表面温度不同，夏季高而冬季低。尽管冬季室内温度 22℃比夏季室内温度 20℃略高，但在冬季人体通过辐射的散热与墙壁的散热比夏季高很多，人体对冷暖的感受主要依据的是散热量，在冬季散热量大，因此要穿厚一些的绒衣。

传热学在科学技术领域中的应用非常广泛，无论是在军用、民用工业领域还是在人们的日常生活中，都存在大量的热量传递现象，而且在很多行业中如何让热量有效地传递成为解决问题的关键所在，因此传热学已成为许多工科专业的一门基础技术课程。结合实际问题进行传热方面的分析，是学习传热学后应掌握的基本功。

15.2　热量传递的三种基本方式

热量传递有热传导、热对流和热辐射三种基本方式。热量传递规律就是以这三种热量传递方式为基础展开研究的。所谓热量传递规律主要是指单位时间内所传递的热量与物体中相应的温度差之间的关系，反映这种规律的第一层次的关系式称为热量传递的速率方程。传热学要研究的就是，在特定场合中热量是以哪种或哪几种方式进行传递的、传递速率是多少、要达到希望的温度需要多久才能完成、在热量传递过程中物体内的温度分布状态等问题。

　　热量传递的三种基本形式是传热学要研究和解决的内容，此处仅对这三种基本形式做简单介绍。这里需要指出的是，在本书的研究范围内始终把研究对象(固体或流体)看成连续介质，即假定所研究的物体中的温度、密度、速度、压力等各项物性参数都是空间位置的连续函数。

15.2.1　热传导

　　热传导(Heat Conduction)是指物体各部分之间不发生位移时，仅依靠分子、原子或自由电子等微观粒子的热运动而产生的热量传递，是建立在组成物质的基本微观粒子随机运动基础上的扩散行为。当存在温差时，气体、固体和液体都具有一定的热传导能力，但它们的机理不尽相同。当两物体之间发生热传导时，它们必须紧密接触，所以热传导是一种依赖直接接触的传热方式。

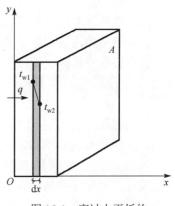

图 15-1　穿过大平板的
一维热传导问题

　　热传导规律可以用傅里叶定律来描述。以图 15-1 所示的穿过大平板的一维热传导问题为例，即温度仅在 x 方向上发生变化。对于 x 方向上任意一个厚度为 $\mathrm{d}x$ 的微元层来说，根据傅里叶定律，单位时间内通过单位面积的热传导热量(热流密度)与该方向上的温度梯度成正比，即

$$q = -\lambda \frac{\mathrm{d}t}{\mathrm{d}x} \tag{15-1a}$$

式中，q 为热流密度，是单位时间内通过单位面积的热流量($\mathrm{W/m^2}$)；由于热量是向温度降低的方向传输的，故方程中有负号；λ 为热导率，也称导热系数，反映材料的热传导能力[$\mathrm{W/(m \cdot K)}$]。一般而言，金属材料的导热系数最大，液体次之，气体最小。单位时间内通过给定面积为 A 的平壁的热流量 Φ(单位为 W)为热流密度与面积的乘积，即

$$\Phi = qA = -\lambda A \frac{\mathrm{d}t}{\mathrm{d}x} \tag{15-1b}$$

　　特别地，对于一维稳态大平板热传导问题，温度只在 x 方向上发生变化，通过对傅里叶定律表达式进行积分，可得到

$$q = \frac{\lambda}{\delta}(t_{w1} - t_{w2}) = \frac{\lambda}{\delta}\Delta t_w \tag{15-2}$$

　　例 15-1　一玻璃窗，宽 1.1m，高 1.2m，厚 δ=5mm，室内、外空气温度分别为 t_{w1}=25℃、t_{w2}=−10℃，玻璃的导热系数为 0.85W/(m·K)，试求通过玻璃的散热损失。

　　解：
　　已知：玻璃窗玻璃的厚度、面积，以及导热系数和两侧表面的温度。
　　求：通过该玻璃的散热损失。
　　假设：玻璃热传导问题为一维稳态热传导问题，即温度场不随时间变化、玻璃两侧表面温度均匀，物性为常数。

分析与计算：在上述假设条件下，可以利用一维单层平壁稳态热传导的计算公式(15-2)来求解通过平板玻璃的热流密度

$$q = \frac{\lambda}{\delta}(t_{w1} - t_{w2}) = \frac{0.85\,\text{W/(m·K)}}{0.005\,\text{m}} \times [25 - (-10)]\,℃ = 5950\,\text{W/m}^2$$

于是，通过整块玻璃的散热功率为

$$\Phi = qA = 5950\,\text{W/m}^2 \times 1.1\,\text{m} \times 1.2\,\text{m} = 7854\,\text{W}$$

讨论：在35℃的温差下，通过面积为1.32m²的玻璃窗的散热功率达到7.854kW。这意味着，要想保持室内温度，就必须补充同等数量的热流量。当然，除了玻璃窗外，墙体也要散热，但是墙体比玻璃厚得多且导热系数更小，因此散热的热流密度将大大下降。实际上，室内、外的热量传递过程除了热传导还有对流和辐射两种方式共同参与，玻璃窗表面的温度应视为各种传热方式联合作用的总效果。

15.2.2 热对流

热对流是指存在温差时，流体宏观流动引起的冷、热流体相互掺混所导致的热量迁移。显然，热对流是流体内部相互间的热量传递方式。工程上感兴趣的大部分问题发生在具有不同温度的流体与固体表面之间的热量传递过程中，称之为对流传热(Convective Heat Transfer)。流体宏观流动时，流体中的分子也在进行着不规则的热运动，因而热对流必然伴随有热传导现象，也就是说，对流传热是热传导和热对流两种传热形式共同作用的结果。只要流体内部存在温度差，即流体内部温度分布均匀，热传导方式就以傅里叶定律规定的数量关系起作用。

对流传热机理与紧靠壁面的薄膜层的热传递有关，还与具体的传热过程密切相关。根据引起流动的原因不同，将对流传热分为自然对流与强制对流两大类。自然对流是指由于流体受热(或受冷)产生密度变化而引起的流动，如电力变压器中油的流动。强制对流是指流体的运动是水泵、风机等外界强迫驱动力所造成的，例如，冷油器、凝汽器等管内冷却水的流动都是由于水泵的驱动。

无论是气体还是液体，若不发生相态变化就属于单相流体的对流传热。如果流体在被加热或被冷却的过程中出现了相态变化，即由液态转变成气态，或由气态转变为液态，那么流体与固体壁面间交换的热量就包括潜热，它们分别是沸腾传热和凝结传热。沸腾传热和凝结传热在工程上经常遇到，如燃煤发电和核电、空调制冷等。

对流传热的基本计算式是牛顿冷却定律(Newton's Cooling Law)公式：

$$q = h\Delta t \tag{15-3}$$

为使用方便，规定温差Δt永远取正值，以保证热流密度也总是正值。当壁面温度高于流体温度时，$\Delta t = t_w - t_f$；当壁面温度低于流体温度时，$\Delta t = t_f - t_w$。式中，t_w、t_f分别为壁面温度和流体温度，单位为℃。比例系数h为表面传热系数，单位为W/(m²·K)。牛顿冷却定律公式表明，对流传热时单位面积的传热量正比于壁面和流体之间的温度差。

可以看出，牛顿冷却定律公式(15-3)并没有给出流体温度场与热流密度间的内在关系，而仅仅给出了表面传热系数的定义。实际上，表面传热系数的大小与对流传热过程中的许多因素有关。表15-1所示为几种对流传热过程表面传热系数数值的一般范围。

表 15-1　几种对流传热过程表面传热系数数值的一般范围

介质	对流传热过程	h /[W/(m²·K)]	介质	对流传热过程	h /[W/(m²·K)]
水	自然对流	200～1000	高压水蒸气	强制对流	500～35000
	强制对流	1000～1500	气体	自然对流	1～10
	沸腾	2500～35000		强制对流	20～100
	蒸气凝结	5000～25000			

15.2.3　热辐射

热辐射是指物体由于具有温度而辐射电磁波的现象。一切温度高于绝对零度的物体都能产生热辐射，温度愈高，辐射出的总能量就愈大，短波成分也愈多。热辐射的光谱是连续谱，波长覆盖范围理论上可从 0 直至∞，一般的热辐射主要靠波长较长的可见光和红外线传播。由于电磁波的传播无须任何介质，所以热辐射是在真空中唯一的传热方式。

物体在向外发射辐射能的同时，也会不断地吸收周围其他物体发射的辐射能，并将其重新转变为热能，这种物体间相互发射辐射能和吸收辐射能的传热过程称为辐射传热。若辐射传热是在两个温度不同的物体之间进行的，则传热的结果是高温物体将热量传给了低温物体；若两个物体温度相同，则物体间的辐射传热量等于零，但物体间的辐射和吸收过程仍在进行，处于热的动平衡状态。

理论推导与实验均表明，物体发生热辐射的能力与它的热力学温度及表面性质有关。有一种称为绝对黑体，简称黑体(Black Body)的理想化模型，在研究辐射传热问题时具有重大意义。黑体是指能吸收投入到其表面上的所有热辐射能量的物体。黑体的吸收本领和辐射本领在同温度的物体中是最大的。黑体在单位时间内发出的热辐射热量由斯特藩-玻尔兹曼(Stefan-Boltzmann)定律给出

$$\Phi = A\sigma T^4 \tag{15-4}$$

式中，T 为黑体热力学温度(K)；$\sigma=5.67\times10^{-8}$W/(m²·K⁴) 为黑体辐射常数；A 为辐射表面积(m²)。

所有实际物体的辐射能力都低于相同温度的黑体，一般用发射率(也称黑度)ε 来修正斯特藩-玻尔兹曼定律表达式：

$$\Phi = \varepsilon A\sigma T^4 \tag{15-5}$$

发射率 ε 是物体发射的辐射功率与同温度下黑体发射的辐射功率之比，其值总小于 1，与物体的种类及表面状态有关。

除了发射辐射能以外，物体表面还会吸收外来的辐射。而式(15-4)与式(15-5)都是用来计算物体自身向外辐射的热流量的，因此要计算辐射传热量就必须同时考虑投射到物体上的辐射热量的吸收过程。工程上要研究的多是两个或两个以上的物体间的辐射热交换，其中最常见的一种情形是某个物体表面与包围它的大环境间的辐射热交换。如果一个表面积为 A_1、表面温度为 T_1、发射率为 ε 的物体被包容在一个很大的表面温度为 T_2 的空腔内，此时该物体与空腔表面间的辐射传热量为

$$\Phi = \varepsilon A_1\sigma(T_1^4 - T_2^4) \tag{15-6}$$

以上分别讨论了三种热量传递的基本方式，即热传导、热对流和热辐射。实际上，热传

导、热对流和热辐射这三种热量传递方式是经常同时发生的，只是在特定的条件下，以某种方式为主。例如，内燃机气缸壁水冷系统、太阳能热管式真空管集热器，热量传递过程中各个环节的传热方式如图 15-2 所示。

图 15-2 热量传递过程中各个环节的传热方式

例 15-2 一炉墙厚 $\delta=0.25$m，平均导热系数 $\lambda = 0.7$W/(m·K)，墙外壁壁温为 $t_{w2} = 50℃$，墙外辐射环境温度为 $t_f = 20℃$。墙外壁的发射率 $\varepsilon = 0.75$，对流传热的表面传热系数 $h = 12$W/(m²·K)。求单位面积炉墙的总散热量。

解：

已知：炉墙外壁温度、物性及外部传热环境的有关数据。

求：单位面积炉墙的总散热量。

假设：①沿炉墙上各给定参数都保持不变；②稳态过程；③墙外辐射传热环境温度与周围空气温度相同。

分析与计算：稳态条件下，通过炉墙外壁的热量必将以自然对流和热辐射两种方式散出。自然对流传热量可按式(15-3)计算，炉墙外壁与周围环境的辐射传热量可按式(15-6)计算。

把炉墙单位面积上的散热量记为 q，根据式(15-3)，单位面积上的自然对流散热量 q_c 和辐射传热散热量 q_r 分别为

$$q_c = h(t_{w2} - t_f) = 12\text{W/(m}^2 \cdot \text{K)} \times (323 - 293)\text{K} = 360.0\text{W/m}^2$$

$$q_r = \varepsilon\sigma(T_{w2}^4 - T_f^4) = 0.75 \times 5.67 \times 10^{-8}\text{W/(m}^2 \cdot \text{K}^4) \times (323^4 - 293^4)\text{K}^4 \approx 149.5\text{W/m}^2$$

于是单位面积炉墙的总散热量为

$$q = q_c + q_r = 360.0\text{W/m}^2 + 149.5\text{W/m}^2 = 509.5\text{W/m}^2$$

讨论：在本问题给定的参数下，自然对流散热量占总量的 70.66%，辐射传热散热量占总量的 29.34%。这个比例是随着表面发射率、表面传热系数以及炉墙外壁温度与周围传热环境温度的差别大小变化的。温度水平越高，温差越大，辐射部分的比例将快速增大。计算结果表明，对于表面温度为几十摄氏度的一类表面散热问题，自然对流散热量与辐射传热散热量具有相同的数量级，必须同时予以考虑。此外，需要注意的是，一旦对流项与辐射项同时出现在一个方程式中，必须把温度统一写成热力学温度的形式，否则容易犯错。

15.2.4 传热过程

在实际的传热问题中，进行热量交换的冷、热流体常分别处于固体壁面的两侧，即热量交换要通过固体壁面进行，如锅炉省煤器及冰箱凝汽器中的热量交换过程。这种热量由壁面一侧的流体通过壁面传到另一侧流体中去的过程称为传热过程(Heat Transfer Process)。需要指出的是，这里的传热过程有明确的含义，与一般论述中的把热量传递过程统称为传热过程不同。

下面以冷、热流体通过一块大平壁交换热量的稳态传热过程为例，导出传热过程的计算公式。冷、热流体通过间壁传热一般包括三个串联环节(见图 15-3)：①热量靠对流传热从热流体传递到壁面高温侧；②热量自壁面高温侧靠热传导传递至壁面低温侧；③热量靠对流传热自壁面低温侧传给冷流体。由于是稳态过程，通过串联着的各个环节的热流量必定是相等的。设平壁表面积为 A，可以分别写出上述三个环节的热流量表达式：

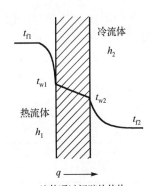

图 15-3　冷、热流体通
过间壁传热

$$\Phi = Ah_1(t_{f1} - t_{w1}) \tag{15-7}$$

$$\Phi = \frac{A\lambda}{\delta}(t_{w1} - t_{w2}) \tag{15-8}$$

$$\Phi = Ah_2(t_{w2} - t_{f2}) \tag{15-9}$$

将式(15-7)～式(15-9)写成温差的形式：

$$t_{f1} - t_{w1} = \frac{\Phi}{Ah_1} \tag{15-10}$$

$$t_{w1} - t_{w2} = \frac{\Phi}{A\lambda / \delta} \tag{15-11}$$

$$t_{w2} - t_{f2} = \frac{\Phi}{Ah_2} \tag{15-12}$$

将式(15-10)～式(15-12)相加可得

$$\Phi = \frac{A(t_{f1} - t_{f2})}{\dfrac{1}{h_1} + \dfrac{\delta}{\lambda} + \dfrac{1}{h_2}} \tag{15-13}$$

也可写成

$$\Phi = Ak(t_{f1} - t_{f2}) \tag{15-14}$$

式中，k 称为传热系数(Heat Transfer Coefficient)[W/(m²·K)]。数值上，它等于稳定传热条件下，冷、热流体间温差 $\Delta t = 1$℃、传热面积 $A = 1$m² 时的热流量的值，反映了传热过程的强烈程度。传热过程越强烈，传热系数越大，反之越小。传热系数的大小不仅取决于参与传热过程的冷、热流体的种类，而且还与传热过程本身有关(如流速、相变等)。如果需要计及流体与壁面间的辐射传热，则式(15-13)中的表面传热系数 h_1、h_2 可取为复合传热表面传热系数，它包括由辐射传热折算出来的表面传热系数。首先定义辐射表面传热系数 h_r，即将根据辐射传热公式计算得到的辐射传热量写成牛顿冷却定律公式的形式：

$$\Phi_r = h_r A \Delta t \tag{15-15a}$$

于是同时存在辐射和对流的复合传热的总传热量可以表示成

$$\Phi = \Phi_c + \Phi_r = h_c A \Delta t + h_r A \Delta t = A(h_c + h_r)\Delta t = Ah_t \Delta t \tag{15-15b}$$

式中，下角标 c 表示对流传热；h_t 为包含对流传热与辐射传热在内的总表面传热系数，也称复合传热表面传热系数。在室外建筑物的围护结构、工业炉的炉墙和暖气片等的散热量计算中，以及在各种气体介质的自然对流或强制对流传热计算中，复合传热表面传热系数都是一个十分重要并经常用到的概念。表 15-2 所示为通常情况下表面传热系数的大致数值范围。

表 15-2 通常情况下表面传热系数的大致数值范围

过程	h /[W/(m²·K)]	过程	h /[W/(m²·K)]
从气体到气体(常压)	10～30	从凝结有机物蒸气到水	500～1000
从气体到高压水蒸气或水	10～100	从水到水	1000～2500
从油到水	100～600	从凝结水蒸气到水	2000～6000

式(15-14)称为传热方程式，是换热器热工计算的基本公式。由于传热过程包含两个对流传热的环节，所以在本书中凡容易引起混淆的，就把方程式(15-14)中的 k 称为总传热系数，以区别于其他两个组成环节的表面传热系数。由于在实际中，换热器横纵壁温的测量有时是不可能的，而流体温度 t_{f1}、t_{f2} 容易测定，因而用对数平均温差表示的传热方程式是换热器热工计算的基本公式。

15.2.5 传热热阻

由式(15-13)、式(15-14)可得到传热系数 k 的表达式，即

$$k = \frac{1}{\dfrac{1}{h_1} + \dfrac{\delta}{\lambda} + \dfrac{1}{h_2}} \tag{15-16}$$

式(15-16)表明，传热系数等于组成传热过程各串联环节的 $1/h_1$、δ/λ 及 $1/h_2$ 之和的倒数。继续对式(15-16)取倒数，

$$\frac{1}{k} = \frac{1}{h_1} + \frac{\delta}{\lambda} + \frac{1}{h_2} \tag{15-17}$$

或者

$$\frac{1}{Ak} = \frac{1}{Ah_1} + \frac{\delta}{A\lambda} + \frac{1}{Ah_2} \tag{15-18}$$

将式(15-14)写成 $\varPhi = \dfrac{\Delta t}{1/(Ak)}$ 的形式并与电学中的欧姆定律 $I = \dfrac{\Delta U}{R}$ 相对比，可以看出，$1/(Ak)$ 具有类似于电阻的作用，把 $1/(Ak)$ 称为传热过程热阻。同样，$1/(Ah_1)$、$1/(A\lambda)$ 及 $1/(Ah_2)$ 就是构成各个串联环节的热阻。在电路中，电势差 ΔU 是电流的驱动力，同样在热路中，温差(也称温压)Δt 是热流的驱动力。

电学中电阻的串、并联理论同样适用于热学。图 15-4 所示为传热过程热阻分析图。串联热阻叠加原则与电学串联电阻叠加原则相对应，即在一个串联的热量传递过程中，如果通过各个环节的热流量相同，则各串联环节的总热阻等于各串联环节的热阻之和。应用热阻的概念，在确认构成传热过程的各环节后，可以写出式(15-17)、式(15-18)，而不需要做前面的推导。

式(15-18)虽然是对通过平壁的传热过程导出的(其特点是各个环节的热量传递面积都相

等），但对于各个环节的热量传递面积不相等的情形，如通过圆筒壁的传热过程，式(15-18)的形式也成立，而只要把各环节的热量传递面积代入相应的项中即可。式(15-17)仅适用于通过平壁的传热过程，可以看成单位面积热阻的关系式。δ/λ 及 $1/h$ 称为面积热阻，其单位为 $m^2 \cdot K/W$。热阻是阻止热量传递的能力的综合参量。在传热学的工程应用中，为了满足生产工艺的要求，有时通过减小热阻以加强传热；而有时则通过增大热阻以抑制热量的传递。

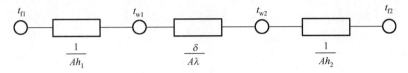

图 15-4　传热过程热阻分析图

例 15-3　有一台气体冷却器，气侧表面传热系数 $h_1=95W/(m^2 \cdot K)$，壁面厚度 $\delta=2.5mm$，$\lambda=46.5W/(m \cdot K)$，水侧表面传热系数 $h_2=5800W/(m^2 \cdot K)$。设传热壁可以看成平壁，试计算各个环节单位面积的热阻及从气到水的总传热系数。欲增强传热应从哪个环节入手呢？

解：

已知：冷却器空气侧和水侧的表面传热系数、壁厚及壁的导热系数，壁可看成平壁。

求：各个环节单位面积的热阻及从气到水的总传热系数。

假设：①稳态过程；②物性为常数。

分析与计算：传热过程共分为三个环节，即气体到外壁的对流传热、外壁到内壁的热传导及内壁到水的对流传热，三个环节单位面积热阻的计算分别如下。

空气侧传热面积热阻：$\dfrac{1}{h_1} = \dfrac{1}{95W/(m^2 \cdot K)} \approx 1.05 \times 10^{-2}\, m^2 \cdot K/W$

管壁热传导面积热阻：$\dfrac{\delta}{\lambda} = \dfrac{2.5 \times 10^{-3}\, m}{46.5W/(m \cdot K)} \approx 5.38 \times 10^{-5}\, m^2 \cdot K/W$

水侧传热面积热阻：$\dfrac{1}{h_2} = \dfrac{1}{5800W/(m^2 \cdot K)} \approx 1.72 \times 10^{-4}\, m^2 \cdot K/W$

于是气体冷却器的总传热系数为

$$k = \cfrac{1}{\dfrac{1}{h_1} + \dfrac{\delta}{\lambda} + \dfrac{1}{h_2}}$$

$$= \cfrac{1}{1.05 \times 10^{-2}\, m^2 \cdot K/W + 5.38 \times 10^{-5}\, m^2 \cdot K/W + 1.72 \times 10^{-4}\, m^2 \cdot K/W}$$

$$\approx 93.23W/(m^2 \cdot K)$$

讨论：空气侧、管壁和水侧的面积热阻分别占总热阻的 97.89%、0.51% 和 1.60%。空气侧的面积热阻在总热阻中占主要地位，它具有改变总热阻的最大潜力。因此，要增强冷却器的传热，应从这一环节入手，并设法降低这一环节的热阻值。

15.3　传热学的研究方法

传热学作为一门学科，有其自身独特的研究方法。传热问题类型多，涉及的领域特别广，因此只有掌握正确的研究和学习方法，才能更好地研究热量传递规律以及解决相关问题。常用的研究方法主要有理论分析、实验测定及数值计算。

1) 理论分析

在传热学中，物体各点的温度由一个称为能量方程的偏微分方程制约。应用数学分析的理论，求解在给定条件下的这些偏微分方程，从而得出能确定物体中各点速度、温度等的函数，称为解析解或精确解，这是传热学理论研究的主要任务。由于实际问题的复杂性，目前只能对比较简单的问题得出分析解。

2) 实验测定

由于传热现象的复杂性，有相当多的工程问题尚无法用理论分析法求解，所以实验是解决众多工程传热问题最基本的研究方法。所有热传递过程基本规律的揭示，首先都要通过实验测定来完成，在传热学中引入的诸如导热系数这一类热物性参数要靠实验测定来获得。迄今为止，对流传热表面传热系数的工程计算公式都是通过实验测定得到的。在传热学发展进程中，为了能有效地进行对流传热的实验研究，形成并发展起来了相似理论。实验方法在传热设备性能的标定、过程控制、实验仪器的开发及新现象的研究中起着非常重要的作用。读者在学习传热学时应注重对传热学实验技能的培养，掌握温度与热量的测量方法并具备初步的实验研究技能，同时参阅文献完成对实验能力和开创性实验设计的培养。

3) 数值计算

实验测定或理论分析在处理复杂的流动与传热问题时，会受到较大的限制，如问题的复杂性使得无法做出分析解，因为昂贵的费用而无力进行实验测定等。数值计算的方法具有成本较低和能模拟复杂或较理想的过程等优点，从而数值传热学得到了飞速的发展。其是对描写流动与传热问题的控制方程采用数值方法，通过计算机求解的一门传热学与数值方法相结合的交叉学科。其基本思想是把原来在空间与时间坐标中连续的物理量的场(如速度场、温度场、浓度场等)，用一系列有限个离散点上的值的集合来代替，通过一定的原则建立起这些离散点变量值之间关系的代数方程(称为离散方程)，求解所建立起来的代数方程以获得求解变量的近似值。数值计算常用的方法有有限差分法、有限容积法、有限元法、有限分析法等。

由于理论分析、实验测定及数值计算方法各有其最适合的应用范围，把这三种方法巧妙地结合起来可以起到相互补充、相得益彰的作用。本书将在不同深度上分别介绍这三种研究方法及其结果，并将有关内容组成一个有机的整体，希望能为读者在今后应用传热学基本知识解决问题和进一步学习打下良好基础。

习　题

15-1. 在机车中，机油冷却器的外表面面积为 0.12m^2，表面温度为 $65℃$。行驶时，温度为 $32℃$ 的空气流过机油冷却器的外表面，表面传热系数为 $45\text{W}/(\text{m}^2\cdot\text{K})$。试计算机油冷却器的散热量。

15-2. 热电偶常用来测量气流温度。如图所示，用热电偶测量管道中高温气流的温度 T_f，管壁温度 $T_w<T_f$。试分析热电偶接点的传热方式。

15-3. 木板墙厚 5cm，内、外表面的温度分别为 $45℃$ 和 $15℃$，通过此木板墙的热流密度是 $65\text{W}/\text{m}^2$，求该木板在此厚度方向上的导热系数。

15-4. 一砖墙的表面积为 $12m^2$，厚 260mm，平均导热系数为 1.5W/(m·K)，设面向室内的表面温度为 25℃，外表面温度为 –5℃，试确定此砖墙向外界散失的热量。

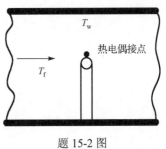

题 15-2 图

15-5. 用直径为 0.18m、厚 δ_1 的水壶烧开水，热流量为 1000W，与水接触的壶底温度为 107.6℃。因长期使用，壶底结了一层厚 δ_2=3mm 的水垢，水垢的热导率为 1W/(m·K)。此时，与水接触的水垢表面温度仍为 107.6℃，壶底热流量也不变，问水垢与壶底接触面的温度增加了多少？

15-6. 一根长 15m 的蒸汽管道水平地通过车间，其保温层外径为 580mm，外表面温度为 48℃，车间内的空气温度为 30℃，保温层外表面与空气的对流传热系数为 3.5W/(m²·K)。求蒸汽管道在车间内的对流散热量。

15-7. 外径为 0.3m 的圆管，长 6m，外表面平均温度为 90℃。200℃的空气在管外横向流过，表面传热系数为 85W/(m²·K)。入口温度为 15℃的水在管内流动，流量为 400kg/h。如果处于稳态，试求水的出口温度。水的比热容为 c_p=4.18kJ/(kg·K)。

15-8. 一长、宽均为 10mm 的等温集成电路芯片安装在一块底板上，温度为 20℃的空气在风扇作用下冷却芯片。芯片的最高允许温度为 85℃，芯片与冷却气流间的平均表面传热系数为 175W/(m²·K)。试确定在不考虑辐射时芯片的最大允许功率。芯片顶面高出底板的高度为 1mm。

15-9. 半径为 0.5m 的球状航天器在太空中飞行，其表面发射率为 0.6，航天器内电子元件的散热量总计为 175W。假设航天器没有从宇宙接收到任何辐射能，试估算其外表面的平均温度。

15-10. 试估算冬季人体在内墙表面温度等于 12℃的室内的辐射散热量。设衣物外表面的温度等于 27℃，表面发射率为 0.8；人体可以简化成直径为 0.3m、高 1.75m 的圆柱体。如果室内空气温度为 22℃，此时辐射传热的表面传热系数等于多少？如果自然对流的表面传热系数是 5.03W/(m²·K)，那么人体的总散热量等于多大？

15-11. 对一台氟利昂凝汽器的传热过程做初步测算得到以下数据：管内水的对流传热表面传热系数 h_1=8700W/(m²·K)，管外氟利昂蒸气凝结传热表面传热系数 h_2= 1800W/(m²·K)，传热管子壁厚 δ=1.5mm。管子材料是导热系数 λ=383W/(m·K) 的铜。试计算三个环节的热阻及凝汽器的总传热系数。欲增强传热应从哪个环节入手呢？

15-12. 有一台气体冷却器，气侧表面传热系数 h_1=95W/(m²·K)，壁面厚度 δ=2.4mm，λ_1=46.5W/(m·K)，水侧表面传热系数 h_2=5800W/(m²·K)。如果气侧结了一层厚 2mm 的灰，其 λ_2=0.116W/(m·K)，水侧结了一层厚 1mm 的水垢，其 λ_3=1.15W/(m·K)。设传热壁可以看成平壁，试计算此时的总传热系数。

第16章　稳态热传导

16.1　概　　述

16.1.1　热传导的物理机理

　　热能的本质是物体内部所有分子无规则运动的动能之和。热能宏观上表现为温度，反映了分子运动的强度。在提到热传导时，我们会首先联想到分子运动的概念，因为维持热传导这种热量传递形式的正是原子和分子等微观粒子的运动。热传导可以看成物质中微观粒子之间的相互作用，温度较高、能量较大的质点向温度较低、能量较小的质点传输能量。

　　气体的热传导，借助分子运动学说很容易理解。假定在一个空间当中的气体存在温度梯度，并且没有发生整体的运动，气体必定充满了整个空间，靠近较高温度表面的分子能量大，与相邻的分子碰撞时，就会发生能量较大的分子向能量较小的分子传输能量的过程。分子运动包括分子的转动、移动和振动。

　　固体的热传导是依靠晶格振动形式的分子活动来进行的。物理学上的解释是，固体由原子和自由电子组成，原子被约束在规则排列的晶格之中，热传导是由原子运动诱发的晶格波造成的。在非导体中，能量的传递仅仅依靠晶格波来进行，而在导体中则同时还依靠自由电子的平移运动来进行。

　　液体的性质介于气体和固体之间，它一方面与固体一样具有一定的体积，不易压缩，同时，液体又像气体一样没有固定的形状，具有流动性。液体的特殊性决定了其热传导机理一方面与气体热传导类似，分子做着随机运动，只不过液体分子间距更小，分子的相互作用更强。另一方面，液体的热传导机理也类似非导体，主要依靠晶格波的作用。

　　上述这种物体各部分之间不发生宏观的相对位移，仅依靠分子、原子和自由电子等微观粒子的热运动而产生的热能的传递称为热传导或者导热。热传导微观机理的详细论述不属于本书的范围，本书的着眼点是热传导现象的宏观规律。

16.1.2　热传导的基本定律

16.1.2.1　温度场与温度梯度

　　场论是研究某些物理量在空间中的分布状态及其运动形式的数学理论，应用到传热学上，即某一时刻物体中各点的温度分布称为温度场。一般来说，物体的温度场是空间与时间的函数。在直角坐标系下，温度场可表示为

$$t = f(x, y, z, \tau) \tag{16-1}$$

　　τ 为时间，根据温度是否随着时间发生变化，可以将温度场分为两类：一类是稳态温度场，此时物体中各点的温度不随时间而变，往往对应的是热机部件在稳态工作条件下的温度

场；另一类是非稳态温度场，也称为瞬态温度场或非定常温度场，往往对应的是工作部件在起停或者变工况时出现的温度场。

稳态温度场可表示为 $t = f(x, y, z)$。

从温度场的空间分布情况来说，温度场可以分为一维、二维或三维温度场，分别对应物体的温度分布在一个、两个或三个坐标方向上发生变化。

三维温度场中同一瞬间同温度各点连成的面称为等温面。在任何一个二维的截面上等温面表现为等温线，即温度相同的各点连成的曲线。一般情况下，温度场常用等温面图或等温线图的形式表示出来。图 16-1 所示为二维温度场等温线图。

因为每条等温线上各点的温度相同，一个点在某一瞬间只能有一个温度，因此，物体中的任何一条等温线不会与另一条等温线相交，它要么形成一个封闭的曲线，要么终止在物体表面上。等温线图的物理意义在于：若等温线图上的每条等温线间的温度间隔相等，则等温线的疏密可反映出不同区域热传导热流密度的大小。若 Δt 相等，且等温线越疏，则该区域热流密度越小；反之，越大。

温度为标量，只有大小没有方向，即空间中一点只对应一个温度数值。对标量可以做梯度运算，在此处给出，在后面计算热传导量的时候将用到。标量的梯度为向量，某一点温度梯度的方向，是在这一点温度场增加最快的方向；温度梯度的大小是在该点温度场增加的速率，或者说沿梯度方向的温度变化率，数值上等于位置移动单位长度温度值的变化。温度梯度如图 16-2 所示。

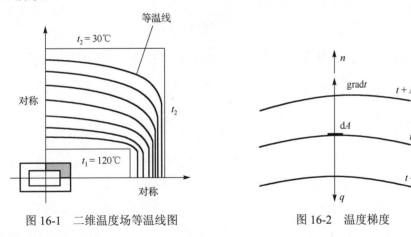

图 16-1　二维温度场等温线图　　　　　图 16-2　温度梯度

用数学表达式表示温度梯度为

$$\mathrm{grad}\,t = \frac{\partial t}{\partial n}\boldsymbol{n} \tag{16-2}$$

式中，$\boldsymbol{n}$ 表示温度场中某点等温线的法线方向的单位矢量；$\dfrac{\partial t}{\partial n}$ 表示通过该点法线方向的温度变化率。

在直角坐标系中，温度梯度可以表示为三个方向的分量之和，即

$$\mathrm{grad}\,t = \frac{\partial t}{\partial x}\boldsymbol{i} + \frac{\partial t}{\partial y}\boldsymbol{j} + \frac{\partial t}{\partial z}\boldsymbol{k} \tag{16-3}$$

式中，i、j、k 分别表示三个坐标轴方向的单位向量；$\dfrac{\partial t}{\partial x}$、$\dfrac{\partial t}{\partial y}$ 和 $\dfrac{\partial t}{\partial z}$ 分别表示温度梯度在三个坐标轴上的分量大小。

16.1.2.2   热传导傅里叶定律

热量传输速率是指单位时间传输的热量。热传导热量传输速率方程就是热传导傅里叶定律，是法国数学家傅里叶（J.B.Fourier）在对各向同性的连续介质物体热传导实验的基础上，总结出来的热传导的一般规律：热传导的热流密度大小与该处的温度梯度成正比，其方向与温度梯度的方向相反，指向温度降低的方向。数学表达式为

$$q = -\lambda \mathrm{grad}t = -\lambda \frac{\partial t}{\partial n} n \tag{16-4}$$

式（16-4）即热传导傅里叶定律的数学表达式，它确定了热流密度与温度梯度之间的正比关系，比例系数 λ 称为导热系数或热导率（Thermal Conductivity）。$\mathrm{grad}t$ 是导热体内某点的温度梯度；$\dfrac{\partial t}{\partial n}$ 是通过该点等温面法线方向的温度变化率；n 是通过该点的等温线法线方向的单位矢量，指向温度升高的方向。

式（16-4）同时表明，热流密度也是一个矢量，它与温度梯度同在等温面的法线上，但是方向与之相反，永远指向温度降低的方向。热流密度可以分解成多个不同方向的分量，在直角坐标系中，热流密度矢量的表达式为

$$q = q_x i + q_y j + q_z k \tag{16-5}$$

应用热传导傅里叶定律表达式（16-4），式（16-5）可以改写为

$$q = -\lambda \left(\frac{\partial t}{\partial x} i + \frac{\partial t}{\partial y} j + \frac{\partial t}{\partial z} k \right) \tag{16-6}$$

因此热流密度矢量沿坐标轴 x、y 和 z 的分量大小分别为

$$q_x = -\lambda \frac{\partial t}{\partial x}, \qquad q_y = -\lambda \frac{\partial t}{\partial y}, \qquad q_z = -\lambda \frac{\partial t}{\partial z} \tag{16-7}$$

16.1.3 导热系数

应用热传导傅里叶定律，首先要知道导热系数，导热系数表示基于扩散过程的能量传输的速率，是物质一个重要的热物性参数，表示该物质热传导能力的大小。

根据热传导傅里叶定律，式（16-7）在 x 方向的导热系数的定义式为

$$\lambda = -q_x \left/ \frac{\partial t}{\partial x} \right. \tag{16-8}$$

由式（16-8）可知，导热系数数值上等于在单位温度梯度作用下物体内所产生的热流密度的大小。对于各向同性的材料，导热系数与热传导的方向无关。导热系数取决于物质的物理结构，而这种结构与物质的状态密切相关，一般来说，固体的导热系数大于液体的，而液体的又比气体的大；固体导电金属的导热系数又大于非金属固体的。例如，温度为 273K 时，纯银的导热系数为 418W/(m·K)，纯铜的导热系数为 387W/(m·K)；空气的导热系数为 0.0243W/(m·K)，氢气的导热系数为 0.175W/(m·K)；水的导热系数为 0.552W/(m·K)，水银的导热系数为 6.21W/(m·K)。

导热系数的影响因素很多，除了上述的物质种类、物质结构与物理状态外，物体温度、密度、湿度等因素对导热系数的影响也很大，因为热传导现象发生在非均匀的温度场中，因此温度对导热系数的影响显得尤为重要。严格来说，所有物质的导热系数都是温度的函数，工程实用计算中，在常见的温度范围内，绝大多数材料可用线性近似关系表达：

$$\lambda = \lambda_0(1 + bt) \tag{16-9}$$

式中，t 为温度；b 为常数；λ_0 为该直线延长与纵坐标的截距。$b > 0$ 表示材料的导热系数随着温度的升高而增大，即温度越高热传导的能力越强；$b < 0$ 正好相反，$b = 0$ 则为恒定导热系数情形。

通常把导热系数小的材料称为保温材料。常见的保温材料都具有多孔或者纤维状结构，多孔材料的孔隙中通常充满空气，空气的导热系数很小，所以多孔材料的表观导热系数都较小。有些材料(木材、石墨)各向结构不同，各方向上的导热系数也有较大差别，这些材料称为各向异性材料。需要说明的是，在各向异性材料物体的热传导中，热流密度矢量跟温度梯度不一定在同一条直线上，因为不同方向上的热流密度分量的大小不仅与该方向上的温度梯度的分量有关，还与导热系数的方向性有关。

16.2　热传导微分方程

由前面的热传导傅里叶定律可以看出，在分析热传导问题时，对热流量的求取转化成了对物体内部温度场的求取，当温度场获得后，可以计算物体内任一点的传热速率。

要讨论决定物体温度分布的方法，需要运用能量守恒的方法，也就是要定义一个微元的控制体积，分析有关的能量传输过程，并引入相应的速率方程，可以得到一个微分方程，求解出来就得到了热传导物体中的温度分布。

16.2.1　热传导微分方程推导

热传导分析模型如图 16-3 所示。考虑一个内部存在温度梯度的均匀介质，假定：①所研究的物体是各向同性的连续介质；②导热系数、比热容和密度均为已知。要得到其温度分布 $t(x, y, z)$，首先定义一个 $dx \times dy \times dz$ 大小的微元(控制体积)，分析在所选定的控制体积中进行的与能量和能量传输有关的过程。

(1)因为物体内部有温度梯度，所以在每一个控制表面上都会有热传导的发生，热传导过程的导热量遵循热传导傅里叶定律。垂直于 x、y 和 z 坐标轴的各控制表面的热流密度分别记为 q_x、q_y 和 q_z，通过每个对应的控制表面的热流密度分别记为 q_{x+dx}、q_{y+dy} 和 q_{z+dz}。

根据热流密度的定义，$d\tau$ 时间间隔内，沿 x 轴方向，经 x 表面导入的热量可以表示为

$$dQ_x = q_x dydzd\tau \tag{16-10}$$

同样 $d\tau$ 时间间隔内，沿 x 轴方向，经 $x+dx$ 表面导出的热量为

$$dQ_{x+dx} = q_{x+dx} dydzd\tau \tag{16-11}$$

应用泰勒展开，忽略高阶小量，可得

$$q_{x+dx} = q_x + \frac{\partial q_x}{\partial x} dx \tag{16-12}$$

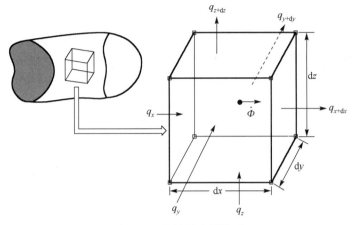

图 16-3　热传导分析模型

所以 $\mathrm{d}\tau$ 时间间隔内，沿 x 轴方向导入与导出微元体的净热量为

$$\mathrm{d}Q_x - \mathrm{d}Q_{x+\mathrm{d}x} = -\frac{\partial q_x}{\partial x}\mathrm{d}x\mathrm{d}y\mathrm{d}z\mathrm{d}\tau \tag{16-13}$$

同样道理，$\mathrm{d}\tau$ 时间间隔内，沿 y 轴方向导入与导出微元体的净热量为

$$\mathrm{d}Q_y - \mathrm{d}Q_{y+\mathrm{d}y} = -\frac{\partial q_y}{\partial y}\mathrm{d}x\mathrm{d}y\mathrm{d}z\mathrm{d}\tau \tag{16-14}$$

$\mathrm{d}\tau$ 时间间隔内，沿 z 轴方向导入与导出微元体的净热量为

$$\mathrm{d}Q_z - \mathrm{d}Q_{z+\mathrm{d}z} = -\frac{\partial q_z}{\partial z}\mathrm{d}x\mathrm{d}y\mathrm{d}z\mathrm{d}\tau \tag{16-15}$$

所以，$\mathrm{d}\tau$ 时间间隔内，导入与导出微元体的净热量为

$$\mathrm{d}Q_\lambda = (\mathrm{d}Q_x - \mathrm{d}Q_{x+\mathrm{d}x}) + (\mathrm{d}Q_y - \mathrm{d}Q_{y+\mathrm{d}y}) + (\mathrm{d}Q_z - \mathrm{d}Q_{z+\mathrm{d}z}) \tag{16-16}$$

根据热传导傅里叶定律表达式，$q_x = -\lambda\dfrac{\partial t}{\partial x}$，$q_y = -\lambda\dfrac{\partial t}{\partial y}$，$q_z = -\lambda\dfrac{\partial t}{\partial z}$，所以

$$\mathrm{d}Q_\lambda = \left[\frac{\partial}{\partial x}\left(\lambda\frac{\partial t}{\partial x}\right) + \frac{\partial}{\partial y}\left(\lambda\frac{\partial t}{\partial y}\right) + \frac{\partial}{\partial z}\left(\lambda\frac{\partial t}{\partial z}\right)\right]\mathrm{d}x\mathrm{d}y\mathrm{d}z\mathrm{d}\tau \tag{16-17}$$

(2) 在物体的内部，还可能有产生热能的内热源，$\mathrm{d}\tau$ 时间内，内热源产生的热量可以表示为

$$\mathrm{d}Q_v = \dot{\Phi}\mathrm{d}x\mathrm{d}y\mathrm{d}z\mathrm{d}\tau \tag{16-18}$$

式中，$\dot{\Phi}$ 表示内热源的强度，是单位时间导热体单位体积中产生的热能，单位为 $\mathrm{W/m^3}$。

(3) 在微元控制体的内部，物质所贮存的内热能的总量会发生变化，与之相对应的是物体内部的温度会随着时间发生变化，微元体热力学能的增量可以表示为

$$\mathrm{d}U = \rho c\frac{\partial t}{\partial \tau}\mathrm{d}x\mathrm{d}y\mathrm{d}z\mathrm{d}\tau \tag{16-19}$$

式中，ρ、c 分别为导热体的密度和比热容。

微元体内部内热源生热和微元体内部热力学能的增量，两者代表的是不同的物理过程，前者表示的是某种能量转换的过程，这种能量转换的过程一方面是热能，而另一方面可能是化学能、电能或者核能。最常见的例子是对导线通电，由于电阻的原因会生热。如果介质内部消耗了其他能量而产生热能，这一项为正值，称之为热源；反之是负值，称之为热汇。

微元体中与能量有关的就是上述三项，运用能量守恒定律，根据热力学第一定律，微元体的热量平衡可以表述为：在一段时间间隔内，净导入微元体的热量与微元体内热源生成的热量之和，等于微元体热力学能的增加，即

$$dQ_\lambda + dQ_v = dU \tag{16-20}$$

将式(16-17)～式(16-19)代入式(16-20)并消去 $dxdydzd\tau$，可得

$$\rho c \frac{\partial t}{\partial \tau} = \frac{\partial}{\partial x}\left(\lambda \frac{\partial t}{\partial x}\right) + \frac{\partial}{\partial y}\left(\lambda \frac{\partial t}{\partial y}\right) + \frac{\partial}{\partial z}\left(\lambda \frac{\partial t}{\partial z}\right) + \dot{\Phi} \tag{16-21}$$

式(16-21)称为热传导微分方程，是确定热传导物体内温度随时间和空间变化的完整形式的控制方程，实际应用过程中经常根据特定的条件对完整形式的方程进行简化，主要包括如下几种情形。

(1)若物性参数 λ、c 和 ρ 均为常数：

$$\frac{\partial t}{\partial \tau} = a\left(\frac{\partial^2 t}{\partial x^2} + \frac{\partial^2 t}{\partial y^2} + \frac{\partial^2 t}{\partial z^2}\right) + \frac{\dot{\Phi}}{\rho c} \tag{16-22}$$

$a = \lambda / \rho c$ 称为热扩散（Thermal Diffusion）系数，又称导温系数，反映了热传导过程中材料的热传导能力（λ）与沿途物质储热能力（ρc）之间的关系。a 值大，即 λ 值大或 ρc 值小，说明物体的某一部分一旦获得热量，该热量能在整个物体中很快扩散。热扩散系数表征物体被加热或冷却时，物体内各部分温度趋向于均匀一致的能力。在同样的加热条件下，物体的热扩散系数越大，物体内部各处的温度差别越小。因此，a 反应热传导过程的动态特性，是研究非稳态热传导的重要物理量。

(2)若物性参数为常数且无内热源：

$$\frac{\partial t}{\partial \tau} = a\left(\frac{\partial^2 t}{\partial x^2} + \frac{\partial^2 t}{\partial y^2} + \frac{\partial^2 t}{\partial z^2}\right) \tag{16-23}$$

(3)若物性参数为常数、无内热源稳态热传导：

$$\frac{\partial^2 t}{\partial x^2} + \frac{\partial^2 t}{\partial y^2} + \frac{\partial^2 t}{\partial z^2} = 0 \tag{16-24}$$

当所研究的热传导物体为圆柱形时，圆柱坐标系中的热传导分析模型如图 16-4 所示，采用圆柱坐标系比较方便，圆柱坐标系用 (r,ϕ,z) 表达，所取小微元的体积为 $dv = dr(rd\phi)dz$。

应用热量平衡关系，圆柱坐标系中的热传导方程为

$$\rho c \frac{\partial t}{\partial \tau} = \frac{1}{r}\frac{\partial}{\partial r}\left(\lambda r \frac{\partial t}{\partial r}\right) + \frac{1}{r^2}\frac{\partial}{\partial \phi}\left(\lambda \frac{\partial t}{\partial \phi}\right) + \frac{\partial}{\partial z}\left(\lambda \frac{\partial t}{\partial z}\right) + \dot{\Phi} \tag{16-25}$$

当所研究的热传导物体为球形时，球坐标系中的热传导分析模型如图 16-5 所示，采用球坐标系比较方便，球坐标系用 (r,ϕ,θ) 表达，所对应的小微元的体积为 $dv = dr(rd\theta)(r\sin\theta d\phi)$。同样道理，可得球坐标中的热传导方程为

$$\rho c \frac{\partial t}{\partial \tau} = \frac{1}{r^2}\frac{\partial}{\partial r}\left(\lambda r^2 \frac{\partial t}{\partial r}\right) + \frac{1}{r^2 \sin^2 \theta}\frac{\partial}{\partial \phi}\left(\lambda \frac{\partial t}{\partial \phi}\right) + \frac{1}{r^2 \sin \theta}\frac{\partial}{\partial \theta}\left(\lambda \sin \theta \frac{\partial t}{\partial \theta}\right) + \dot{\Phi} \tag{16-26}$$

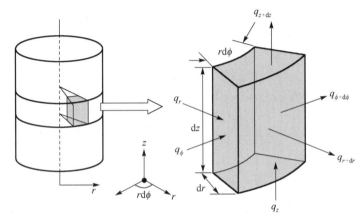

图 16-4　圆柱坐标系中的热传导分析模型

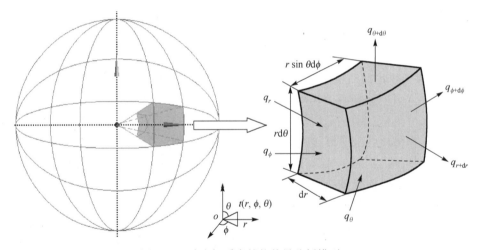

图 16-5　球坐标系中的热传导分析模型

分析三种坐标系下的热传导微分方程式(16-21)、式(16-25)、式(16-26)，可以发现方程左边均是单位时间内微元体热力学能的增量，称为非稳态项(Transient Term)；方程右边的前三项之和为通过微元体界面的净导热量，称为扩散项(Diffusion Term)；最后一项表示内热源的强度，称为源项(Source Term)。

16.2.2　边界条件和初始条件

热传导微分方程式描写物体的温度随时间和空间变化的关系；它没有涉及具体、特定的热传导过程，是通用表达式。通过数学方法，原则上可以得到上述方程的通解，但是就具体的实际工程而言，不能满足于得出通解，还要得出既能满足热传导微分方程，又能满足具体

问题所限定的一些附加条件下的特解。这些使微分方程式得到特定解的附加条件，数学上称为定解条件，或解的唯一性(单值性)条件。

热传导微分方程及相应的定解条件构成了一个热传导问题完整的数学描述。

对特定的热传导过程，单值性条件包括四个方面：几何条件、物理条件、时间条件和边界条件。几何条件，用来说明导热体的几何形状和大小，如平壁或圆筒壁、厚度、直径等。物理条件，用来说明导热体的物理特征，如物性参数导热系数、比热容和密度的数值，是否随温度变化；有无内热源、大小和分布情况；材料是否各向同性等。

一般来说，求解对象的几何条件和物理条件是已知的。因此非稳态热传导问题的定解条件剩下两个：给出初始时刻导热体内的温度分布即初始条件，以及给出导热体边界上过程进行的特点，反映过程与周围环境相互作用的条件即边界条件。热传导微分方程连同初始条件和边界条件才能完整地描述一个具体的热传导问题。对于稳态热传导问题，定解条件没有初始条件，仅有边界条件。

热传导问题常见的边界条件一般可归纳为三类：第一类边界条件、第二类边界条件、第三类边界条件(见图 16-6)。

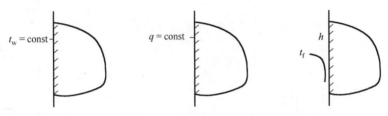

图 16-6　三类边界条件示意图

(1)第一类边界条件：规定了每个瞬间物体表面上的温度分布值，即 $t_w = f(x, y, z)$。对于非稳态热传导这类边界条件要求给出以下关系：$\tau > 0$ 时，$t_w = f_1(\tau)$；在特殊情况下，物体表面的温度在传热过程中为定值，$t_w = \text{const}$。

(2)第二类边界条件：规定了任何瞬时物体边界上的热流密度值。

对于非稳态热传导这类边界条件要求给出以下关系：当 $\tau > 0$ 时，$-\lambda \left(\dfrac{\partial t}{\partial n} \right)_w = f_2(\tau)$，$n$ 为表面 A 的法线方向。

绝热边界条件是传热学研究中经常碰到的一种边界条件，是指边界上的热流密度值为 0，即没有热流通过边界，它实质上是第二类边界条件的特例。

(3)第三类边界条件：规定了边界上物体与周围流体间的表面传热系数 h 以及周围流体的温度 t_f。

以物体被冷却为例：$-\lambda \left(\dfrac{\partial t}{\partial n} \right)_w = h(t_w - t_f)$

对于非稳态热传导，式中 h、t_f 均是 τ 的函数。

综上所述，对于一个热传导问题完整的数学描述，应该包括热传导微分方程和单值性条件两个方面，缺一不可。对完整的数学描述进行求解，即可得到热传导物体内的温度场分布，接着就可以依据热传导傅里叶定律确定相应的热流分布。热传导微分方程的求解方法有很多种，目前应用较多的三种基本方法分别是分析解法、数值解法和实验方法。本书仅对较简单的热传导问题进行分析解法的讲解。

16.3　一维稳态热传导问题

一维稳态条件下的热传导，是一种简单、但是在实际工程里面应用很多的热传导，所谓一维是指温度在空间的变化只需要一个坐标来描述。因此在一个一维热传导问题中，温度梯度仅仅是单一坐标的函数，仅仅在这个方向上发生传热。常见的一维稳态热传导为通过无限大平壁、无限长圆筒壁及球壳的热传导。所谓稳态，是指系统的物理量不随时间发生变化。

16.3.1　平壁

16.3.1.1　单层平壁

已知一个没有内热源的单层平壁，两侧为第一类边界条件，表面温度恒定分别为 t_1 和 t_2，壁厚为 δ，建立如图 16-7 所示坐标系，温度只在 x 方向变化，属一维温度场。

试确定温度分布并求 q。

1）温度分布

当 $\lambda = \text{const}$ 时，无内热源的一维稳态热传导完整的数学描述为

$$\begin{cases} \dfrac{\mathrm{d}^2 t}{\mathrm{d}x^2} = 0 \\ t\big|_{x=0} = t_1 \\ t\big|_{x=\delta} = t_2 \end{cases}$$

对微分方程连续积分两次得其通解：

$$t = c_1 x + c_2$$

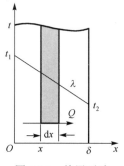

图 16-7　单层平壁

式中，c_1、c_2 为常数，由边界条件确定。

代入边界条件，得该条件下的温度分布为 $t = \dfrac{t_2 - t_1}{\delta} x + t_1$

由上式可知物体内温度分布呈线性关系，即温度分布曲线的斜率是常数（温度梯度）$\dfrac{\mathrm{d}t}{\mathrm{d}x} = \dfrac{t_2 - t_1}{\delta}$。

2）热流密度 q

根据热传导傅里叶定律，结合温度分布函数，得通过平壁的热流密度为

$$q = \frac{\lambda(t_1 - t_2)}{\delta} = \frac{\lambda}{\delta} \Delta t \tag{16-27}$$

若表面积为 A，通过平壁的热传导热流量则为

$$\Phi = \frac{\lambda A(t_1 - t_2)}{\delta} = A \frac{\lambda}{\delta} \Delta t \tag{16-28}$$

式（16-27）、式（16-28）是通过平壁热传导的计算公式，它们揭示了 q、Φ 这两个量与 λ、δ 和 Δt 之间的关系。已知其中任意三个量，就可以求出第四个量。

3）热阻的含义

热量传递是自然界的一种转换过程，与自然界的其他转换过程类同，如电量、动量、质量等的转换。其共同规律可表示为：过程中的转换量=过程中的动力/过程中的阻力。

在电学中，这种规律就是欧姆定律，即

$$I = \frac{U}{R}$$

由前面可知，在平板热传导中热传导热流量：$\Phi = A\frac{\lambda}{\delta}\Delta t$，即

$$\Phi = \frac{\Delta t}{\dfrac{\delta}{\lambda A}} \tag{16-29}$$

式中，Φ 为热流量，为热传导过程的转移量；Δt 为温差，为热传导过程的动力；$\dfrac{\delta}{\lambda A}$ 为热传导过程的阻力。

由此我们可以引出热阻的概念：热转移过程的阻力称为热阻。不同的热量转移有不同的热阻，其分类较多，如热传导热阻、辐射热阻、对流热阻等。对平板热传导而言，热阻又分为单位面积的热传导热阻简称面积热阻 $\dfrac{\delta}{\lambda}$，以及整个平板热传导热阻 $\dfrac{\delta}{\lambda A}$（见图 16-8）。

热阻概念的建立为分析复杂热量的传递过程带来很大的便利。可以借用电阻串联和并联的公式来计算热传递过程所形成的总热阻。参照电阻串联，可以得到串联热阻叠加原则：在一个串联的热量传递过程中，若通过各串联环节的热流量相同，则串联过程的总热阻等于各串联环节的分热阻之和。因此，稳态传热过程的热阻由各个构成环节的热阻组成，且符合热阻叠加原则。

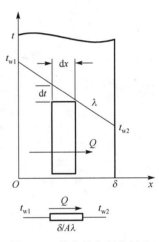

图 16-8　热传导热阻的图示

16.3.1.2　复合壁

复合壁（多层壁）：由几层不同的材料叠加在一起组成。例如，建筑房屋的墙壁由白灰内层、水泥砂浆层、红砖（青砖）主体层等组成，锅炉的炉墙也由耐火层、保温砖层和普通砖层叠合而成。为方便起见，对图 16-9 所示的三层复合壁的热传导问题进行讨论。

假定层与层间接触良好，没有引起附加热阻（亦称为接触热阻），也就是说，通过层间分界面时不会发生温度降。

已知各层材料厚度为 δ_1、δ_2、δ_3，对应的导热系数为 λ_1、λ_2、λ_3，多层壁内外表面温度为 t_1、t_4，其中间温度 t_2、t_3 未知，导热系数均为常数，试确定通过多层壁的热流密度 q。

根据平壁热传导公式可知各层热阻为

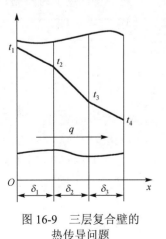

图 16-9　三层复合壁的热传导问题

$$\left. \begin{array}{l} \dfrac{t_1 - t_2}{q} = \dfrac{\delta_1}{\lambda_1} \\[3mm] \dfrac{t_2 - t_3}{q} = \dfrac{\delta_2}{\lambda_2} \\[3mm] \dfrac{t_3 - t_4}{q} = \dfrac{\delta_3}{\lambda_3} \end{array} \right\}$$

对于满足无内热源、一维稳态条件的热传导问题，根据串联热阻叠加原理得多层壁的总热阻为

$$\dfrac{t_1 - t_4}{q} = \dfrac{\delta_1}{\lambda_1} + \dfrac{\delta_2}{\lambda_2} + \dfrac{\delta_3}{\lambda_3}$$

则多层壁热流密度计算公式为

$$q = \dfrac{t_1 - t_4}{\dfrac{\delta_1}{\lambda_1} + \dfrac{\delta_2}{\lambda_2} + \dfrac{\delta_3}{\lambda_3}} \tag{16-30}$$

以此类推，n 层多层壁的计算公式是

$$q = \dfrac{t_1 - t_{n+1}}{\displaystyle\sum_{i=1}^{n} \dfrac{\delta_i}{\lambda_i}} \tag{16-31}$$

解得热流密度后，层间分界面上的未知温度 t_2、t_3 即可求出：

$$t_2 = t_1 - q\dfrac{\delta_1}{\lambda_1}, \qquad t_3 = t_2 - q\dfrac{\delta_2}{\lambda_2} \tag{16-32}$$

3) 与两种流体接触的多层平壁热传导

绪论中讨论过传热过程的热量传递，对于两侧均与流体接触，即第三类边界条件下的多层平壁稳态热传导（三层的示例见图 16-10），应用串联热阻叠加原理可得，其总热阻为两侧对流传热热阻与各平壁热传导热阻之和，而总的传热驱动力为冷热流体的温度差，即

$$q = \dfrac{t_{f1} - t_{f2}}{\dfrac{1}{h_1} + \displaystyle\sum_{i=1}^{n} \dfrac{\delta_i}{\lambda_i} + \dfrac{1}{h_2}}$$

例 16-1 一台型号为 DZL4-1.25-193-AII（卧式燃煤蒸汽锅炉）的锅炉，炉墙由三层材料叠合组成。最里层为耐火黏土砖，导热系数为 1.12W/(m·K)，厚度为 110mm；中间层为硅藻土砖，导热系数为 0.116W/(m·K)，厚度为 120mm；最外层为石棉板，导热系数为 0.116W/(m·K)，厚度为 70mm。已知炉墙内表面温度为 600℃，外表面温度为 40℃，求炉墙单位面积上每小时的热损失及中间两个界面的温度。

解： 假定通过炉墙的热传导为一维稳态热传导，且炉墙三种材料之间接触良好，没有接触热阻的存在，则由式 (16-31) 可得

$$q = \frac{t_1 - t_{n+1}}{\sum_{i=1}^{n} \frac{\delta_i}{\lambda_i}}$$

$$= \frac{600℃ - 40℃}{\dfrac{0.11m}{1.12W/(m \cdot K)} + \dfrac{0.12m}{0.116W/(m \cdot K)} + \dfrac{0.07m}{0.116W/(m \cdot K)}}$$

$$\approx \frac{560}{1.736} W/m^2 \approx 323W/m^2$$

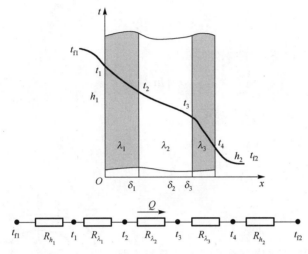

图 16-10　第三类边界条件下的三层平壁稳态热传导

耐火黏土砖与硅藻土砖分界面的温度为

$$t_2 = t_1 - q\frac{\delta_1}{\lambda_1} = 600℃ - 323W/m^2 \times \frac{0.11m}{1.12W/(m \cdot K)} \approx 568.3℃$$

硅藻土砖与石棉板分界面的温度为

$$t_3 = t_2 - q\frac{\delta_2}{\lambda_2} = 568.4℃ - 323W/m^2 \times \frac{0.12m}{0.116W/(m \cdot K)} \approx 234.3℃$$

16.3.2　圆筒壁

16.3.2.1　单层圆筒壁

已知一长度远大于其外径的圆筒壁，其内、外半径分别为 r_1、r_2，内、外表面温度恒定分别为 t_1、t_2。若采用圆柱坐标系 (r, ϕ, z) 求解，因为其长度远大于外径，所以通过圆筒壁两端的散热可以忽略，则圆筒壁的热传导成为沿半径方向的一维热传导问题。单层圆筒壁如图 16-11 所示。假设：$\lambda = \text{const}$，且无内热源。求其温度分布及单位长度上的导热量。

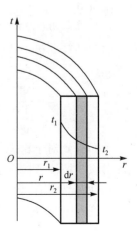

图 16-11　单层圆筒壁

（1）圆筒壁的温度分布

根据圆柱坐标系中的热传导微分方程：

$$\rho c \frac{\partial t}{\partial \tau} = \frac{1}{r} \frac{\partial}{\partial r}\left(\lambda r \frac{\partial t}{\partial r} \right) + \frac{1}{r^2} \frac{\partial}{\partial \phi}\left(\lambda \frac{\partial t}{\partial \phi} \right) + \frac{\partial}{\partial z}\left(\lambda \frac{\partial t}{\partial z} \right) + \dot{\Phi}$$

得常物性、稳态、一维、无内热源圆筒壁的热传导微分方程为

$$\frac{\mathrm{d}}{\mathrm{d}r}\left(r \frac{\mathrm{d}t}{\mathrm{d}r} \right) = 0 \tag{16-33}$$

如图 16-11 所示建立坐标系，边界条件为

$$t\big|_{r=r_1} = t_1$$

$$t\big|_{r=r_2} = t_2$$

对此方程积分得其通解(连续积分两次)：

$$t = c_1 \ln r + c_2$$

式中，c_1、c_2 为常数，由边界条件确定。

代入边界条件，得

$$c_1 = \frac{t_2 - t_1}{\ln(r_2 / r_1)}$$

$$c_2 = t_1 - \ln(r_1)\frac{t_2 - t_1}{\ln(r_2 / r_1)}$$

将 c_1、c_2 代入热传导微分方程通解中，得圆筒壁的温度分布为

$$t = t_1 + \frac{t_2 - t_1}{\ln(r_2 / r_1)}\ln(r / r_1) \tag{16-34}$$

由此可见，与平壁中的温度分布呈线性分布不同，圆筒壁中的温度分布呈对数曲线(见图 16-12)。

因为 $\dfrac{\mathrm{d}t}{\mathrm{d}r} = \dfrac{t_{w1} - t_{w2}}{\ln(r_2 / r_1)}\dfrac{1}{r}$，$\dfrac{\mathrm{d}^2 t}{\mathrm{d}r^2} = \dfrac{t_{w1} - t_{w2}}{\ln(r_2 / r_1)}\dfrac{1}{r^2}$，所以，曲线的凹凸性取决于圆筒内、外壁面的温度高低。

若 $t_{w1} < t_{w2}$：$\dfrac{\mathrm{d}^2 t}{\mathrm{d}r^2} < 0$，则向上凸；

若 $t_{w1} > t_{w2}$：$\dfrac{\mathrm{d}^2 t}{\mathrm{d}r^2} > 0$，则向下凹。

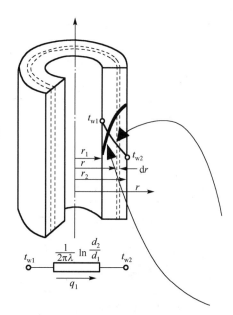

图 16-12 单层圆筒壁的温度分布

上面提到对于稳态的一维热传导问题，可以利用热传导傅里叶定律定性判断温度分布曲线的形状，请读者按照上述方法自行判断曲线的凹凸性。

(2)圆筒壁热传导的热流密度

对圆筒壁温度分布求导得

$$\frac{\mathrm{d}t}{\mathrm{d}r} = \frac{1}{r}\frac{t_2 - t_1}{\ln(r_2 / r_1)}$$

代入热传导傅里叶定律得到通过圆筒壁的热流密度：

$$q = -\lambda \frac{\mathrm{d}t}{\mathrm{d}r} = \frac{\lambda}{r} \frac{t_2 - t_1}{\ln(r_2 / r_1)} \tag{16-35}$$

由此可见，通过圆筒壁热传导时，不同半径处的热流密度与半径成反比。

(3) 圆筒壁面的热流量

$$\Phi = 2\pi r l q = \frac{2\pi l \lambda (t_1 - t_2)}{\ln(r_2 / r_1)} \tag{16-36}$$

由此可见，通过整个圆筒壁面的热流量不随半径的变化而变化。

根据热阻的定义，通过圆通壁的热传导热阻为

$$R = \frac{\Delta t}{\Phi} = \frac{\ln(r_2 / r_1)}{2\pi l \lambda} \tag{16-37}$$

16.3.2.2　多层(复合)圆筒壁

对于由不同材料构成的多层圆筒壁的热传导问题，如图 16-13 所示，根据热阻叠加原理，其热传导热流量可按总温差和总热阻计算，求得通过多层圆筒壁的热传导热流量：

$$\Phi = \frac{t_{w1} - t_{w(n+1)}}{\sum_{i=1}^{n} \frac{1}{2\pi \lambda_i L} \ln \frac{r_{i+1}}{r_i}} \tag{16-38}$$

通过单位长度圆筒壁的热流量为

$$q_l = \frac{t_{w1} - t_{w(n+1)}}{\sum_{i=1}^{n} \frac{1}{2\pi \lambda_i} \ln \frac{r_{i+1}}{r_i}} \quad (\mathrm{W}/\mathrm{m})$$

下面讨论与两种流体接触的单层圆筒壁和多层圆筒壁。

这种情形发生在换热器中，即换热管两侧的冷、热流体传热情况。温度为 t_{f1} 的较热流体在柱体内部流动，而温度为 t_{f2} 的较冷流体在柱体外部流动，它们之间存在热交换，两侧表面处的表面传热系数已知，分别为 h_1 和 h_2 且保持不变。第三类边界条件下的多层圆筒壁热传导如图 16-14 所示。

应用第三类边界条件下的单层圆筒壁热传导

$$q_l \big|_{r_1} = 2\pi r_1 h_1 (t_{f1} - t_{w1}) = q_l = \frac{t_{w1} - t_{w2}}{\frac{1}{2\pi \lambda} \ln \frac{r_2}{r_1}} = q_l \big|_{r_2} = 2\pi r_2 h_2 (t_{w2} - t_{f2})$$

$$q_l = \frac{t_{f1} - t_{f2}}{\frac{1}{h_1 2\pi r_1} + \frac{1}{2\pi \lambda} \ln \frac{r_2}{r_1} + \frac{1}{h_2 2\pi r_2}} = \frac{t_{f1} - t_{f2}}{R_l} \quad (\mathrm{W}/\mathrm{m})$$

同样道理，与两种流体接触的多层圆筒壁应用串联热阻的叠加原则，其热流密度为

$$q_l = \frac{t_{f1} - t_{f2}}{\dfrac{1}{h_1 \pi d_1} + \displaystyle\sum_{i=1}^{n} \frac{1}{2\pi\lambda_i} \ln\frac{d_{i+1}}{d_i} + \dfrac{1}{h_2 \pi d_{n+1}}}$$

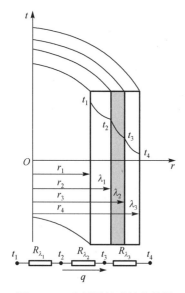

图 16-13　多层圆筒壁的热传导

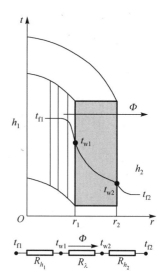

图 16-14　第三类边界条件下的多层圆筒壁热传导

16.3.3　球壳

对于内表面和外表面分别为第一类边界条件的空心球壳热传导，在球坐标系下也是一个沿着球半径方向的一维热传导问题（见图 16-15），典型的例子是化工厂中球形储罐壁面中的热传导问题。

对球坐标系下的热传导微分方程化简求解可以得到：

$$\frac{d}{dr}\left(r^2 \frac{dt}{dr}\right) = 0, \qquad r = r_1, t = t_1; \qquad r = r_2, t = t_2$$

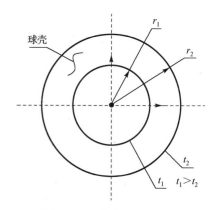

图 16-15　球壳一维热传导

温度分布为

$$t = t_2 + (t_1 - t_2)\frac{1/r - 1/r_2}{1/r_1 - 1/r_2} \tag{16-39}$$

热流量计算式：

$$\Phi = \frac{4\pi\lambda(t_1 - t_2)}{1/r_1 - 1/r_2} \tag{16-40}$$

热阻：

$$R = \frac{1}{4\pi\lambda}\left(\frac{1}{r_1} - \frac{1}{r_2}\right) \tag{16-41}$$

16.4 肋片热传导问题

16.4.1 肋片的传热

在许多场合中，如绪论中的传热过程、处于第三类边界条件下的平壁热传导等，会涉及热传导和对流的联合作用。为了强化固体和邻近流体之间的传热，最常见的应用是利用扩展表面，这种依附于基础表面上的扩展表面称为肋片。

光滑面如图 16-16(a)所示，假定导热体温度固定，从牛顿冷却定律可以知道，要强化传热，要么增大对流传热系数，要么降低流体的温度。然而在许多场合中，增大对流传热系数会受到制约，降低流体温度往往也是不现实的。从图 16-16(b)可以发现，借助增大对流传热面积及辐射散热面以强化传热是一个非常有效的方法。需要特别注意的是，在肋片伸展的方向上有表面的对流传热及辐射散热，在肋片中沿热传导热流传递方向上的热流量是不断变化的，即 $\Phi \neq \text{const}$。

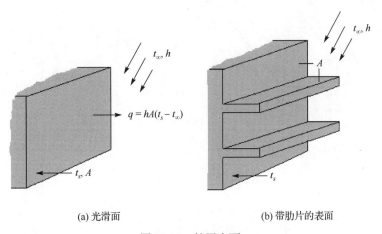

(a) 光滑面   (b) 带肋片的表面

图 16-16 扩展表面

作为工程师，分析肋片热传导需要解决的问题：一是确定肋片的温度沿热传导热流传递的方向是如何变化的；二是确定通过肋片的散热热流量有多少。肋片在工程实际的换热设备中，常用于强化对流传热，如散热器外加肋片、翅片管换热器等都是应用肋片强化传热的典型例子。肋片的型式多种多样，其中最简单的就是等截面直肋。

16.4.2 通过等截面直肋的热传导

以矩形肋为例，如图 16-17(a)所示，肋的高度为 H，厚度为 δ，宽度为 l，与高度方向垂直的横截面积为 A_c，截面周长为 P，纵剖面积为 A_1。已知肋根温度为 t_0，周围流体温度为 t_∞，且 $t_0 > t_\infty$，h 为复合传热的表面传热系数。试确定：肋片中的温度分布及通过肋片的散热量。

为了简化分析，做如下假设：

(1)材料导热系数 λ 及表面传热系数 h 均为常数，沿肋高方向肋片横截面积 A_c 不变。

(2)肋片在垂直于纸面方向(即深度方向)很长，不考虑温度沿该方向的变化，因此取单位长度 $l=1$ 进行分析。

(3) 表面上的传热热阻 $1/h$ 远大于肋片的热传导热阻 δ/λ，即肋片上任意截面上的温度均匀不变；一般来说肋片都很薄，而且都是用金属材料制成的，所以基本上都能满足这一条件。

(4) 忽略肋片顶端的散热，视为绝热，即 $dt/dx=0$。

解：在上述假设条件下，复杂的肋片热传导问题就转化为沿肋高方向的一维稳态热传导问题，如图 16-17 (b) 所示。但是肋片的热传导不同于前面的平壁和圆筒壁的热传导。从图 16-17 (c) 中可以看出，肋片的边界为肋根和肋端，分别为第一类和第二类边界条件，但肋片的周边也要与周围流体进行对流传热，将该项热量作为肋片的内热源进行处理，这样肋片的热传导问题就简化成了一维有内热源的稳态热传导问题。其相应的热传导微分方程为

$$\frac{d^2t}{dx^2} + \frac{\dot{\Phi}}{\lambda} = 0 \tag{16-42}$$

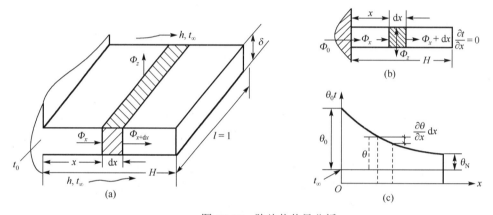

图 16-17 肋片热传导分析

计算区域的边界条件是

$$\begin{cases} x=0, & t=t_0 \\ x=H, & dt/dx=0 \end{cases} \tag{16-43}$$

针对长度为 dx 的微元体，参与传热的截面周长为 P，则微元表面的总散热量为

$$\Phi_s = (Pdx)h(t-t_\infty) \tag{16-44}$$

微元体的体积为 $A_c dx$，那么，微元体的折算源项为

$$\dot{\Phi} = -\frac{\Phi_s}{A_c dx} = -\frac{Ph(t-t_\infty)}{A_c} \tag{16-45}$$

负号表示肋片向环境散热，所以源项取负。

将式 (16-45) 代入式 (16-42)，得

$$\frac{d^2t}{dx^2} = \frac{Ph(t-t_\infty)}{\lambda A_c} \tag{16-46}$$

式 (16-46) 为温度 t 的二阶非齐次常微分方程。为求解方便，引入过余温度 $\theta = t-t_\infty$，使式 (16-46) 变形成为二阶齐次方程，可得所研究问题的完整数学描述为

$$\begin{cases} \dfrac{\mathrm{d}^2\theta}{\mathrm{d}x^2} = m^2\theta \\[2mm] x=0, \qquad \theta = \theta_0 = t_0 - t_\infty \\[2mm] x=H, \qquad \dfrac{\mathrm{d}\theta}{\mathrm{d}x} = 0 \end{cases} \tag{16-47}$$

式中，$m = \sqrt{hP/(\lambda A_c)}$ 为一常量。

式 (16-47) 是一个二阶线性齐次常微分方程，求解得其通解为

$$\theta = c_1 \mathrm{e}^{mx} + c_2 \mathrm{e}^{-mx} \tag{16-48}$$

式中，c_1、c_2 为积分常数，由边界条件确定。将边界条件代入得

$$c_1 + c_2 = \theta_0, \quad c_1 m \mathrm{e}^{mH} - c_2 m \mathrm{e}^{-mH} = 0 \tag{16-49}$$

求解，得

$$\begin{cases} c_1 = \theta_0 \dfrac{\mathrm{e}^{-mH}}{\mathrm{e}^{mH} + \mathrm{e}^{-mH}} \\[4mm] c_2 = \theta_0 \dfrac{\mathrm{e}^{mH}}{\mathrm{e}^{mH} + \mathrm{e}^{-mH}} \end{cases}$$

将 c_1、c_2 代入通解中，并根据双曲余弦函数的定义式，得肋片中的温度分布为

$$\theta = \theta_0 \frac{\mathrm{e}^{m(H-x)} + \mathrm{e}^{-m(H-x)}}{\mathrm{e}^{mH} + \mathrm{e}^{-mH}} = \theta_0 \frac{\cosh[m(H-x)]}{\cosh(mH)} \tag{16-50}$$

令 $x=H$，即可从式 (16-50) 中得出肋端温度的计算式：

$$\theta_H = \frac{\theta_0}{\cosh(mH)} \tag{16-51}$$

根据能量守恒定律，由肋片散入外界的全部热流量都必须通过 $x=0$ 处的肋根截面。将式 (16-50) 的 θ 代入热传导傅里叶定律的表达式，即得通过肋片散入外界的热流量为

$$\begin{aligned} \varPhi_{x=0} &= -\lambda A_c \left(\frac{\mathrm{d}\theta}{\mathrm{d}x} \right)_{x=0} = -\lambda A_c \theta_0 (-m) \frac{\sinh(mH)}{\cosh(mH)} \\ &= \lambda A_c \theta_0 m \tanh(mH) = \frac{hP}{m} \theta_0 m \tanh(mH) \end{aligned} \tag{16-52}$$

说明：

(1) 上述结论是在假设肋端绝热的情况下推出的，即 $x=H$，$\mathrm{d}t/\mathrm{d}x = 0$。可应用于大量实际肋片，特别是薄而长结构的肋片，可以获得实用上足够精确的结果。若必须考虑肋端的散热，则 $x=H$，$\mathrm{d}t/\mathrm{d}x \neq 0$，上述一系列公式不适用，此时可在肋端添加第三类边界条件进行求解。

(2) 计算热流量 $\varPhi$ 比较简便的方法。若肋片的厚度为 δ，引入假想高度 $H' = H + \dfrac{\delta}{2}$ 代替实际肋高 H 仍按式 (16-52) 计算 $\varPhi$。这种处理，实际上是基于这样一种想法，即为了照顾末梢端面的散热而把端面面积铺展到侧面上去。

16.4.3 肋效率

为了表征肋片散热的有效程度，引入了肋效率的概念，它有以下物理意义：

$$\eta_f = \frac{实际散热量}{假设整个肋表面处于肋基温度下的散热量} \tag{16-53}$$

有了上述定义，可以很明显地看出来，已知肋效率 η_f 即可计算出肋片的实际散热量。对于等截面直肋，其肋效率为

$$\eta_f = \frac{\dfrac{hP}{m}\theta_0 m\tanh(mH)}{hPH\theta_0} = \frac{\tanh(mH)}{mH} \tag{16-54}$$

对于直肋，假定肋片长度 l 比其厚度 δ 要大得多，所以可取出单位长度来研究。其中参与传热的周界 $P=2$，于是有

$$mH = \sqrt{\frac{hP}{\lambda A_c}}H = \sqrt{\frac{2h}{\lambda\delta\times1}}H = \sqrt{\frac{2h}{\lambda\delta}}H \tag{16-55}$$

对于环肋，理论分析表明，肋效率也是参数 mH 的单值函数。假定环的内半径远大于其厚度，则式(16-55)同样成立。将式(16-55)的分子、分母同乘以 $H^{1/2}$，得

$$mH = \sqrt{\frac{hP}{\lambda\delta H}}H^{3/2} = \sqrt{\frac{2h}{\lambda A_L}}H^{3/2} \tag{16-56}$$

式中，$A_L = \delta H$ 代表肋片的纵剖面积。实用上，往往采用以肋效率 η_f 与图 16-18 所示的 mH 或 $\sqrt{\dfrac{2h}{\lambda A_L}}H^{3/2}$ 为坐标的曲线，来表示各种肋片的理论解结果。

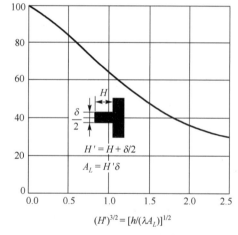

图 16-18 等截面直肋的效率曲线

例 16-2 平板式太阳能集热器作为一种简单的吸热板结构，其面向太阳的一面涂有辐射吸收比较高的材料，背面则是一组平行的管子，内通冷却水吸收太阳辐射，管子间充满绝热材料。假设净吸收的太阳辐为 q，空气温度为 t_f，管子与吸热板结合处温度为 t_0，试确定吸热板中温度分布的数学描述。

解：其微分方程为 $\dfrac{\mathrm{d}^2t}{\mathrm{d}^2x} + \dfrac{\dot{\Phi}}{\lambda} = 0$。

边界条件为 $x=0, t=t_0$ ；$x=s/2, \dfrac{\mathrm{d}t}{\mathrm{d}x}=0$。同时该问题考虑了辐射，因此源项 $\Phi = \dfrac{-hP(t-t_\infty)+qP}{A_c}$。

代入微分方程，整理得 $\dfrac{\mathrm{d}^2t}{\mathrm{d}^2x} = \dfrac{hP}{\lambda A_c}\left(t-t_\infty-\dfrac{q}{h}\right)$。

引入过余温度，定义 $\theta = t - t_\infty - \dfrac{q}{h}$，得到该问题的解：$\dfrac{\mathrm{d}^2 t}{\mathrm{d}^2 x} = m^2 \theta$。

习　题

16-1．假设有一个厚度为 0.3m 的墙，其导热系数为1.3W/(m·K)，为了保证每平方米的墙壁热损失不超过 50W，在墙外侧覆盖了一层导热系数为 0.05W/(m·K) 的保温材料。已知墙壁内、外两侧的温度分别为 25℃ 和 0℃，试确定保温层的厚度。

16-2．试推导圆柱坐标系下的热传导微分方程。

16-3．火箭燃烧室为外径 130mm 的圆筒，壁厚 2.1mm，导热系数为 23.2W/(m·K)，圆筒外壁用冷却水冷却，外壁温度为 240℃。通过测量得到热流密度为 4.8×10^{-6} W/m²，其材料的最高温度不允许超过 700℃，试判断该燃烧室壁面是否处于安全工作温度范围内？

16-4．在平板导热仪中，试件厚度远远小于直径 d，由于安装问题，试件与冷、热表面之间存在着厚度为 0.1mm 的空气间隙。假设表面温度分别为180℃和30℃，空气间隙的导热系数按相应的温度查取，忽略空气隙的辐射传热，试确定空气隙的存在给测量带来的误差。

16-5．假设直径为 3mm 的导线，电阻每米为 $2.22 \times 10^{-3}\Omega$。导线外部包覆 1mm、导热系数为 0.15W/(m·K) 的绝缘层。限制绝缘层最高温度不得超过 65℃，最低温度为 0℃，试求在该条件下导线中的最大电流是多少？

16-6．一个摩托车气缸外径 60mm，高 170mm，导热系数为 180W/(m·K)。为了强化传热，气缸外敷设等厚度的铝合金环肋 10 个，肋厚 3mm，肋高 25mm，假设摩托车表面传热系数为 50W/(m·K)，空气温度为 28℃，气缸外壁为 220℃。分析增加肋片后气缸的散热是原来的多少倍？

16-7．一烘箱的炉门由两种保温材料 A 和 B 做成，且厚度 $\delta_A = 2\delta_B$。已知 $\lambda_A = 0.1$W/(m·K)，$\lambda_B = 0.06$W/(m·K)，烘箱内空气温度 $t_{f1} = 400℃$，内壁面的总表面传热系数 $h_1 = 50$W/(m²·K)。为安全起见，希望烘箱炉门的外表面温度不得高于 50℃。假设可把炉门热传导作为一维问题处理，试确定所需保温材料的厚度。环境温度 $t_{f1} = 25℃$，外表面总表面传热系数 $h_1 = 9.5$W/(m²·K)。

16-8．某房间墙壁（从外到内）由一层厚度为 240mm 的砖层和一层厚度为 20mm 的灰泥构成。冬季外壁面温度为 –10℃，内壁面温度为 18℃。求：

(1)通过该墙体的热流密度是多少？

(2)两层材料接触面的温度是多少？已知砖的导热系数为 0.7W/(m·K)，灰泥的导热系数为 0.58W/(m·K)。

16-9．有一厚度为 $\delta = 400$mm 的房屋外墙，导热系数为 0.5W/(m·K)。冬季室内空气温度为 $t_1 = 20℃$，和墙内壁面之间对流传热的表面传热系数为 $h_1 = 4$W/(m²·K)。室外空气温度为 $t_2 = -10℃$，和外墙之间对流传热的表面传热系数为 $h_2 = 6$W/(m²·K)。如果不考虑热辐射，试求通过墙壁的传热系数、单位面积的传热量和内、外壁面温度。

16-10．一单层玻璃窗，高 1.2m，宽 1m，玻璃厚 0.3mm，玻璃的导热系数 $\lambda = 1.05$W/(m·K)，室内、外的空气温度分别为 20℃ 和 5℃，室内、外空气与玻璃窗之间对流传热的表面传热系数分别为 $h_1 = 5$W/(m²·K) 和 $h_2 = 20$W/(m²·K)。试求玻璃窗的散热损失及玻璃的热传导热阻、两侧的对流传热热阻。

第 17 章　非稳态热传导

17.1　非稳态热传导概述

17.1.1　两类非稳态热传导

物体的温度随时间而变化的热传导过程称为非稳态热传导。通常来说，根据物体内温度随时间而变化的特征不同又可以分为两类：一类是物体的温度随时间做周期性变化，称为周期性非稳态热传导。例如，墙体的温度在一天内随室外气温的变化做周期性变化；在一年内随季节的变化做周期性变化。另一类是物体的温度会随着时间的推移逐渐趋于恒定的值，称为瞬态非稳态热传导问题。例如，一个固体的周围热环境突然发生变化形成的热传导问题，初始时处于均匀温度，突然放到温度较低的液体中进行淬火的金属锻件，金属锻件的温度会随着时间的进行而逐渐降低，最终达到冷却液体的温度。

本书仅分析后一种非稳态热传导过程的特点。非稳态热传导过程中的温度分布如图17-1 所示。设一平壁，其初始温度为 t_0，令其左侧的表面温度突然升高到 t_1 并保持不变，而右侧仍与温度为 t_0 的空气接触，平壁的温度分布通常要经历以下的变化过程。首先，物体与高温表面靠近部分的温度很快上升，而其余部分仍保持原来的温度 t_0。如图 17-1 中的曲线 HBD。随着时间的推移，由于物体热传导，温度变化波及范围扩大，以致在一定时间后，右侧表面温度也逐渐升高，图中曲线 HCD、HE、HF 示意性地表示了这种变化过程。最终达到稳态时，温度分布保持恒定，如图 17-1 中的曲线 HG（若导热系数为常数，则 HG 是直线）。

以上分析表明，在上述非稳态热传导过程中，物体中的温度分布存在着两个不同阶段。

（1）非正规状况阶段（右侧面不参与传热）。

其特点是温度的变化从表面逐渐向物体内部深入，物体内各点的温度变化对时间的变化率各不相同，在这一阶段，温度分布呈现出主要受初始温度分布控制的特性。

（2）正规状况阶段（右侧面参与传热）。

当过程进行到一定深度时，物体初始温度分布的影响逐渐消失，物体中的温度分布主要取决于边界条件及物性。正规状况阶段的温度变化规律是本章讨论的重点。对于周期性非稳态热传导，不存在正规状况与非正规状况两个阶段之分，这也是周期性与瞬态非稳态热传导的一个很大区别。

在上述平壁由于左侧表面温度突然升高发生的非稳态热传导过程中，在与热流量方向相垂直的不同截面上热流量不相等，这是非稳态热传导区别于稳态热传导的一个特点。

其原因是，由于在热量传递的路径上，物体各处温度的变化要积聚或消耗能量，所以在热流量传递方向上的热流量并不是一个常数（$\Phi \neq \mathrm{const}$）。

图 17-2 定性地示出了图 17-1 所示的非稳态热传导平板，从左侧面导入的热流量 Φ_1 及从右侧面导出的热流量 Φ_2 随时间变化的曲线。在整个非稳态热传导过程中，这两个截面上的热

流量是不相等的，但随着过程的进行，其差别逐渐减小，直至达到稳态时热流量相等。图中有阴影线部分就代表了平板升温过程中所积聚的能量。

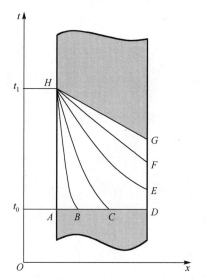

图 17-1　非稳态热传导过程中的温度分布

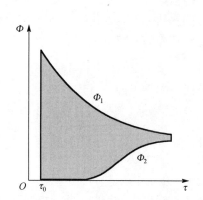

图 17-2　平板非稳态热传导过程中两侧表面上导热量随时间的变化

17.1.2　非稳态热传导的数学描述

在第 16 章中指出，一个热传导问题完整的数学描述包括控制方程和定解条件两个方面，对于非稳态热传导也是如此。与稳态热传导不同的是，非稳态热传导的定解条件中某时刻或者初始时刻的条件尤为重要。

17.1.2.1　微分方程

在第 2 章中导出的热传导微分方程是描述所有热传导问题（包括稳态热传导和非稳态热传导）的通用方程，只不过非稳态项在稳态热传导过程中为 0，而在非稳态热传导中不为 0。

$$\rho c \frac{\partial t}{\partial \tau} = \frac{\partial}{\partial x}\left(\lambda \frac{\partial t}{\partial x}\right) + \frac{\partial}{\partial y}\left(\lambda \frac{\partial t}{\partial y}\right) + \frac{\partial}{\partial z}\left(\lambda \frac{\partial t}{\partial z}\right) + \dot{Q}$$

17.1.2.2　初始条件

热传导微分方程式连同初始条件及边界条件一起，完整地描写了一个特定的非稳态热传导问题。非稳态热传导问题的求解，实质上归结为在规定的初始条件及边界条件下求解热传导微分方程式。这是本章的主要任务。初始条件的一般形式是

$$t(x, y, z, 0) = f(x, y, z) \tag{17-1}$$

一个实用上经常遇到的简单特例是初始温度均匀，即

$$t(x, y, z, 0) = t_0 \tag{17-2}$$

17.1.2.3　边界条件

边界条件的表示方法已在第 2 章中讨论过，分为第一类、第二类和第三类边界条件，在

瞬态非稳态热传导问题中最常见的是处于第三类边界条件下，导热体内的温度对周围对流传热的边界条件的响应。

为了说明第三类边界条件下非稳态热传导时物体中的温度变化特性与边界条件参数的关系，下面分析一简单情形。

假设有一块厚 2δ 的金属平板，初始温度为 t_0，突然将它置于温度为 t_∞ 的流体中进行冷却，表面传热系数为 h，平板导热系数为 λ。此非稳态热传导问题，仅受两个因素的影响：一是物体内部的热传导，二是边界上与外部流体的对流传热。因此，分析内部热传导面积热阻 δ/λ 与外部对流热阻 $1/h$ 的相对大小的不同，可以得知平板中温度场的变化会出现以下三种情况。

1）$1/h \ll \delta/\lambda$

这时，由于表面对流传热热阻 $1/h$ 几乎可以忽略，相当于表面对流传热系数很大的情形，因而过程一开始，平板的表面温度就被冷却到 t_∞。随着时间的推移，平板内部各点的温度逐渐下降而趋近于 t_∞，如图 17-3(a) 所示。

2）$\delta/\lambda \ll 1/h$

这时，平板内部热传导热阻 δ/λ 几乎可以忽略，没有热阻则没有温度差，因而任一时刻平板中各点温度接近均匀，并随着时间的推移整体地下降，逐渐趋近于 t_∞，如图 17-3(b) 所示。

3）$1/h$ 与 δ/λ 的数值比较接近

这时，平板中不同时刻的温度分布介于上述两种极端情况之间，如图 17-3(c) 所示。

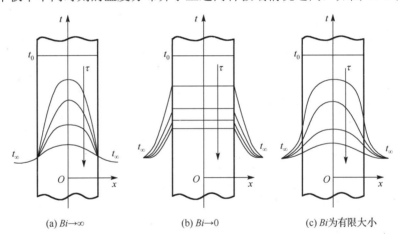

(a) $Bi \to \infty$　　　　　　(b) $Bi \to 0$　　　　　　(c) Bi 为有限大小

图 17-3　毕奥数 Bi 对平板温度场变化的影响

17.1.2.4　毕奥数

由上述分析可见，表面对流传热热阻 $1/h$ 与热传导热阻 δ/λ 的相对大小对物体中非稳态热传导温度场的分布有重要影响。因此，在传热学上引入表征二者比值的无量纲数，称为毕奥数。类似流体力学中表征流动状态为层流还是紊流的 Re，这类表征某一物理现象或过程特征的无量纲数也称为特征数，或准则数。

(1) 毕奥数定义式：

$$Bi = \frac{\delta/\lambda}{1/h} = \frac{\delta h}{\lambda} \tag{17-3}$$

(2) Bi 的物理意义：Bi 是固体内部热传导热阻与其界面上对流传热热阻之比。其大小反映了物体在非稳态条件下内部温度场的分布规律。

(3)特征长度：需要注意的是，在特征数的表达式中，δ 是厚度，指特征数定义式中的几何尺度，称为特征长度。

17.2　零维非稳态热传导——集中参数法

17.2.1　集中参数法

17.2.1.1　定义

对非稳态热传导问题的求解，最简单的应当是当固体内的 $\delta / \lambda \ll 1 / h$，即 $Bi \to 0$ 时，固体内的温度趋于一致，此时可认为整个固体在同一瞬间均处于同一温度下。这时需求解的温度仅是时间的一元函数，而与坐标无关，就好像该固体原来连续分布的质量与热容量汇总到一点上，而只有一个温度值那样。这种忽略物体内部热传导热阻的简化分析方法称为集中参数法。

17.2.1.2　集中参数法的计算方法

假定有一任意形状的物体，其体积为 V，面积为 A，初始温度为 t_0，在初始时刻，突然将其置于温度恒为 t_∞ 的流体中，且 $t_0 > t_\infty$，固体与流体间的表面传热系数 h、固体的物性参数均保持为常数(见图 17-4)。设同一时刻物体内的温度相等，试根据集中参数法确定物体温度随时间的依变关系及在一段时间 τ 内物体与流体间的传热量。

解：(1)首先建立非稳态热传导数学模型。

非稳态、有内热源的热传导微分方程为

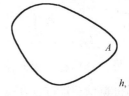

$$\frac{\partial t}{\partial \tau} = a\left(\frac{\partial^2 t}{\partial x^2} + \frac{\partial^2 t}{\partial y^2} + \frac{\partial^2 t}{\partial z^2}\right) + \frac{\dot{\Phi}}{\rho c}$$

图 17-4　集中参数法的简化分析

假定物体内部热传导热阻很小可忽略不计，物体在同一瞬间各点的温度基本相等，即 t 仅是 τ 的一元函数，而与坐标 x、y、z 无关，即

$$\frac{\partial^2 t}{\partial x^2} + \frac{\partial^2 t}{\partial y^2} + \frac{\partial^2 t}{\partial z^2} = 0$$

因此，非稳态、有内热源的热传导微分方程可以简化为

$$\frac{\mathrm{d}t}{\mathrm{d}\tau} = \frac{\dot{\Phi}}{\rho c} \tag{17-4}$$

$\dot{\Phi}$ 可视为广义内热源，界面上交换的热量应折算成整个物体的体积热源，即

$$-\dot{\Phi}V = hA(t - t_\infty) \tag{17-5}$$

由于 $t > t_\infty$，物体被冷却。$\dot{\Phi}$ 应为负值。

由式(17-4)、式(17-5)得

$$\rho c V \frac{\mathrm{d}t}{\mathrm{d}\tau} = -hA(t - t_\infty) \tag{17-6}$$

式(17-6)即热传导微分方程式。若 $t > t_\infty$，物体被冷却，上述热传导微分方程式仍然成立。

(2)物体温度随时间的依变关系。

引入过余温度 $\theta = t - t_\infty$，则式(17-6)表示成：

$$\rho c V \frac{\mathrm{d}\theta}{\mathrm{d}\tau} = -hA\theta$$

其初始条件为 $\theta(0) = t_0 - t_\infty$，将 $\rho c V \frac{\mathrm{d}\theta}{\mathrm{d}\tau} = -hA\theta$ 分离变量求解微分方程 $\frac{\mathrm{d}\theta}{\theta} = -\frac{hA}{\rho c V}\mathrm{d}\tau$，

对时间 τ 从 $0 \to \tau$ 积分，则

$$\int_{\theta_0}^{\theta} \frac{\mathrm{d}\theta}{\theta} = -\int_0^\tau \frac{hA}{\rho c V}\mathrm{d}\tau$$

$$\ln \frac{\theta}{\theta_0} = \frac{hA}{\rho c V}\tau$$

即

$$\frac{\theta}{\theta_0} = \frac{t - t_\infty}{t_0 - t_\infty} = \exp\left(-\frac{hA}{\rho c V}\tau\right) \tag{17-7}$$

其中，

$$\frac{hA}{\rho c V}\tau = \frac{hV}{\lambda A}\frac{\lambda}{(V/A)^2 \rho c}\tau = \frac{h(V/A)}{\lambda}\frac{a\tau}{(V/A)^2} = Bi_V Fo_V \tag{17-8}$$

V/A 是导热体体积与表面积之比，具有长度的量纲，记为 l。

通过量纲分析可以发现，$\frac{hA}{\rho c V}\tau$ 为一数值，没有量纲；毕奥数 $Bi_V = \frac{hl}{\lambda}$ 如前面所述，为一特征数，因此 $Fo_V = \frac{a\tau}{l^2}$ 也为一无量纲数，称其为傅里叶数。

故得

$$\frac{\theta}{\theta_0} = \frac{t - t_\infty}{t_0 - t_\infty} = \exp(-Bi_V Fo_V) \tag{17-9}$$

由此可见，采用集中参数法分析时，物体内的过余温度随时间呈指数曲线关系变化。而且开始变化较快，随后逐渐变慢。

指数函数中的 $\frac{hA}{\rho c V}$ 的量纲与 $1/\tau$ 的量纲相同，如果时间 $\tau = \frac{hA}{\rho c V}$，则

$$\frac{\theta}{\theta_0} = \frac{t - t_\infty}{t_0 - t_\infty} = \exp(-1) = 0.368 = 36.8\%$$

故将 $\frac{hA}{\rho c V}$ 称为时间常数，记为 τ_c。其物理意义：表示物体对外界温度变化的响应程度。

当时间 $\tau = \tau_c$ 时，物体的过余温度已是初始过余温度值的 36.8%。当经历 4 倍时间常数的

时间即 $\tau = 4\tau_c$ 时，物体的过余温度是初始过余温度的 1.83%，工程上经常认为这时为稳态热传导已经达到恒定值的阶段，时间继续推移，物体的温度变化将很小，可以忽略。

17.2.1.3　传热量的计算

确定从初始时刻到某一瞬时这段时间内，物体与流体所交换的热流量，首先可以利用温度对时间的导数求得瞬时热流量。

将 $\dfrac{\mathrm{d}t}{\mathrm{d}\tau}$ 代入瞬时热流量的定义式可得

$$\Phi = -\rho c V \frac{\mathrm{d}t}{\mathrm{d}\tau} = -\rho c V (t_0 - t_\infty)\left(-\frac{hA}{\rho c V}\right)\exp\left(-\frac{hA}{\rho c V}\tau\right) = hA(t_0 - t_\infty)\exp\left(-\frac{hA}{\rho c V}\tau\right) \quad (17\text{-}10)$$

式中负号是为了使 Φ 恒取正值而引入的。

若 $t_0 < t_\infty$（物体被加热），则用 $t_\infty - t_0$ 代替 $t_0 - t_\infty$ 即可。

然后求得从时刻 $\tau = 0$ 到 τ 时刻间的总热流量：

$$
\begin{aligned}
Q_\tau &= \int_0^\tau \Phi \mathrm{d}\tau = -\rho c V \frac{\mathrm{d}t}{\mathrm{d}\tau} = (t_0 - t_\infty)\int_0^\tau hA\exp\left(-\frac{hA}{\rho c V}\tau\right)\mathrm{d}\tau \\
&= (t_0 - t_\infty)\rho c V\left[1 - \exp\left(-\frac{hA}{\rho c V}\tau\right)\right]
\end{aligned}
\quad (17\text{-}11)
$$

从式(17-11)中也可以看出，在 $0 \sim \tau$ 这段时间间隔内，物体与流体之间所交换的热量也是物体温度降低所释放的热量。

17.2.2　集中参数法的判别条件

已经证明，对形如平板、圆柱体和球体这一类的物体，如果毕奥数满足以下条件：

$$Bi_V = \frac{h(V/A)}{\lambda} < 0.1M \quad (17\text{-}12)$$

则物体中各点间过余温度的偏差小于 5%。其中 M 是与物体几何形状有关的无量纲数。

无限大平板：$M = 1$；无限长圆柱体：$M = 1/2$；球：$M = 1/3$。

式(17-12)中，特征长度为 V/A，对于不同几何形状，其值不同，具体如下。

厚度为 2δ 的平板：$\dfrac{V}{A} = \dfrac{A\delta}{A} = \delta$。

半径为 R 的圆柱：$\dfrac{V}{A} = \dfrac{\pi R^2 l}{2\pi R l} = \dfrac{R}{2}$。

半径为 R 的球：$\dfrac{V}{A} = \dfrac{\frac{4}{3}\pi R^3}{4\pi R^2} = \dfrac{R}{3}$。

由此可见，平板：$Bi_V = Bi$；圆柱体：$Bi_V = Bi/2$；球体：$Bi_V = Bi/3$。

因此，集中参数法的判别条件也可写为 $Bi = \dfrac{hl}{\lambda} \leqslant 0.1$，这里 l 是特征长度，对于平板，是指平板的半厚 δ；对于圆柱体和球体，是指半径 R。

17.2.3　毕奥数 Bi_V 与傅里叶数 Fo_V 的物理意义

（1） Bi_V 定义：表征固体内部单位热传导面积上的热传导热阻与单位面积上的传热热阻（即外部热阻）之比，即

$$Bi_V = \frac{h(V/A)}{\lambda}$$

Bi_V 越小，表示内部热阻越小，外部热阻越大。此时采用集中参数法求解的结果就越接近实际情况。物理意义： Bi_V 的大小反映了物体在非稳态热传导条件下，物体内温度场的分布规律。

（2） Fo_V 定义：表征两个时间间隔相比所得的无量纲时间。

$$Fo_V = \frac{a\tau}{l^2} = \frac{\tau}{(l^2/a)}$$

分子 τ 是从边界上开始发生热扰动的时刻起到所计时刻为止的时间间隔。 a 为热扩散系数，因此分母可视为边界上发生的有限大小的热扰动穿过一定厚度的固体层扩散到 l^2 的面积上所需的时间。物理意义：表示非稳态热传导过程进行的程度， Fo_V 越大，热扰动就越深入地传播到物体内部，因而物体内各点的温度越接近周围介质的温度。

例 17-1　一块厚 20mm 的钢板，加热到 500℃后置于 20℃的空气中冷却。设冷却过程中钢板两侧面的平均表面传热系数为 35W/(m²·K)，钢板的导热系数为 40W/(m·K)，热扩散系数为 $1.37 \times 10^{-5}\,\mathrm{m^2/s}$。试确定使钢板冷却到与空气相差 10℃时所需的时间。

解：判断是否可以使用集中参数法。

$$\because Bi = \frac{h\delta}{\lambda} = \frac{35 \times 0.01}{40} = 0.00875 < 0.1$$

$$\therefore 可以使用集中参数法。$$

$$Fo = \frac{a\tau}{\delta^2} = \frac{1.37 \times 10^{-5}}{0.01^2} = 0.137\tau s^{-1}$$

由 $\dfrac{\theta}{\theta_0} = \dfrac{t - t_f}{t_0 - t_f} = \exp(-BiFo)$　得

$$\frac{30 - 20}{500 - 20} = \exp(-0.00875 \times 0.137\tau)$$

解得 $\tau = 3229.36\mathrm{s} \approx 0.90\mathrm{h}$。

17.3　典型一维非稳态热传导问题

在零维问题分析中，物体的温度仅与时间有关系，与空间坐标无关，但是并不是所有的非稳态热传导都能满足这种条件，温度分布往往会与空间坐标有关，稍微复杂一点的情况是仅在一个坐标方向上发生变化。

本节介绍第三类边界条件下无限大平板分析解及应用。当一块平板的长度、宽度远大于

其厚度，平板的长度和宽度的边缘向四周的散热对平板内的温度分布影响很小，以至于可以把平板内各点的温度看成厚度的函数时，该平板就是一块"无限大"平板。若平板的长度、宽度、厚度相差较小，但平板四周绝热良好，则热量交换仅发生在平板两侧面，从传热的角度分析，也可简化成一维热传导问题。

17.3.1　无限大平板的分析解

平板中的温度变化如图 17-5 所示。厚度为 2δ 的无限大平板，初温为 t_0，初始瞬间将其放于温度为 t_∞ 的流体中，而且 $t_\infty > t_0$，流体与板面间的表面传热系数为一常数 h，平板的导热系数、热扩散系数均为常数，板内无内热源。试确定在非稳态过程中板内的温度分布。

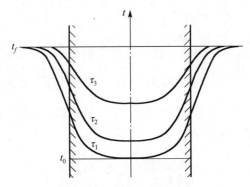

图 17-5　平板中的温度变化

因为平板两面对称受热，所以其温度分布以其中心截面为对称面。建立如图 17-5 所示的坐标系，仅需讨论半个平板的热传导问题。

对于 $x \geq 0$ 的半块平板，其热传导微分方程及定解条件为

$$\frac{\partial t}{\partial \tau} = a\frac{\partial^2 t}{\partial x^2}, \qquad 0 < x < \delta, \quad \tau > 0 \tag{17-13}$$

$$t(x,0) = t_0, \qquad 0 \leq x \leq \delta \tag{17-14}$$

$$\left.\frac{\partial t(x,\tau)}{\partial x}\right|_{x=0} = 0 \ (\text{对称}) \tag{17-15}$$

$$h\big[t(\delta,\tau) - t_\infty\big] = -\lambda\left.\frac{\partial t(x,\tau)}{\partial x}\right|_{x=\delta} \tag{17-16}$$

引入过余温度 $\theta = t(x,\tau) - t_\infty$，式（17-13）～式（17-16）简化为

$$\frac{\partial \theta}{\partial \tau} = a\frac{\partial^2 \theta}{\partial x^2}, \qquad 0 < x < \delta, \quad \tau > 0 \tag{17-17}$$

$$\theta(x,0) = \theta_0, \qquad 0 \leq x \leq \delta \tag{17-18}$$

$$\left.\frac{\partial \theta(x,\tau)}{\partial x}\right|_{x=0} = 0 \tag{17-19}$$

$$h\theta(\delta,\tau) = -\lambda \frac{\partial \theta(x,\tau)}{\partial x}\Bigg|_{x=\delta} \tag{17-20}$$

对偏微分方程 $\frac{\partial \theta}{\partial \tau} = a\frac{\partial^2 \theta}{\partial x^2}$ 分离变量求解得

$$\frac{\theta(x,\tau)}{\theta_0} = 2\sum_{n=1}^{\infty} \mathrm{e}^{-\beta_n^2 \frac{a\tau}{\delta^2}} \frac{\sin\beta_n \cos\left(\beta_n \dfrac{x}{\delta}\right)}{\beta_n + \sin\beta_n \cos\beta_n} \tag{17-21}$$

其中离散值 β_n 是下列超越方程的根，称为特征值：

$$\tan(\beta_n) = \frac{Bi}{\beta_n}, \quad n = 1,2,\cdots \tag{17-22}$$

式中，Bi 是以 δ 为特征长度的毕奥数，超越方程的根是周期函数曲线 $y = \tan x$ 与双曲线 $y = \frac{Bi}{x}$ 的交点，可知 β_n 为正的递增数列。当 $Bi = 1$ 时，其前四项分别为 0.86、3.43、6.44、9.53。

由此可见，平板中的无量纲过余温度 θ/θ_0 与三个无量纲数有关：以平板厚度的一半 δ 为特征长度的傅里叶数、毕奥数及 x/δ，即

$$\frac{\theta}{\theta_0} = \frac{t(x,\tau) - t_\infty}{t_0 - t_\infty} = f\left(Fo, Bi, \frac{x}{\delta}\right) \tag{17-23}$$

17.3.2 分析解的讨论

17.3.2.1 平板中任一点的过余温度与平板中心的过余温度的关系

对于式(17-21)，由其中反映时间影响的部分 $\mathrm{e}^{-\beta_n^2 \frac{a\tau}{\delta^2}} = \mathrm{e}^{-\beta_n^2 Fo}$ 可以看出，该式为一快速衰减的无穷级数。计算表明，当 $Fo > 0.2$ 时，采用该级数的第一项与采用完整的级数计算平板中心温度的误差小于 1%，因此，当 $Fo > 0.2$ 时，用级数的第一项代替整个级数，所带来的误差在工程计算中是允许的，此时采用以下简化结果：

$$\frac{\theta(x,\tau)}{\theta_0} = \frac{2\sin\beta_1}{\beta_1 + \sin\beta_1 \cos\beta_1} \mathrm{e}^{-\beta_1^2 Fo} \cos\left[\beta_1 \frac{x}{\delta}\right] \tag{17-24}$$

式中，β_1 是超越方程式(17-22)解的第一项，其值与 Bi 有关。

由式(17-24)可知：如果用 θ_m 表示平板中心（$x = 0$）的过余温度，则可得，当 $Fo > 0.2$ 时，

$$\frac{\theta_\mathrm{m}(\tau)}{\theta_0} = \frac{2\sin\beta_1}{\beta_1 + \sin\beta_1 \cos\beta_1} \mathrm{e}^{-\beta_1^2 Fo} = f(Bi, Fo)$$

平板中任一点的过余温度 $\theta(x,\tau)$ 与平板中心的过余温度 $\theta(0,\tau) = \theta_\mathrm{m}(\tau)$ 之比为

$$\frac{\theta(x,\tau)}{\theta_\mathrm{m}(\tau)} = \cos\left(\beta_1 \frac{x}{\delta}\right) = f\left(Bi, \frac{x}{\delta}\right) \tag{17-25}$$

式(17-25)反映了非稳态热传导过程中一种很重要的物理现象，即当 $Fo > 0.2$ 时，虽然 $\theta(x,\tau)$ 与 $\theta_\mathrm{m}(\tau)$ 各自均与 τ 有关，但其比值与 τ 无关，仅取决于几何位置(x/δ)及边界条件(Bi)。也就

是说，初始条件的影响已经消失，无论初始条件分布如何，只要 $Fo > 0.2$，$\dfrac{\theta(x,\tau)}{\theta_{\mathrm{m}}(\tau)}$ 的值就是一个常数，也就是无量纲的温度分布是一样的。非稳态热传导的这一阶段就是前面已提到的正规状况或充分发展阶段。确认正规状况阶段的存在具有重要的工程实用意义。因为工程技术中所关心的非稳态热传导过程常常处于正规状况阶段，此时的计算可以采用简化公式(17-24)。

17.3.2.2　非稳态热传导过程中传递的热量

(1) 从物体初始时刻到平板与周围介质处于热平衡，这一过程中传递的热量为

$$Q_0 = \rho c V(t_0 - t_\infty) \tag{17-26}$$

此值为非稳态热传导过程中传递的最大热量。

(2) 从初始时刻到某一时间 τ，这段时间内所传递的热量 Q 为

$$Q = \rho c \int_V [t_0 - t(x,\tau)]\mathrm{d}V$$

(3) Q 与 Q_0 之比：

$$
\begin{aligned}
\frac{Q}{Q_0} &= \frac{\rho c \int_V [t_0 - t(x,\tau)]\mathrm{d}V}{\rho c V(t_0 - t_\infty)} = \frac{1}{V}\int_V \frac{(t_0 - t_\infty)-(t - t_\infty)}{(t_0 - t_\infty)}\mathrm{d}V \\
&= 1 - \frac{1}{V}\int_V \frac{(t - t_\infty)}{(t_0 - t_\infty)}\mathrm{d}V = 1 - \frac{\overline{\theta}}{\theta_0}
\end{aligned} \tag{17-27}
$$

式中，$\overline{\theta} = \overline{\theta}(\tau)$ 是在时刻 τ 物体的平均过余温度，$\overline{\theta} = \dfrac{1}{V}\int_V (t - t_\infty)\mathrm{d}V$。

对于无限大平板，当 $Fo > 0.2$ 时，将式(17-24)代入 $\overline{\theta}$ 的定义式，可得

$$\frac{\overline{\theta}(\tau)}{\theta_0} = \frac{1}{V}\int_V \frac{t - t_\infty}{t_0 - t_\infty}\mathrm{d}V = \frac{2\sin\mu_1}{\mu_1 + \sin\mu_1\cos\mu_1}\mathrm{e}^{-(\mu_1^2 Fo)\frac{\sin\mu_1}{\mu_1}} \tag{17-28}$$

圆柱体与球体是工程中常见的另外两种简单的可以当成一维处理的典型几何形体。在第三类边界条件下，它们的一维(温度仅在半径方向发生变化)非稳态热传导问题也可用分离变量法获得用无穷级数表示的精确解。解的具体形式在本书中不再一一列出。

17.3.3　诺谟图

如前所述，当 $Fo > 0.2$ 时，可采用上述计算公式求得非稳态热传导物体的温度场及交换的热量。在工程中，为便于计算，将按分析解的级数第一项式绘制成线算图，称为诺谟图，如图 17-6～图 17-8 所示，其中前两者用以确定温度分布的图线，称为海斯勒图。

诺谟图的绘制步骤：以无限大平板为例，首先根据式(17-24)给出 $\dfrac{\theta_{\mathrm{m}}}{\theta_0}$ 随 Fo 及 Bi 变化的曲线(此时 $x/\delta = 0$)，然后根据式(17-25)确定 $\dfrac{\theta}{\theta_{\mathrm{m}}}$ 的值，于是平板中任意一点 $\dfrac{\theta}{\theta_0}$ 的值便为

$$\frac{\theta}{\theta_0} = \frac{\theta_{\mathrm{m}}}{\theta_0}\frac{\theta}{\theta_{\mathrm{m}}} \tag{17-29}$$

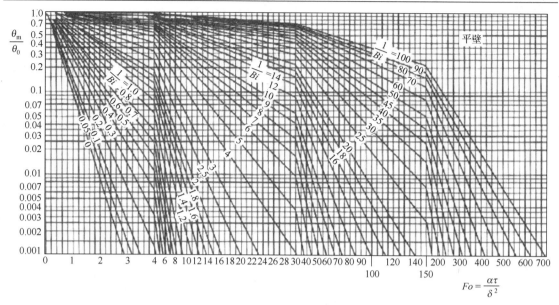

图 17-6　无限大平板中心温度的诺谟图

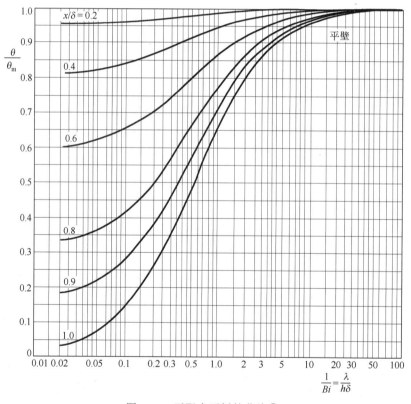

图 17-7　无限大平板的曲线①

同样，从初始时刻到时刻 τ，物体与环境间所交换的热量，可采用式(17-26)、式(17-27)作出 $\dfrac{Q}{Q_0} = f(Fo, Bi)$ 的图线。无限大平板的 $\dfrac{\theta_m}{\theta_0}$ 计算图线如图 17-6 所示，图中横坐标为傅里叶数，纵坐标为板中心与初始时刻过余温度之比，图中每条线对应于不同的 Bi。图 17-7 表达的是同一时刻、不同位置过余温度与板中心过余温度之比 $\dfrac{\theta}{\theta_m}$ 随着 Bi 的变化，图中每条线所对应的是不同的位置。图 17-8 表示的是从开始到某时刻非稳态热传导过程中所传递的热量与所能传递的最大热量之比 $\dfrac{Q}{Q_0}$，如式（17-28）所示，图中横坐标为 Bi^2Fo，不同曲线代表不同 Bi 情形。

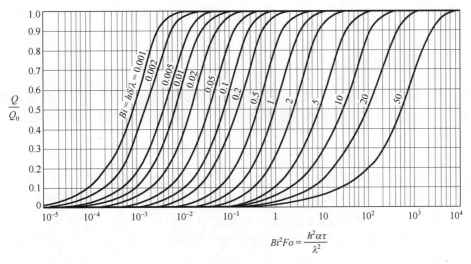

图 17-8　无限大平板的曲线②

17.3.4　分析解应用范围的推广及讨论

17.3.4.1　分析解应用范围的推广

上述分析解是从温度较低的平板放在高温流体中得出来的，它也适用于下列情形。

(1) 对物体被冷却的情况也适用。

(2) 也适于一侧绝热，另一侧为第三类边界条件的厚为 δ 的平板。

(3) 当固体表面与流体间的表面传热系数 $h \to \infty$ 时，即表面传热热阻趋近于零时，固体的表面温度就趋近于流体温度，所以 $Bi \to \infty$ 时的上述分析解就是固体表面温度发生突然变化然后保持不变时的解，即第一类边界条件的解。

17.3.4.2　Bi 与 Fo 对温度场影响的讨论

1) 傅里叶数 Fo

由式（17-21）、式（17-24）及诺谟图可知，物体中各点的过余温度随时间 τ 的增加而减小；而 Fo 与 τ 成正比，所以物体中各点过余温度亦随 Fo 的增大而减小。

2) 毕奥数 Bi

Bi 对温度的影响从以下两方面进行分析。

一方面，从图 17-6 可知，Fo 相同时，Bi 越大，$\dfrac{\theta_m}{\theta_0}$ 越小。因为 Bi 越大，意味着固体表

面的传热条件越强，导致物体的中心温度越迅速地接近周围介质的温度；当 $Bi \to \infty$ 时，意味着在过程开始瞬间物体表面温度就达到了介质温度，物体中心温度变化最快，所以在诺谟图中 $1/Bi = 0$ 时的线就是壁面温度保持恒定的第一类边界条件的解。

另一方面，Bi 的大小决定于物体内部温度的扯平程度。例如，对于平板，从诺谟图图 17-7 中可知：当 $1/Bi > 10$（即 $Bi < 0.1$）时，截面上的过余温度差小于 5%；当 Bi 下限一直推到 0.01 时，其分析解与集中参数法的解相差极微。

综上可得如下结论：介质温度恒定的第三类边界条件下的分析解，当 $Bi \to \infty$ 时，转化为第一类边界条件下的解；当 $Bi \to 0$ 时，则与集中参数法的解相同。

习　题

17-1．在一温度已知的房间中放置初始温度为 t 的固体块，物体表面传热系数为 h_0，物体体积为 V，传热面积为 A，比热容和密度均已知，忽略物体的内热阻，试列出物体温度随时间变化的微分方程。

17-2．一厚度为 20mm、500℃的钢板放置于 20℃的空气中冷却，钢板两侧表面的传热系数为 $35W/(m^2 \cdot K)$，钢板的导热系数和热扩散系数分别为 $45W/(m \cdot K)$ 和 $1.37 \times 10^{-5} m^2/s$。试分析，当钢板冷却至与空气温差为 20℃时所需要的时间。

17-3．初始温度为 20℃的钢锭置于 1500℃的炉中加热，钢锭直径为 500mm。试求在炉中 2h、3h 和 5h 时，钢锭的表面温度及中心温度。假设钢锭为一圆柱体，导热系数和热扩散系数分别为 $43.5W/(m \cdot K)$、$7.5 \times 10^{-6} m^2/s$，加热过程中的表面传热系数为 $290W/(m^2 \cdot K)$。

17-4．一初始温度为 30℃的厚金属板，其一侧与 100℃的沸水相接触。在离开此表面 10mm 处由热电偶测得 3min 后该处的温度为 70℃。该材料的密度和比热容分别为 $\rho = 2200kg/m^3$、$c = 700J/(kg \cdot K)$，试计算该材料的导热系数。

17-5．某一水银温度计，长 20mm，内径为 4mm，初始温度为 t_0，现用其测量储气罐中气体的温度。设水银同气体的对流传热系数为 $11.63W/(m \cdot K)$，试计算此条件下温度计的时间常数。水银的物性参数为 $c = 0.138J/(kg \cdot K)$，$\rho = 13100kg/m^3$，$\lambda = 10.36W/(m \cdot K)$。

17-6．半无限大物体的初始温度为 20℃，其表面温度突然上升至 60℃并保持不变。试计算当热扰动传递至 0.01m、0.5m、1m、5m 四个点并使得该点温度发生 0.2℃变化时所需要的时间。其中热扩散系数 $a = 2 \times 10^{-5} m^2/s$。

17-7．在一无限大平板的非稳态热传导过程中，测得某一瞬间在板的厚度方向上的三点 A、B、C 处的温度分别为 $t_A = 180℃$、$t_B = 130℃$、$t_C = 9℃$，A 与 B 及 B 与 C 各相隔 1cm，材料的热扩散系数 $a = 1.1 \times 10^{-5} m^2/s$，试估计在该瞬间 B 点的温度对时间的瞬时变化率。该平板的厚度远大于 A、C 之间的距离。

17-8．对于一个无内热源的长圆柱体的非稳态热传导问题，在某一瞬间测得 $r = 2cm$ 处温度的瞬时变化率为 $-0.5K/s$，试计算此时此处圆柱单位长度上热流量沿半径方向的变化率，并说明热流密度矢量的方向。已知 $\lambda = 43W/(m \cdot K)$，$a = 1.2 \times 10^{-5} m^2/s$。

17-9．一平板表面积为 A，初始温度为 t，其一侧表面突然受到热流 q 的加热，另一面受温度为 t_∞ 的空气冷却，对流传热系数为 h，试列出物体温度随时间的变化方程式并求解。假设内阻不计，其他物性参数均为已知。

第18章 对流传热

18.1 对流传热概述

18.1.1 局部和平均表面传热系数

流体流过固体表面时流体与固体间的热量交换称为对流传热。对流传热的热流速率方程可用牛顿冷却公式表示，即

$$q = h\Delta t = h(t_w - t_f) \tag{18-1}$$

式中，q 为热流速率（W/m²）；h 为表面传热系数[W/(m²·K)]；t_w 为壁面温度（K）；t_f 为流体温度（K）。它表明对流传热时单位面积的传热量 q（即热流速率）正比于壁面与流体之间的温度差。工程计算中规定传热量总是取正值，因此温差也总取正值。

当流体流过面积为 A 的固体接触面时，通过对流传热的传热量为

$$Q = hA\Delta t_m \tag{18-2}$$

式中，Δt_m 为传热面 A 上流体与固体表面的平均温差。

由于流体沿固体表面流动的情况是变化的，因此流体与固体表面传热时各处的表面传热系数也是变化的。故而，流体与固体表面的传热系数有局部值与平均值之分。当来流以均匀速度通过与其温度不同的固体表面时，流体将与固体表面之间发生对流传热，其局部热流速率可以表示为

$$q_x = h_x\Delta t_x \tag{18-3}$$

该式就是以局部值表示的牛顿冷却公式，下标 x 表示各量均为表面特定地点 x 处的局部值。

局部热流密度在整个传热表面上积分就得到了总传热量

$$Q = \int_A q_x \mathrm{d}A_x = \int_A h_x\Delta t_x \mathrm{d}A_x \tag{18-4}$$

若流体与固体表面温差是恒定的，那么有

$$h = \frac{Q}{A\Delta t} = \frac{1}{A}\int_A h_x \mathrm{d}A_x \tag{18-5}$$

式中，h 称为流体流经面积为 A 的固体接触面的平均表面传热系数。

18.1.2 传热微分方程式

图 18-1 所示为黏性流体在壁面附近的速度分布示意图。当黏性流体流过壁面时，由于黏性力的作用，黏性流体贴近壁面的流速会逐渐向壁面方向减小，直到贴壁处的流体被滞止而处于无滑移状态，即此时流体的流速为零，在流体力学中称为贴壁处的无滑移边界条件。贴壁处这一极薄的流体层相对于壁面是不流动的，壁面与流体之间的热量交换只能以热传导的

方式通过这个流体层。如果不考虑辐射，那么对流传热量就等于贴壁流体层的导热量，应用傅里叶定律有

$$q = -\lambda \frac{\partial t}{\partial y}\bigg|_{y=0} \qquad (18\text{-}6)$$

式中，$\partial t / \partial y\big|_{y=0}$ 为贴壁处壁面法线方向上的流体温度变化率；λ 为流体的导热系数。将式(18-1)与式(18-6)联立，可得以下关系式

$$h = -\frac{\lambda}{\Delta t} \frac{\partial t}{\partial y}\bigg|_{y=0} \qquad (18\text{-}7)$$

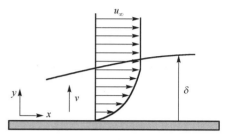

图 18-1　黏性流体在壁面附近的速度分布示意图

式(18-7)称为传热微分方程式，它将对流传热表面的传热系数与流体的温度场联系起来，该式被应用于分析解法、数值解法及实验方法。可以看出，对流表面传热系数的大小将取决于流体的热传导能力和温度分布，特别是近壁处流体温度的变化率。

18.1.3　对流传热的影响因素

对流传热过程实际上是在流体与壁面之间存在温度差的条件下，热传导和热对流两种机理联合作用下发生的流体与固体表面之间的热量交换过程。影响对流传热的因素也就是影响热传导和热对流作用的因素，即影响流体中热量传递及流体流动的因素。这些因素归纳起来可以分为以下五个方面。

1）引起流动的原因

由于引起流动的原因不同，对流传热可以区分为强制对流传热和自然对流传热两种。强制对流通过诸如泵和风机等外界动力源施加强迫力使管道中流体的动能和静压力提高，从而获得宏观速度。自然对流通常是指由于流体中存在温度差，由此产生密度差异从而导致浮升力引起流体的运动。两种流动的成因不同，流体中的速度也有差别，所以传热规律不一样。通常是流速越高，流体的掺混就越激烈，对流传热就越强。强制对流时的速度一般高于自然对流，所以前者的表面对流传热系数也常高于后者。

2）流动状态

从流体力学中可知，在固体表面附近流动的黏性流体存在两种不同的流动状态，层流和紊流（湍流）。层流时流体微团沿着主流方向做规则的缓慢分层运动，此时分子的扩展作用主导着动量和热量的交换，即动量传递靠分子黏性，热量传递靠热传导。紊流时流体内部存在强烈的涡旋运动使各部分之间充分混合，此时流体的热量传递主要依靠混合引起的热对流作用。所以，对同种流体而言，在其他条件相同时，紊流时的对流传热系数要大于层流时的对流传热系数。区分流体流动状态的无量纲参数叫雷诺数，记为 Re，将在后面章节中进行介绍。

3）流体的热物理性质

流体的热物理性质对于对流传热有很大影响。流体的密度 ρ、定压比热容 c_p、导热系数 λ 和动力黏度 μ 等都会影响流体中的速度分布及热量的传递，因而影响对流传热。对流传热包括流体的热传导作用，特别是近壁处的流体，热传导是主要的热量传递方式。导热系数大，则流体内部、流体与壁面间的热传导热阻就小，表面传热系数较大，故气体的对流表面传热系

数一般低于液体的对流表面传热系数；水的高于油类的，又低于液态金属的。流体密度和比热容的乘积是反映流体携带和转移热量能力大小的标志，是热对流传热机理的主要来源，c_p 和 ρ 大的流体单位体积能携带的热量更多，即以对流作用转移热量的能力大，故表面传热系数大。例如，20℃时，水的 $\rho c_p \approx 4180 \text{kJ}/(\text{m}^3 \cdot \text{K})$，而空气的 $\rho c_p \approx 1.21 \text{kJ}/(\text{m}^3 \cdot \text{K})$。两者相差悬殊，造成在强制对流情况下，水的表面传热系数为空气的 100～150 倍。

流体的流态对对流传热有强烈影响，黏性流体流过壁面时，流体与壁面之间或流体内部不同流速层之间总会引起抵制流动的内摩擦力。而流体的动力黏度对流体流态影响很大，从而影响对流传热。黏度大的流体，流速较低，往往处于层流状态，使对流传热的表面传热系数减小，如在相同条件、黏度下的油类、液态氟利昂与水相比一般就处于层流状态，其对流表面传热系数也低于水的对流表面传热系数。此外，反映流体热膨胀性大小的流体的体胀系数对自然对流传热有重要影响。

需要强调的是，流体的各项热物性参数都是温度的函数，在流体与固体表面存在传热的条件下流体中各点的温度不同，导致物性也不相同，这一特点使对流传热计算更加复杂。为了简化计算，在求解实际对流传热问题时，一般选取某个有代表性的温度值作为计算热物性参数的依据，这个参考温度叫作定性温度。所有由实验得出的对流传热计算式，称为关联式或特征数方程，都必须对定性温度做出明确的规定。

4) 流体有无相变

在流体没有相变时，对流传热中的传热过程是依靠流体显热的变化实现的；而在有相变的传热过程中(如凝结和沸腾)，流体相变热(潜热)的释放或吸收常起主要作用。单位质量流体的潜热一般比显热大得多。因此，一般有相变的对流传热系数比无相变的对流传热系数大。

5) 传热表面的几何参数

传热表面的几何因素包括传热表面的形状、大小、传热表面与流体运动方向的相对位置以及传热表面的状态(光滑或粗糙)。传热面的几何因素对传热强度有着非常重要的影响。首先要区分对流传热问题在几何特征方面的类型，即分清是内部流动还是外部流动传热，因为这两者在速度场、温度场及传热规律方面是不同的。在同一几何类型的问题中，传热表面的几何形状及几何布置等因素对流动状态以及表面传热系数的大小都有一定的影响。

在处理实际对流传热问题时，经常用特征长度来表示几何因素对传热的影响。比如，管内流动传热是以直径为特征长度的；沿平板的流动则以流动方向的尺寸作为特征长度。采用特征长度来处理实际对流传热问题有一定的依据，但也带有经验的性质，故有其使用局限性。

18.1.4 对流传热现象的分类

对流传热涉及面广，由上述讨论可知，影响对流传热现象的因素很多，为了得到适用于工程计算的对流表面传热系数公式，有必要按其主要影响因素进行分类研究。表 18-1 所示为目前工程上最常见的对流传热现象类型。

18.1.5 对流传热的研究方法

研究对流传热的方法，也就是获得对流传热面表面传热系数 h 的表达式的方法，主要有四种：①分析法；②实验法；③比拟法；④数值法。下面就这四种研究方法分别做简要介绍。

表 18-1　目前工程上最常见的对流传热现象类型

相态	流态	流动起因	几何因素	基本类型
无相变 (单相)	层流 过渡流 紊流	强制对流	内部流动	圆管内强制对流传热
				其他形状截面管道内的对流传热
		强制对流	外部流动	外掠平板的对流传热
				外掠单根圆管的对流传热
				外掠圆管管束的对流传热
				外掠其他截面形状柱体的对流传热
				射流冲击传热
		自然对流	大空间	沿竖板/竖管的自然对流传热
				水平圆/非圆管道自然对流传热
				水平板(热面朝上/朝下)
			有限空间	竖立管道或夹层
				水平管道
有相变	凝结传热			管内凝结
				管外凝结
	沸腾传热			大容器沸腾
				管内沸腾

1) 分析法

分析法是指对描述某一类对流传热问题的偏微分方程及相应的定解条件运用数学分析手段进行求解，从而获得速度场和温度场的分析解的方法，包括精确解法和近似解法。分析解能深刻揭示各主要影响因素与表面传热系数间的内在联系及影响程度的大小，有利于提高对对流传热现象物理本质的理解，也是评价其他方法所得结果的标准与依据。

2) 实验法

由于对流传热问题的多样性和复杂性决定了能够求得分析解的问题种类非常有限，因此通过实验获得的表面传热系数的计算式仍是研究各种对流传热工程问题的主要依据。同时，实验也是检查验证其他方法所求解的一种方法。为了减少实验次数、提高实验测定结果的通用性，对流传热的实验研究应该在相似原理指导下进行。

3) 比拟法

利用流体中动量传递和热量传递的共性或类似特性，建立起表面传热系数与阻力系数间的相互关系并从中求得对流传热的表面传热系数的方法，称之为比拟法。应用比拟法，可通过比较容易用实验测定的阻力系数来获得相应的表面传热系数的计算公式。在传热学发展的早期，比拟法广泛应用于解决工程紊流传热问题。随着实验测试技术及计算机技术的发展，近年来这一方法已经很少使用。但是，这一方法所依据的动量传递及热量传递在机理上的类似性，有助于初学者理解与分析对流传热过程。

4) 数值法

对流传热的数值法是近三十年来随着计算机技术进步发展起来的一种新手段。它的实施难度比热传导问题的数值求解大得多,因为对流传热的数值求解增加了两个难点,即对流项的离散及动量方程中的压力梯度项的数值处理。关于数值法的详细介绍请参阅陶文铨院士所著的《数值传热学》一书。

18.2 对流传热微分方程组

在不考虑多组分流体质量传递的前提下,对流传热问题完整的数学描述包括对流传热微分方程组及定解条件,前者包括质量守恒(即连续性方程)、动量守恒及能量守恒这三大守恒方程。连续性方程和动量守恒方程已在流体力学中建立,本书不再推导,下面将重点研究能量守恒微分方程的推导过程及对流传热完整控制方程和定解条件。

为了简化,推导对流传热数学模型时做下列假设:①二维流动。②连续介质。③流体为不可压缩的牛顿型流体;空气、水以及许多工业用油类等流体切向应力都服从牛顿黏性定律都属牛顿型流体,少数高分子溶液如油漆、泥浆等不遵守牛顿黏性定律称为非牛顿型流体。④流体物性为常数、无内热源。⑤黏性耗散产生的耗散热可忽略不计。除高速的气体流动及一部分化工用流体等的对流传热外,工程中常见的对流传热问题大都满足上述假设。

18.2.1 连续性方程

把流体视为连续介质,并规定不存在内部质量源时,根据质量守恒关系,流入与流出控制体积的质量流量的差值一定等于控制体积内的质量随时间的变化率。由此推导出不可压缩流体的质量守恒定律表达式,即连续性方程

$$\frac{\partial u}{\partial x} + \frac{\partial v}{\partial y} = 0 \tag{18-8}$$

18.2.2 动量微分方程

对于流体中的任意微元控制体积,所有作用在该体积上的外力总和必定等于控制体积中流体的动量变化率。所有外力包括表面力(法向压力和切向黏性力)和体积力(重力、离心力、电磁力等)。按照上述守恒关系可以推出 x 方向和 y 方向的动量微分方程:

$$\rho \left(\frac{\partial u}{\partial \tau} + u \frac{\partial u}{\partial x} + v \frac{\partial u}{\partial y} \right) = F_x - \frac{\partial p}{\partial x} + \eta \left(\frac{\partial^2 u}{\partial x^2} + \frac{\partial^2 u}{\partial y^2} \right) \tag{18-9}$$

$$\rho \left(\frac{\partial v}{\partial \tau} + u \frac{\partial v}{\partial x} + v \frac{\partial v}{\partial y} \right) = F_y - \frac{\partial p}{\partial y} + \eta \left(\frac{\partial^2 v}{\partial x^2} + \frac{\partial^2 v}{\partial y^2} \right) \tag{18-10}$$

上面两个方程式等号左侧为流体的惯性力,等号右侧各项为体积力、压力梯度和黏性力,这就是著名的 Navier-Stokes 方程(简称 N-S 方程)在前述简化假设条件下的表达式。对于体积力可以忽略流体物性等于常数的情形,应能够从以上三个方程中解出 u、v、ρ 三个未知量。对于不能忽略体积力的自然对流传热问题,动量方程将与能量方程相耦合,无法单独求解。若流体物性是温度的函数,整个问题也将成为耦合问题,求解难度将明显加大。

18.2.3　能量微分方程

能量微分方程描述流体对流传热时温度与有关物理量的联系。它的导出基于能量守恒定律及傅里叶热传导定律,因此它是热力学第一定律在对流传热这一特定情况下的具体应用。在满足上述假设条件的情况下,微元控制体积的能量守恒关系表现为:单位时间内流体因热对流和通过控制体边界面净导入的热量总和,加上单位时间内界面上作用的各种力对流体所做的功,等于控制体积内流体总能量的变化率。以图 18-2 所示的笛卡儿坐标系中的微元体作为分析对象,它是固定在空间一定位置的一个控制体,其界面上不断地有流体进、出,因而是热力学中的一个开口系统。根据热力学第一定律有

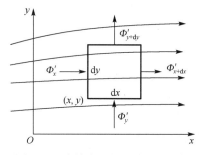

图 18-2　流体微元的能量平衡分析

$$\varPhi = \frac{\partial U}{\partial \tau} + (q_m)_{\text{out}}\left(h + \frac{1}{2}v^2 + gz\right)_{\text{out}} - (q_m)_{\text{in}}\left(h + \frac{1}{2}v^2 + gz\right)_{\text{in}} + W_{\text{net}} \qquad (18\text{-}11)$$

式中,q_m 为质量流量;h 为流体比焓;下标"in"及"out"表示进及出;U 为微元体的热力学能;$\varPhi$ 为通过界面由外界导入微元体的热流量;W_{net} 为流体所做的净功。考虑到流体流过微元体时位能及动能的变化可以忽略不计,流体也不做功,于是有

$$\varPhi = \frac{\partial U}{\partial \tau} + (q_m)_{\text{out}}h_{\text{out}} - (q_m)_{\text{in}}h_{\text{in}} \qquad (18\text{-}12)$$

对于二维问题,在 dτ 时间内从 x、y 两个方向以热传导方式进入微元体的净热量等于

$$\varPhi \mathrm{d}\tau = \lambda\left(\frac{\partial^2 t}{\partial x^2} + \frac{\partial^2 t}{\partial y^2}\right)\mathrm{d}x\mathrm{d}y\mathrm{d}\tau \qquad (18\text{-}13)$$

在 dτ 时间内,微元体中流体的温度改变了 $\dfrac{\partial t}{\partial \tau}\mathrm{d}\tau$,其热力学能的增量为

$$\Delta U = \rho c_p \mathrm{d}x\mathrm{d}y\frac{\partial t}{\partial \tau}\mathrm{d}\tau \qquad (18\text{-}14)$$

流体流出、流进微元体所带入、带出的焓差可分别从 x 及 y 方向加以计算。在 dτ 时间内,由 x 处的截面流进微元体的焓为

$$H_x = \rho c_p u t \mathrm{d}y\mathrm{d}\tau \qquad (18\text{-}15)$$

而在相同的 dτ 时间内由 $x+\mathrm{d}x$ 处的界面流出微元体的焓为

$$H_{x+\mathrm{d}x} = \rho c_p\left(t + \frac{\partial t}{\partial x}\mathrm{d}x\right)\left(u + \frac{\partial u}{\partial x}\mathrm{d}x\right)\mathrm{d}y\mathrm{d}\tau \qquad (18\text{-}16)$$

式(18-15)、式(18-16)相减可得 dτ 时间内在 x 方向上由流体净带出微元体的热量,略去高阶无穷小后为

$$H_{x+\mathrm{d}x} - H_x = \rho c_p\left(t\frac{\partial u}{\partial x} + u\frac{\partial t}{\partial x}\right)\mathrm{d}x\mathrm{d}y\mathrm{d}\tau \qquad (18\text{-}17)$$

同理，y 方向上的相应表达式为

$$H_{y+dy} - H_y = \rho c_p \left(t \frac{\partial v}{\partial y} + v \frac{\partial t}{\partial y} \right) \mathrm{d}x\mathrm{d}y\mathrm{d}\tau \tag{18-18}$$

于是，在单位时间内由于流体的流动而带出微元体的净热量为

$$(q_m)_{\text{out}} h_{\text{out}} - (q_m)_{\text{in}} h_{\text{in}} = \rho c_p \left[\left(u \frac{\partial t}{\partial x} + v \frac{\partial t}{\partial y} \right) + \left(t \frac{\partial u}{\partial x} + t \frac{\partial v}{\partial y} \right) \right] \mathrm{d}x\mathrm{d}y$$

$$= \rho c_p \left(u \frac{\partial t}{\partial x} + v \frac{\partial t}{\partial y} \right) \mathrm{d}x\mathrm{d}y \tag{18-19}$$

将式(18-13)、式(18-14)、式(18-19)代入式(18-12)并化简，即得到二维、常物性、无内热源的能量微分方程：

$$\rho c_p \left(\frac{\partial t}{\partial \tau} + u \frac{\partial t}{\partial x} + v \frac{\partial t}{\partial y} \right) = \lambda \left(\frac{\partial^2 t}{\partial x^2} + \frac{\partial^2 t}{\partial y^2} \right) \tag{18-20}$$

分析式(18-20)可得如下结论。

(1)方程左侧第一项为非稳态项，表示在所研究的控制容积中，流体温度随时间变化。当计算稳态对流传热问题时，将略去非稳态项，式(18-20)可以改写成：

$$\rho c_p (U \cdot \mathrm{grad}\, t) = \lambda \left(\frac{\partial^2 t}{\partial x^2} + \frac{\partial^2 t}{\partial y^2} \right) \tag{18-21}$$

这里将对流项简写为速度矢量与温度梯度的点积形式。

(2)方程左侧第二、三项对流项，表示由于流体中的热传导而净导入该控制容积的热量，反映了流体的运动和掺混对传热所起的作用。如果流体流速为零，该方程自动退化为常物性、无内热源的热传导微分方程。

(3)式(18-20)表明，在流体的运动过程中，热量的传递除了依靠流体的流动(对流项)，还有热传导引起的扩散作用。

(4)假如流体中有内热源(黏性耗散作用所产生的热量、化学反应的生成热等)，可以证明，只要在上述方程的右侧增加源项 $\dot{\Phi}(x, y)$ 就得出有内热源时的能量方程，$\dot{\Phi}(x, y)$ 为内热源强度，单位为 $\mathrm{W/m^3}$。对于二维常物性流体，其黏性耗散所产生的内热源强度可以用式(18-22)表示：

$$\dot{\Phi}(x, y) = \eta \left\{ 2 \left[\left(\frac{\partial u}{\partial x} \right)^2 + \left(\frac{\partial v}{\partial y} \right)^2 \right] + \left(\frac{\partial u}{\partial x} + \frac{\partial v}{\partial y} \right)^2 \right\} \tag{18-22}$$

(5)若有必要考虑流体物性随温度的变化，还必须补充相关物性随温度变化的具体方程式。注意，此时式(18-20)的形式将发生变化。可压缩流体的能量方程与分析可参阅相关文献。

18.2.4　对流传热问题完整的数学描述

把方程式(18-8)～式(18-10)、式(18-20)放在一起，就得到了不可压缩、常物性、无内热源的二维流动对流传热问题的完整描述，也称为控制方程组。从理论上讲，这 4 个方程在相应的边界条件下就可以求解流体的 u、v、p、t 4 个未知量。然而由于 Navier-Stokes 方程的复

杂性和非线性，要针对实际问题在整个流场内在数学上求解上述方程组却是非常困难的。直至 1904 年德国科学家普朗特提出著名的边界层概念，并用它对 Navier-Stokes 方程进行了实质性的简化，才使黏性流体流动与传热问题的数学分析解得到突破性发展。在对流传热中我们仅考虑稳态问题，所以下面仅简要介绍对流传热问题最常见的几种边界条件。

1）第一类边界条件

规定边界处的流体温度分布，可以表示为

$$t_w = f(x, y, z) \tag{18-23}$$

作为特例，若该温度分布等于常数，则称为恒壁温边界条件。当壁面另一侧发生表面传热系数极大的相变传热时，这一侧的单相流体就近似处于这种状况。另外，对于连续流体界面（如管槽的入口和出口），则应该给出流体在该处的温度分布状态。

2）第二类边界条件

给定边界上加热或冷却流体的热流密度，即

$$q_w = -\lambda \left. \frac{\partial t}{\partial n} \right|_w = f(x, y, z) \tag{18-24}$$

最简单的情况是热流密度等于常数，此时的边界条件称为恒热流边界条件。和热传导一样，给定热流密度其实就是给定壁面处的温度梯度。壁面外通电均匀加热，电子元器件正常工作时的散热以及核燃料元件对压力水的放热等均属于这一类边界条件。

3）第三类边界条件

更一般的边界条件是给出壁面另一侧流体的对流传热情况，经常给出流体温度 t_f 及它与壁面间的表面传热系数 h。由于获得表面传热系数是求解对流传热问题的最终目的，因此一般说，求解对流传热问题时没有第三类边界条件。但是，如果流体通过一层薄壁与另一种流体发生热交换，则另外一种流体的表面传热系数可以出现在所求解问题的边界条件中。对流传热问题的定解条件的数学表达比较复杂，这里不再深入讨论。

18.3　边界层与边界层传热微分方程组

18.3.1　流动边界层

前面已指出，流动边界层，也称速度边界层（Velocity Boundary Layer），是指黏性流体在固体表面附近流速发生剧烈变化的一个薄层。通常规定边界层内流体速度达到主流速度的 99%处的距离 y 为流动边界层厚度，记作 δ。根据流体的分布，普朗特提出，可以把整个流场分为两个区域：紧贴壁面的边界层区和边界层以外的主流区，也称势流区。在边界层区内，速度梯度很大，故即使像水和空气这样黏性相当小的介质，切向应力的作用也不能忽视。在主流区，速度梯度几乎等于零，黏性切向应力的影响可以忽略不计，即可把主流区内的流体视为无黏性的理想流体。

18.3.2　热边界层

热边界层（Thermal Boundary Layer）也称温度边界层，是波尔豪森在 1921 年首先提出来的。当流体与壁面间存在着温差而产生对流传热时，该温差也主要发生在壁面附近一个很薄的流体层内。在这个很薄的流体层内流体温度发生剧烈变化，在此薄层之外，流体的温度梯度几乎等于零，这个薄层就叫作热边界层，其厚度记为 δ_t。流体沿等温平板流动时的热边界层如图 18-3 所示。对于外掠平板的对流传热，一般规定流体过余温度比 $(t_w - t)/(t_w - t_f) = 0.99$ 处所对应的位置为热边界层的外缘，该处到壁面的距离称为热边界层厚度。与黏性流体的动量传递类似，随着离前缘的距离逐步增大，壁面与流体间传热的效应逐步朝着流体的纵深方向推移，即热边界层的厚度不断增大。对于一般流体，如果速度边界层和热边界层都是从平板的前缘开始发展，它们厚度的数量级大致相当，除液态金属及高黏性的流体以外。

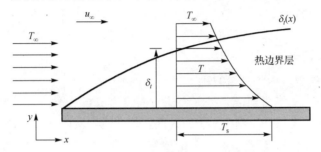

图 18-3 流体沿等温平板流动时的热边界层

对流传热问题的温度场根据热边界层的概念，可区分为具有截然不同特点的两个区域：热边界层区与主流区。热边界层区以内温度变化非常剧烈，热传导机理起着重要作用；在主流区，流体中的温度变化率可视为零，故研究对流传热问题时仅需考虑热边界层内的热量传递。

18.3.3 普朗特数

流动边界层的厚度反映了流体动量扩散能力的大小。流动边界层越厚，即表面对流体速度的影响区域越远，流体的动量扩散能力就越强。流体的扩散能力可用流体的运动黏度系数定量地表示，即运动黏度系数大的流体，其流动边界层较厚。热边界层的厚度反映了流体热扩散能力的强弱，热边界层越厚，则表面对流体温度的影响区域越远，热扩散能力就越强。流体热扩散率定量地表示了流体热扩散能力，热扩散率越大的流体，其热边界层越厚。

流体的流动边界层必定会影响对流传热，因此，传热学中定义普朗特数为热边界层与流动边界层的相对厚度，即

$$Pr = v/a = c_p \eta / \lambda \qquad (18-25)$$

Pr 为一个由几个物性参数组合而成且没有量纲的数，称为特征数。Pr 反映了流体中动量扩散与热扩散能力的对比，其大小可以判断流动边界层和热边界层的相对厚度情况。从 Pr 的定义式中可以看出，当 $v/a = 1$ 时，热边界层与流动边界层具有相同的厚度，即 $\delta_t = \delta$。除液态金属的 Pr 为 0.01 的数量级外，常用流体的 Pr 在 0.6～4000 之间，例如，各种气体的 Pr 大致在 0.6～0.7 之间。流体的运动黏性反映了流体中由于分子运动而扩散动量的能力，这一能力越大，黏性的影响传递得就越远，因而流动边界层越厚。同样也可以对热扩散率做出类似的讨论。因此 v 与 a 的比值，即 Pr 反映了流动边界层与热边界层厚度的相对大小。在液态金属中，流

动边界层的厚度远小于热边界层的厚度；对于空气，两者大致相等；而对于高 Pr 的油类（Pr 在 $10^2 \sim 10^3$ 数量级），速度边界层的厚度远大于热边界层的厚度。

18.3.4 边界层传热微分方程组

将 Navier-Stokes 方程结合流动边界层的特点，应用数量级分析方法简化后，可得出适用于流动边界层的动量方程。数量级分析是指通过比较方程式中各项数量级的相对大小，把数量级较大的项保留下来，而舍去数量级较小的项，实现方程式的合理简化，其在工程问题分析中具有广泛的实用意义。运用数量级分析方法时，首先要确定各项数量级的标准，而这个标准依据分析问题的性质而不同。这里采用各量在作用区间的积分平均绝对值的确定方法。下面将以不可压缩、常物性流体在重力场作用和耗散热都可被忽略时的二维稳态受迫层流传热问题为例，讲述这种简化处理方法。

18.3.4.1 流动边界层内的动量方程

在流动边界层内，从壁面到 $y=\delta$ 处，主流方向流速 u 的积分平均绝对值显然远远大于垂直于主流方向的流速 v 的积分平均绝对值。因此，若把边界层内 u 的数量级定为 1，则 v 的数量级必定是个小量，用符号 δ 表示。导数的数量级则可将因变量即自变量的数量级代入导数的表达式而得出。例如，$\partial u / \partial x$ 的数量级为 $1/1=1$，而 $\partial^2 u / \partial y^2$ 的数量级则为 $(1/\delta)/\delta = 1/\delta^2$。

对于流体外掠物体的流动，略去非稳态项和体积力项，边界层中二维稳态动量微分方程的各项数量级可分析如下：

$$u\frac{\partial u}{\partial x} + v\frac{\partial u}{\partial y} = -\frac{1}{\rho}\frac{\partial p}{\partial x} + \upsilon\frac{\partial^2 u}{\partial y^2}$$

数量级
$$1\frac{1}{1} \qquad \delta\frac{1}{\delta} \qquad 1\frac{1}{1} \qquad \frac{1}{\delta^2}$$

考虑到流体运动黏度 υ 有

$$1 \qquad 1 \qquad 1\frac{1}{1} \qquad \frac{\upsilon}{\delta^2}$$

上式结果表明，要使等号前后的项有相同的数量级，运动黏度 $\upsilon (\upsilon = \eta / \rho)$ 必须具有 δ^2 的数量级，除液态金属外的流体都满足这一分析。于是层流边界层内黏性流体的稳态动量方程为

$$u\frac{\partial u}{\partial x} + v\frac{\partial u}{\partial y} = -\frac{1}{\rho}\frac{dp}{dx} + \upsilon\frac{\partial^2 u}{\partial y^2} \tag{18-26}$$

与二维稳态的 Navier-Stokes 方程相比，上述运动微分方程的特点是：①在 u 方程中略去了主流方向的二阶导数项；②略去了关于速度 v 的动量方程；③由于边界层内的压力 p 仅沿 x 方向变化，因此可将 $\dfrac{\partial p}{\partial x}$ 改写成 $\dfrac{dp}{dx}$，x 方向的压力梯度 $\dfrac{dp}{dx}$ 可由边界层外理想流体的伯努利方程求得，即

$$\frac{dp}{dx} = -\rho u_\infty \frac{du_\infty}{dx} \tag{18-27}$$

则动量守恒方程可改写为

$$u\frac{\partial u}{\partial x} + v\frac{\partial u}{\partial y} = u_\infty\frac{\mathrm{d}u_\infty}{\mathrm{d}x} + \upsilon\frac{\partial^2 u}{\partial y^2} \tag{18-28}$$

如果主流速度 u_∞ 为常数，那么

$$u\frac{\partial u}{\partial x} + v\frac{\partial u}{\partial y} = \upsilon\frac{\partial^2 u}{\partial y^2} \tag{18-29}$$

18.3.4.2 热边界层内的能量方程

根据热边界层的特点，运用数量级分析的方法，可将能量方程式(18-20)进行简化，得出适用于热边界层的能量方程：

$$u\frac{\partial t}{\partial x} + v\frac{\partial t}{\partial y} = a\left[\frac{\partial}{\partial x}\left(\frac{\partial t}{\partial x}\right) + \frac{\partial}{\partial y}\left(\frac{\partial t}{\partial y}\right)\right]$$

数量级 $\qquad 1\dfrac{1}{1} \qquad \delta\dfrac{1}{\delta} \qquad \left(\dfrac{1}{1}\right)\Big/1 \qquad \delta^2\dfrac{1}{\delta^2}$

由于等号后方括号内的两个项中，$\dfrac{\partial^2 t}{\partial x^2} \ll \dfrac{\partial^2 t}{\partial y^2}$，因而可以把主流方向的二阶导数项 $\dfrac{\partial^2 t}{\partial x^2}$ 略去。

于是得到二维、稳态、无内热源的热边界层能量方程为

$$u\frac{\partial t}{\partial x} + v\frac{\partial t}{\partial y} = a\frac{\partial^2 t}{\partial y^2} \tag{18-30}$$

通过上述分析，得到二维、稳态、无内热源的层流边界层传热微分方程组。

质量守恒方程：$\dfrac{\partial u}{\partial x} + \dfrac{\partial v}{\partial y} = 0$。

动量守恒方程：$u\dfrac{\partial u}{\partial x} + v\dfrac{\partial u}{\partial y} = -\dfrac{1}{\rho}\dfrac{\mathrm{d}p}{\mathrm{d}x} + \upsilon\dfrac{\partial^2 u}{\partial y^2}$。

能量守恒方程：$u\dfrac{\partial t}{\partial x} + v\dfrac{\partial t}{\partial y} = a\dfrac{\partial^2 t}{\partial y^2}$。

可见主流速度 u_∞ 为常数时边界层的动量方程式(18-29)和能量方程式(18-30)有完全一致的表达式，这意味着边界层中动量传递与能量传递的规律相似，这两种传递过程可以相互比拟。只要知道主流速度在 x 方向的变化规律，压力梯度就可确定。显然，当主流速度为常数时，压力梯度就为零，在求得边界层内的温度分布之后，就可以求出局部表面传热系数。这样，3 个方程包括 3 个未知数 u、v 和 t，方程组是封闭的。

对对流传热的完整的数学描述不仅包括连续性方程、动量微分方程、能量微分方程和对流传热微分方程，还应包括方程组取得唯一解的定解条件，在稳态对流传热条件下，一般只需给出表面条件及势流区的速度条件、温度或热流条件。对于流体纵掠平板对流传热问题，若主流场是均速 u_∞、均温 t_∞，并给定恒壁温，即 $y = 0$ 时的 $t = t_w$ 问题，其定解条件可表示为

$$y = 0 \text{ 时，} \quad u = 0, \; v = 0, \; t = t_w$$

$$y \to \infty \text{时，} \quad u \to u_\infty, \; t \to t_\infty$$

微分方程组不仅适用于层流对流传热，也适用于紊流对流传热，此时式中的物理量均为脉动的瞬时值。这里必须指出，它们是在边界层理论指导下推导出来的，凡是不符合流动边界层和热边界层特性的场合都不适用，如黏性油、液态金属、流体纵掠平壁时 Re 很小以及流体横掠圆管时流体脱离区等。

18.4　对流传热的实验研究

前面提及的分析法、实验法、比拟法、数值法是目前研究对流传热问题的主要方法，这四种方法的共性是，它们都是以特定传热现象所遵循的微分方程组以及相应的定解条件为出发点的，但具体的实施方法各不相同。由于数学上的困难，分析解和数值解往往都需要对复杂的对流传热现象做出相应的简化假设，或者在求解中采用一些经验、半经验的系数、常数，这些经验数据一般也是通过实验获得的。而在各种简化假设下求得的分析解或者数值解的正确性和可信程度都需要实验验证。因此，实验法是研究对流传热问题不可缺少的重要手段。

理论解的结果需要用实验来检验，实验方法也必须以正确的理论作为指导。这里说的理论有两个方面的含义：一是传热学的基本原理，二是指导实验如何设计、布置、实施以及其表达、应用等的方法理论，即相似原理。由于影响对流传热的因素很多，若是按照常规的实验方法，每个变量都要考虑，需要的实验次数是很多的，这是人力、物力、财力所不允许的。例如，表面传热系数的影响因素就有流速 u、传热表面特征长度 l、流体密度 ρ、动力黏度 μ、导热系数 λ 及比定压热容 c_p 六个因素。若是按照常规实验方法，每个变量各变化 10 次，其他 5 个参数保持不变，共需要进行一百万次实验。可以按照相似原理，把所有的影响因素以某种合理的方式组合成少数几个无量纲特征数，并从整体上把它们看作综合变量。这样做不仅使问题的变量数目大大减少，而且对扩大实验结果的应用范围极有益处。

18.4.1　相似原理

相似原理研究的是相似现象之间的关系。首先，相似原理仅适用于同类现象，同类现象是指现象的内容相同，并且描述现象的微分方程也相同的物理现象。例如，同一对流传热问题分别为层流和紊流时，现象都是对流传热，其微分方程形式也一致，因此层流和紊流对流传热就是同类现象。其次，与现象所有有关的物理量必须一一对应，即每个物理量各自相似。最后，对于非稳态问题，要求在相应的时刻各物理量的空间分布相似，对于稳态问题则只需考虑空间分布场。此外还需注意，物理现象相似应该以几何相似为前提。

相似原理指出，凡是同类现象，若同名已定特征数相等，且单值性条件相似，那么这两个现象一定相似。特征数是指由涉及对流传热问题的几个参数组合而成的无量纲参数，如 Pr、Re 等。已定特征数指由影响对流传热系数的几个自变量组合而成的特征数，比如，在强制对流传热中一般为 Pr、Re，显然已定特征数可以在实验中自由变化。待定特征数是指在该特征数中包含待求解的参数——对流传热系数，传热学中将这一特征数称为努塞特数 Nu，其定义为 $Nu = hl / \lambda$。

单值性条件则是指影响过程进行并能使所研究的问题能被唯一确定下来的条件，包括两个现象的如下条件。

（1）几何条件：传热表面的几何形状、尺寸、位置及表面的粗糙度等。

（2）初始条件：非稳态问题中初始时刻的物理量分布，稳态时无此项条件。

(3)物理条件：流体的物理特征，即速度分布、物性参数等。

(4)边界条件：所研究系统边界上的速度、温度或热流密度等条件。

相似原理还强调相似现象一个十分重要的特性，即相似现象的同名特征数相等。例如，两个管内强制对流传热问题 1 和 2，如果 $Pr_1=Pr_2$、$Re_1=Re_2$，则这两个现象相似，根据这一结论还可以得出它们的 $Nu_1=Nu_2$。这一结论为实验研究结果的应用提供了理论指导。在已知相关物理量的前提下，也可采用量纲分析法获得无量纲量。

18.4.2　特征数的获取方法

相似分析法就是指在已知物理现象数学描述的基础上，建立两现象之间的一系列比例系数、尺寸相似倍数，并导出这些相似系数之间的关系，从而获得无量纲量的方法。例如，两个相似的对流传热现象，在固体表面上按牛顿冷却定律所定义的 h 与流体温度的关系式如下。

现象 1
$$h' = -\frac{\lambda'}{\Delta t'}\frac{\partial t'}{\partial y'}\bigg|_{y'=0} \tag{18-31}$$

现象 2
$$h'' = -\frac{\lambda''}{\Delta t''}\frac{\partial t''}{\partial y''}\bigg|_{y''=0} \tag{18-32}$$

与现象有关的各物理量场应分别相似，即

$$\frac{h'}{h''} = C_h, \qquad \frac{\lambda'}{\lambda''} = C_\lambda, \qquad \frac{t'}{t''} = C_t, \qquad \frac{y'}{y''} = C_l \tag{18-33}$$

将式(18-33)代入式(18-31)，得

$$\frac{C_h C_l}{C_\lambda}h'' = -\frac{\lambda''}{\Delta t''}\frac{\partial t''}{\partial y''}\bigg|_{y''=0} \tag{18-34}$$

比较式(18-34)和式(18-32)，可以得到

$$\frac{C_h C_l}{C_\lambda} = 1 \tag{18-35}$$

式(18-35)表达了传热现象相似倍数的制约关系，再将式(18-33)代入式(18-35)，得到

$$\frac{h'y'}{\lambda'} = \frac{h''y''}{\lambda''} \tag{18-36}$$

也就是 $Nu' = Nu''$。类似的，通过动量微分方程式可以导出 $Re' = Re''$，这表明运动相似的两流体的雷诺数必定相等。

同理，从能量微分方程式可以导出

$$\frac{u'l'}{a'} = \frac{u''l''}{a''}, \qquad Pe' = Pe'' \tag{18-37}$$

表明对于热量传递现象相似的流体，其佩克莱(Peclet)数 Pe 一定相等。从 Pe 的表达式可以看出

$$Pe = \frac{v}{a}\frac{ul}{v} = PrRe \tag{18-38}$$

以上通过相似分析导出的 Re、Pr、Nu 等无量纲量是研究稳态无相变对流传热问题常用的特征数，它们反映了物理量间的内在联系，现简要介绍一下它们的物理意义。雷诺数 Re，是流体流动状态的定量描述，反映了流体中的惯性力与黏性力的相对大小，在特征数方程中，它代表流动状态对传热的影响。普朗特数 $Pr=v/a$，由流体中两个同类物性相除构成，表示流体传递动量和传递热能能力的相对大小。不同种类流体的 Pr 差别极大，即使同一种流体在不同温度下的 Pr 差别也很大，特别是油类介质。从流动和传热特性方面常把流体分成三类：$Pr \ll 1$（液态金属）、$Pr \approx 1$（一般流体）、$Pr \gg 1$（各种油类）。数学上能严格证明，在边界条件完全一致的情况下，若 $Pr=1$，则层流时的无量纲温度场和无量纲速度场完全重合。努塞特数 Nu 是对流传热问题中的待定特征数，它表示传热表面上的无量纲过余温度梯度。

18.4.3　特征数方程（实验关联式）

在对流传热问题的分析中，特征数方程常被表示成幂函数的形式，如

$$Nu = CRe^n \tag{18-39}$$

$$Nu = CRe^n Pr^m \tag{18-40}$$

式中，C、n、m 等常数均要由实验数据确定。但是这并不是特征数方程的唯一表达形式，特征数方程采用哪种函数形式是由实验数据的具体分布情况而定的，以所拟合的特征数方程能最好最清楚地代表数据点为原则。在实验点非常多的情况下，应用幂函数可以很好地表示实验数据点间的关系。采用这种形式的关联式可以在双对数坐标系中绘制成一条直线，简化了计算。对式（18-40）两侧分别取对数就可以得到以下直线方程的表达式：

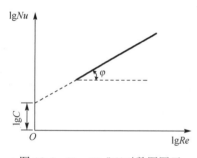

图 18-4　$Nu=CRe^n$ 双对数图图示

$$\lg Nu = \lg C + n\lg Re \tag{18-41}$$

式中，n 就是双对数坐标图上 $\lg Nu - \lg Re$ 直线的斜率。$Nu=CRe^n$ 双对数图图示如图 18-4 所示。当 $\lg Re = 0$ 时，直线 $\lg Nu - \lg Re$ 在纵坐标轴上的截距为 $\lg C$。

式（18-40）所示的特征方程需要确定 C、n、m 三个常数，在实验数据所包含的 Re 和 Pr 范围内，可以分两步求出。首先，根据经验可以把 Pr 的幂指数 m 确定下来，则特征数方程就可表示成

$$\lg(Nu / Pr^m) = \lg C + n\lg Re \tag{18-42}$$

这时就可以应用最小二乘法求得待定系数或者可以从图上得到 C 和 n。对于有大量实验点的关联式的整理，最小二乘法可以可靠地确定关联式中的各常数。例如，对于管内紊流对流传热，可利用舍武德（Sherwood）得到的同一 Re 下不同种类流体的实验数据从图 18-5 上首先确定 m 值。

由式（18-40）取对数可得

$$\lg Nu = \lg C' + m\lg Pr \tag{18-43}$$

指数 m 由图上直线的斜率确定，即

$$m = \frac{\lg Nu - \lg C'}{\lg Pr} = \frac{\lg 200 - \lg 40}{\lg 62 - \lg 1.15} \approx 0.4$$

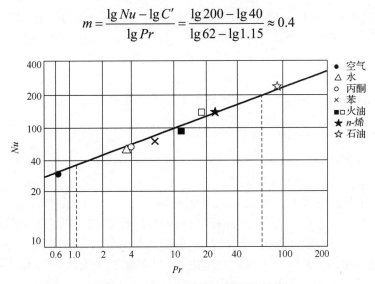

图 18-5　Pr 对管内紊流对流传热的影响

然后再以 $\lg(Nu/Pr^{0.4})$ 为纵坐标，用不同的 Re 的管内紊流传热实验数据确定 C 和 n，参看图 18-6。从图上可得 $C=0.023$，$n=0.8$，于是就得到流体被加热时的管内紊流对流传热的关联式

$$Nu = 0.023 Re^{0.8} Pr^{0.4} \tag{18-44}$$

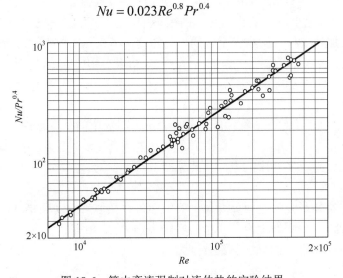

图 18-6　管内紊流强制对流传热的实验结果

由于影响对流传热实验的因素很多，相互之间均有关联，会相互影响，因此关联式要达到很高的精度是极其困难的。对于有大量实验点的关联式的整理，采用最小二乘法确定关联式中的各常数值是可靠的方法。实验点与关联式符合程度的常用表示方式：大部分实验点与关联式偏差的正负百分数，例如，90%的实验点偏差在 ±10%以内，或用全部实验点与关联式偏差绝对值的平均百分数以及最大偏差的百分数来表示等。

式 (18-39) 和式 (18-40) 是传热学中应用最广的实验数据整理形式。对于空气或烟气这类流体，其 Pr 几乎是常数，它们对应的对流传热特征数方程可以采用简单的形式，如式(18-39)。在实验数据所包含的 Re、Pr 范围内，直接用多元线性回归方法求待定系数 C、n 和 m。当 Re 的实验范围较宽时，其指数 n 常随 Re 范围的变动而变化，这时可采用分段常数的处理方法。对于 Re 的实验范围很宽的情形，Churchill 等提出了采用比较复杂的函数形式将所有的实验结果都包括在同一个关联式中的方法，这就避免了分段处理的麻烦。

18.4.4　特征长度、定性温度、特征速度

在使用特征数方程时需要注意特征长度、定性温度、特征速度都应按准则式规定的方式选取，以及特征数方程的实验参数范围。下面将简述这些参数的选择原则。第一，特征长度是包含在特征数中的几何尺度，如 Re、Nu 等特征数中均包含特征长度。原则上，在整理实验数据时，应取所研究问题中具有代表性的尺度作为特征长度，如管内流动时取管内径，外掠单管或管束时取管子外径以及外掠平板时取平板长度等。第二，特征速度为计算 Re 时用到的流速，一般取截面平均流速，且不同的对流传热有不同的选取方式。例如，流体外掠平板传热取来流速度，管内对流传热取截面平均流速等。第三，整理实验数据时，定性温度的选取除应考虑实验数据对拟合公式的偏离程度外，也应顾及工程应用的方便。常用的选取方式：通道内部流动取进、出口界面的平均值，外部流动取边界层外的流体温度或取这一温度与壁面的平均值。需要特别强调的是，在应用文献中已经有的特征数方程时，应该按该准则式规定的方式计算特征长度和流速，并且准则方程不能任意推广到得到该方程的实验参数的范围以外，这种参数范围主要有 Re 范围、Pr 范围、几何参数范围等。

例 18-1　在一台缩小成为实物的 1/8 的模型中，用 20℃ 的空气来模拟实物中平均温度为 200℃ 的空气的加热过程。实物中空气的平均流速为 6.03m/s，问模型中的流速应为多少？若模型中的平均表面传热系数为 195W/(m²·K)，求相应实物中的值。在这一实验中，模型与实物中流体的 Pr 并不严格相等，你认为这样的模化实验有无实用价值呢？

解：

已知：模型与实物的几何关系、温度对应关系，实物中的空气流速、模型中的表面传热系数。

求：模型中的流速、实物中的表面传热系数。

假设：稳态过程。

计算：模型与实物研究的是同类现象，单值性条件相似，所以只要已定准则 Re、Pr 彼此相等即可实现相似。根据相似理论，模型与实物中的 Re 应相等。

空气在 20℃ 和 200℃ 时的物性参数分别为

20℃：$\lambda_1 = 2.59 \times 10^{-2} \, \text{W/(m·K)}$，　$v_1 = 15.06 \times 10^{-6} \, \text{m}^2/\text{s}$，　$Pr_1 = 0.703$

200℃：$\lambda_2 = 3.93 \times 10^{-2} \, \text{W/(m·K)}$，　$v_2 = 34.85 \times 10^{-6} \, \text{m}^2/\text{s}$，　$Pr_2 = 0.680$

由 $\dfrac{u_1 l_1}{v_1} = \dfrac{u_2 l_2}{v_2}$，可得

$$u_1 = \frac{v_1}{v_2} \frac{l_2}{l_1} u_2 = \frac{15.06 \times 10^{-6} \, \text{m}^2/\text{s}}{34.85 \times 10^{-6} \, \text{m}^2/\text{s}} \times 8 \times 6.03\text{m/s} \approx 20.85\text{m/s}$$

又由 $Nu_1 = Nu_2$ 得,

$$h_1 = \frac{l_1}{l_2}\frac{\lambda_2}{\lambda_1}h_1 = \frac{1}{8} \times \frac{3.93 \times 10^{-2}\,\mathrm{W/(m \cdot K)}}{2.59 \times 10^{-2}\,\mathrm{W/(m \cdot K)}} \times 195\,\mathrm{W/(m^2 \cdot K)} \approx 36.99\,\mathrm{W/(m^2 \cdot K)}$$

上述模化实验,虽然模型与流体的 Pr 并不严格相等,但十分接近。因此,这样的模化实验还是有实用价值的。

18.5 单相对流传热的实验关联式

单相流体对流传热时由于流体流过固体表面产生宏观位移,因此除了温差会影响对流传热外,流体的流动状态、壁面形状及驱动力都会对传热产生重要影响。单相对流传热主要包括管槽内强制对流,外掠平板、单管及管束强制对流,大空间与有限空间自然对流等典型的各类单相对流传热问题。下面将介绍其基本特点、实验结果和实验关联式,以适应工程计算的需要。

针对各种工程问题的对流传热的实验关联式特别多,但是没必要去背诵这些公式,重要的是学会正确地选择和应用它们。在选择和使用这些关联式进行工程计算时,要注意每个关联式所采用的定性温度、特征尺寸、特征流速、自变量(已定特征数和修正系数)的范围及适用何种边界条件。

18.5.1 管内强迫对流传热的实验关联式

管内强迫对流传热,包括各种截面管道内的流动传热,它们的共同特点是流动边界层和热边界层在发展过程中受到管壁形状的限制,故其流动和传热情况都呈现出与外部自由流动不同的规律。此外,大量的工业实际问题中常见的流动和传热形式就是管内强迫对流传热,如过热蒸气在过热器中的加热、冷却水在凝汽器管内流动时的吸热、内燃机用的管片式或管带式水散热器和机油冷却器中的对流传热。事实上,在各种热交换器当中的对流传热绝大部分属于内部流动,或者是同时具有内部、外部两种流动与传热形式。而这些传热问题都需要依靠这一节所讲的实验关联式来计算。本节将从管内流动与传热的边界层分析入手,根据能量守恒方程给出流体在圆管及非圆形截面通道内的传热规律及其应用。

18.5.1.1 管槽内强迫对流传热的特征

管内流体受迫流动时,若流体温度与管壁温度不同,那么从管入口段开始将形成热边界层,并随管长 x 方向不断增厚,直到边界层厚度 δ_t 等于管半径 R,边界层闭合在一起。管内对流传热的局部表面传热系数 h_x 的沿程变化如图 18-7 所示。这一区段称为热入口段,在该段内管中心部分的流体不参与传热,它的温度等于进口处流体的温度;流体温度的变化全部集中在近壁处的热边界层内。热入口段之后为热充分发展段。在热充分发展段流体全部参与传热,尽管管截面上的流体温度分布仍随轴向坐标 x 变化,但截面上的无量纲温度分布 $(t_w - t)/(t_w - t_f)$ 已不再随 x 变化,即

$$\frac{\partial}{\partial x}\left(\frac{t_w - t}{t_w - t_f}\right) = 0 \tag{18-45}$$

式中, t 为 x 截面上任一点的温度; t_f 为 x 截面上流体的平均温度; t_w 为 x 处的管壁温度。

那么，根据式(18-45)就可以很容易地得到管壁处($r = R$)的无量纲温度梯度不随 x 变化的结论，即

$$\frac{\partial}{\partial r}\left(\frac{t_w - t}{t_w - t_f}\right)_{r=R} = 常数 \tag{18-46}$$

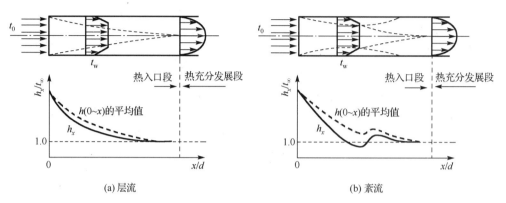

(a) 层流   (b) 紊流

图 18-7   管内对流传热的局部表面传热系数 h_x 的沿程变化

再结合常物性流体传热微分方程式(18-7)，可得

$$h_x = -\frac{\lambda}{(t_w - t_f)_x} \cdot \left(\frac{\partial t}{\partial r}\right)_{r=R} = 常数 \tag{18-47}$$

式(18-47)表明，常物性流体在管内受迫进行层流或紊流传热时，热充分发展段的表面传热系数将保持不变，不再随轴向坐标(管长方向)x 变化，对常壁温和常热流两种热边界均是如此，如图 18-7 所示。

热入口段的热边界层较薄，局部表面传热系数高于热充分发展段，且沿着主流方向逐渐降低，如图 18-7(a)所示。如果边界层中出现紊流，则因紊流的扰动与混合作用又会使局部表面传热系数有所提高，再逐渐趋于一个定值，如图 18-7(b)所示。图 18-7 以管内流动与传热同时进入热充分发展段为例，定性地表达了局部表面传热系数 h_x 和平均表面传热系数 h 沿管长的变化情况。在层流情况下，要流经较长的距离 h_x 才趋于不变。实验研究表明，层流时热入口段长度由式(18-48)确定：

$$\frac{l}{d} \approx 0.05 RePr \tag{18-48}$$

可见，层流时 $Pr<1$ 的流体的热入口段长度比流动入口段短，而 $Pr>1$ 的流体正好相反。值得指出的是，Pr 非常大的油类介质(因黏度高更容易处于层流状态)，它们的热入口段长度将会很长，以至于对所有实用的换热设备来说，可能直到出口也没达到热充分发展段(但速度分布已经达到充分发展段了)。这个特点对把握高 Pr 流体的管内对流传热规律有重要的指导意义。

图 18-7(b)所示的混合流(含层流、过渡流和紊流)的局部表面传热系数 h_x 和平均表面传热系数 h 沿管长的变化情况与层流时不同。当边界层流动转变为紊流后，h_x 有一些回升，然后迅速地趋于稳定值；并且紊流热入口段的长度比层流短得多，为管径的 10～45 倍。

图 18-7 还表明，在热入口段，无论是层流还是紊流，由于边界层较薄，表面传热系数要

比热充分发展段的高，这种现象称为入口效应，这个特点可用来强化设备的传热。鉴于入口效应的影响，管内平均表面传热系数的计算要注意管的长度。紊流时，当管长与管内径之比 $l/d > 60$ 时，平均表面传热系数不受入口段的影响。

当流体与管壁温度不同时，二者之间将发生对流传热。当流体在管内被加热或被冷却时，加热或冷却壁面的热状况称为热边界条件。实际工程传热中典型的热边界条件有均匀热流和均匀壁温。在运用牛顿冷却公式时要注意平均温差的确定方法。对于均匀热流的情形，如果热充分发展段足够长，则可取热充分发展段的温差 $t_w - t_f$ 作为 Δt_m。但对于均匀壁温的情形，截面上的局部温差在整个传热面上是不断变化的，这时应利用以下的热平衡式确定平均对流传热温差：

$$h_m A \Delta t_m = q_m c_p (t_f'' - t_f') \tag{18-49}$$

式中，q_m 为质量流量；t_f''、t_f' 分别为出口、入口截面上的平均温度；Δt_m 按对数平均温差计算，即

$$\Delta t_m = \frac{t_f'' - t_f'}{\ln \dfrac{t_w - t_f'}{t_w - t_f''}} \tag{18-50}$$

当入口截面与出口截面上的温差比 $(t_w - t_f'')/(t_w - t_f')$ 在 0.5～2 时，算术平均温差 $t_w - \dfrac{t_f'' + t_f'}{2}$ 与上述对数平均温差的差别小于 4%。

18.5.1.2　管内紊流传热的实验关联式

管内流体强迫对流传热时，其相似准则方程式可以写成幂函数形式，即

$$Nu = CRe^m Pr^n$$

式中，C、m、n 三个常数由实验数据确定。流体流态不同，其传热规律随之不同，由实验获得的实验关联式也有差别。因此，在实际计算中，必须先算出 Re，判明流态；再根据流态选用合适的实验关联式进行计算。下面将介绍一个常用的光管内流体强迫对流传热的实验关联式。

Dittus-Boelter 关联式是计算光滑管内充分发展紊流的传热系数的一个传统经验式，

$$Nu_f = 0.023 Re_f^{0.8} Pr_f^n \tag{18-51}$$

加热流体时，$n = 0.4$；冷却流体时，$n = 0.3$。式中，定性温度采用流体平均温度(即管道入、出口两个截面的平均温度的算术平均值)，特征长度为管内径。实验验证范围为 $Re_f = 10^4 \sim 1.2 \times 10^5$，$Pr_f = 0.6 \sim 100$，$l/d \geqslant 60$。式(18-51)适用于流体与壁面温度具有中等温差的场合，流体与壁面中等传热温差为 Δt：对于气体，温度不超过 50℃；对于水，温度不超过 20～30℃；对于 $\dfrac{1}{\mu} \dfrac{\mathrm{d}\mu}{\mathrm{d}t}$ 大的油类，温度不超过 10℃。

使用 Dittus-Boelter 关联式时，若实际的管内强迫对流传热的单值性条件与实验时的单值性条件不相似，则需要对该实验关联式进行相应的修正，以使计算更精确。影响管内强迫对流传热的单值性条件主要有三个：管长(长管和短管)、管弯度(直管和弯管)及流体和管内表面间的传热温差。考虑到上述三个条件可能会影响实际情况与实验控制条件的差异，故在实

际的管内强迫对流传热计算中可将式(18-51)右边依实际条件分别乘以管长修正系数 c_l、温度修正系数 c_t 和弯管修正系数 c_r。

1. 管长修正系数 c_l

前面已定性讨论过入口效应，即热入口段由于热边界层较薄而具有比热充分发展段高的表面传热系数。从图18-7可以看出，管道的入口效应使得对流传热在热入口段的 h_x 较大。对于较长的管道($l/d \geq 50$)，热入口段较大的 h_x 对整个管道平均传热系数 h 的影响趋于稳定，h 不会因管长的变化产生显著变化。对于较短的管道($l/d < 50$)，热入口段较大的 h_x 对整个管道的平均传热系数 h 有明显影响，在此范围内管长发生变化，h 也会有明显变化。此外，当管道变短时，入口段较大的 h_x 会增大短管的平均传热系数，这就是短管入口效应对管内对流传热的强化作用。显然，此时短管对流传热系数将要大于按式(18-51)的计算值，因为式(18-51)是在实验室中长管条件下得到的结果。

式(18-51)右边乘以管长修正系数 c_l 所得到的就是适合短管对流传热系数求解的修正关联式。但究竟高出多少要视不同入口条件(入口为尖角还是圆角，加热段前是否有辅助入口段等)而定。对于通常工业设备中常见的尖角入口，推荐以下的入口效应修正系数：

$$c_l = 1 + \left(\frac{d}{l}\right)^{0.7} \tag{18-52}$$

即用式(18-51)计算的 Nu，乘以 c_l 后为包括热入口段在内的总长为 l 的管道的平均 Nu。

2. 温度修正系数 c_t

如果流体中存在大的温差，那么光管内贴壁处的流体与管中心的流体在流体属性上就可能出现很可观的差异。实际上来说，截面上的温度并不均匀，导致速度分布发生畸变。图18-8所示为传热时速度分布畸变的现象：曲线1为等温流动的速度分布。因液体的黏度随温度的降低而升高，当管内液体被加热时，近壁处液体的温度要比管中心部分的液体的温度高，故近壁处液体的黏度下降，流速加快，而管中心部分的液体流速相对减慢，形成了如图18-8中曲线3所示的速度分布。液体被冷却的情况与被加热时相反，相应的速度分布如图18-8中曲线2所示。气体的黏度随温度的变化与液体相反，即被加热时，黏度增加，管

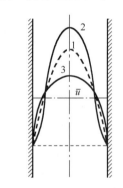

1—等温流动；2—液体冷却或气体加热；
3—液体加热或气体冷却。

图18-8 传热时速度分布畸变的现象

截面上气体的速度分布为曲线2；气体被冷却时，黏度下降，速度分布为曲线3。显然，近壁处曲线3的温度梯度要比曲线2的大，即在其他条件相同的情况下，液体被加热(气体被冷却)时的表面传热系数大于液体被冷却(气体被加热)时的表面传热系数。也就是说，近壁处流速增强会加强传热，反之会减弱传热，这说明了不均匀物性场对传热的影响。

综上所述，不均匀物性场对传热的影响，视液体还是气体，加热还是冷却，以及温差的大小而定。当实际传热温差在式(18-51)所适用的中等传热温差范围内时，直接利用式(18-51)计算对流传热系数；而当实际的对流传热温差超出实验控制范围时，应该将式(18-51)计算所得的传热系数乘以温差修正系数 c_t，得到的结果即大传热温差的解，其计算式如下所述。

对于气体：

被加热时,

$$c_t = \left(\frac{T_f}{T_w}\right)^{0.5} \tag{18-53a}$$

被冷却时,

$$c_t = 1.0 \tag{18-53b}$$

对于液体:
被加热时,

$$c_t = \left(\frac{\mu_f}{\mu_w}\right)^{0.11} \tag{18-54a}$$

被冷却时,

$$c_t = \left(\frac{\mu_f}{\mu_w}\right)^{0.25} \tag{18-54b}$$

式中, T 为热力学温度(K); μ 为动力黏度(Pa·s);下标 f、w 分别表示以流体平均温度及壁面温度来计算流体的动力黏度。

3. 弯管修正系数 c_r

弯管修正系数 c_r 反映弯管处的二次环流对传热的影响。图 18-9 所示的流体流过弯曲管道时,离心力的作用使得流体压力在弯管内、外侧呈现外侧高、内侧低的分布情形。在这一压差作用下,流体在弯管内、外侧之间形成垂直于主流的二次环流。而这种二次环流在直管道内是不会产生的。因此,流体在弯管内的这种流动特点会使得弯管内的强迫对流传热规律不同于直管。这时可以将式(18-51)计算所得的直管对流传热系数乘以一个弯管修正系数 c_r,便可得到弯管对流传热系数。

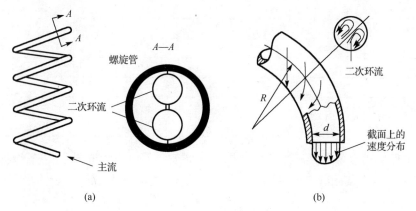

(a)   (b)

图 18-9   螺旋管中的流动

弯管修正系数的计算和管内流体有关,推荐的 c_r 计算式如下。
对于气体,

$$c_r = 1 + 1.77\frac{d}{R} \tag{18-55a}$$

对于液体，

$$c_r = 1 + 10.3\left(\frac{d}{R}\right)^3 \tag{18-55b}$$

式中，R 为弯管曲率半径。从式(18-55a)、式(18-55b)可以看出，$c_r > 1$，表明弯管内的对流传热强于直管，这与弯管内流体的二次环流一致。二次环流增强了流体对管壁面的扰动，但同时其阻力比直管会有明显增加导致对流传热强度下降，流体在螺旋盘管内的对流传热必须考虑弯管修正。

18.5.1.3 管槽内层流强制对流传热的实验关联式

管槽内层流充分发展对流传热的理论分析工作做得比较充分，已经有许多结果供选用，表 18-2 给出了一部分代表性的结果。值得指出的是，严格的管槽内层流强制对流传热仅存在于小直径横管、管壁与流体温差较小及流速较低的情况。由表 18-2 可以看出以下特点：对于同一截面形状的通道，均匀热流条件下的 Nu 总是高于均匀壁温下的 Nu(对圆管来讲要高 19%)，可见层流条件下的热边界条件的影响不能忽略。对于表中所列的等截面直通道情形，常物性流体管槽内层流充分发展时的 Nu 只与热边界条件和管截面形状有关，而与轴向坐标 x 无关，并为一常数，这与紊流时有很大的不同。即使用当量直径作为特征长度，不同截面管道层流充分发展的 Nu 也不相等。这说明，对于层流，当量直径仅仅是一几何参数，不能用它来统一不同截面通道的传热与阻力计算的表达式。

表 18-2 不同截面形状的管内层流充分发展对流传热的 Nu

截面形状	$Nu = h d_e / \lambda$		$fRe\,(Re = h d_e / v)$
	均匀热流	均匀壁温	
正三角形	3.11	2.47	53
正方形	3.61	2.98	57
正六边形	4.00	3.34	60.22
圆形	4.36	3.66	64
长方形			
$b/a=2$	4.12	3.39	62
$b/a=3$	4.79	3.96	69
$b/a=4$	5.43	4.44	73
$b/a=8$	5.59	5.60	82
$b/a=\infty$	6.23	7.54	96

在实际工程换热设备中，层流时的传热常常处于热入口段的范围。对于这种情形，推荐采用下列的齐德-泰特(Sieder-Tate)公式来计算长 l 的管道的平均 Nu：

$$Nu_f = 1.86\left(\frac{Re_f Pr_f}{l/d}\right)^{1/3}\left(\frac{\mu_f}{\mu_w}\right)^{0.14} \tag{18-56}$$

此式的定性温度为流体平均温度 t_f(但 μ_w 按壁温计算)，特征长度为管径。实验验证范围为

$$Pr_f = 0.48 \sim 16700, \quad \frac{\mu_f}{\mu_w} = 0.0044 \sim 9.75, \quad \left(\frac{Re_f Pr_f}{l/d}\right)^{1/3}\left(\frac{\mu_f}{\mu_w}\right)^{0.14} \geqslant 2$$

且管子处于均匀壁温。值得指出，当以

$$\left(\frac{Re_{\mathrm{f}}Pr_{\mathrm{f}}}{l/d}\right)^{1/3}\left(\frac{\mu_{\mathrm{f}}}{\mu_{\mathrm{w}}}\right)^{0.14}=2$$

的条件代入式(18-56)时，得出 $Nu=3.72$，比 3.66 仅高 1.6%，所以可以认为式(18-56)主要适用于均匀壁温的条件，这也是大多数工程技术中可以近似实现的情形。

管槽内层流强迫对流传热问题大都是以求表面传热系数和传热量为基本目标的，使用上述实验关联式时需要特别注意的问题如下。

(1)对于所有管槽内层流强迫对流传热问题，除非特别说明，其定性温度都是进、出口截面平均温度的算术平均值。

(2)特征尺寸需区别对待。紊流和过渡流采用当量直径；而对于层流，事实上，当量直径的概念并不能把不同截面形状管道的对流传热实验关联式完全统一起来，所以须谨慎使用。

(3)若无特别说明，本节的实验关联式均是针对光滑的直管的，仅少数公式可用于计算粗糙管，而对弯管应该另加修正系数。

(4)多数公式针对长管，即热充分发展段的传热。

例 18-2 初温为 30℃的水，以 0.875kg/s 的流量流经一套管式换热器的环形空间。该环形空间的内管外壁温维持在 100℃，换热器外壳绝热，内管外径为 40mm，外管内径为 60mm。求把水加热到 50℃时的套管长度，在管子出口截面处的局部热流密度是多少？

解：

已知：水在套管式换热器环形空间对流传热相关的几何参数和物性参数。

求：(1)套管长度；

(2)管子出口截面处的局部热流密度。

假设：管内强迫对流传热的定性温度为进、出口截面平均温度的算术平均值，即

$$t_{\mathrm{f}}=(30℃+50℃)/2=40℃$$

从附录查得 $\lambda=0.635\mathrm{W}/(\mathrm{m}\cdot\mathrm{K})$，于是

$$c_p=4147\mathrm{J}/(\mathrm{kg}\cdot\mathrm{K})，\quad \mu=653.3\times10^{-6}\mathrm{kg}/(\mathrm{m}\cdot\mathrm{s})，\quad Pr=4.31$$

套管壁厚 $d_c=60\mathrm{mm}-40\mathrm{mm}=20\mathrm{mm}$

由此得

$$Re=\frac{4md_c}{\pi(D^2-d^2)\mu}=\frac{4\times0.857\mathrm{kg/s}\times0.02\mathrm{m}}{3.1416\times[(0.06\mathrm{m})^2-(0.04\mathrm{m})^2]\times653.3\times10^{-6}\mathrm{kg}/(\mathrm{m}\cdot\mathrm{s})}\approx16702>10^4$$

流动处于旺盛紊流区。

采用式(18-51)计算 h，加热流体时，$n=0.4$：

$$Nu_{\mathrm{f}}=0.023Re_{\mathrm{f}}^{0.8}Pr_{\mathrm{f}}^{0.4}=0.023\times16702^{0.8}\times4.31^{0.4}\approx98.7$$

$$h=\frac{\lambda}{d_c}Nu=\frac{0.635\mathrm{W}/(\mathrm{m}\cdot\mathrm{K})}{0.02\mathrm{m}}\times98.7\approx3133.7\mathrm{W}/(\mathrm{m}^2\cdot\mathrm{K})$$

由热平衡式 $c_p\dot{m}(t''-t')=Ah(t_{\mathrm{w}}-t_{\mathrm{f}})=\pi dlh(t_{\mathrm{w}}-t_{\mathrm{f}})$，可得

$$l = \frac{c_p \dot{m}(t'' - t')}{\pi dh(t_w - t_f)} = \frac{4147\text{J}/(\text{kg} \cdot \text{K}) \times 0.857\text{kg/s} \times (50\text{℃} - 30\text{℃})}{3.1416 \times 0.04\text{m} \times 3133.7\text{W}/(\text{m}^2 \cdot \text{K}) \times (100\text{℃} - 40\text{℃})} \approx 3.0\text{m}$$

管子出口截面处的局部热流密度为

$$q = h\Delta t = 3133.7\text{W}/(\text{m}^2 \cdot \text{K}) \times (100\text{℃} - 50\text{℃}) \approx 156.7\text{kW/m}^2$$

讨论：本题显示了管内强迫对流传热问题的一半计算方法和步骤。在计算中正确使用准则式是非常重要的。那么，应用准则式时应当注意的问题有正确采用定性温度和特征尺寸、弄清楚该准则式的实验验证范围。

对于管内流动传热，无论是层流还是紊流，也无论是恒壁温还是恒热流边界条件，虽然确定物性时用算术平均温度，但是在利用能量平衡关系式求解管长时必须用对数平均温差，否则会使计算结果产生明显误差。

18.5.2 流体外掠平板对流传热

流体外掠平板是指来流方向和板长方向平行，这种对流传热问题也包括流体掠过曲率相对很小的平滑弧形表面，如飞机机翼、机身等。

18.5.2.1 对流传热特点

若流体在纵掠平板过程中发生了层流、紊流转变，则流体纵掠平板的边界层在平板前部是层流边界层，在后部是紊流边界层，称这样的边界层为混合边界层。在板长 x 距离处的流体流态转变由临界雷诺数 $Re_c = u_\infty x_c / v$ 确定。一般取流体纵掠平板层流边界层向紊流边界层转变的临界雷诺数为 $Re_c = 5 \times 10^5$。

由于流体纵掠平板的边界层厚度可一直增长下去，因而其局部对流传热系数 h_x 沿板长的变化规律和圆管有所不同。图 18-10 所示为流体纵掠平板局部对流传热系数 h_x 沿板长的变化规律。无论是层流还是紊流，都没有出现 h_x 保持常数的情况，而是持续下降，这和平板边界层厚度一直增长是一致的。

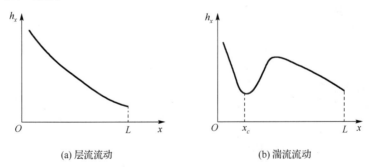

(a) 层流流动　　　　　　　　　　(b) 湍流流动

图 18-10　流体纵掠平板局部对流传热系数 h_x 沿板长的变化规律

18.5.2.2 流体外掠等温平板传热的层流分析解

对于流体外掠等温平板的情形，利用普朗特边界层理论对方程组进行实质性简化，并假设平板表面温度为常数。在边界层动量方程中引入 $\text{d}p / \text{d}x = 0$ 的条件，可以解出二维平板稳态层流时截面上的速度场和温度场的分析解，可以得到以下结论。

局部努塞特数的表达形式：$Nu_x = \dfrac{h_x x}{\lambda} = 0.332 Re_x^{1/2} Pr^{1/3}$ （18-57）

平均努塞特数的表达形式: $Nu_l = 0.664Re_l^{1/2}Pr^{1/3}$ (18-58)

适用范围为 $0.6 < Pr < 50$, $Re_x < 5 \times 10^5$, 特性温度为 $t_m = (t_w + t_\infty)/2$, 特征尺寸为 x。

18.5.2.3 流体外掠等温平板传热的紊流分析解

当流体做紊流运动时,除了主流方向的运动外,流体微团还做不规则的随机脉动。因此,当流体中的一个微团从一个位置脉动到另一个位置时将产生两个作用:①不同流速层之间有附加的动量交换,产生了附加的切向应力;②不同温度层之间的流体产生附加的热量交换。这种由于紊流脉动而产生的附加切向应力及热量传递称为紊流切向应力及紊流热流密度。紊流脉动所引起的附加切向应力和热流密度必然导致紊流中心的热量传递与流动阻力之间存在内在的联系。比拟理论试图通过比较容易测定的阻力系数来获得相应的传热 Nu 的表达式。

若把紊流附加切向应力表示成层流分子黏性扩散引起的切向应力,即黏性应力完全相同的形式,并与之相加,就得到紊流时总切向应力的计算公式

$$\tau = \tau_l + \tau_t = \rho v \frac{\mathrm{d}u}{\mathrm{d}y} + \rho v_t \frac{\mathrm{d}u}{\mathrm{d}y} = \rho(v + v_t)\frac{\mathrm{d}u}{\mathrm{d}y}$$ (18-59a)

同理,紊流中的总热流密度可表示为

$$q = q_l + q_t = -\left(\rho c_p a \frac{\mathrm{d}t}{\mathrm{d}y} + \rho c_p a_t \frac{\mathrm{d}t}{\mathrm{d}y}\right) = -\rho c_p (a + a_t)\frac{\mathrm{d}t}{\mathrm{d}y}$$ (18-59b)

以上两式中,v_t、a_t 分别为紊流动量扩散率(Turbulent Momentum Diffusivity,也称紊流黏度)和紊流热扩散率(Turbulent Thermal Diffusivity),且其量纲分别与 v 及 a 相同。

对于层流边界层动量方程和能量方程,只需以时均值代替瞬时值,以 $(v + \varepsilon_m)$ 及 $(a + \varepsilon_t)$ 代替 v 和 a,就可得到适用于紊流边界层的情形,其中,ε_m 为紊流动量扩散率,ε_t 为紊流热扩散率。那么,紊流边界层的动量方程与能量方程为

$$u\frac{\partial u}{\partial x} + v\frac{\partial u}{\partial y} = (v + \varepsilon_m)\frac{\partial^2 u}{\partial y^2}$$ (18-60a)

$$u\frac{\partial t}{\partial x} + v\frac{\partial t}{\partial y} = (a + \varepsilon_t)\frac{\partial^2 t}{\partial y^2}$$ (18-60b)

求解可得局部努塞特数的计算公式,即

$$Nu_x = 0.0296Re_x^{4/5}$$ (18-61)

当平板长度 l 大于临界长度 x_c 时,平板上的边界层就可看成由层流段($x < x_c$)及紊流段($x > x_c$)组成。流体纵掠平板混合流对流传热如图 18-11 所示。

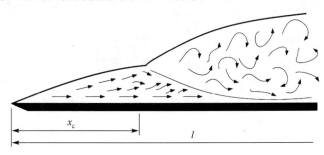

图 18-11 流体纵掠平板混合流对流传热

可得平均努塞特数的计算公式，即

$$Nu_m = [0.664 Re_c^{1/2} + 0.037(Re^{4/5} - Re_c^{4/5})] Pr^{1/3} \tag{18-62}$$

式中，Re_c 为临界雷诺数。如果取 $Re_c = 5 \times 10^5$，则式(18-62)化为

$$Nu_m = 0.037(Re^{4/5} - 871) Pr^{1/3} \tag{18-63}$$

式(18-62)和式(18-63)中的 Re 是以平板全长 l 为特征长度的雷诺数。

例 18-3 在一个大气压下，20℃的空气以 35m/s 的速度掠过平板，平板长 0.75m，且平板温度保持在 60℃。假定沿 z 方向的深度取单位长度，试计算平板的传热量。

解：

已知：板尺寸、空气温度、流速、壁温。

求：单位面积的传热量。

假设：二维稳态外掠平板对流传热，常物性，流体与壁面温度皆为常数，无内热源，定性温度为 $t_f = (20℃ + 60℃) / 2 = 40℃$。

查附录得到 40℃时空气的相关物性参数：$\rho = 1.128 kg/m^3$，$c_p = 1.005 kJ/(kg \cdot K)$，$\lambda = 2.76 \times 10^{-2} W/(m \cdot K)$，$v = 16.96 \times 10^{-6} m^2/s$，$Pr = 0.699$。

雷诺数为 $Re_x = \dfrac{ud}{v} = \dfrac{35m/s \times 0.75m}{16.96 \times 10^{-6} m^2/s} \approx 1.55 \times 10^6 > 5 \times 10^5$

故边界层为紊流。因此我们可应用式(18-63)来计算整个平板的平均传热

$$
\begin{aligned}
Nu_L &= (0.037 Re_L^{0.8} - 871) Pr^{1/3} \\
&= [0.037 \times (1.55 \times 10^6)^{0.8} - 871] \times 0.699^{1/3} \\
&\approx 2168.9
\end{aligned}
$$

$$h = \frac{Nu_L \lambda}{d} = \frac{2168.9 \times 2.76 \times 10^{-2} W/(m \cdot K)}{0.75m} \approx 79.82 W/(m^2 \cdot K)$$

$$\Phi = Ah(t_w - t_\infty) = 0.75m \times 1.0m \times 79.82 W/(m^2 \cdot K) \times 40K = 2394.6W$$

18.5.3 横掠单管对流传热

流体在横掠单管中流动时，其流动方向与单管轴线相垂直。这时边界层内会出现与沿平板流动不同的一些特点，除具有边界层特征外，还要发生绕流脱体引起回流、漩涡和涡束。例如，汽车行驶时，车后往往有回流和旋涡，会扬起灰尘，因此汽车后面的玻璃窗总是做成固定不能开启的。这种流动特征理所当然地要影响传热。

18.5.3.1 流动和传热的特点

观察图 18-12(a)，流体在一足够大的空间内流过圆管，并且其在圆管表面上的边界层可以自由发展。流体正对圆管的点称为前滞止点，从这一点开始边界层对称地沿上、下两个半圆柱表面发展。根据势流理论，流体流过圆管所在位置时，在圆管前部由于流动截面的缩小，流速会逐渐增大而流体的压力会逐渐减小，这个区域称为顺压梯度区域，即 dp/dx<0。而在后半部由于流动截面的增加，流速逐渐降低，压力逐渐增大，此时称为逆压梯度，有 dp/dx>0。但是由于流体黏性力的作用，在圆管的前部会形成流动边界层，而此边界层的特点由沿程压

力变化引起。按照边界层理论的基本观点,在同一个位置处边界层内、外具有相同的静压值。在压力升高条件下,迫使紧靠壁面的流体消耗自身的动能克服压力增长向前流动,速度分布趋于平缓。近壁处流体层由于速度不高,动能不大,在克服上升压力时会越来越困难,最终会在壁面某个位置速度梯度变为 0,即 $\partial u / \partial y|_{y=0} = 0$。这个转折点称为绕流脱体的起点(或称分离点)。此后,近壁处流体产生与原流动方向相反的回流,即负的速度梯度,导致在圆管的尾部出现一个充满涡旋的尾迹区。从绕流脱体的起点开始,边界层内缘脱离壁面,如图 18-12(b)中虚线所示,故称流动脱体。脱体起点的位置取决于 Re。$Re<10$ 时不出现脱体;$10<Re\leq1.5\times10^5$ 时边界层为层流,发生脱体的位置将出现在 $\varphi=80°\sim85°$ 处;而 $Re\geq1.5\times10^5$ 时,边界层在脱体前已转变为紊流,由于紊流时边界层内流体的动能比层流时大,故脱体的发生推后到 $\varphi=140°$ 处。

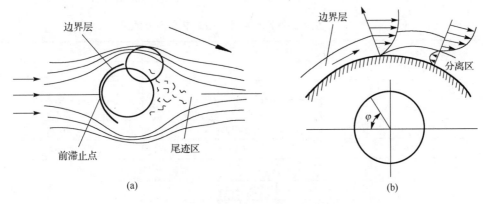

(a)　　　　　　　　　　　　　　(b)

图 18-12　流体横掠单管时的流动状况

　　上述绕流圆管边界层的状况和流动脱体决定了外掠圆管传热的特征。图 18-13 所示为外绕圆管传热的局部 Nu 随圆心角 φ 和雷诺数 Re 的变化关系。由图可见,从前滞止点开始在 $\varphi=0°\sim80°$,由于层流边界层不断增厚,局部 Nu 随着圆心角 φ 的增加而递降。当 $Re<10^5$ 时,在 $\varphi\approx80°$ 附近出现 Nu_φ 的局部极小值,随后因发生边界层分离而重新增大。这个回升点反映了绕流脱体的起点,这是由于脱体区的扰动强化了传热。当 $Re>10^5$ 时,则在 $\varphi=80°\sim90°$ 的地方出现第一次局部极小值,随后便急剧上升,这个变化对应着边界层从层流向紊流的转变。局部 Nu 的第二次下降对应着紊流边界层内速度梯度从正值降到零的过程,在 $\varphi=140°$ 附近出现第二个局部 Nu 的极小值,随后再度上升。这是由于发生流动脱体,尾迹区涡旋的剧烈掺混运动使得 Nu 上升。图中局部 Nu 随雷诺数 Re 的增加而增加是边界层厚度减薄的缘故。

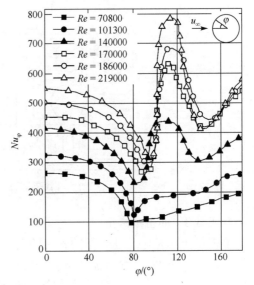

图 18-13　外绕圆管传热的局部 Nu 随圆心角 φ
和雷诺数 Re 的变化关系

18.5.3.2 实验关联式

在工程计算中，需要关注的是沿管周边的平均表面传热系数。故实验关联式给出的是包含平均表面传热系数的平均努塞特数。流体横掠圆管的平均表面传热系数采用下面的分段幂次关联式表示：

$$Nu = CRe^n Pr^{1/3} \tag{18-64}$$

式中，常数 C 及 n 可以从表 18-3 中查到；定性温度为 $(t_\infty+t_w)/2$；特征长度为管外径；Re 中的特征速度为来流速度 u_∞。该式对空气的实验温度验证范围为 t_∞=15.5～980℃，t_w=21～1046℃。式(18-64)是根据对空气的实验结果而推广到液体的。式(18-64)也适用于气体横掠非圆截面柱体时的传热。几种常见截面形状的柱体受流体横掠时对流传热实验关联式中的常数 C 和 n 的选取如图 18-14 所示，这时特征尺寸采用图中的 l，定性温度为 $(t_\infty+t_w)/2$。

表 18-3　横掠圆管传热实验关联式中 C 与 n 的值

Re	C	n
0.4～4	0.989	0.330
4～40	0.911	0.385
40～4000	0.683	0.466
4000～40000	0.193	0.618
40000～400000	0.0266	0.805

截面形状	Re	C	n
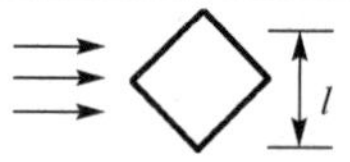 ◇ l	$5\times10^3\text{-}10^5$	0.246	0.588
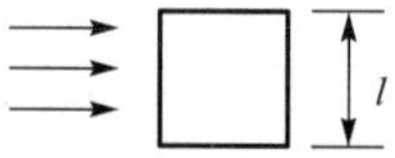 □ l	$5\times10^3\text{-}10^5$	0.102	0.675
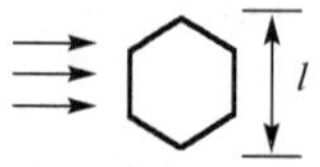 ⬡ l	$5\times10^3\text{-}1.95\times10^4$　$1.95\times10^4\text{-}10^5$	0.160　0.0385	0.638　0.782
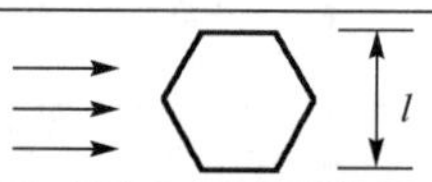 ⬡ l	$5\times10^3\text{-}10^5$	0.153	0.638
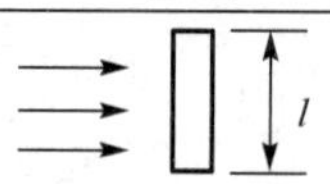 ▯ l	$4\times10^3\text{-}1.5\times10^4$	0.228	0.731

图 18-14　几种常见截面形状的柱体受流体横掠时对流传热实验关联式中的常数 C 和 n 的选取

18.5.3.3　冲击角修正

值得指出的是，上述介绍的各实验关联式都是指来流方向与单管(圆柱)轴线相垂直的情形，即冲击角 φ=90º。而当流体斜向冲刷单管时，其冲击角 φ<90º，此时流体斜向冲刷单管在管外表面的流程边长，相当于流体绕流椭圆管，从而形状阻力减小，边界层分离点后移，回流区缩小，减小了回流的强化传热作用。另外，由于涡旋区的缩小，减小了圆管曲率对圆管后半部传热的强化作用。这两方面使得流体斜向冲刷单管时的平均表面传热系数低于其垂直冲刷单管时的情形。因此，根据上述关联式计算的平均表面传热系数应乘以一个小于 1 的冲

击角修正系数 c_φ。c_φ 可根据冲击角 φ 的大小从表 18-4 中选取。从表中可以看出，φ 越小，c_φ 也越小。

表 18-4　流体斜向冲刷单管对流传热的冲击角修正系数 c_φ

$\varphi/(°)$	15	30	45	60	70	80	90	
c_φ	0.41	0.70	0.83	0.94	0.97	0.99	1.00	

18.5.4　流体横掠管束的实验关联式

流体横掠管束传热现象在各类换热器换热设备中最为常见，如管壳式换热器，电站锅炉的过热器、再热器，管箱式省煤器，空气预热器，热管换热器，汽车的水箱散热器，空调机的蛇形管散热器，空冷凝汽器(带肋片)等。

18.5.4.1　流动和传热特点

流体在管束中的流动与横掠单管的流动不同，管束中并排着的管子将影响四周邻近管子的扰流运动，而这种影响的大小与管子外径 d、管间距 S(纵向间距 S_1、横向间距 S_2)和管子排列形式等因素有关。此外，管束一般安装在某一通道内，故管束中的流动与通道中的流动密切相关。

在流体横掠管束从前排向后排的流动过程中，流动截面积先变大后缩小。故流体在流动过程中交替地进行加速、减速的过程强化了流体对管束表面的扰动。显然，管间距的大小影响流体加速和减速的剧烈程度，从而对对流传热产生影响。在换热设备中，流体横掠管束的流动状态经常是紊流。

在管束中，各排管的流动特性在很大程度上取决于管子的排列方式。管束常用的排列方式有顺排和叉排两种，如图 18-15 所示。流体绕流顺排和叉排管束的情形是不同的。叉排时流体在管间交替收缩和扩张的弯曲通道中流动，比顺排时在管间走廊通道中的流动扰动强烈，因此一般地说，叉排时的传热比顺排强。但是顺排管束的阻力损失小于叉排，且易于清洗，所以叉排、顺排的选择要全面平衡。

影响管束平均传热性能的因素有流动的 Re、流体的 Pr，一般选管束中的最大流速为特征流速。对给定的排列方式，涉及的因素是管外径 d、纵向间距 s_1 和横向间距 s_2。这 3 个尺寸的相对大小会改变边界层状况及尾迹区涡旋的作用范围，从而给管束的平均传热强度带来重要影响。尤其是叉排管束，s_1 和 s_2 相对大小的不同会涉及产生最大流速的位置。此外，沿着主流方向流体流过每一排(顺排)或每两排(叉排)管子时，流体的运动不断地周期性重复，当流过主流方向的管排数达到一定数目后，流动与传热会进入周期性充分发展阶段。在该局部地区，每排管子的平均表面传热系数保持为常数。对于整个管束平均值的计算则需要经历更多的管排数使其进入与管排数无关的状态。在进行实验研究时，一般先确定整个管束的平均表面传热系数与管排数无关时的实验关联式，然后引入考虑排数减少时的影响。当流体进出管束的温度变化比较大时，需要考虑物性变化的影响。作为考虑这种影响的一种实用方式，可采用物性修正因子 $(Pr_f/Pr_w)^{0.25}$。

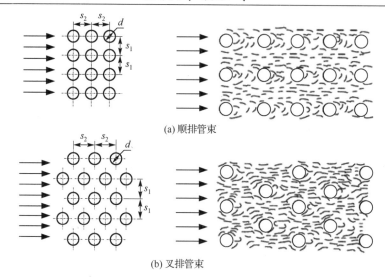

(a) 顺排管束

(b) 叉排管束

图 18-15　管束排列方式

18.5.4.2　实验关联式

茹考思卡斯(Zhukauskas)给出了一套在很宽的 Pr 变化范围内使用的管束平均表面传热系数实验关联式,要求管束的排数大于 16,如果不到 16 排则要乘以一个排数修正因子。这些公式列于表 18-5 和表 18-6 中,式中定性温度为管束进、出口流体平均温度；Pr_w 按管束的平均壁温确定；Re 中的流速取管束中最小截面处的平均流速,即管间最大流速 u_{max}；特征长度为管子外径。这些关联式适用于 $Pr=0.6 \sim 500$。对于排数小于 16 的管束,其平均表面传热系数应按表 18-5、表 18-6 计算所得之值再乘以小于 1 的修正值 ε_n,列于表 18-7 中。

表 18-5　流体横掠顺排管束平均表面传热系数实验关联式(≥16 排)

关联式	适用 Re 范围	
$Nu_f = 0.9 Re_f^{0.4} Pr_f^{0.36} (Pr_f / Pr_w)^{0.25}$	$1 \sim 10^2$	(18-65a)
$Nu_f = 0.52 Re_f^{0.5} Pr_f^{0.36} (Pr_f / Pr_w)^{0.25}$	$10^2 \sim 10^3$	(18-65b)
$Nu_f = 0.27 Re_f^{0.63} Pr_f^{0.36} (Pr_f / Pr_w)^{0.25}$	$10^3 \sim 2 \times 10^5$	(18-65c)
$Nu_f = 0.033 Re_f^{0.8} Pr_f^{0.36} (Pr_f / Pr_w)^{0.25}$	$2 \times 10^5 \sim 2 \times 10^6$	(18-65d)

表 18-6　流体横掠叉排管束平均表面传热系数实验关联式(≥16 排)

关联式	适用 Re 范围	
$Nu_f = 1.04 Re_f^{0.4} Pr_f^{0.36} (Pr_f / Pr_w)^{0.25}$	$1 \sim 5 \times 10^2$	(18-66a)
$Nu_f = 0.71 Re_f^{0.5} Pr_f^{0.36} (Pr_f / Pr_w)^{0.25}$	$5 \times 10^2 \sim 10^3$	(18-66b)
$Nu_f = 0.35 \left(\dfrac{s_1}{s_2}\right)^{0.2} Re_f^{0.6} Pr_f^{0.36} (Pr_f / Pr_w)^{0.25}, \quad \dfrac{s_1}{s_2} \leqslant 2$	$10^3 \sim 2 \times 10^5$	(18-66c)
$Nu_f = 0.40 Re_f^{0.6} Pr_f^{0.36} (Pr_f / Pr_w)^{0.25}, \quad \dfrac{s_1}{s_2} > 2$	$10^3 \sim 2 \times 10^5$	(18-66d)
$Nu_f = 0.031 \left(\dfrac{s_1}{s_2}\right)^{0.2} Re_f^{0.8} Pr_f^{0.36} (Pr_f / Pr_w)^{0.25}$	$2 \times 10^5 \sim 2 \times 10^6$	(18-66e)

表 18-7　茹考思卡斯公式的管排修正系数 ε_n

总排数	1	2	3	4	5	6	7	8	9	10	11	12	13	14	15
顺排 $Re>10^3$	0.700	0.800	0.865	0.910	0.928	0.942	0.954	0.965	0.972	0.978	0.983	0.987	0.990	0.992	0.994
叉排 $10^2<Re<10^3$	0.832	0.874	0.914	0.939	0.955	0.963	0.970	0.976	0.980	0.984	0.987	0.990	0.993	0.996	0.999
$Re>10^3$	0.619	0.758	0.840	0.897	0.923	0.942	0.954	0.965	0.971	0.977	0.982	0.986	0.990	0.994	0.997

流体流过管束间的最大流速 $u_{\max}$ 的计算可由图 18-16 导出。

顺排管束：

$$u_{\max} = u_{\mathrm{f}}' \frac{s_1}{s_1 - d} \qquad (18\text{-}65)$$

叉排管束

当 $(s_2' - d) < (s_1' - d)/2$ 时，$u_{\max} = \dfrac{u_{\mathrm{f}}' s_1}{2(s_2 - d)}$，其中 $s_2' = [s_2^2 + (s_1/2)^2]^{1/2}$；

当 $(s_2' - d) > (s_1' - d)/2$ 时，$u_{\max} = u_{\mathrm{f}}' \dfrac{s_1}{s_1 - d}$。

在以上各式中，u_{f}' 为流体进入管束前的流速，此时流体温度为入口温度。如果来流为气体，还应注意将计算得到的温度为 t_{f}' 时的 $u_{\max}$ 修正为气体定性温度（平均温度）t_{f} 下的最大流速 $u_{\mathrm{f},\max} = u_{\max} \cdot T_{\mathrm{f}}/T_{\mathrm{f}}'$，式中 T_{f}、T_{f}' 分别为气体的平均温度和入口温度。

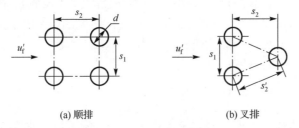

(a) 顺排　　　　　　　　(b) 叉排

图 18-16　管束中的流速分布

例 18-4　测定流速的热线风速仪是利用流速不同对圆柱体的冷却能力不同，从而导致电热丝温度及电阻值不同的原理制造的。用电桥测定电热丝的阻值可推得其温度。现有直径为 0.1mm 的电热丝垂直于气流方向放置，来流温度为 20℃，电热丝温度为 40℃，加热功率为 17.8W/m。试确定此时的流速，略去其他的热损失。

解：

已知：电热丝直径、温度及加热功率，来流温度。

求：来流的流速。

假设：电热丝与气流间为稳态传热；电热丝表面温度均匀，忽略其他热损失。

计算：按牛顿冷却公式，整个换热管的平均表面传热系数为

$$h = \frac{q_1}{\pi d(t_{\mathrm{w}} - t_{\mathrm{f}})} = \frac{17.8\text{W/m}}{3.1416 \times 0.1 \times 10^{-3}\text{m} \times (40 - 20)\text{K}} = 2833\text{W}/(\text{m}^2 \cdot \text{K})$$

定性温度为 $t_{\mathrm{m}} = (t_{\mathrm{w}} + t_{\mathrm{f}})/2 = (40℃ + 20℃)/2 = 30℃$

相应的物性参数为 $\lambda = 0.0267\,\mathrm{W/(m \cdot K)}$，$v = 16 \times 10^{-6}\,\mathrm{m^2/s}$，$Pr = 0.701$

$$Nu = \frac{hd}{\lambda} = \frac{2833\,\mathrm{W/(m^2 \cdot K)} \times 0.1 \times 10^{-3}\,\mathrm{m}}{0.0267\,\mathrm{W/(m \cdot K)}} = 10.61$$

利用表 18-3 中的第三种情形进行计算，$Nu = 0.683 Re^{0.466} Pr^{1/3}$，则可得

$$Re = \left(\frac{Nu}{0.683 Pr^{1/3}} \right)^{1/0.466} = \left(\frac{10.61}{0.683 \times 0.701^{1/3}} \right)^{1/0.466} = 464.3$$

Re 在 40～4000，符合第三种情形的适用范围，故参数选取正确。

最后可得

$$u = \frac{v}{d} Re = \frac{16 \times 10^{-6}\,\mathrm{m^2/s}}{0.1 \times 10^{-3}\,\mathrm{m}} \times 464.3 = 74.3\,\mathrm{m/s}$$

18.6   相变对流传热

相变对流传热过程包括凝结传热与沸腾传热两种相变对流传热。虽然这两种传热过程都伴随有流体的运动，均属对流传热的范畴，但是它们的传热规律与前面介绍的单相对流传热有很大的区别。这类传热过程的特点是相变流体要放出或吸收大量的潜热，因此凝结传热与沸腾传热都属于传热速率极高的传热方式。相变对流传热被广泛地应用于各种工程领域：电站汽轮机装置中的凝汽器、锅炉炉膛中的水冷壁、冰箱与空调器中的凝汽器与蒸发器、化工装置中的再沸腾器等。近年来相变传热技术也出现在高技术领域中，如电子领域中的热管自冷散热系统、航天领域中的热控制即低温超导的应用。

18.6.1   凝结传热和沸腾传热的特点

凝结传热和沸腾传热都属于相变对流传热，通过流体潜热传递热量。由于介质的物性参数均随着气—液相变而变化，因此凝结传热和沸腾传热过程要比单相对流传热复杂得多。气—液相变的存在，使得这两种传热具有以下主要特点。

(1)凝结传热和沸腾传热都属于对流传热，因此牛顿冷却公式仍然适用，其热量传递的动力是流体的饱和温度与壁面温度之差。

(2)影响凝结传热和沸腾传热的流体物理性质，除了无相变时的密度、比定压热容、导热系数、动力黏度以外，汽化潜热以及两相间的表面张力也都是重要因素。

(3)凝结包括珠状凝结和膜状凝结；沸腾包括核态沸腾和膜态沸腾。

18.6.2   凝结传热

当蒸气与温度低于相应压力下的饱和温度的冷壁面相接触时，在壁面上将发生凝结传热现象。此时，蒸气释放出汽化潜热而凝结成液体，并依附于壁面上。由于凝结液体在壁面上的润湿情况不同便形成了两种不同的凝结形式：一种是凝结液体在壁面上铺展成薄膜，称为膜状凝结；另一种是形成一颗颗小液珠，称为珠状凝结。

对于稳态的膜状凝结，壁面被一层稳定的液膜覆盖，蒸气的凝结不再直接在冷壁面上进行，而是发生在蒸气—液膜的界面上。此时凝结放出的潜热必须穿过这层液膜才能传到冷壁面。尽管液膜的厚度很薄，但是膜状凝结时传热阻力集中在这层液膜内。珠状凝结时，一般有 90%以上的表面面积被液珠覆盖，实验表明，液珠的直径通常只有几个微米。因此珠状凝结时，蒸气凝结释放出的潜热大都通过直径小于 100μm 的小液珠传给冷壁面。由于液珠的热阻比液膜要小一个数量级以上，所以传热增强。

膜状凝结传热热阻可通过对液膜内流动与传热的控制方程的简化处理而得到分析解。尤其是竖壁与水平圆管外努塞特理论的分析解揭示了层流膜状凝结的传热以通过膜层的热传导为主的本质，是对复杂问题做适当简化而获得有实用意义解的范例，也是应用数学工具求解工程问题的典型。在膜状凝结中，由于完整液膜的存在，表面张力的作用显现不出来，但是在珠状凝结中它就是一个重要的影响因素。

影响膜状凝结传热的因素主要有不可凝气体、蒸气流速、管内冷凝、蒸气过热度、管子排数、液膜过冷度及温度分布的非线性等。

18.6.3　沸腾传热

沸腾传热是在液体内部固液界面上形成气泡从而实现热量由固体传给液体的过程。因此其产生条件是固体表面温度高于液体饱和温度。按流体运动的动力，沸腾过程分为大容器沸腾过程和管内沸腾过程。描述大容器沸腾过程中热流密度 q 与过热度 Δt 之间的规律的曲线称为大容器饱和沸腾曲线，表征了不同传热机制所造成的传热强度的差别。随着壁面过热度的增高，会出现四个传热规律不同的区域，其中核态沸腾、过渡沸腾和稳定膜态沸腾三个区域均属于沸腾传热。核态沸腾区域因温差小、传热强而被认为是工业中的理想工作区域。特别要注意的是在核态沸腾区域，气泡的产生与脱离上升所引起的强烈扰动是沸腾传热比单相对流传热强烈的主要原因。确定临界热流密度点 q_{max} 具有十分重要的实际工程意义，读者可以通过恒定热流密度加热及恒定壁温加热两种情形来理解其重要性。

沸腾传热计算公式的拟合误差一般较大，这主要是由于沸腾传热过程本身的机理比较复杂，它与加热表面的状况往往有很大关系。沸腾传热往往由于传热强度大而不是传热过程热阻的主要部分，因而对总的传热系数影响不大。读者在使用公式时应注意各物理量的单位。需要指出，计算膜态沸腾传热时常常要计及辐射传热。

影响沸腾传热的因素有液体的特性参数、加热面的表面物理性质和粗糙程度、不凝结气体、过冷度、液位高度、重力加速度及管内沸腾等。

18.6.4　强化传热

强化膜状凝结传热的基本点在于促进液膜的排泄以尽可能地使液膜厚度减薄。由蒸气膜状凝结的机理可知，其热阻取决于通过液膜层的热传导。因此应使液膜层的热传导热阻尽可能减小，也就是尽量使液膜层厚度减薄是强化膜状凝结的基本手段和出发点。为此，可以从两个方面着手：第一是减薄蒸气凝结时直接黏滞在固体表面上的液膜；第二是及时地将传热表面上产生的凝结液体排走，不使其积存在传热表面上而进一步使液膜加厚。

强化沸腾传热的出发点在于设法增加加热表面上的汽化核心数，而管内沸腾传热的强化则大都采用各种内肋或内螺纹管。加热面上的微小凹坑最容易成为汽化核心，因此主要是按这个方向进行沸腾传热强化的。主要措施有通过物理、化学方法在加热表面上造出一层多孔结构或者采用机械加工方法造出多孔结构。

热管是具有特别高的热传导性能的传热元件，使用时要根据具体情况正确地选择热管工质并安排外部的传热结构。对于冷源、热源均为气体，或者液体的情况，主要的传热热阻都在外部。

习　题

18-1．由对流传热微分方程 $h = -\dfrac{\lambda}{\Delta t}\dfrac{\partial t}{\partial y}\Big|_{y=0}$ 可知，该式中没有出现流速，有人因此得出结论：表面传热系数 h 与流体速度无关。试判断这种说法的正确性。

18-2．对流传热边界层微分方程组是否适用于黏度很大的油和 Pr 很小的液态金属？为什么？

18-3．温度为 50℃，压力为 1.01325×10^5Pa 的空气，平行掠过一块表面温度为 100℃的平板上表面，平板下表面绝热。平板沿流动方向的长度为 0.2m，宽度为 0.1m。按平板长度计算的 Re 为 4×10^4。试确定：

(1)平板表面与空气间的表面传热系数和传热量；

(2)如果空气流速增加一倍，压力增加到 10.1325×10^5Pa，那么平板表面与空气的表面传热系数和传热量为多少？

18-4．一个形状不规则的物体特征尺寸为 1m，表面温度均匀且 $t_w=300℃$，把它置于 120℃的空气中冷却，气流速率 $u_\infty=100$m/s，表面的热流密度达到 800W/m^2。假如另一物体具有和它相同的几何形状，但特征尺寸是 4m，在相同的表面温度和流体温度情况下，如果空气流速等于 20m/s，它的平均表面传热系数将是多少？

18-5．用平均温度为 50℃的空气来模拟平均温度为 400℃的烟气的横掠管束的对流传热，模型中的烟气流速在 10～15m/s 变化。模型采用与实物一样的管径，问模型中空气的流速应在多大范围内？

18-6．对于常物性流体横掠管束时的对流传热，当流动方向上的排数大于 10 时，实验发现，管束的平均表面传热系数 h 取决于下列因素：流体速度 u、流体物性 ρ、c_p、η、λ，几何参数 d、s_1、s_2。试用量纲分析方法证明，此时的对流传热关系式可以整理成

$$Nu = f(Re, Pr, s_1/d, s_2/d)$$

18-7．用低温空气管内的对流传热实验模拟高温烟气的传热状态。平均温度为 20℃的空气流经 $d=100$mm 的管道，欲模拟 250℃、流速为 14m/s 的烟气在内径 $d=0.2$m 的管道中的传热状态。问空气实验台的流速应该确定为多大才能保证两者的流态完全相同？

18-8．温度为 25℃的 14 号润滑油以 0.5kg/s 的流量流过直径为 25.5mm、长 8m 的圆管，管表面保持 100℃。试求：

(1)管出口处油的截面平均温度和全管的传热量；

(2)若按照全管均为充分发展段计算，出口温度和传热量将是多少？

18-9．1.01325×10^5Pa 下的空气在内径为 76mm 的直管内流动，入口温度为 65℃，入口体积流量为 0.022m^3/s，管壁的平均温度为 180℃。问管子长度为多少才能使空气加热到 115℃？

18-10. 一套管式换热器，饱和蒸汽在内管中凝结，使内管外壁温度保持在 100℃，初温为 25℃，质量流量为 0.8kg/s 的水从套管换热器的环形空间中流过，换热器外壳绝热良好。环形夹层内管外径为 40mm，外管内径为 60mm，试确定把水加热到 55℃时所需的套管长度以及管子出口截面处的局部热流密度。不考虑温差修正。

18-11. 温度为 25℃，速度为 10m/s 的冷却空气掠过一块电子线路板的表面，距板的前缘 120mm 处有一块 4mm×4mm 的芯片，芯片前方存在的扰动导致传热增强，适用的实验关联式为 $Nu_x = 0.04Re_x^{0.85}Pr^{0.33}$。该芯片的耗散功率等于 30mW，试估算它的表面温度。

18-12. 在一锅炉中，烟气横掠 4 排管组成的顺排管束。已知管外径 $d = 60mm$，$s_1/d = 2$，$s_2/d = 2$，烟气的平均温度 $t_f = 600℃$，$t_w = 120℃$。烟气通道最窄处的平均流速 $u = 8m/s$。试求管束的平均表面传热系数。

第19章 热辐射基础理论

19.1 概　　述

热辐射是一种重要的热量传递方式。与热传导和对流传热相比，热辐射及辐射传热无论是在机理上还是在具体的规律上都有根本的区别。

19.1.1 热辐射的基本概念

辐射是电磁波传递能量的现象。按照产生电磁波的原因不同可以得到不同频率的电磁波。由于热的原因而产生的电磁波辐射称为热辐射。热辐射的电磁波是物体内部微观粒子的热运动状态改变时激发出来的，亦称热射线。

整个波谱范围内的电磁波如图 19-1 所示。从理论上说，物体热辐射的电磁波波长也包括整个波谱，即波长从零到无穷大。然而，在工业涉及的温度范围内（2000K 以下），有实际意义的热辐射波长位于 0.38～100μm，且大部分能量位于肉眼看不见的 0.76～20μm 的红外线区段。而在波长为 0.38～0.76μm 的可见光区段，热辐射能量的比重不大。太阳的温度（约为 5800K）比一般工业上遇到的温度高出很多，太阳辐射的主要能量集中在 0.2～2μm 的波长，其中可见光区段占有很大比重。因而，如果把太阳辐射也包括在内，热辐射的波长区段可放宽为 0.1～100μm。

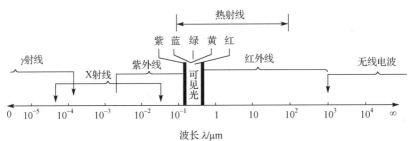

图 19-1　整个波谱范围内的电磁波

各种波长的电磁波在生产、科研与日常生活中有着广泛的应用。例如，利用波长大于 25μm（国际照明委员会所定的界限）的远红外线来加热物料；利用波长在 1mm～1m 的微波来加热食物等。本章下面所讨论的内容专指由于热的原因而产生的热辐射，波长位于 0.1～100μm，这一波长区段的电磁波最容易被物体吸收并转化为热能。

19.1.2 热辐射的基本特性

19.1.2.1 传播速度与波长、频率间的关系

各种电磁波都以光速在空间中传播，这是电磁波辐射的共性，热辐射亦不例外。电磁波的速度、波长和频率存在如下关系：

$$c = f\lambda \tag{19-1}$$

式中，c 为电磁波的传播速度(m/s)，在真空中 $c=3\times10^8$m/s，在大气中的传播速率略低于此值；f 为频率(s^{-1})；λ 为波长(μm)。

19.1.2.2　与热传导和对流的不同

(1)热辐射是一切物体的固有属性，只要温度高于绝对零度(0K)，物体就不断地将热能转化为辐射能，向外发出热辐射。同时，物体也不断地吸收周围物体投射到它表面上的热辐射，并把吸收的辐射能重新转变为热能。辐射传热就是指物体之间相互辐射和吸收的总效果。即使两个物体温度相同，辐射传热也仍在不断进行，只是每一物体辐射出去的能量等于其吸收的能量，即处于动态热平衡状态，辐射传热量为零。

(2)发生辐射传热不需要存在任何形式的中间介质，而且在真空中传递的效率最高。

(3)在辐射传热过程中，不仅有能量的交换，而且还有能量形式的转化，即物体在辐射时，不断将自己的热能转变为电磁波向外辐射；当电磁波辐射到其他物体表面时被吸收而转变为热能，热传导和对流传热均不存在能量形式的转换。

(4)导热量或对流传热量一般和物体温度的一次方之差成正比，而辐射传热量与两物体热力学温度的四次方之差成正比。因此，温差对于辐射传热量的影响更为显著。特别是辐射传热在高温时具有重要地位，如锅炉炉膛内热量传递的主要方式是辐射传热。

19.1.2.3　热辐射表面的吸收、反射和透射特性

热辐射和其他电磁波(如可见光等)一样，射落到物体表面上会发生反射、吸收和透射现象。当辐射能量为 Q 的热辐射落到物体表面上时，一部分能量 Q_α 被物体吸收，一部分能量 Q_ρ 被物体表面反射，还有一部分能量 Q_τ 经折射而透过物体，如图 19-2 所示。

根据能量守恒定律，有

$$Q = Q_\alpha + Q_\rho + Q_\tau \tag{19-2a}$$

$$\frac{Q_\alpha}{Q} + \frac{Q_\rho}{Q} + \frac{Q_\tau}{Q} = 1 \tag{19-2b}$$

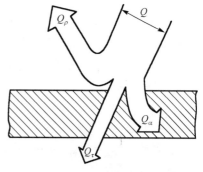

图 19-2　物体对热辐射的吸收、反射和透射

式中，Q_α/Q、Q_ρ/Q、Q_τ/Q 分别称为该物体对投入辐射的吸收比、反射比、透射比，记为 α、ρ、τ。投入辐射是指单位时间内从外界投射到物体的单位表面积上的辐射能。于是有

$$\alpha + \rho + \tau = 1 \tag{19-3a}$$

实际上，当辐射能到达固体或液体表面后，在很短的距离内就被吸收完了。对于金属导体，这一距离只有 1μm 的数量级；对于大多数的非导电体材料，这一距离亦小于 1mm，即可以认为固体和液体对外界投入辐射的吸收和反射都是在表面上进行的，热辐射不能穿透固体和液体，$\tau = 0$。故对于固体和液体，式(19-3a)可以简化为

$$\alpha + \rho = 1 \tag{19-3b}$$

因而，固体和液体的吸收能力越大，其反射能力就越小；反之亦然。

热辐射投射到气体上时，情况则不同。气体对热辐射几乎没有反射能力，可以认为气体的反射比 $\rho = 0$。故式(19-3a)可以简化为

$$\alpha + \tau = 1 \tag{19-3c}$$

可见，吸收能力大的气体，其透射能力就小；反之亦然。

吸收比 α、反射比 ρ 和透射比 τ 反映了物体的辐射特性，影响这三个参数的因素有物体的性质、温度、表面状况和投入辐射的波长等。对于可见光而言，通常对物体的辐射特性起主要作用的是表面颜色；而对于其他不可见的热射线而言，起主要作用的是表面的粗糙程度。例如，对于太阳辐射，白漆的 $\alpha = 0.12 \sim 0.16$，而黑漆的 $\alpha = 0.96$；但对于工业高温下的热辐射，白漆和黑漆的 α 几乎相同，为 $0.90 \sim 0.95$。

19.1.2.4　物体表面的两种反射

根据物体表面粗糙度不同，物体表面对外界投入辐射的反射呈现出不同的特征。当物体表面较光滑，其粗糙不平的尺度小于投入辐射的波长时，形成镜面反射，入射角等于反射角，如图 19-3(a)所示，该表面称为镜面，该物体称为镜体。当物体表面粗糙不平的尺度大于投入辐射的波长时，形成漫反射，如图 19-3(b)所示，该表面称为漫反射表面。一般工程材料的表面都形成漫反射。

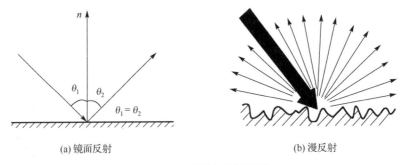

(a) 镜面反射　　　　　　　　　　　　　　　(b) 漫反射

图 19-3　物体表面的反射

19.1.3　几种热辐射的理想物体

自然界中不同物体的吸收比、反射比和透射比因具体条件不同而千差万别，从而给热辐射计算带来很大困难。为方便起见，常常先从理想物体入手进行研究。当物体的吸收比 $\alpha = 1$ 时，该物体称为绝对黑体(简称黑体)；当物体的反射比 $\rho = 1$ 时，该物体称为绝对白体(简称白体)；当物体的透射比 $\tau = 1$ 时，该物体称为绝对透明体(简称透明体)。显然，绝对黑体、绝对白体和绝对透明体都是假想的理想物体，自然界中并不存在。

尽管黑体是一种理想模型，但可以用以下方法近似实现。选用吸收比较大的材料制造一个空腔，并在空腔壁面上开一个小孔，再设法使空腔壁面保持均匀的温度。当腔体总面积和小孔面积之比足够大时，从小孔进入空腔内的投入辐射，在空腔内经过多次反射和吸收，每经过一次吸收，辐射能就按照内壁吸收率的份额被减弱一次，最终辐射能从小孔逸出的份额很少，可以认为全部被空腔所吸收。因此，具有小孔的均匀壁温空腔可以作为黑体来处理，小孔具有与黑体表面一样的性质。黑体模型如图 19-4 所示。

黑体在热辐射研究中具有极其重要的地位。黑体辐射性质简单，其热辐射和辐射传热的规律都非常容易确定。在处理实际物体的辐射问题时，将实际物体的辐射和黑体辐射相

比较，从中找出其与黑体辐射的偏离，然后确定必要的
修正系数。

图 19-4　黑体模型

19.1.4　两个重要的辐射参数

19.1.4.1　辐射力

单位时间内从物体的单位面积向其上的半球空间所
有方向发射的辐射能，是热射线具有的所有波长的电磁波
能量的总和，符号为 E，单位为 W/m^2。当表示黑体辐射力
时，使用专有的符号 E_b。在本书的有关辐射传热内容中，
参数下标 b 都表示该参数为黑体的参数。

光谱辐射力表示在单位时间内从物体单位面积向其上的半球空间所有方向发射的热射线
中，单位波段范围电磁波所具有的辐射能，也称单色辐射力，记为 E_λ，黑体的光谱辐射力用
$E_{b\lambda}$ 表示。由于波长的单位一般为 μm，因此光谱辐射力单位也经常使用 $W/(m^2 \cdot \mu m)$。

由辐射力和光谱辐射力的定义知，两者的关系为

$$E = \int_0^\infty E_\lambda \mathrm{d}\lambda \tag{19-4}$$

波段辐射力表示在单位时间内从物体单位面积上发射的热射线中，某一有限波段（如
$\lambda_1 \to \lambda_2$）的电磁波所具有的能量。实际物体和黑体的波段辐射力分别用符号 $E_{(\lambda_1 \to \lambda_2)}$ 和
$E_{b(\lambda_1 \to \lambda_2)}$ 表示，单位为 W/m^2。与式（19-4）相似，$E_{(\lambda_1 \to \lambda_2)}$ 与 E_λ 的关系为

$$E_{(\lambda_1 \to \lambda_2)} = \int_{\lambda_1}^{\lambda_2} E_\lambda \mathrm{d}\lambda \tag{19-5}$$

19.1.4.2　定向辐射强度

和平面角（以弧度为单位）的定义相类似，以三维空间的立体角表示某一方向的空间所占
的大小。定义球面上微元面积 $\mathrm{d}A_s$ 与球半径平方 r^2 之比，称为微元面积 $\mathrm{d}A_s$ 所张的微元立体角，
用参数 $\mathrm{d}\Omega$ 表示，单位为 sr（球面度）。微元立体角与半球空间几何参数的关系如图 19-5 所示。

$$\mathrm{d}\Omega = \frac{\mathrm{d}A_s}{r^2} \tag{19-6}$$

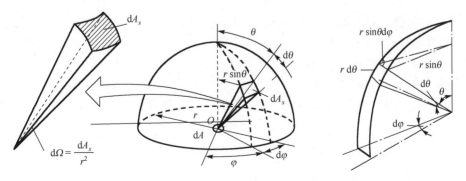

图 19-5　微元立体角与半球空间几何参数的关系

在球坐标系中，以 φ 表示经度角，θ 表示纬度角，则 $\mathrm{d}\Omega$ 可表示为

$$d\Omega = \frac{dA_s}{r^2} = \frac{rd\theta \cdot r\sin\theta d\varphi}{r^2} = \sin\theta d\theta d\varphi \qquad (19\text{-}7)$$

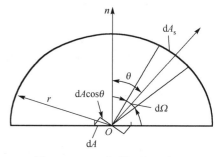

图 19-6 为图 19-5 简画成平面图的形式。球心 O 处的微元面积 dA 为辐射面，球面上微元面积 dA_s 为接收辐射面，dA_s 对 dA 的方向为 θ，dA_s 所张的立体角为 $d\Omega$。则 dA_s 的可见辐射面积为 $dA\cos\theta$，即从空间 θ 方向所看到的有效辐射面积。如果 dA 向微元立体角 $d\Omega$ 发出的辐射能为 $d\Phi$，则定义 I 为 dA 所发出的辐射能在 θ 方向的定向辐射强度，单位为 $W/(sr\cdot m^2)$。

图 19-6　可见辐射面积示意图

$$I = \frac{d\Phi}{dA\cos\theta d\Omega} \qquad (19\text{-}8)$$

由式 (19-8) 可知，定向辐射强度表示在单位时间内，从单位可见辐射面积向某一方向 θ 的单位立体角内所发出的辐射能。

19.2　黑体辐射基本定律

黑体辐射的基本规律可以归结为四个定律：普朗克定律、维恩位移定律、斯特藩-玻尔兹曼定律和兰贝特定律。

19.2.1　普朗克定律和维恩位移定律

1900 年，普朗克 (M. Planck) 根据量子理论，揭示了黑体光谱辐射力按照波长 λ 和热力学温度 T 的分布规律，称之为普朗克定律，它可表达为

$$E_{b\lambda} = \frac{c_1\lambda^{-5}}{e^{c_2/(\lambda T)} - 1} \qquad (19\text{-}9)$$

式中，λ 为波长（μm）；T 为热力学温度（K）；c_1 为普朗克第一常数，$c_1 = 3.742\times10^8\ W\cdot\mu m^4/m^2$；$c_2$ 为普朗克第二常数，$c_2 = 1.439\times10^4\ \mu m\cdot K$。

普朗克定律所揭示的关系 $E_{b\lambda} = f(\lambda, T)$ 如图 19-7 所示。由图可以看出黑体辐射的如下特点。

（1）黑体的单色辐射力随波长连续变化。在 $\lambda = 0$ 和 $\lambda = \infty$ 时，$E_{b\lambda}$ 都等于 0；其间有一最大的 $E_{b\lambda}$ 值（峰值），相应的波长记为 λ_{max}。黑体温度在 1800K 以下时，辐射能量的大部分处在 $0.76\sim10\ \mu m$ 波长。在此范围内，可见光的能量可以忽略。

（2）随着黑体温度的增高，单色辐射力分布曲线的峰值（最大单色辐射力）向左（向较短波长）移动。对应于最大单色辐射力的波长 λ_{max} 与温度 T 之间存在如下关系：

$$\lambda_{max}T = 2897.6\mu m\cdot K \qquad (19\text{-}10)$$

式 (19-10) 称为维恩 (Wien) 位移定律，是维恩在 1891 年用热力学理论推出的，也可直接由式 (19-9) 导出。维恩位移定律在图 19-7 中用虚线表示。

根据黑体辐射的上述特点，可以推出：当物体温度 $T \leqslant 800K$ 时，物体所辐射的能量将主要分布于红外线区域，人眼察觉不出这种辐射。随着物体温度不断升高，辐射能中可见光部

分的比例逐渐增大，物体的亮度也随之变化，其颜色从暗红色、黄色变为亮白色。太阳可以视为 5800K 的黑体，其辐射能中的可见光部分（$\lambda = 0.38 \sim 0.76\mu m$）约占 43 %，故其亮度很高。

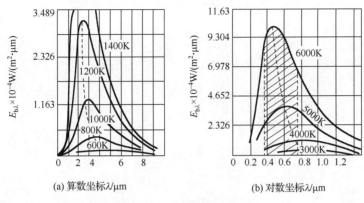

(a) 算数坐标$\lambda/\mu m$ (b) 对数坐标$\lambda/\mu m$

图 19-7　普朗克定律所揭示的关系

19.2.2　斯特藩-玻耳兹曼定律

在辐射传热计算中，确定黑体的辐射力是至关重要的。根据式(19-4)与式(19-9)，可得

$$E_b = \int_0^\infty E_{b\lambda} d\lambda = \int_0^\infty \frac{c_1 \lambda^{-5}}{e^{c_2/(\lambda T)} - 1} d\lambda = \sigma_b T^4 \tag{19-11}$$

式中，$\sigma_b = 5.67 \times 10^{-8} \, W/(m^2 \cdot K^4)$，为黑体辐射常数，又称斯特藩-玻耳兹曼(Stefan-Boltzmann)常数。为了方便计算，式(19-11)改写为

$$E_b = C_0 \left(\frac{T}{100} \right)^4 \tag{19-12}$$

式中，$C_0 = 5.67 \, W/(m^2 \cdot K^4)$，为黑体辐射系数。

式(19-11)和式(19-12)均为斯特藩-玻耳兹曼定律的表达式，它说明黑体的辐射力与其温度的四次方成正比，故又称四次方定律。这条定律是斯特藩于 1879 年通过实验得到的，玻耳兹曼于 1884 年从热力学角度证明了该定律。

工程上常常需要确定某一给定波长范围（称为波带）内的辐射能量。当温度已知时，黑体的这部分辐射能的值可用图 19-8 中的阴影面积表示。于是，在 $\lambda_1 \sim \lambda_2$ 波段内，黑体的辐射为

$$E_{b(\lambda_1 - \lambda_2)} = \int_{\lambda_2}^{\lambda_1} E_{b\lambda} d\lambda = \int_0^{\lambda_2} E_{b\lambda} d\lambda - \int_0^{\lambda_1} E_{b\lambda} d\lambda \tag{19-13}$$

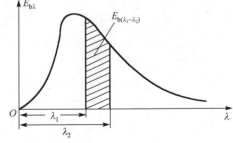

图 19-8　黑体在 $\lambda_1 \sim \lambda_2$ 范围内的辐射力

习惯上将这种波带的辐射能表示为同温度下黑体辐射力 E_b 的百分数，用 $F_{b(\lambda_1 \sim \lambda_2)}$ 表示

$$F_{b(\lambda_1 - \lambda_2)} = \frac{\int_0^{\lambda_2} E_{b\lambda} d\lambda - \int_0^{\lambda_1} E_{b\lambda} d\lambda}{E_b} \tag{19-14a}$$

将 $E_b = \sigma_b T^4$ 代入，得

$$F_{b(\lambda_1-\lambda_2)} = \frac{1}{\sigma_b T^4}\left(\int_0^{\lambda_2} E_{b\lambda}\mathrm{d}\lambda - \int_0^{\lambda_1} E_{b\lambda}\mathrm{d}\lambda\right) = F_{b(0\sim\lambda_2)} - F_{b(0\sim\lambda_1)} \tag{19-14b}$$

式中，$F_{b(0\sim\lambda_1)}$ 和 $F_{b(0\sim\lambda_2)}$ 分别为波长从 0 至 λ_1 和 0 至 λ_2 的黑体辐射，占同温度下黑体辐射力 $E_{b\lambda}$ 的百分数。此能量份额 $F_{b(0\sim\lambda)}$ 可以表示为单一变量 λT 的函数，即

$$F_{b(0\sim\lambda)} = \frac{\int_0^{\lambda} E_{b\lambda}\mathrm{d}\lambda}{\sigma_b T^4} = \int_0^{\lambda} \frac{c_1(\lambda T)^{-5}}{\mathrm{e}^{c_2/(\lambda T)}-1}\frac{1}{\sigma}\mathrm{d}(\lambda T) = f(\lambda T) \tag{19-15}$$

$F_{b(0\sim\lambda)}$ 称为黑体辐射函数。根据黑体辐射函数，可以方便地计算出给定温度下黑体在 $\lambda_1 \sim \lambda_2$ 内的辐射能量，即

$$E_{b(\lambda_1\sim\lambda_2)} = \sigma_b T^4[F_{b(0\sim\lambda_2)} - F_{b(0\sim\lambda_1)}] \tag{19-16}$$

19.2.3 兰贝特定律

物体的辐射在半球空间的各个方向上的辐射强度相等，即辐射强度与方向无关，这一辐射规律称为兰贝特定律，表示为

$$I_{\theta 1} = I_{\theta 2} = \cdots = I_n = I \tag{19-17}$$

理论上可以证明，黑体辐射符合兰贝特定律。

对于服从兰贝特定律的辐射，由定向辐射强度的定义式(19-8)得

$$I_b \cos\theta = \frac{\mathrm{d}\Phi}{\mathrm{d}A\mathrm{d}\Omega} = E_{b\theta} \tag{19-18}$$

式中，$E_{b\theta}$ 为黑体定向辐射力 $[\mathrm{W}/(\mathrm{m}^2\cdot\mathrm{sr})]$。

由式(19-18)可见，黑体单位表面发出的辐射能落到空间不同方向上的单位立体角内的能量不相等，其数值正比于该方向与表面法线方向之间夹角 θ 的余弦，所以兰贝特定律又称为余弦定律。

在工程中，当用电炉烘烤物体时，把物体放在电炉的正上方要比放在电炉的旁边热得快的多。在这两个位置上的物体受热快慢的不同说明，电炉发出的辐射能在空间不同方向上的分布是不均匀的，正上方的能量远较两侧多。

从这里可引出漫辐射表面的概念。漫辐射表面是指表面的辐射、反射强度在半球空间各方向上均相等(各向同性)的表面。显然，黑体是漫辐射表面。只有漫辐射表面才遵守兰贝特定律。

对于漫辐射表面，根据式(19-4)，辐射力为

$$E = \int_0^{2\pi} I\cos\theta\mathrm{d}\Omega \tag{19-19}$$

将式(19-7)代入式(19-19)，积分后得

$$E = I\int_{\theta=0}^{\pi/2}\int_{\varphi=0}^{2\pi}\cos\theta\sin\theta\mathrm{d}\theta\mathrm{d}\varphi = \pi I \tag{19-20}$$

所以，对于漫辐射表面，辐射力是半球空间任意方向辐射强度的 π 倍。

例 19-1　已知面积为 $A_1 = 10^{-3}\,\text{m}^2$ 的小表面是漫发射体，测得法向发射的全波长强度为 $I_n = 5000\,\text{W/(m}^2 \cdot \text{sr)}$ 。从表面发射的辐射被另外三个面积为 $A_2 = A_3 = A_4 = 1\,\text{cm}^2$ 的表面拦截，它们离 A_1 的距离是 $0.1\,\text{m}$，方位情况如图 19-9 所示。试求：

(1) 在每个方向上的发射辐射强度；

(2) 从 A_1 观察的这三个表面所对的立体角；

(3) 从 A_1 发出分别落到 $A_2 \sim A_4$ 的辐射能量。

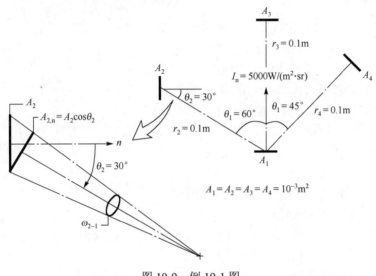

图 19-9　例 19-1 图

解：　假设：①表面 A_1 为漫发射体；②$A_1 A_2 A_3 A_4$ 可近似为微元面，$A_j / r_j^2 \ll 1$。由漫发射体的定义知，发射辐射的强度不随方向变化，因此对三个方向都有

$$I_n = 5000\,\text{W/(m}^2 \cdot \text{sr)}$$

将 $A_1 A_2 A_3 A_4$ 作为微元面处理，由式 (19-6) 有

$$\text{d}\Omega_2 = \frac{\text{d}A_2}{r^2} = \frac{10^{-3}\,\text{m}^2 \cos 30^\circ}{(0.1\text{m})^2} \approx 8.66 \times 10^{-2}\,\text{sr}$$

$$\text{d}\Omega_3 = \frac{\text{d}A_3}{r^2} = \frac{10^{-3}\,\text{m}^2 \cos 0^\circ}{(0.1\text{m})^2} = 10^{-1}\,\text{sr}$$

$$\text{d}\Omega_4 = \frac{\text{d}A_4}{r^2} = \frac{10^{-3}\,\text{m}^2 \cos 0^\circ}{(0.1\text{m})^2} = 10^{-1}\,\text{sr}$$

由式 (19-8) 有

$$\text{d}\Omega(60^\circ) = I\text{d}A_b \cos\theta_2 \text{d}\Omega_2 = 5000 \times 10^{-3} \times 0.5 \times 8.65 \times 10^{-2} \approx 2.16 \times 10^{-1}\,\text{W}$$

$$\text{d}\Omega(0^\circ) = I\text{d}A_b \cos\theta_3 \text{d}\Omega_3 = 5000 \times 10^{-3} \times 1 \times 10^{-1} = 5 \times 10^{-1}\,\text{W}$$

$$\text{d}\Omega(45^\circ) = I\text{d}A_b \cos\theta_4 \text{d}\Omega_4 = 5000 \times 10^{-3} \times \frac{\sqrt{2}}{2} \times 10^{-1} \approx 3.54 \times 10^{-1}\,\text{W}$$

19.3 实际物体的辐射特性

实际物体的辐射特性比黑体复杂得多,下面将以黑体辐射规律作为比较的基础来分析实际物体的辐射特性。

19.3.1 辐射力

实际物体的光谱辐射力往往随波长不规则地变化,图 19-10 所示为同温度下某实际物体的单色辐射力和黑体的单色辐射力随波长的变化曲线,曲线下的面积分别表示各自的辐射力大小。从图 19-10 中可看出,实际物体和黑体的光谱辐射特性有两个特点是一致的:

(1)波长很短和很长的电磁波的光谱辐射力极小,从两个方向趋近于零。

(2)曲线也有一个 $E_{b\lambda}$ 最大点,且所对应的波长和同温度黑体的波长并不完全相同。

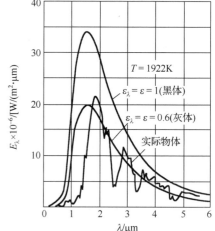

图 19-10 同温度下某实际物体的单色辐射力和黑体的单色辐射力随波长的变化曲线

然而两者的区别也非常明显,实际物体光谱辐射力曲线位于黑体曲线之下,且辐射曲线并不光滑。因此,实际物体的光谱辐射力按波长分布的规律与普朗克定律不同。

同一波长下实际物体的光谱辐射力低于黑体的光谱辐射力,两者之比称为实际物体的光谱发射率,又称单色黑度,即

$$\varepsilon_\lambda = \frac{E_\lambda}{E_{b\lambda}} \qquad (19\text{-}21)$$

同样,实际物体的辐射力 E 总是小于同温度下黑体的辐射力 E_b,两者的比值称为实际物体的发射率,又称黑度,记为 ε,即

$$\varepsilon = \frac{E}{E_b} \qquad (19\text{-}22)$$

相应的,实际物体的辐射力可以表示为

$$E = \varepsilon E_b = \varepsilon \sigma T^4 = \varepsilon C_0 \left(\frac{T}{100}\right)^4 \qquad (19\text{-}23)$$

习惯上,式(19-23)也称为四次方定律,这是实际物体辐射传热计算的基础。其中物体的发射率一般通过实验测定,它仅取决于物体自身,而与周围环境条件无关。

应该指出,实际物体的辐射力并不严格地同其绝对温度的四次方成正比,但在工程计算中,为了计算方便,仍认为实际物体的辐射力与该物体绝对温度的四次方成正比,把由此引起的修正包括到由实验方法确定的物体黑度中去。由于这个原因,黑度除了与物体的性质有关外,还与物体的温度有关。

19.3.2　定向辐射强度

实际物体辐射按空间方向的分布，亦不尽符合兰贝特定律，其辐射强度在半球空间的不同方向上有些变化，即定向发射率在不同方向上有所不同。为此，定义定向发射率(又称定向黑度)如下：

$$\varepsilon(\theta) = \frac{I(\theta)}{I_b(\theta)} = \frac{I(\theta)}{I_b} \tag{19-24}$$

式中，$I(\theta)$ 为与辐射面法向成 θ 角的方向上的定向辐射强度；I_b 为同温度下黑体的定向辐射强度。

图 19-11、图 19-12 显示出一些有代表性的导电体和非导电体表面定向发射率的方向分布，由图可见，导电体和非导电体表面定向发射率的特性有明显不同。导电体的 $\varepsilon(\theta)$ 在 $\theta \leqslant 40°$ 的范围内几乎保持不变，且数值较小；在 $\theta = 40° \sim 85°$，$\varepsilon(\theta)$ 急剧增大；在 $\theta = 85° \sim 90°$，$\varepsilon(\theta)$ 又急剧减小；到 $\theta = 90°$ 时 $\varepsilon(\theta)$ 减至 0。由于这种减小是在很小的角度内发生的，因此图 19-11 中并没有示出。对于非导电体，在 $\theta = 0° \sim 60°$，$\varepsilon(\theta)$ 基本不变，且数值较大；在 $\theta = 60° \sim 90°$，$\varepsilon(\theta)$ 逐渐减小；到 θ 接近 $90°$ 时，$\varepsilon(\theta)$ 急剧减小为零，如图 19-12 所示。

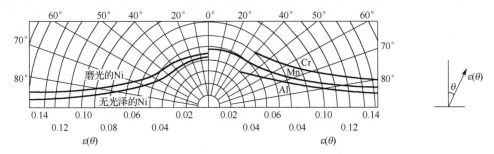

图 19-11　导电体表面定向发射率的极坐标图(t=150℃)

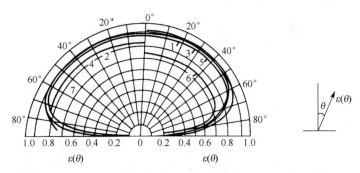

图 19-12　非导电体表面定向发射率的极坐标图(t=0～93.3℃)

尽管实际物体的定向发射率具有上述变化，但实验测定表明，半球空间的平均发射率 ε 与其表面法向发射率 ε_n 的比值变化并不大，对于表面粗糙的物体为 0.98，对于表面光滑的物体为 0.95，对于表面高度磨光的金属物体为 1.2。因此，除高度磨光的金属表面外，可以近似地认为大多数工程材料是漫射体($\varepsilon / \varepsilon_n =1$)，服从兰贝特定律。

物体表面的发射率取决于物体种类、物体温度和表面状况。不同种类的物体的发射率显然各不相同。例如，常温下白大理石的发射率为 0.95，而镀锌铁皮的只有 0.23。同一物体，其发射率受温度影响而变化。例如，氧化铝表面温度分别为 50℃和 500℃时，发射率分别为 0.2 和 0.3。表面状况对发射率有很大的影响，金属材料在表面粗糙或氧化后的发射率是磨光表面的数倍，如常温下无光泽黄铜的发射率为 0.22，磨光后却只有 0.05。要准确描述表面状况很困难，因此在选用金属材料的发射率时要特别注意。大部分非金属材料的发射率都较高，一般为 0.85～0.95，且与表面状况关系不大。缺乏资料时，非金属材料的 ε 可取为 0.9。材料的发射率只能由实验测定，更多情况下的表面发射率可查阅有关资料。

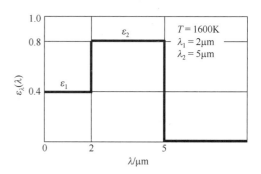

图 19-13　例 19-2 图

例 19-2　图 19-13 所示为在 1800K 下的一个漫射表面的光谱半球向发射率。确定全波长半球向发射率和全波长发射功率。

解： 假定表面为漫发射体。

计算全波长半球向发射率，进行分段积分，有

$$\varepsilon = \frac{\int_0^\infty \varepsilon_\lambda E_{b\lambda} d\lambda}{E_b} = \frac{\varepsilon_1 \int_0^2 E_{b\lambda} d\lambda}{E_b} + \frac{\varepsilon_2 \int_2^5 E_{b\lambda} d\lambda}{E_b} \text{ 或 } \varepsilon = \varepsilon_1 F_{(0\to 2\mu m)} + \varepsilon_2 [F_{(0\to 5\mu m)} - F_{(0\to 2\mu m)}]$$

$$\lambda_1 T = 2\mu m \times 1800K = 3600 \mu m \cdot K, \qquad F_{(0\to 2\mu m)} = 0.404$$

$$\lambda_2 T = 5\mu m \times 1800K = 9000 \mu m \cdot K, \qquad F_{(0\to 5\mu m)} = 0.890$$

$$\varepsilon = 0.4 \times 0.404 + 0.8 \times (0.890 - 0.404) \approx 0.55$$

由式（19-23）得，全波长发射功率为

$$E = \varepsilon E_b = \varepsilon \sigma T^4 \qquad E = 327.4 \text{kW/m}^2$$

19.4　实际物体的吸收特性

19.4.1　吸收比

在 19.1 节中已经指出，物体对投入辐射所吸收的百分数称为该物体的吸收比。实际物体的吸收比 α 的大小取决于两方面的因素：吸收物体本身的情况和投入辐射的特性。物体本身的情况是指物质的种类、物体温度及表面状况等。这里的 α 是指对投射到物体表面上各种不同波长辐射能的总体吸收比，是一个平均值。

物体对某一特定波长的投入辐射的吸收比称为光谱吸收比 α_λ，即

$$\alpha_\lambda = \frac{Q_{\lambda,\alpha}}{Q_\lambda} \tag{19-25}$$

式中，Q_λ 表示波长为 λ 的投入辐射 $[\text{W}/(\text{m}^2 \cdot \mu m)]$；$Q_{\lambda,\alpha}$ 表示波长为 λ 的投入辐射中被物体吸收的部分 $[\text{W}/(\text{m}^2 \cdot \mu m)]$。

　　影响实际物体吸收率的因素比较多。图 19-14、图 19-15 分别所示为某些金属导电体和非导电体材料在室温下的光谱吸收比。有些材料，如图 9-14 中磨光的铝和铜，光谱吸收比随波长变化不大。另一些材料，如图 9-15 中的白瓷砖，在波长小于 2μm 的范围内，其 α_λ 小于 0.2；而在波长大于 5μm 的范围，α_λ 却高于 0.9，α_λ 随波长 λ 变化很大。

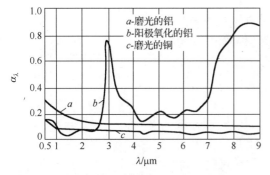

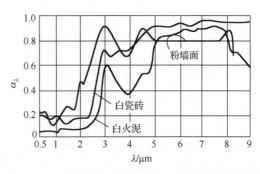

图 19-14　某些金属导电体在室温下的光谱吸收比　　图 19-15　某些非导电体材料在室温下的光谱吸收比

　　物体的光谱吸收比随波长而异的这种性质称为物体的吸收具有选择性。比如，玻璃对波长小于 2.2μm 的辐射吸收比很小，因此白天太阳辐射中的可见光就可进入暖房。到了夜晚，暖房中物体常温辐射的能量几乎全部位于波长大于 3μm 的红外辐射内，而玻璃对于波长大于 3μm 的红外辐射的吸收比很大，从而阻止了夜里暖房内物体的辐射热损失。这就是由玻璃的选择性吸收作用制造的温室效应。另外，物体的颜色也是由物体对可见光中红、橙、黄、绿、蓝、青、紫不同波长的光的选择性吸收造成的，如果物体将红光反射出来(对红光吸收性差)，而将其余颜色的光全部吸收，物体就呈现为红色。自然界丰富多彩的颜色正是由物体对各种颜色光的吸收比的差异而造成的。

　　上述实际物体的光谱吸收比对投入辐射的波长有选择性这一特性表明，物体的吸收率除与自身表面的性质和温度(T_1)有关外，还与投入辐射按波长的能量分布有关。而投入辐射按波长的能量分布，又取决于发出投入辐射的物体的性质及其温度(T_2)。图 19-16 所示为实际物体对黑体辐射的吸收比 α 与黑体温度(T_2)的关系。由图可见，物体的吸收比 α 随辐射源温度(T_2)变化显著。所以，实际物体的吸收比要根据吸收一方和发出投入辐射一方这两方的性质(物质种类及表面状况)及温度来确定。

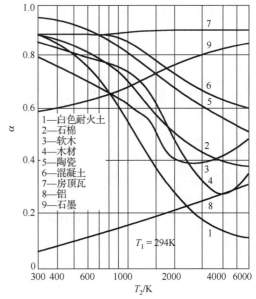

图 19-16　实际物体对黑体辐射的吸收比
α 与黑体温度(T_2)的关系

19.4.2　灰体

　　由以上分析可知，实际物体的光谱吸收比与黑体相差很大，不仅小于 1，而且也不为常数，甚至也不是一个物性参数，因为它不仅受到物体吸收表面自身性质的影响，还取决于投入辐射表面的性质。这给工程应用带来了很大困难。究其原因，全在于实际物体的吸收比随波长变化这一事实。

为了克服上述困难,我们假定某种物体的吸收比与波长无关,这样,当温度一定时,无论投入辐射的光谱辐射力随波长的分布情况如何变化,物体的吸收比总是一个常数。也就是说,物体的吸收比仅取决于表面本身,而与投入辐射的表面无关,即

$$\alpha_\lambda = \alpha = 常数 \tag{19-26}$$

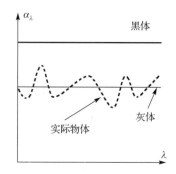

图 19-17 黑体、灰体和实际物体的吸收特性

在热辐射理论中,把吸收比与波长无关的物体称为灰体。和黑体一样,灰体也是一种理想化的物体。从图 19-17 可以看出,就吸收和辐射的规律而言,灰体和黑体非常相似,但灰体在数量上比黑体更接近于实际表面的辐射行为,灰体的吸收比体现了它和黑体在吸收数量上的差异。

一般工程上遇到的热射线,其主要能量位于 0.76~20μm 波长,在这个波长范围内,实际物体的光谱吸收比变化不大。也就是说,在这个波长范围内,工程上使用的大多数材料都可以用灰体来近似处理,这显然给热辐射计算带来很大方便。但是,对于投入辐射和表面发射的光谱间隔很宽的情况,利用灰体假定要特别慎重。

在与太阳进行辐射交换时,很多表面不能视为灰体。来自太阳的投入辐射集中在短波段,而地面物体的温度低得多,表面辐射的波长却很大,所以辐射涉及很小和很大的波长。为了采用灰体假设,表面在很大波长范围内的辐射物性(比如光谱吸收比和发射率)必须保持不变。然而实际上常常与此不相符。

19.4.3 基尔霍夫定律

物体的吸收比与发射率是关系到辐射传热能量收支的重要指标。基尔霍夫(Kirchhoff)定律把发射和吸收特性联系了起来,是描述实际物体辐射行为的重要关系式之一。

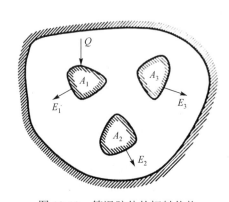

图 19-18 等温腔体的辐射传热

等温腔体的辐射传热如图 19-18 所示。有几个小物体封闭在一个很大的表面温度为 T 的等温腔体内。相对于腔体来说,小物体很小,因此它们的存在对腔体内辐射场的影响可以忽略不计。因为此腔体内的辐射传热是由腔体表面的发射辐射与随后的反射辐射的累积效果造成的,故无论腔体表面的性质如何,这种腔体表面都构成一个黑体腔。腔体内任何一个物体所受的投入辐射在数量上都等于表面温度为 T 的黑体辐射

$$Q = E_b(T) \tag{19-27}$$

在稳态条件下,这些小物体与腔体达到热平衡,即它们的温度都相等,并且每个表面的净热流密度为零

$$\alpha_i Q A_i - E_i(T) A_i = 0 , \qquad i = 1, 2, 3, \cdots \tag{19-28}$$

把式(19-27)代入式(19-28),可以得出

$$\frac{E_1(T)}{\alpha_1} = \frac{E_2(T)}{\alpha_2} = \cdots \frac{E_i(T)}{\alpha_i} = \cdots E_b(T) \tag{19-29}$$

式(19-29)为基尔霍夫定律的数学表达式。文字表述为：在热平衡条件下，任何物体的辐射力和它对来自黑体辐射的吸收比的比值，恒等于同温度下黑体的辐射力。

根据发射率的定义 $\varepsilon = \dfrac{E}{E_b}$，可以得到基尔霍夫定律的另一种表达形式

$$\varepsilon = \alpha \tag{19-30}$$

即与黑体处于热平衡条件下，任何物体对黑体辐射的吸收比都等于同温度下该物体的发射率。

从基尔霍夫定律的推导过程来看，满足基尔霍夫定律的条件为投入辐射是黑体辐射。但是由于灰体的吸收比与投射波长无关，因此，如果物体是灰体，它也必然满足基尔霍夫定律，并由此得出如下结论。

(1)灰体的吸收比只取决于物体本身条件而与外界条件无关，因此对于灰体，无论辐射源是否为黑体，也无论辐射源是否与灰体达到热平衡，灰体的吸收比恒等于其发射率。

(2)由灰体的定义可以得到灰体的发射率也为一常数，即

$$\varepsilon(T) = \varepsilon(\lambda, T) = 常数 \tag{19-31}$$

(3)吸收比高的物体发射率也高，即善于吸收的物体也善于发射。实际物体的吸收比都小于 1，而黑体的吸收比等于 1，因此在同温度条件下，黑体的辐射力最大。

例 19-3　一个固体金属小球上有一层辐射透不过的漫射涂层，其吸收率随波长的变化如图 19-19 所示。将初始处于均匀温度 $T_s = 300K$ 的这个小球放入壁温为 $T_f = 1500K$ 的大炉里。求初始状态和终态稳定时涂层的全波长半球向吸收率和发射率。

解： 假设：①涂层是辐射透不过的漫射表面；②由于炉壁的面积远大于小球面积，认为投射可近似为来自温度为 T_f 的黑体发射。

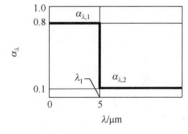

图 19-19　例 19-3 图

全波长半球向吸收率为

$$\alpha = \frac{\int_0^\infty \alpha_\lambda(\lambda) E_{b\lambda}(\lambda, 1200K) d\lambda}{E_b(1200K)}$$

因为

$$G_\lambda = E_{b\lambda}(T_f) = E_{b\lambda}(1200K)$$

故

$$\alpha = \frac{\int_0^\infty \alpha_\lambda(\lambda) E_{b\lambda}(\lambda, 1200K) d\lambda}{E_b(1200K)}$$

因此

$$\alpha = \alpha_{\lambda,1} \frac{\int_0^{\lambda_1} E_{b\lambda}(\lambda,1200K)d\lambda}{E_b(1200K)} + \alpha_{\lambda,2} \frac{\int_{\lambda_1}^{\infty} E_{b\lambda}(\lambda,1200K)d\lambda}{E_b(1200K)}$$

或

$$\alpha = \alpha_{\lambda,1} F(0 \to \lambda_1) + \alpha_{\lambda,2}[1 - F(0 \to \lambda_1)]$$

查表可得

$$\lambda_1 T_f = 5\mu m \times 1500K = 7500\mu m \cdot K, \qquad F(0 \to \lambda_1) = 0.83$$

因此

$$\alpha = 0.8 \times 0.83 + 0.1 \times (1 - 0.83) = 0.681$$

全波长半球向发射率为

$$\varepsilon(T_s) = \alpha_{\lambda,1} \frac{\int_0^{\infty} E_{b\lambda}(\lambda,T_s)d\lambda}{E_b(T_s)}$$

由于这个表面具有漫射的性质，$\varepsilon_\lambda = \alpha_\lambda$，可得

$$\varepsilon = \alpha_{\lambda,1} \frac{\int_0^{\lambda_1} E_{b\lambda}(\lambda,300K)d\lambda}{E_b(300K)} + \alpha_{\lambda,2} \frac{\int_{\lambda_1}^{\infty} E_{b\lambda}(\lambda,300K)d\lambda}{E_b(300K)}$$

或

$$\varepsilon = \alpha_{\lambda,1} F(0 \to \lambda_1) + \alpha_{\lambda,2}[1 - F(0 \to \lambda_1)]$$

查表可得

$$\lambda_1 T_s = 5\mu m \times 300K = 1500\mu m \cdot K, \quad F(0 \to \lambda_1) = 0.014$$

因此

$$\varepsilon = 0.8 \times 0.014 + 0.1 \times (1 - 0.014) \approx 0.11$$

由于涂层的光谱性质和炉温保持不变，α 的值不会随时间的延长而变化。但当 T_s 随时间增高时，ε 值变化。在终态稳定时，$T_s = T_f$，$\varepsilon = \alpha(\varepsilon = 0.681)$。

习　　题

19-1．有一温度为 1800K 的大等温腔体，腔体的表面上有一个小孔，试求：

(1) 从小孔射出的发射功率；

(2) 最大光谱辐射力所对应的波长。

19-2．辐射探测器的小孔面积为 $A_d = 2 \times 10^{-6} m^2$，它与表面积 $A_s = 10^{-4} m^2$ 的表面之间的距离为 $r = 2m$。探测器的法线与表面 A_1 的法线夹角为 $\theta = 30°$。表面为不透明的漫射灰体，发射率为 0.7，温度为 700K。如果表面的投入辐射密度为 $1000 W/m^2$，试确定探测器所拦截的来自表面的辐射流的速率。

19-3. 把太阳表面近似看成 $T = 5800\text{K}$ 的黑体，试计算太阳发出的辐射能中可见光所占的比例。

19-4. 某黑体辐射，其对应的最大单色辐射力的波长 $\lambda_{\max} = 2\mu\text{m}$，试计算其辐射力和在波长为 $1\sim3\mu\text{m}$ 的黑体辐射力。

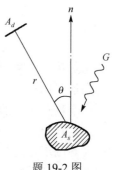

题 19-2 图

19-5. 用特定的仪器测得，一近似黑体炉发出波长为 $0.5\mu\text{m}$（在半球范围内）的辐射能 10^7W/m^3，试求该炉子工作在多高的温度下？在该工况下辐射黑体炉的加热功率为多大？辐射小孔的面积为 $3\times10^{-4}\text{m}^2$。

19-6. 有一现代大棚，所采用的棚顶材料对 $0.4\sim3\mu\text{m}$ 波段的射线的透过率为 0.98，其他波段不能透过，假设室内物体为黑体，且温度为 45℃。试计算太阳辐射与室内物体所发射的能量中能透过棚顶的部分各为多少？

19-7. 已知一表面的光谱吸收比与波长的关系如图 (a) 所示，在某一时刻，测得表面温度为 1500K，投入辐射 G_λ 按波长的分布如图 (b) 所示，试求：

(1) 单位表面所吸收的辐射能；

(2) 该表面的发射率及辐射力；

(3) 确定在此条件下物体表面的温度随时间如何变化（即温度随时间升高还是降低），该物体无内热源，没有其他形式的热量传递。

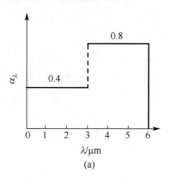
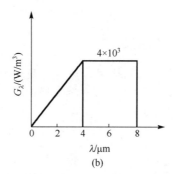

题 19-7 图

第 20 章 辐射传热计算

辐射传热主要指两个或两个以上表面之间的传热过程。只要两个表面间的介质对热射线是完全透射的(如空气)，或表面间为真空状态，那么表面间的辐射传热就不可避免。这种传热取决于物体表面的形状、大小和方位，还和表面的辐射性质及温度有关。由于物体间的辐射传热是在整个空间中进行的，因此，在讨论任意两表面间的辐射传热时，必须对所有参与辐射传热的表面进行考虑。实际处理时，常把参与辐射传热的有关表面视作一个封闭系统，表面间的开口设想为具有黑体表面性质的假想面。实际的工程辐射传热问题都是非常复杂的，为了使问题简单而又容易理解其物理本质，本书对实际的辐射传热问题做如下简化：①参与辐射传热的物体都具有灰体的性质，所有表面都是漫射表面；②参与辐射传热的表面具有均匀的辐射特性，表面温度均匀，也就是说，辐射传热表面的发射率、吸收比、温度等参数在表面各处都相等；③辐射传热是稳态的，即所有与辐射传热有关的量都不随时间而变化。

20.1 角 系 数

20.1.1 角系数的定义

两个物体表面之间的辐射传热量与两个表面之间的相对位置以及表面的形状和大小有很大关系，为此引入一个表示表面形状、大小、距离与方位的几何量——角系数。考察两个任意放置的表面，我们把表面 1 所发出的辐射能中落在表面 2 上的份额称为表面 1 对表面 2 的角系数，记作 $X_{1,2}$。同理也可以定义表面 2 对表面 1 的角系数。角系数是一个纯几何因子，与两个表面的温度及发射率没有关系。

角系数的求解是解决辐射传热问题的关键。在很多情况下，角系数可以通过代数法来求得，而角系数的性质是代数法的基础。

20.1.2 角系数的性质

20.1.2.1 角系数的相对性(互换性)

当两个黑体之间进行辐射传热时，表面 1 辐射到表面 2 与表面 2 辐射到表面 1 之间的辐射能分别为

$$Q_{1\to 2} = E_{b1} A_1 X_{1,2}$$

$$Q_{2\to 1} = E_{b2} A_2 X_{2,1}$$

由于黑体可以完全吸收辐射能，所以两个黑体表面的净传热量为

$$Q_{1,2} = Q_{1\to 2} - Q_{2\to 1} = E_{b1} A_1 X_{1,2} - E_{b2} A_2 X_{2,1} \tag{20-1}$$

如果这两个表面达到热平衡(温度相等)，则其净传热量为 0，并且 $E_{b1} = E_{b2}$，可得

$$A_1 X_{1,2} = A_2 X_{2,1} \tag{20-2}$$

这就是角系数的相对性。需要指出的是，尽管式(20-2)的推导过程应用了热平衡条件下的黑体辐射假定，但是由于角系数是一个纯几何量，所以式(20-2)与表面是否为黑体、温度高低等因素无关。如果已知一个角系数，根据角系数的相对性关系，可以方便地求得另一个角系数。

20.1.2.2　角系数的完整性

对于由几个表面组成的封闭系统，根据能量守恒定律，任一表面发射的辐射能必全部落到组成封闭系统的几个表面(包括该表面)上。因此，任一表面对各表面的角系数之间存在着下列关系：

$$X_{i,1} + X_{i,2} + \cdots + X_{i,j} + \cdots + X_{i,n} = \sum_{j=1}^{n} X_{i,j} = 1 \tag{20-3}$$

这就是角系数的完整性。非凹表面自身发出的辐射不能到达自身表面，因此有 $X_{i,i} = 0$；而凹表面发出的辐射能有一部分会被自身所接受，$X_{i,i} > 0$。

20.1.2.3　角系数的可加性(分解性)

根据能量守恒定律，由图 20-1(a)可知，表面 1(面积为 A_1)发出的辐射能中到达表面 2 和表面 3(面积 $A_{2+3} = A_2 + A_3$)上的能量，等于表面 1 发出的辐射能中分别到达表面 2 和表面 3 上的能量之和，因此

$$A_1 X_{1,(2+3)} = A_1 X_{1,2} + A_1 X_{1,3}$$

或

$$X_{1,(2+3)} = X_{1,2} + X_{1,3} \tag{20-4}$$

这就是角系数的可加性。同理，由图 20-1(b)可得

$$A_{1+2} X_{(1+2),3} = A_1 X_{1,3} + A_2 X_{2,3} \tag{20-5}$$

角系数的上述特性可以用来求解许多情况下两表面间的角系数的值。

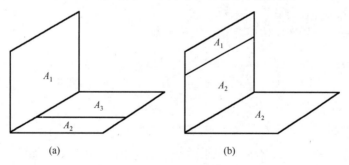

图 20-1　角系数的可加性

20.1.3　角系数的计算方法

角系数是计算物体间辐射传热所需的基本参数。确定物体间角系数的方法主要有直接积分法与代数分析法两种，我们将重点放在代数分析法上。

20.1.3.1　直接积分法

直接积分法是按角系数的基本定义通过求解多重积分而获得角系数的方法。直接积分法

非常烦琐。工程上将一些表面情况的积分结果绘制成图，供查取选用。本书给出了一些具有代表性的图形，如图 20-2～图 20-4 所示，应用这些图形时要注意实际两表面间的位置应和图中表面的位置对应一致，以免查错。

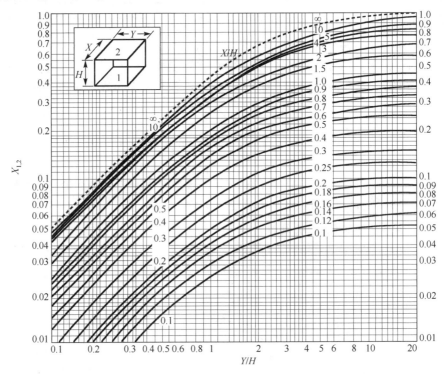

图 20-2 平行且尺寸相同的长方形表面间的角系数

20.1.3.2 代数分析法

对于由 N 个表面组成的封闭辐射传热系统，总共有 N^2 个角系数，如果直接求解每一个角系数，是非常烦琐的。然而利用角系数的性质，采用代数分析法，可以使问题大大简化。下面利用代数分析法给出几种特殊但是重要的角系数。

1）两块接近的无限大平行平板

对于两块接近的无限大平行平板，可以认为每一个平板的辐射能全部落在另一个平板的表面，$X_{1,2} = X_{2,1} = 1$。

2）一块非凹表面 1 被另一个表面 2 所包围

一块非凹表面被另一个表面包围如图 20-5 所示。表面 1 所发出的辐射全部落在表面 2 上，所以 $X_{1,2} = 1$。根据角系数的相对性可得

$$X_{2,1} = \frac{A_1}{A_2} \tag{20-6}$$

对于凹表面 2，自身可以照见自身，可以利用角系数的完整性得

$$X_{2,2} = 1 - X_{2,1} = 1 - \frac{A_1}{A_2} \tag{20-7}$$

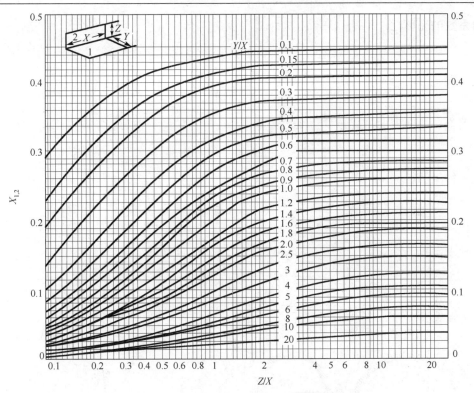

图 20-3 相互垂直的长方形表面间的角系数

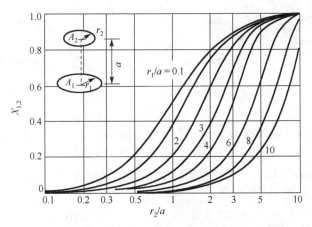

图 20-4 两个同轴平行圆表面间的角系数(圆心连线垂直于圆面)

3) 三个无限长非凹表面组成的腔体

三个非凹表面构成的封闭系统如图 20-6 所示。其在垂直于纸面的方向上足够长,因此从系统两端逃逸的辐射能为零。设三个表面的面积分别为 A_1、A_2 和 A_3。根据角系数的相对性,可得三个方程:

$$A_1 X_{1,2} = A_2 X_{2,1}$$
$$A_2 X_{2,3} = A_3 X_{3,2}$$
$$A_1 X_{1,3} = A_3 X_{3,1}$$

再由角系数的完整性，可得

$$X_{1,1} + X_{1,2} + X_{1,3} = 1$$
$$X_{2,1} + X_{2,2} + X_{2,3} = 1$$
$$X_{3,1} + X_{3,2} + X_{3,3} = 1$$

三个表面都是非凹表面，其自身角系数为零，即

$$X_{1,1} = X_{2,2} = X_{3,3} = 0$$

由上述方程组解得

$$X_{1,2} = \frac{A_1 + A_2 - A_3}{2A_1}, \qquad X_{1,3} = \frac{A_1 + A_3 - A_2}{2A_1}$$

$$X_{2,1} = \frac{A_1 + A_2 - A_3}{2A_2}, \qquad X_{2,3} = \frac{A_2 + A_3 - A_1}{2A_2} \qquad (20\text{-}8)$$

$$X_{3,1} = \frac{A_1 + A_3 - A_2}{2A_3}, \qquad X_{3,2} = \frac{A_2 + A_3 - A_1}{2A_3}$$

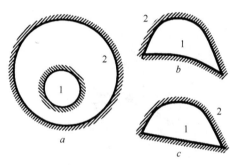 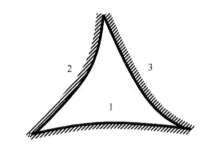

图 20-5　一块非凹表面被另一个表面包围　　　　图 20-6　三个非凹表面构成的封闭系统

4) 两个垂直于纸面方向无限长，且相互看得见的非凹表面

由于只有封闭系统才能使用角系数的完整性，因此，作两个无限长假想面 ac 与 bd，使之与两个非凹表面构成一个封闭系统（见图 20-7）。由此可得

$$X_{1,2} = 1 - X_{ab,ac} - X_{ab,bd} \qquad (20\text{-}9)$$

而 ab 与假想面 ac、cb 是一个由三个非凹表面组成的封闭系统，由式（20-9）可得

$$X_{ab,ac} = \frac{ab + ac - bc}{2ab} \qquad (20\text{-}10)$$

同理

$$X_{ab,bd} = \frac{ab + bd - ad}{2ab} \qquad (20\text{-}11)$$

将式（20-10）、式（20-11）代入式（20-9），得

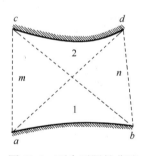

图 20-7　两个无限长非凹表面及交叉线法图示

$$X_{1,2} = \frac{(ad+bc)-(ac+bd)}{2ab} \tag{20-12}$$

根据图 20-7，式 (20-12) 又可写成

$$X_{1,2} = \frac{\text{交叉线之和} - \text{不交叉线之和}}{2 \times \text{表面 1 的截面长度}}$$

上述方法称为交叉线法。需要指出的是，代数分析法更多地应用于由已知的角系数推算未知的角系数。

20.2　两表面封闭系统的辐射传热

20.2.1　两黑体表面间的辐射传热

由于黑体的特殊性，离开黑体表面的辐射能只是自身辐射，落到黑体表面的辐射能全部被吸收，使得表面间辐射传热问题得到简化。假设面积分别为 A_1 和 A_2 的两个处于任意相对位置的黑体表面，温度分别为 T_1 和 T_2，且 $T_1 > T_2$，则表面 1 发射出的辐射能被表面 2 吸收的部分为 $A_1 E_{b1} X_{1,2}$，表面 2 发射出的辐射能被表面 1 吸收的部分为 $A_2 E_{b2} X_{2,1}$，因此两表面间的辐射传热量为

$$\Phi_{1,2} = A_1 E_{b1} X_{1,2} - A_2 E_{b2} X_{2,1} \tag{20-13a}$$

根据角系数的相对性 $A_1 X_{1,2} = A_2 X_{2,1}$，式 (20-13a) 又可写为

$$\Phi_{1,2} = A_1 X_{1,2}(E_{b1} - E_{b2}) = A_2 X_{2,1}(E_{b1} - E_{b2}) = \frac{(E_{b1} - E_{b2})}{\dfrac{1}{A_1 X_{1,2}}} = \frac{(E_{b1} - E_{b2})}{\dfrac{1}{A_2 X_{2,1}}} \tag{20-13b}$$

可见，黑体系统辐射传热量计算的关键在于求得角系数。

需要注意的是，如果两个黑体表面组成封闭空腔，则式 (20-13b) 所代表的两个黑体表面间的辐射传热量同时也是表面 1 净失去的热量和表面 2 净得到的热量。如果两个黑体表面不组成封闭空腔，则式 (20-13b) 仅为两个黑体表面间的传热量，并不一定是表面 1 净失去的热量或表面 2 净得到的热量。因为这时两个黑体表面发出的能量会从开口处逸出，同时外界的辐射也会从开口处进入。

如果两个黑体表面中的任一个被灰体表面取代，如 2 为灰体表面，由于 1 发出的能量辐射到 2 上的部分并不能被 2 全部吸收，同时，离开 2 的能量也不确定，因此，这时两表面的辐射传热就变得复杂了。

20.2.2　有效辐射

由于非黑体表面的吸收率小于 1，因此在辐射传热时，物体表面可能发生辐射能的多次吸收与反射现象，这种表面反射决定了非黑体表面之间辐射传热的复杂性。

如前所述，单位时间内投入单位表面积上的总辐射能称为该表面的投入辐射，这里记为 G。单位时间内离开表面单位面积的总辐射能为该表面的有效辐射，记为 J。图 20-8 所示为一个表面的辐射能量收支。单位时间内表面 i 向外投射的总辐射能除了自身发射的

辐射 E_i 外，还包括物体对投入辐射 G_i 的反射 $\rho_i G_i$，因此有效辐射指的是发射辐射与反射辐射之和，即

$$J_i = E_i + \rho_i G_i = \varepsilon_i E_{bi} + (1 - \alpha_i) G_i \tag{20-14}$$

在表面外能感受到的表面辐射就是有效辐射，它也是用辐射探测仪能测量到的单位表面积上的辐射功率（W/m^2）。由式(20-14)可知，有效辐射不仅取决于物体表面本身的物理性质和温度，而且还取决于周围物体表面的性质和温度。此外，还与该物体表面的形状、大小及空间位置有关。

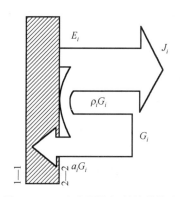

图 20-8　一个表面的辐射能量收支

如果用有效辐射 J 和投入辐射 G 来描述物体表面的净辐射传热量，则由图 20-8 可知，i 表面的单位面积在单位时间内通过辐射传热所净得或净失去的能量 q_i，等于该表面的单位面积在单位时间内收、支辐射能的差额。这个差额的表达式，可因观察地点而有不同的形式。图 20-8 中表示出了靠近 i 表面两侧的两个假想面 1—1 和 2—2。

如果在假想面 1—1 处（物体外部）观察，则

$$q_i = J_i - G_i \tag{20-15}$$

如果在假想面 2—2 处（物体内部）观察，则

$$q_i = E_i - \alpha_i G_i \tag{20-16}$$

联立式(20-14)和式(20-16)，消去 G_i 得

$$J_i = \frac{E_i}{\alpha_i} - \left(\frac{1}{\alpha_i} - 1 \right) q_i \tag{20-17}$$

由于 $E_i = \varepsilon_i E_{bi}$，对灰体有 $\alpha_i = \varepsilon_i$，式(20-17)变为

$$J_i = E_{bi} - \left(\frac{1}{\varepsilon_i} - 1 \right) q_i \tag{20-18}$$

有效辐射的引入可以避免考虑非黑体表面间辐射传热时的多次反射与吸收，使辐射传热的计算与分析大大简化。

20.2.3　表面辐射热阻与空间辐射热阻

根据有效辐射的计算式(20-18)得

$$q = \frac{E_b - J}{\dfrac{1 - \varepsilon}{\varepsilon}} \quad 或 \quad \Phi = \frac{E_b - J}{\dfrac{1 - \varepsilon}{\varepsilon A}} \tag{20-19}$$

式(20-19)的形式具有和欧姆定律相似的形式：左边表示通过灰体表面净流出的热量；右边的分子表示驱动辐射能流出的动力，称为辐射势差；右边的分母表示辐射能流出表面所遇到的阻力，称为辐射传热的表面热阻，简称表面辐射热阻。

显然，表面辐射热阻的数值只与表面状况（ε，A）有关，而且由该热阻算出的是净通过

灰体表面的热流。当表面为黑体或者表面积 A_i 趋于无穷大时，表面辐射热阻为零，因此表面辐射热阻是由于表面不是黑体或表面不是无穷大而产生的。净辐射热流量与驱动势 $E_b - J$ 以及表面辐射热阻之间的关系可用表面热阻网络单元来表示（见图 20-9）。

再来看灰体表面 i 与表面 j 之间的辐射传热，假设 $J_i > J_j$，则两表面的传热量为

$$\Phi_{1,2} = J_i A_i X_{i,j} - J_j A_j X_{j,i} = (J_i - J_j) A_i X_{i,j} = (J_i - J_j) A_j X_{j,i} \tag{20-20a}$$

式（20-20a）可变形为

$$\Phi_{1,2} = \frac{J_i - J_j}{\dfrac{1}{A_i X_{i,j}}} = \frac{J_i - J_j}{\dfrac{1}{A_j X_{j,i}}} \tag{20-20b}$$

式（20-20b）左边表示两灰体表面间净传递的热量；右边两项的分子为驱动净辐射热流传递的动力，称为辐射势差；分母表示净辐射能从表面 i 经空间传递到表面 j 所遇到的阻力，称为空间辐射热阻。

显然空间辐射热阻的数值和由两表面空间位置情况决定的角系数有关，而且由该热阻算出的是表面 i、j 间通过空间净传递的热量。由其定义式可见，它是由于有效辐射面积（$A_i X_{i,j}$ 或 $A_j X_{j,i}$）不是无限大所引起的热阻。引入空间辐射热阻之后，灰体表面 i 与 j 之间的传热可以用如图 20-10 所示的空间辐射热阻网络单元来表示。当两个表面都是黑体时，有 $J_i = E_{bi}$ 和 $J_j = E_{bj}$，式（20-20b）即表示黑体表面间的辐射传热，和式（20-1）一致。

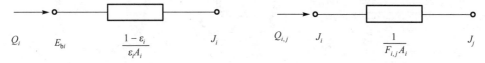

图 20-9　表面辐射热阻　　　　　　　　图 20-10　空间辐射热阻网络单元

20.2.4　两个灰体表面组成的封闭系统的辐射传热

根据封闭腔中各表面之间的相互位置关系确定相应的角系数，结合表面辐射热阻与空间辐射热阻，可以组合成各种各样的辐射传热网络，利用这种网络可以求解由若干漫灰表面构成的辐射传热体系中任何一个表面的净辐射传热量，这种方法即辐射传热的网络解法。

两个灰体表面组成的封闭系统的辐射传热是灰体辐射最简单的例子。如图 20-11 (a) 所示，因为只有两个辐射表面，从表面 1 传出的净辐射能流 Φ_1 必定等于传给表面 2 的净辐射能流 $-\Phi_2$，因此有 $\Phi_1 = -\Phi_2 = \Phi_{1,2}$。图 20-11 (b) 所示为这一问题的辐射传热网络。表面 1、2 之间的辐射传热总热阻，由两个表面的表面辐射热阻和一个空间辐射热阻组成，$\dfrac{1-\varepsilon_1}{\varepsilon_1 A_1}$ 和 $\dfrac{1-\varepsilon_2}{\varepsilon_2 A_2}$ 分别为表面 1 和表面 2 的表面辐射热阻，$\dfrac{1}{A_1 X_{1,2}}$ 为表面 1 与表面 2 之间的空间辐射热阻。因此，辐射传热量为

$$\Phi_{1,2} = \frac{E_{b1} - E_{b2}}{\dfrac{1-\varepsilon_1}{\varepsilon_1 A_1} + \dfrac{1}{A_1 X_{1,2}} + \dfrac{1-\varepsilon_2}{\varepsilon_2 A_2}} \tag{20-21}$$

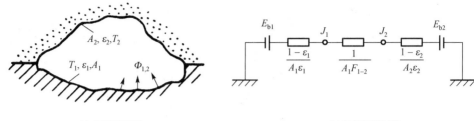

(a) 系统示意图   (b) 辐射传热网络

图 20-11 两个漫灰表面组成的空腔

求出 $\Phi_{1,2}$ 后，根据传热网络图，即可求出 J_1、J_2。

对于一些特殊的封闭空腔情况，可以根据表面的特点对式(20-21)做进一步的简化。

如图 20-12(a)所示的两近平行平板，特征为：$A_1 = A_2 = A$，$X_{1,2} = X_{2,1} = 1$，因此式(20-21)可简化为

$$\Phi_{1,2} = \frac{\sigma(T_1^4 - T_2^4)A}{\dfrac{1}{\varepsilon_1} + \dfrac{1}{\varepsilon_2} - 1} \tag{20-22}$$

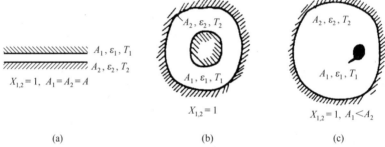

(a)   (b)   (c)

图 20-12 几种特殊情况下的封闭空腔

如图 20-12(b)所示的辐射传热系统，表面 2 本身已组成封闭空腔，其内的非凹表面 1 必和表面 2 组成封闭空腔(又如同心长圆筒壁与同心球壁)，且 $X_{1,2} = 1$，因此式(20-21)可简化为

$$\Phi_{1,2} = \frac{\sigma(T_1^4 - T_2^4)A_1}{\dfrac{1}{\varepsilon_1} + \dfrac{1-\varepsilon_2}{\varepsilon_2}\dfrac{A_1}{A_2}} \tag{20-23}$$

如图 20-12(c)所示大腔体 2 内包小凸面物 1，表面 1 较表面 2 很小，即 $A_1 / A_2 \approx 0$，$X_{1,2} = 1$，比如，高大厂房的内表面和其内部的热力设备或热力管道的外表面就具有这种特点，式(20-23)进一步简化为

$$\Phi_{1,2} = \varepsilon_1\sigma(T_1^4 - T_2^4)A_1 \tag{20-24}$$

例 20-1 (两个漫射面问题)现有一保温设备，它由双层保温材料夹层结构构成，内表面温度为 $t_{w1} = -153℃$，发射率为 $\varepsilon_1 = 0.01$，外表面温度为 $t_{w2} = 27℃$，发射率为 $\varepsilon_2 = 0.03$，试求由于辐射传热每单位面积容器壁的散热量。

解：因为容器夹层间隙很小，可看成无限大平板间的辐射问题，且两表面相差很小，故容器壁面的辐射传热用式(20-22)计算。

$$T_{W1} = t_{w1} + 273\text{K} = 120\text{K}$$

$$T_{W2} = t_{w2} + 273\text{K} = 300\text{K}$$

$$q_{1,2} = \frac{C_0\left[\left(\dfrac{T_{W2}}{100}\right)^4 - \left(\dfrac{T_{W1}}{100}\right)^4\right]}{\dfrac{1}{\varepsilon_1} + \dfrac{1}{\varepsilon_2} - 1}$$

$$= \frac{5.67\text{W/m}^2 \cdot \text{K}^4 \times [(3\text{K})^4 - (1.2\text{K})^4]}{\dfrac{1}{0.01} + \dfrac{1}{0.03} - 1} \approx 3.38\text{W/m}^2$$

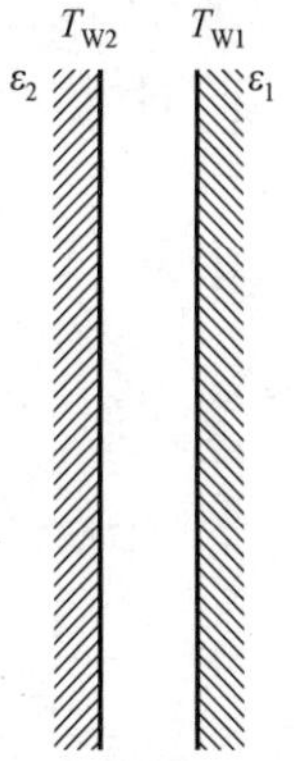

图 20-13　例 20-1 图

例 20-2　一长 0.5m、宽 0.4m、高 0.3m 的小炉窑，窑顶和四周壁面温度为 300℃，发射率为 0.8；窑底面温度为 150℃，发射率为 0.6。试计算窑顶和四周壁面对底面的辐射传热量。

解：炉窑有 6 个面，窑顶和四周壁面的温度和发射率相同，可视为表面 1，把底面视为表面 2。由已知条件得

$$A_1 = 0.4 \times 0.5 + 0.4 \times 0.3 \times 2 + 0.5 \times 0.3 \times 2 = 0.74\ \text{m}^2, \qquad \varepsilon_1 = 0.8$$

$$A_2 = 0.4 \times 0.5 = 0.2\ \text{m}^2, \qquad \varepsilon_2 = 0.6$$

由题意，$X_{2,1} = 1$，则

$$A_2 = 0.4 \times 0.5 = 0.2\ \text{m}^2, \qquad X_{2,1} = 1, \qquad X_{1,2} = X_{2,1}\frac{A_2}{A_1} = \frac{0.2}{0.74} \approx 0.27$$

于是，窑顶和四周壁面对底面的辐射传热量为

$$\Phi_{1,2} = \frac{E_{b1} - E_{b2}}{\dfrac{1-\varepsilon_1}{\varepsilon_1 A_1} + \dfrac{1}{A_1 X_{1,2}} + \dfrac{1-\varepsilon_2}{\varepsilon_2 A_2}}$$

$$= \frac{5.67 \times 10^{-8} \times [(300+273)^4 - (150+273)^4]}{\dfrac{1-0.8}{0.8 \times 0.74} + \dfrac{1}{0.27 \times 0.74} + \dfrac{1-0.6}{0.6 \times 0.2}} \approx 495.3\text{W}$$

20.3　多个灰体表面组成的封闭系统的辐射传热

三个和三个以上灰体表面组成封闭系统时的辐射传热要复杂得多，但仍可用网络法求解。工程上常关注的问题是，表面维持某一温度需提供或吸取多少热流量，即该表面与外界辐射传热放出或吸收多少热流量，所以必须计算该表面与其他各表面(与该表面组成封闭系统)辐射传热的净热流量。如果这些表面并未组成封闭系统，则需用假想面与这些表面构成封闭系统(含近似封闭系统)。由于穿过假想面的辐射能进入周围环境，几乎不通过假想面返回系统中，所以假想面一般被认为是温度为环境温度(房间里为室温)的黑体。

对于由三个灰体表面组成的封闭体系，如果它们的温度、表面发射率及空间相对位置均

确定，那么可以画出图 20-14 所示的三表面组成
封闭空腔的传热网络图。由辐射网络图，参照电
学上的基尔霍夫定律(稳态时流入节点的热流量
之和等于零)，写出各节点 J_i 的方程。

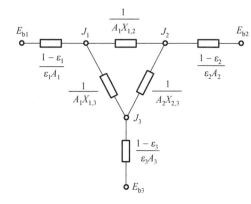

J_1 节点：$\dfrac{E_{b1}-J_1}{\dfrac{1-\varepsilon_1}{\varepsilon_1 A_1}}+\dfrac{J_2-J_1}{\dfrac{1}{A_1 X_{1,2}}}+\dfrac{J_3-J_1}{\dfrac{1}{A_1 X_{1,3}}}=0$

$$(20\text{-}25)$$

J_2 节点：$\dfrac{E_{b2}-J_2}{\dfrac{1-\varepsilon_2}{\varepsilon_2 A_2}}+\dfrac{J_1-J_2}{\dfrac{1}{A_2 X_{2,1}}}+\dfrac{J_3-J_2}{\dfrac{1}{A_2 X_{2,3}}}=0$

图 20-14　三表面组成封闭空腔的传热网络图

$$(20\text{-}26)$$

J_3 节点：$\dfrac{E_{b3}-J_3}{\dfrac{1-\varepsilon_3}{\varepsilon_3 A_3}}+\dfrac{J_1-J_3}{\dfrac{1}{A_3 X_{3,1}}}+\dfrac{J_2-J_3}{\dfrac{1}{A_3 X_{3,2}}}=0 \qquad (20\text{-}27)$

联立求解式(20-25)～式(20-27)三个方程，即可求出三个未知量 J_1、J_2、J_3，从而均可
求出通过各表面的净热流和任意两表面间的传热量。

应该注意，和电路学中的参考电流相似，图 20-14 中预先假设的六个热流方向不影响 J_1、
J_2、J_3 的数值。但如果算出 $\varPhi_{1,2}$ 为负，则说明表面 1 实际净获得热流，即表面的净表面热流
方向和图示方向相反，表面 1、2 间传热的实际方向为表面 2 净传递热量给表面 1。

三个表面组成的封闭系统的辐射传热问题有两种特殊情形。

1)有一个表面为黑体

设图 20-14 中的表面 3 为黑体。此时其表面热阻 $\dfrac{1-\varepsilon_3}{\varepsilon_3 A_3}=0$。从而有 $J_3=E_{b3}$，网络图简化
成图 20-15 所示的具有黑体表面的三个表面辐射传热网络图。这时上述代数方程组简化为二元
方程组。

2)有一个表面为重辐射面

重辐射面指的是表面的净辐射传热量 q 为零的绝热面。它在工程上很有实用价值，如各
种加热炉、工业窑炉，如果炉墙隔热比较好，就可以近似视为绝热面。设表面 3 绝热，则
$J_3=E_{b3}-\left(\dfrac{1}{\varepsilon}-1\right)q=E_{b3}$，即重辐射面的有效辐射等于某一温度下的黑体辐射。如果图 20-14
中的表面 3 为重辐射面，则此时的辐射传热网络图变为图 20-16 所示的具有重辐射面的三个表
面辐射传热网络图。表面 1 的净辐射传热量 $\varPhi_1$ 在数值上等于表面 2 的净辐射传热量 $\varPhi_2$，系统
的网络图是一个简单的串、并联网络，则

$$\varPhi_1=-\varPhi_2=\dfrac{E_{b1}-E_{b2}}{\dfrac{1-\varepsilon_1}{\varepsilon_1 A_1}+\dfrac{1}{\left(\dfrac{1}{A_1 X_{1,2}}\right)^{-1}+\left(\dfrac{1}{A_1 X_{1,3}}+\dfrac{1}{A_2 X_{2,3}}\right)^{-1}}+\dfrac{1-\varepsilon_2}{\varepsilon_2 A_2}} \qquad (20\text{-}28)$$

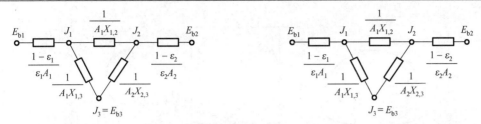

图 20-15　具有黑体表面的三个表面辐射传热网络图　图 20-16　具有重辐射面的三个表面辐射传热网络图

求得 Φ_1 和 Φ_2 就可根据式(20-19)求出 J_1、J_2，再利用 J_1 和 J_2 及空间辐射热阻，对 J_3 列出如下方程：

$$\frac{J_1 - J_3}{\dfrac{1}{A_1 X_{1,3}}} = \frac{J_3 - J_2}{\dfrac{1}{A_2 X_{2,3}}} \tag{20-29}$$

对该表面有 $J_3 = E_{b3} = \sigma T_3^4$，从而可确定 T_3。

由上述分析可以认为，该表面把落在其表面上的辐射能又完全重新辐射出去，因而被称为重辐射面。虽然重辐射面与传热表面之间无净辐射热量交换，但它的重辐射作用却影响到了其他传热表面间的辐射传热。

习　　题

20-1．设有如图所示的两个微小面积 $A_1 = 10^{-4}\,\text{m}^2$、$A_2 = 2 \times 10^{-4}\,\text{m}^2$。$A_1$ 为漫射表面，辐射力 $E_1 = 10000\,\text{W/m}^2$。试计算由 A_1 发出落到 A_2 上的辐射能。

20-2．试求下图中的各个角系数。

(1)图(a)中板球面 1 对底面 1/4 圆缺口 2 的角系数；

(2)图(b)中正方体内表面 1 对其内切球外表面 2 的角系数；

(3)图(c)中无限长半圆柱的整个外表面 1 对无限大表面 2 的角系数。

20-3．两个面积相等的黑体被放置在一个绝热的盒子里。假定两黑体的温度分别为 T_1 和 T_2，且位置是随意的。试画出该辐射传热系统的网络图，并导出绝热盒子表面温度 T_3 的表达式。

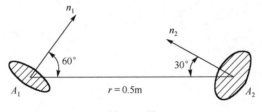

题 20-1 图

20-4．两块平行放置的平板的表面发射率均为 0.75，温度分别为 $t_1 = 427\,℃$、$t_2 = 127\,℃$，板间距离远小于板的宽度和高度。试计算：

(1)板 1 的自身辐射；

(2)板 1 的投入辐射；

(3)板 1 的反射辐射；

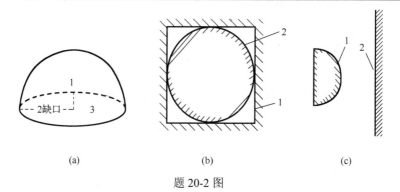

(a)　　　　　　　　(b)　　　　　　　(c)

题 20-2 图

（4）板 1 的有效辐射；

（5）板 2 的有效辐射；

（6）板 1、2 间的辐射传热量。

20-5．两块无限大平板的表面温度分别为 t_1、t_2，发射率分别为 ε_1、ε_2。它们之间有一遮热板，发射率为 ε_3，画出稳态时它们之间的辐射传热网络图。

20-6．某房间采用地暖，辐射天花板及房间尺寸如图所示，一房间深度为 4m，天花板表面温度为17℃，发射率为 0.9，地面温度为 60℃，发射率为 0.95，墙壁温度为35℃，发射率为 0.89，求天花板得到的热量和地板散热量。

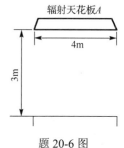

题 20-6 图

20-7．两个相距 2m、直径为 3m 平行放置的圆盘，相对表面的温度分别是 $t_1 = 600$℃ 及 $t_2 = 300$℃，发射率分别为 $\varepsilon_1 = 0.2$ 及 $\varepsilon_2 = 0.7$，圆盘的另外两个表面的传热可以忽略不计。试确定下列两种情况下每个圆盘的净辐射传热量：

（1）两个圆盘被放置在 $t_3 = 30$℃ 的大房间里；

（2）两个圆盘被放置在一个绝热空腔里。

第 21 章　换热器的传热计算

21.1　换热器简介

21.1.1　换热器的定义

换热器(Heat Exchanger)是指两种不同温度的流体进行热量交换的设备。它的主要功能是保证工艺过程对介质所要求的特定温度，同时也是提高能源利用率的主要设备之一。换热器应用广泛，日常生活中取暖用的暖气散热片、汽轮机装置中的凝汽器和航天火箭上的油冷却器等，都是换热器，它还广泛应用于化工、石油、动力和原子能等工业部门。

21.1.2　换热器的分类

换热器作为传热设备被广泛用于生产、生活的各个领域，适用于不同介质、不同工况、不同温度、不同压力的换热器，结构形式不同，换热器的具体分类如下。

按传热原理分类，换热器可分为混合式换热器、蓄热式换热器、间壁式换热器及热媒式换热器几类。

混合式换热器是通过冷、热流体的直接接触、混合进行热量交换的换热器，又称直接接触式换热器。由于两流体混合传热后必须及时分离，这类换热器适合于气、液两流体之间的传热。例如，化工厂和发电厂所用的凉水塔中，热水由上往下喷淋，而冷空气自下而上吸入，在填充物的水膜表面或飞沫及水滴表面，热水和冷空气相互接触进行传热，热水被冷却，冷空气被加热，然后依靠两流体本身的密度差得以及时分离。

蓄热式换热器又称回流式换热器，是利用冷、热流体交替流经蓄热室中的蓄热体(填料)表面，从而进行热量交换的换热器，如炼焦炉下方预热空气的蓄热室。这类换热器主要用于回收和利用高温废气的热量。

间壁式换热器是冷、热流体被固体间壁隔开，并通过间壁进行热量交换的换热器，因此又称表面式换热器，这类换热器应用最广。根据传热面结构的不同，间壁式换热器又可分为管式、板式和管壳式换热器及其他形式的换热器。套管式、管壳式、板式换热器如图 21-1～图 21-3 所示。管式换热器以管子表面作为传热面，包括蛇管式换热器、套管式换热器和管壳式换热器等。板式换热器以板面作为传热面，包括板式换热器、螺旋板换热器、板翅式换热器、板壳式换热器和伞板换热器等。其他形式的换热器是为满足某些特殊要求而设计的换热器，如刮面式换热器、转盘式换热器等。

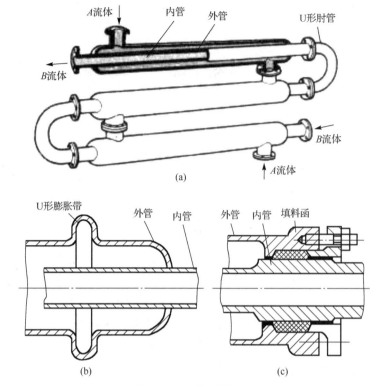

图 21-1　套管式换热器

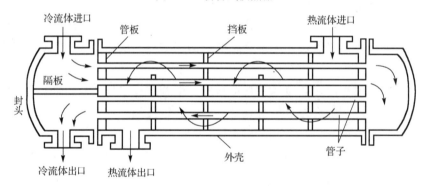

图 21-2　管壳式换热器

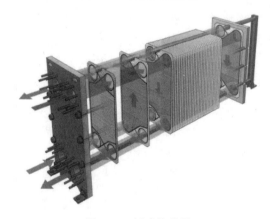

图 21-3　板式换热器

21.2　换热器传热过程分析及计算

传热过程是指热量从壁面一侧的流体通过壁面传到另一侧流体的过程。传热过程中所传递的热量由以下传热方程确定：

$$\varPhi = \kappa A(t_{f1} - t_{f2}) \tag{21-1}$$

式中，传热系数和两种流体的传热温差是计算的关键。本节主要讨论这两个参数的计算方法。

21.2.1　传热系数的确定

由于换热器的传热面大多数为平板或圆管，因此本节主要讨论通过平壁及圆管的传热过程。

21.2.1.1　通过平壁的传热过程计算

通过平壁的传热过程如图 21-4 所示。由于平壁两侧的面积是相等的，因此传热系数的数值不论对哪一侧壁面来说都是相等的，因此其传热系数可按如下公式计算。

单层：

$$\kappa = \frac{1}{\dfrac{1}{h_1} + \dfrac{\delta}{\lambda} + \dfrac{1}{h_2}} \tag{21-2a}$$

多层：

$$\kappa = \frac{1}{\dfrac{1}{h_1} + \sum \dfrac{\delta_i}{\lambda_i} + \dfrac{1}{h_2}} \tag{21-2b}$$

式中，h_1 和 h_2 为表面传热系数，可根据具体情况确定；如果考虑辐射，对流传热系数应该采用等效传热系数(总表面传热系数)，即 $h_t = h_c + h_r$。

21.2.1.2　通过圆管的传热过程计算

圆管内、外侧的表面积不相等，所以对内侧和外侧而言，其传热系数的大小是不相等的。通过圆管的传热过程如图 21-5 所示。该段圆管的传热过程包括管内流体到管内侧壁面、管内侧壁面到外侧壁面、管外侧壁面到外侧流体三个环节。在稳定流动条件下，通过各个环节的热通量 $\varPhi$ 是不变的。

应用串联热阻叠加可得

$$\varPhi = \frac{\pi l(t_{fi} - t_{fo})}{\dfrac{1}{h_i d_i} + \dfrac{1}{2\lambda}\ln\left(\dfrac{d_o}{d_i}\right) + \dfrac{1}{h_o d_o}} \tag{21-3}$$

对外侧面积而言，传热系数的定义式表示为

$$\kappa = \kappa_o = \frac{1}{\dfrac{d_o}{h_i d_i} + \dfrac{d_o}{2\lambda}\ln\left(\dfrac{d_o}{d_i}\right) + \dfrac{1}{h_o}} \tag{21-4}$$

式中，d_i、d_o 分别为圆管的内径和外径；t_{fi}、t_{fo} 分别为圆管内侧和外侧流体的温度；h_i、h_o 分别为圆管内侧和外侧的对流传热系数；l 为圆管的长度。换热器在运行的过程中，管子内、外侧常会积起各种污垢，这时式(21-4)中还应增加相应的污垢热阻项。

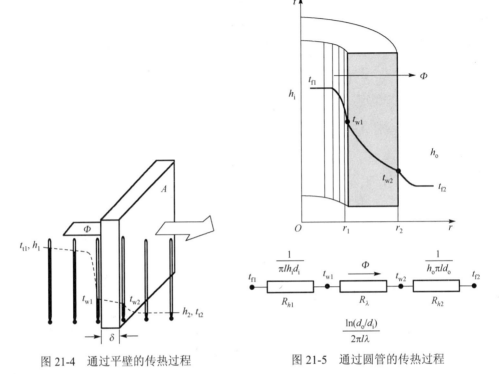

图 21-4 通过平壁的传热过程

图 21-5 通过圆管的传热过程

21.2.1.3 通过肋壁的传热过程计算

在表面传热系数较小的一侧采用肋壁是强化传热的一种行之有效的方法(见图 21-6)。平壁的一侧为肋壁时的传热系数(以肋侧表面积 A_o 为基准)为

$$k_f = \cfrac{1}{\cfrac{1}{h_i \beta} + \cfrac{\delta}{\lambda \beta} + \cfrac{1}{h_o \eta_o}} \tag{21-5a}$$

式中，$\beta = \dfrac{A_o}{A_i}$ 称为肋化系数，A_i、A_o 分别表示平壁侧及肋片侧的表面积，其中 $A_o = A_1 + A_2$，A_1 为肋间平壁部分的面积，A_2 为肋面突出部分的面积。

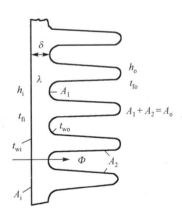

图 21-6 通过肋壁的传热过程

工程上一般都以未加肋时的表面积为基准计算肋壁传热系数，则以平壁表面积 A_i 为基准的传热系数为

$$k_f' = \cfrac{1}{\cfrac{1}{h_i} + \cfrac{\delta}{\lambda} + \cfrac{1}{h_o \eta_o \beta}} \tag{21-5b}$$

式中，h_i、h_o 分别表示平壁侧及肋片侧的对流传热系数。

η_o 称为肋面总效率，可用式(21-6)进行计算：

$$\eta_o = \frac{(A_1 + \eta_f A_2)}{A_o} \tag{21-6}$$

式中，η_f 为肋效率。

从式(21-5b)中可以看出，当 $\eta_o \beta > 1$ 时，肋片就可以起到强化传热的效果。由于 β 值常常远大于 1，使得 $\eta_o \beta$ 的值总是远大于 1，这就使肋片侧的热阻显著减小，从而增大传热系数的值。

21.2.1.4　临界热绝缘直径

圆管外敷保温层后，从圆管内壁面到外壁面的热能量可表示为

$$\Phi = \frac{\pi l(t_{fi} - t_{fo})}{\dfrac{1}{h_i d_i} + \dfrac{1}{2\lambda_1}\ln\left(\dfrac{d_{o1}}{d_i}\right) + \dfrac{1}{2\lambda_2}\ln\left(\dfrac{d_{o2}}{d_{o1}}\right) + \dfrac{1}{h_o d_{o2}}} \tag{21-7}$$

从式(21-7)可知，圆管外加入保温层后，使外表面的传热面积增加可以增强传热；但也会使圆管的热阻增加，削弱传热。那么，综合效果到底是增强还是削弱呢？这要看 $\mathrm{d}\varphi/\mathrm{d}d_{o2}$ 和 $\mathrm{d}^2\varphi/\mathrm{d}d_{o2}^2$ 的值。由式(21-7)可得

$$\frac{\mathrm{d}\Phi}{\mathrm{d}d_{o2}} = -\frac{\pi l(t_{fi} - t_{fo})\left(\dfrac{1}{2\lambda_2 d_{o2}} - \dfrac{1}{h_o d_{o2}^2}\right)}{\left[\dfrac{1}{h_i d_i} + \dfrac{1}{2\lambda_1}\ln\left(\dfrac{d_{o1}}{d_i}\right) + \dfrac{1}{2\lambda_2}\ln\left(\dfrac{d_{o2}}{d_{o1}}\right) + \dfrac{1}{h_o d_{o2}}\right]^2} \tag{21-8}$$

令 $\dfrac{\mathrm{d}\Phi}{\mathrm{d}d_{o2}} = 0$，可解得外加的保温层直径 d_{o2} 为

$$d_{o2} = \frac{2\lambda_2}{h_2} = d_{cr} \tag{21-9a}$$

或管外层的毕奥数为

$$Bi = \frac{d_{o2} h_o}{\lambda_2} = 2 \tag{21-9b}$$

可见，确实是有一个极值存在，从热量的基本传递规律可知，应该是极大值。也就是说，d_{o2} 在 d_{o1} 与 d_{cr} 之间时，Φ 是增加的，此时外加保温层反而增强了对流传热的效果；当 d_{o2} 大于 d_{cr} 时，Φ 降低。

例 21-1　有一个气体加热器，传热面积为 11.5m²，传热面壁厚为 1mm，导热系数为 45W/(m·℃)，被加热气体的传热系数为 83W/(m²·℃)，热介质为热水，传热系数为 5300W/(m²·℃)；热水与气体的温差为 42℃。试计算该气体加热器的传热总热阻、传热系数及传热量，同时分析各部分热阻的大小，指出应从哪方面着手来增强该加热器的传热量。

解：已知传热面积 $A = 11.5\text{m}^2$，$\delta = 0.001\text{m}$，$\lambda = 45\text{W}/(\text{m·℃})$，$\Delta t = 42\text{℃}$，$h_1 = 83\text{W}/(\text{m}^2·℃)$，$h_2 = 5300\text{W}/(\text{m}^2·℃)$，故传热过程的各分热阻如下。

加热器内壁面热阻：

$$\frac{1}{h_1} = \frac{1}{83} \approx 0.0120482(\text{m}^2 \cdot \text{℃})/\text{W}$$

加热器壁面热传导热阻：

$$\frac{\delta}{\lambda} = \frac{0.001}{45} \approx 0.0000222(\text{m}^2 \cdot \text{℃})/\text{W}$$

加热器外壁面热阻：

$$\frac{1}{h_2} = \frac{1}{5300} \approx 0.0001887(\text{m}^2 \cdot \text{℃})/\text{W}$$

所以，换热器单位面积的总传热热阻为

$$\frac{1}{\kappa} = \frac{1}{h_1} + \frac{\delta}{\lambda} + \frac{1}{h_2} = 0.0122591(\text{m}^2 \cdot \text{℃})/\text{W}$$

因此可求得该加热器的传热系数为

$$\kappa \approx 81.57\text{W}/(\text{m}^2 \cdot \text{℃})$$

因此该加热器的传热量为

$$\Phi = \frac{\Delta t \cdot A}{\dfrac{1}{h_1} + \dfrac{\delta}{\lambda} + \dfrac{1}{h_2}} \approx 39397.3\text{W}$$

分析上面的各个分热阻，其中热阻最大的是加热器外壁面热阻 $\dfrac{1}{h_2}$。因此要增强加热器的传热，必须增加 h_2 的数值。但是这会导致流动阻力的增加，使设备运行费用加大。实际上，从总的热阻即 $\dfrac{1}{A_2 h_2}$ 来考虑，可以通过加大传热面积来达到减小热阻的目的。

例 21-2 夏天供空调用的冷水管道的外直径为 76mm，管壁厚为 3mm，导热系数为 43.5W/(m·℃)。管内为 5℃的冷水，冷水在管内的对流传热系数为 3150W/(m²·℃)。如果用导热系数为 0.037W/(m·℃)的泡沫塑料保温，并使管道冷损失小于 70W/m，试问保温层需要多厚？假定周围环境温度为 36℃，保温层外的传热系数为 11W/(m²·℃)。

解： 已知 t_1=5℃，t_0=36℃，q_1=70W/m，d_1=0.07m，d_2=0.076m，d_3 为待求量，h_1=3150W/(m²·℃)，h_0=11W/(m²·℃)，λ_1=43.5W/(m·℃)，λ_2=0.037W/(m·℃)。

此为圆筒壁传热问题，其单位管长的传热量为

$$q_1 = \frac{t_1 - t_0}{\dfrac{1}{\pi d_1 h_1} + \dfrac{1}{2\pi \lambda_1}\ln\left(\dfrac{d_2}{d_1}\right) + \dfrac{1}{2\pi \lambda_2}\ln\left(\dfrac{d_3}{d_2}\right) + \dfrac{1}{\pi d_3 h_0}}$$

代入数据得

$$70 = \frac{36-5}{\dfrac{1}{\pi \times 0.07 \times 3150} + \dfrac{1}{2\pi \times 43.5}\ln\left(\dfrac{76}{70}\right) + \dfrac{1}{2\pi \times 0.037}\ln\left(\dfrac{d_3}{0.076}\right) + \dfrac{1}{\pi d_3 \times 11}}$$

整理上式得

$$70 = -10.64 - \frac{0.0289}{d_3}$$

解得 $d_3 \approx 0.07717\text{m}$。

21.2.2　换热器中传热平均温差的计算

21.2.2.1　对数平均温差的计算

根据换热器中冷、热流体的流动方向不同，换热器可分为顺流换热器及逆流换热器两种。换热器中的顺流和逆流过程如图 21-7 所示。顺流时，冷、热流体的进口处于换热器同一侧，而出口处于换热器另一侧；逆流时，冷、热流体的高温段处于换热器的同一侧，而低温段处于换热器的另一侧。顺流时，换热器进口处两流体的温差最大，并沿传热表面逐渐减小。逆流时，沿传热表面两流体的温差分布较均匀。

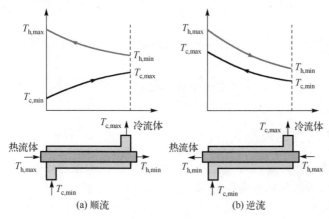

图 21-7　换热器中的顺流和逆流过程

在冷、热流体的进、出口温度一定的条件下，当两种流体都无相变时，以逆流的平均温差最大，顺流最小。在完成同样传热量的条件下，采用逆流可使平均温差增大，换热器的传热面积减小；若传热面积不变，则采用逆流时可使加热或冷却流体的消耗量降低。前者可减少换热器的传热面，使换热器尺寸更为紧凑，节省设备费，后者可节省操作费，故在设计或生产使用中应尽量采用逆流换热器。

不过逆流布置也有缺点，其热流体与冷流体的最高温度都在换热器的同一侧，使得该处的壁温过高，对于高温换热器如锅炉中的过热器，为了避免这个问题，有意采用顺流布置。但换热器无论采用逆流还是顺流布置，其对数平均温差均采用式 (21-10) 进行计算：

$$\Delta t_{\text{m}} = \frac{\Delta t_{\text{max}} - \Delta t_{\text{min}}}{\ln \dfrac{\Delta t_{\text{max}}}{\Delta t_{\text{min}}}} \tag{21-10}$$

式中，Δt_{max} 代表换热器两侧冷、热流体温度差值的较大者；Δt_{min} 代表换热器两侧冷、热流体温度差值的较小者。由于计算式中出现了对数，故常把 Δt_{m} 称为对数平均温差 (Logarithmic Mean Temperature Difference，LMTD)。

21.2.2.2 算术平均温差与对数平均温差的比较

平均温差的另一种更为简单的形式是算术平均温差，即

$$\Delta t_{\mathrm{m,算术}} = \frac{\Delta t_{\max} + \Delta t_{\min}}{2} \tag{21-11}$$

算术平均温差相当于温度呈直线变化的情况，因此，总是大于相同进、出口温度下的对数平均温差。当 $\Delta t_{\max}/\Delta t_{\min} \leqslant 2$ 时，两者的差别小于 4%；当 $\Delta t_{\max}/\Delta t_{\min} \leqslant 1.7$ 时，两者的差别小于 2.3%。

21.2.2.3 复杂布置时换热器平均温差的计算

实际中的换热器一般都是处于顺流和逆流布置之间，或者有时是逆流布置，有时又是顺流布置。对于这种复杂情况，我们当然也可以采用前面的方法进行分析，但数学推导将非常复杂。实际上，逆流的平均温差最大，因此，人们想到对纯逆流的对数平均温差进行修正，以获得其他情况下的平均温差。

$$\Delta t_{\mathrm{m}} = \psi (\Delta t_{\mathrm{m}})_{\mathrm{ctf}} \tag{21-12}$$

式中，$(\Delta t_{\mathrm{m}})_{\mathrm{ctf}}$ 为按逆流布置的对数平均温差；ψ 是小于 1 的修正系数。

21.3 换热器强化传热技术

21.3.1 强化传热的目的及意义

强化传热是指增强热传递过程的传热量。强化传热技术则是指在一定的传热面积与温差下，增加传热系数或对流传热系数的技术。研究各种传热过程的强化问题来设计新颖的紧凑式换热器，不仅是现代工业发展过程中必须解决的问题，同时也是开发新能源和开展节能工作的紧迫任务。因而，研究和开发强化传热技术对于国民经济的意义是十分重要的。各种工业对于强化传热的具体要求各不相同，但归纳起来，应用强化传热技术可以达到下列任意一个目的。

(1)减小初设计的传热面积，以减小换热器的体积和质量。

(2)提高现有换热器的传热能力。

(3)使换热器能在较小温差下工作。

(4)减小换热器的阻力，以减少换热器的动力消耗。

21.3.2 强化传热的任务

强化传热的任务如下。

(1)在给定的工质温度、热负荷及总流动阻力的条件下，先用简明方法对采用的几种强化传热技术从使换热器尺寸小、质量小的角度进行比较。

(2)分析需要强化传热处的工质流动结构、热负荷分布特点及温度场分布工况，以定出有效的强化传热技术，使流动阻力最小而传热系数最大。

(3)比较采用强化传热技术后的换热器制造工艺问题和安全运行问题。

21.3.3　换热器中强化传热的途径

根据传热过程的热量传递方程及热平衡方程，换热器中的热量传递过程主要是指由几个环节串联组成的总传热过程，要强化传热首先要找出热阻最大的环节，并设法强化该环节的传热，即减少该环节的热阻。而换热器强化传热的途径主要包括三个方面：①扩大传热面积以强化传热；②增大平均传热温差以强化传热；③提高传热系数以强化传热。

扩大传热面积是增加传热效果使用最多、最简单的一种方法。通过扩大设备体积来增加传热面积或增加设备台数来增强传热量，需要增加设备投资，设备占地面积大，同时，对传热效果的增强作用也不明显，这种方法现在已经淘汰。现在多是通过合理地提高设备单位体积的传热面积来达到增强传热效果的目的，例如，在换热器上大量使用单位体积传热面积比较大的翅片管、波纹管、板翅传热面等材料，或采用小管径的换热管，通过这些材料的使用，单台设备单位体积的传热面积会明显提高，充分达到换热设备高效、紧凑的目的。

一般情况下，有两种方法增加平均传热温差：第一种方法是在冷、热流体进、出口温度一定时，利用不同的传热面布置来改变平均传热温差。一般情况下，以逆向流动的平均传热温差最大。第二种方法是扩大冷、热流体进、出口温度的差以增大平均传热温差。但此种方法受工艺条件限制。例如，在提高辐射采暖板的蒸汽温度过程中，不能超过辐射采暖允许的辐射强度，辐射采暖板蒸汽温度的提高实际上是一种受限制的提高，依靠增大换热器传热温差 Δt 只能有限度地提高换热器的传热效果。同时，应该看到，传热温差的增大将使整个热力系统的不可逆性增加，降低了热力系统的可用性。所以，不能一味地追求传热温差的增大，而应兼顾整个热力系统的能量合理使用。

增强换热器传热效果最积极的措施就是设法提高设备的传热系数 κ 的数值。换热器传热系数 κ 的大小实际上是由传热过程总热阻的大小来决定的；换热器传热过程中的总热阻越大，换热器传热系数 κ 的值越小，换热器的传热效果也就越差。换热器在使用过程中，其总热阻是各项分热阻的叠加，如何控制换热器传热过程的每一项分热阻是决定换热器传热系数的关键。

上述增强传热效果的方法在换热器中都或多或少地获得了使用，但是由于扩大传热面积及增大传热温差常常受到场地、设备、资金、效果的限制，不可能无限制地增强，所以，当前换热器强化传热的研究主要方向是，如何通过控制换热器传热系数 κ 来提高换热器强化传热的效果。目前，使用最多的提高换热器传热系数 κ 的方法主要集中于在换热器换热管中加扰流子添加物，使换热器传热过程的分热阻大大减小，并且最终达到提高换热器传热系数 κ 的数值的目的。

由换热器总传热系数的公式可知，当管子金属的导热系数 λ 较大而管子的壁厚较小时，管壁的热传导热阻 δ/λ 较小，可视为 0。因此要提高换热器传热系数 κ 的数值，可从提高管子两侧的传热系数入手，尤其是提高传热效果较差一侧的传热系数。

习　　题

21-1．对于 $q_{m1}c_1 \geqslant q_{m2}c_2$，$q_{m1}c_1 < q_{m2}c_2$ 和 $q_{m1}c_1 = q_{m2}c_2$ 三种情况，画出顺流与逆流时，冷、热流体温度沿流动方向的变化曲线，注意曲线的凹向和 $q_m c$ 的相对大小。

21-2．在一传热面积为 15.8m^2、逆流套管式换热器中，用油加热冷水，油的流量为

2.85kg/s，进口温度为110℃，水的流量为0.667kg/s，进口温度为35℃，油和水的平均比热分别为1.9kJ/(kg·℃)和4.18kJ/(kg·℃)，换热器的总传热系数为320W/(m²·℃)，求水的出口温度。

21-3．一换热器用100℃的水蒸气将一定流量的油从20℃加热到80℃。现将油的流量增大一倍，其他条件不变，问油的出口温度变为多少？

21-4．某换热器用100℃的饱和水蒸气加热冷水。单台使用时，冷水的进口温度为10℃，出口温度为30℃。若保持水流量不变，将五台此种换热器串联使用，水的出口温度变为多少？总传热量提高多少倍？

21-5．一列管式换热器，苯在换热器的管内流动，流量为1.25kg/s，由80℃冷却至30℃；冷却水在管间与苯呈逆流流动，冷却水进口温度为20℃，出口温度不超过50℃。已知换热器的传热系数为470W/(m²·℃)，苯的平均比热为1900J/(kg·℃)。忽略换热器的散热损失，试采用对数平均温差法计算所需要的传热面积。

21-6．在列管式换热器中用锅炉给水冷却原油。已知换热器的传热面积为100m²，原油的流量为6.33kg/s，温度要求由150℃降到65℃；锅炉给水的流量为7.17kg/s，其进口温度为35℃；原油与水之间呈逆流流动。已知换热器的传热系数为250W/(m²·℃)，原油的平均比热为2160J/(kg·℃)。忽略换热器的散热损失，试问该换热器是否合用？若在实际操作中采用该换热器，则原油的出口温度将为多少？

附　　录

附表 A　一些气体在理想气体状态的定压比热容

$$c_p = C_0 + C_1\theta + C_2\theta^2 + C_3\theta^3 \text{ kJ/(kg·K)}, \quad \theta = \{T\}_K / 1000$$

适用范围：250～1200K，带*的物质最高适用温度为 500K。　　　　单位：kJ/(kg·K)

气体	分子式	C_0	C_1	C_2	C_3
水蒸气	H_2O	1.79	0.107	0.586	−0.20
乙炔	C_2H_2	1.03	2.91	−1.92	0.54
空气	—	1.05	−0.365	0.85	−0.39
氨	NH_3	1.6	1.4	1.0	−0.7
氩	Ar	0.52	0	0	0
正丁烷	C_4H_{10}	0.163	5.7	−1.906	−0.049
二氧化碳	CO_2	0.45	1.67	−1.27	0.39
一氧化碳	CO	1.1	−0.46	1.9	−0.454
乙炔	C_2H_6	0.18	5.92	−2.31	0.29
乙醇	C_2H_5OH	0.2	−4.65	−1.82	0.03
乙烯	C_2H_4	1.36	5.58	−3.0	0.63
氦	He	5.193	0	0	0
氢	H_2	13.46	4.6	−6.85	3.79
甲烷	CH_4	1.2	3.25	0.75	−0.71
甲醇	CH_3OH	0.66	2.21	0.81	−0.89
氮	N_2	1.11	−0.48	0.96	−0.42
正辛烷	C_8H_{18}	−0.053	6.75	−3.67	0.775
氧	O_2	0.88	−0.0001	0.54	−0.33
丙烷	C_3H_8	−0.096	6.95	−3.6	0.73
R22*	$CHClF_2$	0.2	1.87	−1.35	0.35
R134a*	CF_3CH_2F	0.165	2.81	−2.23	1.11
二氧化硫	SO_2	0.37	1.05	−0.77	0.21

此表引自：Richard E S, Class B G, van Wylen J. Fundamentals of Thermodynamics. 6th ed. New York: John Wiley & Sons Inc, 2003

附表 B　理想气体的平均定压比热容　　　　单位：kJ/(kg·K)

温度/℃	O_2	N_2	CO	CO_2	H_2O	SO_2	空气
0	0.915	1.039	1.040	0.815	1.859	0.607	1.004
100	0.923	1.040	1.042	0.866	1.873	0.636	1.006
200	0.935	1.043	1.046	0.910	1.894	0.662	1.012
300	0.950	1.049	1.054	0.949	1.919	0.687	1.019
400	0.965	1.057	1.063	0.983	1.948	0.708	1.028

温度/℃	O$_2$	N$_2$	CO	CO$_2$	H$_2$O	SO$_2$	空气
500	0.979	1.066	1.075	1.013	1.978	0.724	1.039
600	0.993	1.076	1.086	1.040	2.009	0.737	1.050
700	1.005	1.087	1.093	1.064	2.042	0.754	1.061
800	1.016	1.097	1.109	1.085	2.075	0.762	1.071
900	1.026	1.108	1.120	1.104	2.110	0.775	1.081
1000	1.035	1.118	1.130	1.122	2.144	0.783	1.091
1100	1.043	1.127	1.140	1.138	2.177	0.791	1.100
1200	1.051	1.136	1.149	1.153	2.211	0.795	1.108
1300	1.058	1.145	1.158	1.166	2.243	—	1.117
1400	1.065	1.153	1.166	1.178	2.274	—	1.124
1500	1.071	1.160	1.173	1.189	2.305	—	1.131
1600	1.077	1.167	1.180	1.200	2.335	—	1.138
1700	1.083	1.174	1.187	1.209	2.363	—	1.144
1800	1.089	1.180	1.192	1.218	2.391	—	1.150
1900	1.094	1.186	1.198	1.226	2.417	—	1.156
2000	1.099	1.191	1.203	1.233	2.442	—	1.161
2100	1.104	1.197	1.208	1.241	2.466	—	1.166
2200	1.109	1.201	1.213	1.247	2.489	—	1.171
2300	1.114	1.206	1.218	1.253	2.512	—	1.176
2400	1.118	1.210	1.222	1.259	2.533	—	1.180
2500	1.123	1.214	1.226	1.264	2.554	—	1.184
2600	1.127	—	—	—	2.574	—	—
2700	1.131	—	—	—	2.594	—	—

附表 C 气体的平均比热容的直线关系式

气体	平均比热容
空气	$\{c_v\}_{kJ/(kg\cdot K)}=0.7088+0.000093\{t\}_℃$
	$\{c_p\}_{kJ/(kg\cdot K)}=0.9956+0.000093\{t\}_℃$
H$_2$	$\{c_v\}_{kJ/(kg\cdot K)}=10.12+0.0005945\{t\}_℃$
	$\{c_p\}_{kJ/(kg\cdot K)}=14.33+0.0005945\{t\}_℃$
N$_2$	$\{c_v\}_{kJ/(kg\cdot K)}=0.7304+0.00008955\{t\}_℃$
	$\{c_p\}_{kJ/(kg\cdot K)}=1.03+0.00008955\{t\}_℃$
O$_2$	$\{c_v\}_{kJ/(kg\cdot K)}=0.6594+0.0001065\{t\}_℃$
	$\{c_p\}_{kJ/(kg\cdot K)}=0.919+0.0001065\{t\}_℃$
CO	$\{c_v\}_{kJ/(kg\cdot K)}=0.7331+0.00009681\{t\}_℃$
	$\{c_p\}_{kJ/(kg\cdot K)}=1.035+0.00009681\{t\}_℃$
H$_2$O	$\{c_v\}_{kJ/(kg\cdot K)}=1.372+0.0003111\{t\}_℃$
	$\{c_p\}_{kJ/(kg\cdot K)}=1.833+0.0003111\{t\}_℃$
CO$_2$	$\{c_v\}_{kJ/(kg\cdot K)}=0.6837+0.0002406\{t\}_℃$
	$\{c_p\}_{kJ/(kg\cdot K)}=0.8725+0.002406\{t\}_℃$

附表 D　空气的热力性质

T/K	t/℃	h/(kJ/kg)	p_r	v_r	s^0/[kJ/(kg·K)]
200	−73.15	201.87	0.3414	585.82	6.3000
210	−63.15	211.94	0.4051	518.39	6.3491
220	−53.15	221.99	0.4768	461.41	6.3959
230	−43.15	232.04	0.5571	412.85	6.4406
240	−33.15	242.08	0.6466	371.17	6.4833
250	−23.15	252.12	0.7458	335.21	6.5243
260	−13.15	262.15	0.8555	303.92	6.5636
270	−3.15	272.19	0.9761	276.61	6.6015
280	6.85	282.22	1.1084	252.62	6.6380
290	16.85	292.25	1.2531	231.43	6.6732
300	26.85	302.29	1.4108	212.65	6.7072
310	36.85	312.33	1.5823	195.92	6.7401
320	46.85	322.37	1.7682	180.98	6.7720
330	56.85	332.42	1.9693	167.57	6.8029
340	66.85	342.47	2.1865	155.50	6.8330
350	76.85	352.54	2.4204	144.60	6.8261
360	86.85	362.61	2.6720	134.73	6.8905
370	96.85	372.69	2.9419	125.77	6.9181
380	106.85	382.79	3.2312	117.60	6.9450
390	116.85	392.89	3.5407	110.15	6.9713
400	126.85	403.01	3.8712	103.33	6.9969
410	136.85	413.14	4.2238	97.069	7.0219
420	146.85	423.29	4.5993	91.318	7.0464
430	156.85	433.45	4.9989	86.019	7.0703
440	166.85	443.62	5.4234	81.130	7.0937
450	176.85	453.81	5.8739	76.610	7.1166
460	186.85	464.02	6.3516	75.423	7.1390
470	196.85	474.25	6.8575	68.538	7.1610
480	206.85	484.49	7.3927	64.929	7.1826
490	216.85	494.76	7.9584	61.570	7.2037
500	226.85	505.04	8.5558	58.440	7.2245
510	236.85	515.34	9.1861	55.519	7.2449
520	246.85	525.66	9.8506	52.789	7.2650
530	256.85	536.01	10.551	50.232	7.2847
540	266.85	546.37	11.287	47.843	7.3040
550	276.85	556.76	12.062	45.598	7.3231
560	286.85	567.16	12.877	43.448	7.3418

T/K	$t/℃$	$h/(kJ/kg)$	p_r	v_r	$s^0/[kJ/(kg·K)]$
570	296.85	577.59	13.732	41.509	7.3603
580	306.85	588.04	14.630	39.645	7.3785
590	316.85	598.52	15.572	37.885	7.3964
600	326.85	609.02	16.559	36.234	7.4140
610	336.85	619.54	17.593	34.673	7.4314
620	346.85	630.08	18.676	33.198	7.4486
630	356.85	640.65	19.810	31.802	7.4655
640	366.85	651.24	20.995	30.483	7.4821
650	376.85	661.85	22.234	29.235	7.4986
660	386.85	672.49	23.528	28.052	7.5148
670	396.85	683.15	24.880	26.929	7.5309
680	406.85	693.84	26.291	25.864	7.5467
690	416.85	704.55	27.763	24.853	7.5623
700	426.85	715.28	29.298	23.892	7.5778
750	476.85	769.32	37.989	19.743	7.6523
800	526.85	823.94	48.568	16.472	7.7228
850	576.85	879.15	61.325	13.861	7.7898
900	626.85	934.91	76.576	11.753	7.8535
950	676.85	992.20	94.667	10.035	7.9144
1000	726.85	1047.99	115.97	8.6229	7.9727
1100	826.85	1162.95	169.88	6.4752	8.0822
1200	926.85	1279.54	241.90	4.9607	8.1836
1300	1026.85	1397.58	336.19	3.8669	8.2781

此表数据摘自：Jones J B, Dugan R E. Engineering Thermodynamics. New Jersey: Prentice Hall Inc, 1996.

附表 E　气体的热力性质

H_m 的单位为 J/mol，S_m^0 的单位为 J/(mol·K)

T/K	CO		CO₂		H₂		H₂O		N₂	
	H_m	S_m^0	H_m	S_m^0	H_m	S_m^0	H_m	S_m^0	H_m	S_m^0
200	5804.9	185.991	5951.8	199.980	5667.8	119.303	6626.8	175.506	5803.1	179.944
298.2	8671.0	197.653	9364.0	213.795	8467.0	130.680	9904.0	188.834	8670.0	191.609
300	8724.9	197.833	9432.8	214.052	8520.4	130.858	9966.1	189.042	8723.9	191.789
400	11646.2	206.236	13366.7	225.314	11424.9	139.212	13357.0	198.792	11640.4	200.179
500	14601.4	212.828	17668.9	234.901	14348.6	145.736	16830.2	206.538	14580.2	206.737
600	17612.7	218.317	22271.3	243.284	17278.6	151.078	20405.0	213.054	17564.2	212.176
700	20692.6	223.063	27120.0	250.754	20215.1	155.604	24096.2	218.741	20606.6	216.865
800	23845.9	227.273	32172.6	257.498	231656.4	159.545	27907.2	223.828	23715.2	221.015
900	27070.6	231.070	37395.9	263.648	26141.9	163.049	31842.5	228.461	26891.8	224.756
1000	30359.8	234.535	42763.1	269.302	29147.3	166.215	35904.6	232.740	30132.2	228.169

续表

T/K	CO		CO$_2$		H$_2$		H$_2$O		N$_2$	
	H_m	S_m^0	H_m	S_m^0	H_m	S_m^0	H_m	S_m^0	H_m	S_m^0
1100	33705.1	237.723	48248.2	274.529	32187.4	169.112	40094.1	236.732	33428.8	231.311
1200	37099.6	240.676	53836.7	279.391	35266.4	171.791	44412.4	240.489	36778.0	234.225
1300	40537.1	243.428	59512.8	283.934	38386.7	174.289	48851.4	244.041	40173.0	236.942
1400	44012.0	246.003	65263.1	288.195	41549.8	176.633	53403.6	247.414	43607.8	239.487
200	6253.1	198.797	6691.7	172.733	6076.7	185.062	6818.6	204.417	5814.7	193.481
298.2	9192.0	210.758	10018.7	186.233	10005.4	200.936	10511.6	219.308	8683.0	205.147
300	9247.1	210.942	10089.9	186.471	10093.7	201.231	10597.4	219.595	9737.3	205.329
400	12243.2	219.534	13888.9	197.367	14843.4	214.853	15406.8	233.362	11708.9	213.872
500	15262.9	226.290	18225.3	207.019	20118.2	226.605	21188.4	246.224	14767.3	220.693
600	18358.2	231.931	23151.4	215.984	25783.2	236.924	27850.1	258.347	17926.1	226.449
700	21528.3	236.817	28659.1	224.463	31759.0	246.130	35281.9	269.789	21181.4	231.466
800	24770.9	241.146	34704.6	232.528	38003.7	254.465	43372.8	280.584	24519.3	235.922
900	28079.3	245.042	41232.6	240.212	44496.0	262.109	52027.1	290.771	27924.0	239.931
1000	31449.2	248.591	48200.7	247.550	51217.3	269.188	61180.4	300.411	31384.4	243.576
1100	34871.9	251.853	55567.3	254.568	58143.2	275.788	70773.3	309.551	34893.5	246.921
1200	38339.5	254.870	63290.1	261.285	65261.1	281.980	80761.2	318.239	38441.1	250.007
1300	41845.3	257.676	71325.4	267.716	72552.1	287.815	91092.2	326.506	42022.9	252.874
1400	45383.8	260.298	79634.7	273.872	79999.2	293.333	101721.0	334.382	45635.9	255.551
1500	48950.2	262.759	88183.9	279.770	87587.2	298.568	112608.4	341.893	49277.4	258.064
1600	52540.4	265.076	96964.5	285.442	95302.5	303.547	123720.8	349.064	52945.4	260.430

此表数据摘自：Jones J B, Dugan R E. Engineering Thermodynamics. New Jersey: Prentice Hall Inc, 1996.

附表 F　低压时一些常用气体的比热容

T/K	c_p/[kJ/(kg·K)]	c_V/[kJ/(kg·K)]	γ	c_p/[kJ/(kg·K)]	c_V/[kJ/(kg·K)]	γ	c_p/[kJ/(kg·K)]	c_V/[kJ/(kg·K)]	γ
	空气			氮气(N$_2$)			氧气(O$_2$)		
250	1.003	0.716	1.401	1.039	0.742	1.4	0.913	0.653	1.398
300	1.005	0.718	1.4	1.039	0.743	1.4	0.918	0.658	1.395
350	1.008	0.721	1.398	1.041	0.744	1.399	0.928	0.668	1.389
400	1.013	0.726	1.395	1.044	0.747	1.397	0.941	0.681	1.382
450	1.02	0.733	1.391	1.049	0.752	1.395	0.956	0.696	1.373
500	1.029	0.742	1.387	1.056	0.759	1.391	0.972	0.712	1.365
600	1.051	0.764	1.376	1.075	0.778	1.382	1.003	0.743	1.35
700	1.075	0.788	1.364	1.098	0.801	1.371	1.031	0.771	1.337
800	1.099	0.812	1.354	1.121	0.825	1.36	1.054	0.794	1.327
900	1.121	0.834	1.344	1.145	0.849	1.394	1.074	0.814	1.319
1000	1.142	0.855	1.336	1.167	0.87	1.341	1.09	0.83	1.313
250	0.791	0.602	1.314	1.039	0.743	1.4	14.051	9.927	1.416
300	0.846	0.657	1.288	1.04	0.744	1.399	14.307	10.183	1.405
350	0.895	0.706	1.268	1.043	0.746	1.398	14.427	10.302	1.4

续表

T/K	$c_p/[\text{kJ}/(\text{kg·K})]$	$c_V/[\text{kJ}/(\text{kg·K})]$	γ	$c_p/[\text{kJ}/(\text{kg·K})]$	$c_V/[\text{kJ}/(\text{kg·K})]$	γ	$c_p/[\text{kJ}/(\text{kg·K})]$	$c_V/[\text{kJ}/(\text{kg·K})]$	γ
	二氧化碳（CO_2）			一氧化碳（CO）			氢气（H_2）		
400	0.939	0.75	1.252	1.047	0.751	1.395	14.476	10.352	1.398
450	0.978	0.79	1.239	1.054	0.757	1.392	14.501	10.377	1.398
500	1.014	0.825	1.229	1.063	0.767	1.387	14.513	10.389	1.397
600	1.075	0.886	1.213	1.087	0.79	1.376	14.546	10.422	1.396
700	1.126	0.937	1.202	1.113	0.816	1.364	14.604	10.48	1.394
800	1.169	0.98	1.193	1.139	0.842	1.353	14.695	10.57	1.39
900	1.204	1.015	1.186	1.163	0.866	1.343	14.822	10.698	1.385
1000	1.234	1.045	1.181	1.185	0.888	1.335	14.983	10.859	1.38

此表引自：Michael J M, Howard N S. Fundamentals of Engineering Thermodynamics. 3rd ed. New York: John Wiley&Sons Inc, 1995.

附表 G　一些常用气体 25℃、100kPa*时的比热容

物质	分子式	$M/(10^{-3}\text{kg/mol})$	$R_g/[\text{J}/(\text{kg·K})]$	$\rho/(\text{kg/m}^3)$	$c_p/[\text{kJ}/(\text{kg·K})]$	$c_V/[\text{kJ}/(\text{kg·K})]$	$\kappa=\dfrac{c_p}{c_V}$
乙炔	C_2H_2	26.038	319.3	1.05	1.669	1.380	1.231
空气	—	28.97	287.0	1.169	1.004	0.717	1.400
氨	NH_3	17.031	488.2	0.694	2.130	1.640	1.297
氩	Ar	39.948	208.1	1.613	0.520	0.312	1.667
正丁烷	C_4H_{10}	58.124	143.0	2.407	1.716	1.573	1.091
二氧化碳	CO_2	44.01	188.9	1.775	0.842	0.653	1.289
一氧化碳	CO	28.01	296.8	1.13	1.041	0.744	1.399
乙烷	C_2H_6	30.07	276.5	1.222	1.766	1.490	1.186
乙醇	C_2H_5OH	46.069	180.5	1.883	1.427	1.246	1.145
乙烯	C_2H_4	29.054	296.4	1.138	1.548	1.252	1.237
氦	He	4.003	2077.1	0.1615	5.193	3.116	1.667
氢	H_2	2.016	4124.3	0.0813	14.209	10.085	1.409
甲烷	CH_4	16.043	518.3	0.648	2.254	1.736	1.299
甲醇	CH_3OH	32.042	259.5	1.31	1.405	1.146	1.227
氮	N_2	28.013	296.8	1.13	1.042	0.745	1.400
正辛烷	C_8H_{18}	114.232	72.79	0.092	1.711	1.638	1.044
氧	O_2	31.999	259.8	1.292	0.922	0.622	1.393
丙烷	C_3H_8	44.094	188.6	1.808	1.679	1.490	1.126
R22	$CHClF_2$	86.469	96.16	3.54	0.658	0.562	1.171
R134a	CF_3CH_2F	102.03	81.49	4.20	0.852	0.771	1.106
二氧化硫	SO_2	64.063	129.8	2.618	0.624	0.494	1.263
水蒸气	H_2O	18.015	461.5	0.0231	1.872	1.410	1.327

*若压力小于 100kPa，则为饱和压力。此表中物质的摩尔质量和临界参数引自：Richard E S, Class B G, van Wylen J. Fundamentals of Thermodynamics. 6th ed. New York: John Wiley & Sons Inc, 2003.

附表 H 饱和水和饱和蒸气的热力性质（按温度排列）

$t/℃$	$p/$ MPa	$v'/(m^3/kg)$	$v''/(m^3/kg)$	$h'/(kJ/kg)$	$h''/(kJ/kg)$	$r/(kJ/kg)$	$s'/[kJ/(kg·K)]$	$s''/[kJ/(kg·K)]$
0	0.0006112	0.0010002	206.154	−0.05	2500.51	2500.6	−0.0002	9.1544
0.01	0.0006117	0.0010002	206.012	0.00	2500.53	2500.5	0.0000	9.1541
5	0.0008725	0.0010001	147.048	21.02	2509.71	2488.7	0.0763	9.0236
10	0.0012279	0.0010003	106.341	42.00	2518.90	2476.9	0.1510	8.8988
15	0.0017053	0.0010009	77.910	62.95	2528.07	2465.1	0.2243	8.7794
20	0.0023385	0.0010019	57.786	83.86	2537.20	2453.3	0.2963	8.6652
25	0.0031687	0.0010030	43.362	104.77	2546.29	2441.5	0.3670	8.5560
30	0.0042451	0.0010044	32.8990	125.68	2555.35	2429.7	0.4366	8.4514
40	0.0073811	0.0010079	19.5290	167.50	2573.36	2405.9	0.5723	8.2551
50	0.0123446	0.0010122	12.0365	209.33	2591.19	2381.9	0.7038	8.0745
60	0.019933	0.0010171	7.6740	251.15	2608.79	2357.6	0.8312	7.9080
70	0.031178	0.0010228	5.0443	293.01	2626.10	2333.1	0.9550	7.7540
80	0.047376	0.0010290	3.4086	334.93	2643.06	2308.1	1.0753	7.6112
90	0.070121	0.0010359	2.3616	376.94	2659.63	2282.7	1.1926	7.4783
100	0.101325	0.0010434	1.6736	419.06	2675.71	2256.6	1.3069	7.3545
110	0.143243	0.0010516	1.2106	461.33	2691.26	2229.9	1.4186	7.2386
120	0.198483	0.0010603	0.89219	503.76	2706.18	2202.4	1.5277	7.1297
130	0.270012	0.0010697	0.66873	546.38	2720.39	2174.0	1.6346	7.0272
140	0.36119	0.0010797	0.50900	589.21	2733.81	2144.6	1.7393	6.9302
150	0.47571	0.0010905	0.39286	632.28	2746.35	2114.1	1.8420	6.8381
160	0.61766	0.0011019	0.30709	675.62	2757.92	2082.3	1.9429	6.7502
170	0.79147	0.0011142	0.24283	719.25	2768.42	2049.2	2.0420	6.6661
180	1.00193	0.0011273	0.19403	763.22	2777.74	2014.5	2.1396	6.5852
190	1.25417	0.0011414	0.15650	807.56	2785.80	1978.2	2.2358	6.5071
200	1.55366	0.0011564	0.12793	852.34	2792.47	1940.1	2.3307	6.4312
220	2.31783	0.0011900	0.086157	943.46	2801.20	1857.7	2.5175	6.2846
240	3.34459	0.0012292	0.059743	1037.2	2802.88	1765.7	2.7013	6.1422
260	4.68923	0.0012758	0.042195	1134.3	2796.14	1661.8	2.8837	6.0007
280	6.41273	0.0013324	0.030165	1236.0	2779.08	1543.1	3.0668	5.8564
300	8.58308	0.0014037	0.021669	1344.0	2748.71	1404.7	3.2533	5.7042
320	11.278	0.0014984	0.015479	1461.2	2699.72	1238.5	3.4475	5.5356
340	14.593	0.0016373	0.010790	1593.7	2621.32	1027.6	3.6586	5.3345
360	18.657	0.0018942	0.006958	1761.1	2481.68	720.6	3.9155	5.0536
370	21.033	0.0022148	0.004982	1891.7	2338.79	447.1	4.1125	4.8076
371	21.286	0.0022797	0.004735	1911.8	2314.11	402.3	4.1429	4.7674
372	21.542	0.0023653	0.004451	1936.1	2282.99	346.9	4.1796	4.7173
373	21.802	0.0024960	0.004087	1968.8	2237.98	269.2	4.2292	4.6458
373.99	22.064	0.0031060	0.003106	2085.9	2085.87	0.0	4.4092	4.4092

附表 1 饱和水和饱和蒸汽的热力性质(按压力排列)

p/ MPa	t/℃	v'/(m³/kg)	v''/(m³/kg)	h'/(kJ/kg)	h''/(kJ/kg)	r/(kJ/kg)	s'/[kJ/(kg·K)]	s''/[kJ/(kg·K)]
0.01	45.799	0.0010103	14.6730	191.76	2583.72	2392.0	0.6490	8.1481
0.02	60.065	0.0010172	7.6497	251.43	2608.90	2357.5	0.8320	7.9068
0.04	75.872	0.0010264	3.9939	317.61	2636.10	2318.5	1.0260	7.6688
0.06	85.950	0.0010331	2.7324	359.91	2652.97	2293.1	1.1454	7.5310
0.08	93.511	0.0010385	2.0876	391.71	2665.33	2273.6	1.2330	7.4339
0.1	99.634	0.0010432	1.6943	417.52	2675.14	2257.6	1.3028	7.3589
0.2	120.240	0.0010605	0.88585	504.78	2706.53	2201.7	1.5303	7.1272
0.3	133.556	0.0010732	0.60587	561.58	2725.26	2163.7	1.6721	6.9921
0.4	143.642	0.0010835	0.46246	604.87	2738.49	2133.6	1.7769	6.8961
0.5	151.867	0.0010925	0.37486	640.35	2748.59	2108.2	1.8610	6.8214
0.6	158.863	0.0011006	0.31563	670.67	2756.66	2086.0	1.9315	6.7600
0.7	164.983	0.0011079	0.27281	697.32	2763.29	2066.0	1.9925	6.7079
0.8	170.444	0.0011148	0.24037	721.20	2768.86	2047.7	2.0464	6.6625
0.9	175.389	0.0011212	0.21491	742.90	2773.59	2030.7	2.0948	6.6222
1.0	179.916	0.0011272	0.19438	762.84	2777.67	2014.8	2.1388	6.5859
1.2	187.995	0.0011385	0.16328	798.64	2784.29	1985.7	2.2166	6.5225
1.4	195.078	0.0011489	0.14079	830.24	2789.37	1959.1	2.2841	6.4683
1.6	201.410	0.0011586	0.12375	858.69	2793.29	1934.6	2.3440	6.4206
1.8	207.151	0.0014679	0.11037	884.67	2796.33	1911.7	2.3979	6.3781
2.0	212.417	0.0011767	0.09959	908.64	2798.66	1890.9	2.3447	6.3395
2.2	217.288	0.0011851	0.09070	930.97	2800.41	1869.4	2.4924	6.3041
2.4	221.829	0.0011933	0.083244	951.91	2801.67	1849.8	2.5344	6.2714
2.6	226.085	0.0012013	0.076898	971.67	2802.51	1830.8	2.5736	6.2409
2.8	230.096	0.0012090	0.071427	990.41	2803.01	1812.6	2.6105	6.2123
3.0	233.893	0.0012166	0.066662	1008.2	2803.19	1794.9	2.6454	6.1854
3.2	237.499	0.0012240	0.062471	1025.3	2803.10	1777.8	2.6784	6.1599
3.4	240.936	0.0012312	0.058757	1041.6	2802.76	1761.1	2.7098	6.1356
3.6	244.222	0.0012384	0.055441	1057.4	2802.21	1744.8	2.7398	6.1124
3.8	247.370	0.0012454	0.052462	1072.5	2801.46	1728.9	2.7686	6.0901
4.0	250.394	0.0012524	0.049771	1087.2	2800.53	1713.4	2.7962	6.0688
4.2	253.304	0.0012592	0.047326	1101.4	2799.44	1698.1	2.8227	6.0482
4.4	256.110	0.0012661	0.045096	1115.1	2798.19	1683.1	2.8483	6.0283
4.6	258.820	0.0012728	0.043053	1128.5	2796.80	1668.3	2.8730	6.0091
4.8	261.441	0.0012795	0.041173	1141.5	2795.28	1653.8	2.8969	5.9905
5.0	263.980	0.0012862	0.039440	1154.2	2793.64	1639.5	2.9201	5.9724
5.2	266.443	0.0012928	0.037830	1166.5	2791.88	1625.4	2.9425	5.9548
5.4	268.835	0.0012994	0.036341	1178.6	2790.02	1611.4	2.9644	5.9376
5.6	271.159	0.0013059	0.034952	1190.4	2788.05	1597.6	2.9857	5.9209
5.8	273.422	0.0013125	0.033654	1202.0	2785.98	1584.0	3.0064	5.9045

p/ MPa	t/℃	v'/(m³/kg)	v''/(m³/kg)	h'/(kJ/kg)	h''/(kJ/kg)	r/(kJ/kg)	s'/[kJ/(kg·K)]	s''/[kJ/(kg·K)]
6.0	275.625	0.0013190	0.032440	1213.3	2783.82	1570.5	3.0266	5.8885
6.2	277.773	0.0013255	0.031301	1224.4	2781.57	1557.2	3.0463	5.8728
6.4	279.868	0.0013320	0.030230	1235.3	2779.23	1543.9	3.0656	5.8574
6.6	281.914	0.0013385	0.029222	1246.0	2776.81	1530.8	3.0845	5.8423
6.8	283.914	0.0013450	0.028271	1256.6	2774.30	1517.7	3.1029	5.8275
7.0	285.869	0.0013515	0.027371	1266.9	2771.72	1504.8	3.1210	5.8125
7.2	287.781	0.0013581	0.026519	1277.1	2769.07	1491.9	3.1388	5.7985
7.4	289.654	0.0013646	0.025712	1287.2	2766.33	1479.1	3.1562	5.7843
7.6	291.488	0.0013711	0.024944	1297.1	2763.53	1466.4	3.1733	5.7704
7.8	293.285	0.0013777	0.024215	1306.9	2760.65	1453.8	3.1901	5.7566
8.0	295.048	0.0013843	0.023520	1316.5	2757.70	1441.2	3.2066	5.7430
8.2	296.777	0.0013903	0.022857	1326.1	2754.68	1428.6	3.2228	5.7295
8.4	298.474	0.0013976	0.022224	1335.3	2751.59	1416.1	3.2388	5.7162
8.6	300.140	0.0014043	0.021619	1344.8	2748.44	1403.7	3.2546	5.7031
8.8	301.777	0.0014110	0.021040	1354.0	2745.21	1391.3	3.2701	5.6900
9.0	303.385	0.0014177	0.020485	1363.1	2741.92	1378.9	3.2854	5.6771
9.2	304.966	0.0014245	0.019953	1372.1	2738.56	1366.5	3.3005	5.6643
9.4	306.721	0.0014314	0.019443	1381.0	2735.14	1354.2	3.3154	5.6515
9.6	308.050	0.0014383	0.018952	1389.8	2731.64	1341.8	3.3302	5.6389
9.8	309.555	0.0014452	0.018480	1398.6	2728.08	1329.5	3.3447	5.6264
10.0	311.037	0.0014522	0.018026	1407.2	2724.46	1317.2	3.3591	5.6139
10.4	313.933	0.0014664	0.017167	1424.4	2717.01	1292.6	3.3874	5.5892
10.8	316.743	0.0014808	0.016367	1441.3	2709.30	1268.0	3.4151	5.5647
11.2	319.474	0.0014955	0.015619	1457.9	2701.31	1243.4	3.4422	5.5403
11.6	322.130	0.0015106	0.014920	1474.4	2693.05	1218.6	3.4689	5.5161
12.0	324.715	0.0015260	0.014263	1490.7	2684.50	1193.8	3.4952	5.4920
12.2	325.983	0.0015338	0.013949	1498.8	2680.11	1181.3	3.5082	5.4800
12.4	327.234	0.0015417	0.013644	1506.8	2675.65	1168.8	3.5211	5.4680
12.6	328.469	0.0015498	0.013348	1514.9	2671.11	1156.3	3.5340	5.4559
12.8	329.689	0.0015580	0.013060	1522.8	2666.50	1143.7	3.5467	5.4439
13.0	330.894	0.0015662	0.012780	1530.8	2661.80	1131.0	3.5594	5.4318
13.2	332.084	0.0015747	0.012508	1538.8	2657.03	1118.3	3.5720	5.4197
13.4	333.260	0.0015832	0.012242	1546.7	2652.17	1105.5	3.5846	5.4076
13.6	334.422	0.0015919	0.011984	1554.6	2647.23	1092.6	3.5971	5.3955
13.8	335.571	0.0016007	0.011732	1562.5	2642.19	1079.7	3.6096	5.3833
14.0	336.707	0.0016097	0.011486	1570.4	2637.03	1066.7	3.6220	5.3711
14.2	337.829	0.0016188	0.011246	1578.3	2631.86	1053.6	3.6344	5.3588
14.4	338.939	0.0016281	0.011011	1586.1	2626.55	1040.4	3.6467	5.3465
14.6	340.037	0.0016376	0.010783	1594.0	2621.14	1027.1	3.6590	5.3341
14.8	341.122	0.0016473	0.010559	1601.9	2615.63	1013.7	3.6713	5.3217

续表

p/MPa	t/℃	v′/(m³/kg)	v″/(m³/kg)	h′/(kJ/kg)	h″/(kJ/kg)	r/(kJ/kg)	s′/[kJ/(kg·K)]	s″/[kJ/(kg·K)]
15.0	342.196	0.0016571	0.010340	1609.8	2610.01	1000.2	3.6836	5.3091
16.0	347.396	0.0017099	0.009311	1649.4	2580.21	930.8	3.7451	5.2450

附表 J　水和过热蒸气的热力性质

t/℃	0.01MPa　tₛ=45.799℃			0.02MPa　tₛ=60.065℃			0.04Mpa　tₛ=75.872℃		
	v′/(m³/kg)	h′/(kJ/kg)	s′/[kJ/(kg·K)]	v′/(m³/kg)	h′/(kJ/kg)	s′/[kJ/(kg·K)]	v′/(m³/kg)	h′/(kJ/kg)	s′/[kJ/(kg·K)]
	0.0010103	191.76	0.6490	0.0010431	417.52	1.3028	0.0010605	504.78	1.5303
	v″/(m³/kg)	h″/(kJ/kg)	s″/[kJ/(kg·K)]	v″/(m³/kg)	h″/(kJ/kg)	s″/[kJ/(kg·K)]	v″/(m³/kg)	h″/(kJ/kg)	s″/[kJ/(kg·K)]
	14.673	2583.7	8.1481	1.6943	2675.1	7.3589	0.8859	2706.5	7.1272
0	0.0010002	−0.05	−0.0002	0.0010002	−0.05	−0.0002	0.0010001	−0.05	−0.0002
10	0.0010003	42.01	0.1510	0.0010003	42.01	0.1510	0.0010002	42.2	0.1510
20	0.0010018	83.87	0.2963	0.0010018	83.87	0.2963	0.0010018	84.05	0.2963
30	0.0010044	125.68	0.4366	0.0010044	125.68	0.4366	0.0010043	125.86	0.4365
40	0.0010079	167.50	0.5723	0.0010078	167.50	0.5723	0.0010078	167.67	0.5722
50	14.869	2591.8	8.1732	0.0010121	209.34	0.7038	0.0010121	209.49	0.7037
60	15.336	2610.8	8.2313	0.0010171	251.15	0.8312	0.0010170	251.31	0.8311
70	15.802	2629.9	8.2876	7.8835	2628.1	7.9636	0.0010227	293.15	0.9549
80	16.268	2648.9	8.3422	8.1181	2674.4	8.0189	4.0431	2644.2	7.6919
90	16.732	2667.9	8.3954	8.3520	2666.6	8.0725	4.1618	2663.8	7.7466
100	17.196	2686.9	8.4471	8.5855	2658.8	8.1246	4.2799	2683.3	7.7996
120	18.124	2725.1	8.5466	9.0514	2724.1	8.2248	4.5151	2722.2	7.9011
140	19.050	2763.6	8.6414	9.5163	2762.5	8.3201	4.7492	2761.0	7.9973
160	19.976	2801.7	8.7322	9.9804	2801.0	8.4111	4.9826	2799.7	8.0889
180	20.901	2840.2	8.8192	10.4439	2839.7	8.4984	5.2154	2838.6	8.1776
200	21.826	2879.0	8.9029	10.9071	2878.5	8.5822	5.4479	2877.6	8.2608
240	23.674	2957.1	9.0614	11.8326	2956.8	8.7410	5.9119	2956.1	8.4200
280	25.522	3036.2	9.2097	12.7575	3035.9	8.8894	6.3752	3035.3	8.5668
300	26.446	3076.0	9.2805	13.2197	3075.8	8.9602	6.6066	3075.3	8.6397
350	28.755	3176.6	9.4488	14.3748	3176.5	9.1287	7.1849	3176.1	8.8083
400	31.063	3278.7	9.6064	15.5296	3278.6	9.2863	7.7628	3278.3	8.9661
450	33.372	3382.3	9.7548	16.6842	3382.2	9.4347	8.3405	3381.9	9.1146
500	35.680	3487.4	9.8953	17.8386	3487.3	9.5753	8.9179	3487.1	9.2552
530	37.065	3551.3	9.9764	18.5312	3551.2	9.6564	9.2644	3551.0	9.3364
560	38.450	3616.0	10.0554	19.2237	3615.9	9.7355	9.6108	3615.7	9.4154
600	40.296	3703.4	10.1579	20.1470	3703.3	9.8379	10.0726	3703.1	9.5179
640	42.142	3792.3	10.2575	21.0703	3792.3	9.9376	10.5343	3792.1	9.6175
680	43.989	3882.9	10.3546	21.9936	3882.8	10.0346	10.9961	3882.7	9.7146
700	44.912	3928.8	10.4022	22.4552	3928.7	10.0823	11.2269	3928.6	9.7623
720	45.835	3975.0	10.4492	22.9168	3974.9	10.1293	11.4578	3974.8	9.8093
740	46.758	4021.6	10.4957	23.3784	4021.5	10.1757	11.6886	4021.4	9.8557

续表

t/℃	0.01MPa ts=45.799℃			0.02MPa ts=60.065℃			0.04Mpa ts=75.872℃		
	v'/(m³/kg)	h'/(kJ/kg)	s'/[kJ/(kg·K)]	v'/(m³/kg)	h'/(kJ/kg)	s'/[kJ/(kg·K)]	v'/(m³/kg)	h'/(kJ/kg)	s'/[kJ/(kg·K)]
	0.0010103	191.76	0.6490	0.0010431	417.52	1.3028	0.0010605	504.78	1.5303
	v"/(m³/kg)	h"/(kJ/kg)	s"/[kJ/(kg·K)]	v"/(m³/kg)	h"/(kJ/kg)	s"/[kJ/(kg·K)]	v"/(m³/kg)	h"/(kJ/kg)	s"/[kJ/(kg·K)]
	14.673	2583.7	8.1481	1.6943	2675.1	7.3589	0.8859	2706.5	7.1272
760	47.681	4068.4	10.5414	23.8400	4068.3	10.2215	11.9195	4068.2	9.9015
800	49.527	4162.8	10.6311	24.7632	4162.7	10.3111	12.3811	4162.6	9.9912

t/℃	0.06MPa ts=85.950℃			0.08MPa ts=93.511℃			0.1MPa ts=99.634℃		
	v'/(m³/kg)	h'/(kJ/kg)	s'/[kJ/(kg·K)]	v'/(m³/kg)	h'/(kJ/kg)	s'/[kJ/(kg·K)]	v'/(m³/kg)	h'/(kJ/kg)	s'/[kJ/(kg·K)]
	0.0010331	359.91	1.1454	0.0010385	391.71	1.2330	0.0010431	417.52	1.3028
	v"/(m³/kg)	h"/(kJ/kg)	s"/[kJ/(kg·K)]	v"/(m³/kg)	h"/(kJ/kg)	s"/[kJ/(kg·K)]	v"/(m³/kg)	h"/(kJ/kg)	s"/[kJ/(kg·K)]
	2.7324	2653.0	7.531	2.0876	2665.3	7.4339	1.6943	2675.1	7.3589
0	0.0010002	−0.05	−0.0002	0.0010002	−0.05	−0.0002	0.0010002	−0.05	−0.0002
10	0.0010003	42.01	0.151	0.0010003	42.01	0.1510	0.0010003	42.01	0.1510
20	0.0010018	83.87	0.2963	0.0010018	83.87	0.2963	0.0010018	83.87	0.2963
30	0.0010044	125.68	0.4366	0.0010044	125.68	0.4366	0.0010044	125.68	0.4366
40	0.0010079	167.55	0.5723	0.0010079	167.50	0.5723	0.0010078	167.50	0.5723
50	0.0010122	209.34	0.7038	0.0010121	209.34	0.7038	0.0010121	209.34	0.7038
60	0.0010171	251.15	0.8312	0.0010171	251.15	0.8312	0.0010171	251.15	0.8312
70	0.0010227	293.02	0.955	0.0010227	293.02	0.9550	0.0010227	293.02	0.9550
80	0.0010290	334.94	1.0753	0.0010290	334.94	1.0753	0.0010290	334.94	1.0753
90	2.7648	2661.1	7.5534	0.0010359	376.94	1.1926	0.0010359	376.94	1.1926
100	2.8446	2680.9	7.6073	2.1268	2678.4	7.4693	1.6961	2675.9	7.3609
150	3.2385	2778.9	7.8539	2.4247	2777.5	7.7185	1.9364	2776.0	7.6128
200	3.6281	2876.7	8.0722	2.7182	2875.7	7.9379	2.1723	2874.8	7.8334
240	3.9383	2955.4	8.2319	2.9515	2954.6	8.1981	2.3594	2953.9	7.9940
280	4.2477	3034.8	8.3809	3.1840	3034.2	8.2473	2.5458	3033.6	8.1436
320	4.5567	3115.0	8.5209	3.4161	3114.5	8.3875	2.7317	3114.1	8.2840
360	4.8654	3196.0	8.6531	3.6478	3195.7	8.5199	2.9173	3195.3	8.4165
400	5.1739	3278.0	8.7786	3.8794	3277.6	8.6455	3.1027	3277.3	8.5422
440	5.4822	3360.8	8.8981	4.1108	3360.5	8.7651	3.2879	3360.3	8.6618
480	5.7903	3444.6	9.0125	4.3420	3444.4	8.8795	3.4730	3444.1	8.7763
520	6.0984	3529.5	9.1222	4.5732	3529.3	8.9893	3.6581	3529.1	8.8861
560	6.4064	3615.5	9.2281	4.8043	3615.3	9.0952	3.8430	3615.2	8.9920
600	6.7144	3703.0	9.3306	5.0353	3702.8	9.1977	4.0279	3702.7	9.0946
640	7.0224	3792.0	9.4303	5.2664	3791.8	9.2974	4.2128	3791.7	9.1943
680	7.3302	3882.6	9.5274	5.4973	3882.5	9.3945	4.3976	3882.3	9.2914
720	7.6381	3947.7	9.6221	5.7283	3974.6	9.4892	4.5824	3974.5	9.3862
760	7.9460	4068.1	9.7143	5.9592	4068.0	9.5815	4.7671	4067.9	9.4784
780	8.0999	4115.2	9.7595	6.0747	4115.1	9.6266	4.8595	4115.0	9.5236
800	8.2538	4162.6	9.8040	6.1910	4162.5	9.6711	4.9519	4162.4	9.5681

t/℃	0.06MPa t_s=85.950℃			0.08MPa t_s=93.511℃			0.1MPa t_s=99.634℃		
	v'/(m³/kg)	h'/(kJ/kg)	s'/[kJ/(kg·K)]	v'/(m³/kg)	h'/(kJ/kg)	s'/[kJ/(kg·K)]	v'/(m³/kg)	h'/(kJ/kg)	s'/[kJ/(kg·K)]
	0.0010331	359.91	1.1454	0.0010385	391.71	1.2330	0.0010431	417.52	1.3028
	v''/(m³/kg)	h''/(kJ/kg)	s''/[kJ/(kg·K)]	v''/(m³/kg)	h''/(kJ/kg)	s''/[kJ/(kg·K)]	v''/(m³/kg)	h''/(kJ/kg)	s''/[kJ/(kg·K)]
	2.7324	2653.0	7.531	2.0876	2665.3	7.4339	1.6943	2675.1	7.3589
820	8.4077	4210.0	9.8478	6.3056	4210.0	9.7150	5.0443	4209.9	9.6119
840	8.5616	4257.7	9.8910	6.4210	4257.6	9.7582	5.1366	4257.5	9.6551
860	8.7155	4305.5	9.9335	6.5634	4305.4	9.8007	5.2290	4305.3	9.6977
880	8.8694	4353.4	9.9755	6.6519	4353.3	9.8426	5.3214	4353.2	9.7396

t/℃	0.5MPa t_s=151.867℃			1MPa t_s=179.916℃			2MPa t_s=212.417℃		
	v'/(m³/kg)	h'/(kJ/kg)	s'/[kJ/(kg·K)]	v'/(m³/kg)	h'/(kJ/kg)	s'/[kJ/(kg·K)]	v'/(m³/kg)	h'/(kJ/kg)	s'/[kJ/(kg·K)]
	0.0010925	640.35	1.8160	0.0011272	762.84	2.1388	0.0011767	908.64	2.4471
	v''/(m³/kg)	h''/(kJ/kg)	s''/[kJ/(kg·K)]	v''/(m³/kg)	h''/(kJ/kg)	s''/[kJ/(kg·K)]	v''/(m³/kg)	h''/(kJ/kg)	s''/[kJ/(kg·K)]
	0.37486	2748.6	6.8214	0.19438	2777.7	6.5859	0.099588	2798.7	6.3395
0	0.0010000	0.46	−0.0001	0.0009997	0.97	−0.0001	0.0009992	1.99	0.0000
10	0.0010001	42.49	0.1509	0.0009999	42.98	0.1509	0.0009994	43.95	0.1508
30	0.0010042	126.13	0.4364	0.0010040	126.59	0.4363	0.0010035	127.50	0.4360
50	0.0010119	209.75	0.7035	0.0010117	210.18	0.7033	0.0010113	211.04	0.7028
70	0.0010225	293.39	0.9547	0.0010223	293.80	0.9544	0.0010219	294.62	0.9538
90	0.0010357	377.27	1.1923	0.0010335	377.66	1.1919	0.0010350	378.43	1.1912
100	0.0010432	419.36	1.3066	0.0010430	419.74	1.3062	0.0010425	420.49	1.3054
120	0.0010601	503.97	1.5275	0.0010599	504.32	1.5270	0.0010593	505.03	1.5261
140	0.0010796	589.30	1.7392	0.0010793	589.62	1.7386	0.0010787	590.27	1.7376
150	0.0010904	632.30	1.8420	0.0010901	632.61	1.8414	0.0010894	633.22	1.8403
160	0.38336	2767.2	6.6847	0.0011017	675.82	1.9424	0.0011009	676.43	1.9412
170	0.39412	2789.6	6.9160	0.0011140	719.36	2.0418	0.0011133	719.91	2.0405
180	0.40450	2811.7	9.9651	0.19443	2777.9	6.5864	0.0011265	763.72	2.1382
200	0.42487	2854.9	7.0585	0.20590	2827.3	6.6931	0.0011560	852.52	2.3300
210	0.43490	2876.2	7.1030	0.21143	2851.0	6.7427	0.0011725	897.65	2.4244
220	0.44485	2897.3	7.1462	0.21686	2874.2	6.7903	0.102116	2820.8	6.3847
240	0.46455	2939.2	7.2295	0.22745	2919.6	6.8804	0.108415	2875.6	6.4936
250	0.47432	2960.0	7.2697	0.23264	2941.8	6.9233	0.111412	2901.5	6.5436
260	0.48404	2980.8	7.3091	0.23779	2963.8	9.9650	0.114331	2926.7	6.5914
270	0.49372	3001.5	7.3476	0.24288	2985.6	7.0056	0.117185	2951.3	6.6371
280	0.50336	3022.2	7.3853	0.24793	3007.3	7.0451	0.119985	2975.4	6.6811
290	0.81297	3042.9	7.4224	0.25294	3028.9	7.0838	0.122737	2999.2	6.7236
300	0.52255	3063.6	7.4588	0.25793	3050.4	7.1216	0.125449	3022.6	6.7648
320	0.54164	3104.9	7.5297	0.26781	3093.2	7.1950	0.130773	3068.6	6.8437
340	0.56064	3146.3	7.5983	0.27760	3135.7	7.2656	0.135989	3113.8	6.9188
350	0.57012	3167.0	7.6319	0.28247	3157.0	7.2999	0.138564	3136.2	6.9550
360	0.57958	3187.8	7.6649	0.28732	3178.2	7.3337	0.141120	3158.5	6.9905

续表

t/℃	0.5MPa t_s =151.867℃			1MPa t_s =179.916℃			2MPa t_s =212.417℃		
	v'/(m³/kg)	h'/(kJ/kg)	s'/[kJ/(kg·K)]	v'/(m³/kg)	h'/(kJ/kg)	s'/[kJ/(kg·K)]	v'/(m³/kg)	h'/(kJ/kg)	s'/[kJ/(kg·K)]
	0.0010925	640.35	1.8160	0.0011272	762.84	2.1388	0.0011767	908.64	2.4471
	v''/(m³/kg)	h''/(kJ/kg)	s''/[kJ/(kg·K)]	v''/(m³/kg)	h''/(kJ/kg)	s''/[kJ/(kg·K)]	v''/(m³/kg)	h''/(kJ/kg)	s''/[kJ/(kg·K)]
	0.37486	2748.6	6.8214	0.19438	2777.7	6.5859	0.099588	2798.7	6.3395
380	0.59846	3229.4	7.7295	0.29698	3220.7	7.3997	0.146183	3202.8	7.0594
390	0.60788	3250.2	7.7612	0.30179	3241.9	7.4320	0.148693	3224.8	7.0929
400	0.61729	3271.1	7.7924	0.30658	3263.1	7.4638	0.151190	3246.8	7.1258
410	0.62669	3292.0	7.8233	0.31137	3284.4	7.4951	0.153676	3268.8	7.1582
420	0.63608	3312.9	7.8537	0.31615	3305.6	7.5260	0.156151	3290.7	7.1900
430	0.64546	3333.9	7.8838	0.32092	3326.9	7.5565	0.158617	3312.6	7.2214
440	0.65483	3354.9	7.9135	0.32568	3348.2	7.5866	0.161074	3334.5	7.2523

t/℃	4MPa t_s =250.394℃			6MPa t_s =275.625℃			8MPa t_s =095.048℃		
	v'/(m³/kg)	h'/(kJ/kg)	s'/[kJ/(kg·K)]	v'/(m³/kg)	h'/(kJ/kg)	s'/[kJ/(kg·K)]	v'/(m³/kg)	h'/(kJ/kg)	s'/[kJ/(kg·K)]
	0.0012524	1087.2	2.7962	0.001319	1213.3	3.0266	0.0013843	1316.5	3.2066
	v''/(m³/kg)	h''/(kJ/kg)	s''/[kJ/(kg·K)]	v''/(m³/kg)	h''/(kJ/kg)	s''/[kJ/(kg·K)]	v''/(m³/kg)	h''/(kJ/kg)	s''/[kJ/(kg·K)]
	0.039439	2800.5	6.0688	0.032440	2783.8	5.8885	0.023520	2757.7	5.7430
0	0.0009982	4.03	0.0001	0.0009972	6.05	0.0002	0.0009962	8.08	0.0003
10	0.0009984	45.89	0.1507	0.0009975	47.83	0.1505	0.0009965	49.77	0.1502
20	0.0010000	87.62	0.2955	0.0009991	89.49	0.2950	0.0009982	91.36	0.2946
30	0.0010026	129.32	0.4353	0.0010018	131.14	0.4347	0.0010009	132.95	0.4341
40	0.0010061	171.04	0.5708	0.0010052	172.81	0.5700	0.0010044	174.57	0.5692
50	0.0010104	212.77	0.7019	0.0010095	214.49	0.7010	0.0010086	216.21	0.7001
80	0.0010272	338.07	1.0727	0.0010262	339.67	1.0714	0.0010253	341.26	1.0701
120	0.0010582	506.44	1.5243	0.0010571	507.85	1.5225	0.0010560	509.26	1.5207
160	0.0010095	677.60	1.9389	0.0010981	678.78	1.9365	0.0010967	679.97	1.9342
200	0.0011539	853.34	2.3268	0.0011519	854.17	2.3237	0.0011500	855.02	2.3207
240	0.0012282	1037.2	2.6998	0.0012250	1037.5	2.6955	0.0012220	1037.7	2.6912
250	0.0012514	1085.3	2.7925	0.0012478	1085.2	2.7877	0.0012443	1085.2	2.7829
260	0.051731	2835.4	6.1347	0.0012730	1134.1	2.8802	0.0012689	1133.8	2.8749
270	0.053639	2869.0	6.1973	0.0013014	1184.3	2.9735	0.0012965	1183.7	2.9676
280	0.055443	2900.7	6.2550	0.033171	2803.6	5.9243	0.0013278	1235.1	3.0614
290	0.057165	2930.7	6.3088	0.034722	2845.2	5.9989	0.0013638	1288.6	3.1572
300	0.058821	2959.5	6.3595	0.036148	2883.1	6.0656	0.024255	2784.5	5.7900
340	0.064980	3066.3	6.5397	0.041097	3012.8	6.2847	0.028959	2951.8	6.0727
380	0.070668	3165.0	6.6958	0.045381	3124.3	6.4608	0.326430	3080.0	6.2754
420	0.076769	3259.7	6.8365	0.049318	3227.0	6.6135	0.035883	3192.4	6.4426
460	0.081310	3352.2	6.9663	0.053045	3325.1	6.7512	0.038876	3296.9	6.5892
500	0.086417	3443.6	7.0877	0.056632	3420.6	6.8781	0.041712	3397.0	6.7221
540	0.091433	3534.7	7.2025	0.060122	3514.9	6.9970	0.044443	3494.7	6.8453
580	0.096382	3626.0	7.3122	0.063540	3608.7	7.1096	0.047097	3591.1	6.9611

$t/℃$	4MPa $t_s=250.394℃$			6MPa $t_s=275.625℃$			8MPa $t_s=095.048℃$		
	$v'/(m^3/kg)$	$h'/(kJ/kg)$	$s'/[kJ/(kg·K)]$	$v'/(m^3/kg)$	$h'/(kJ/kg)$	$s'/[kJ/(kg·K)]$	$v'/(m^3/kg)$	$h'/(kJ/kg)$	$s'/[kJ/(kg·K)]$
	0.0012524	1087.2	2.7962	0.001319	1213.3	3.0266	0.0013843	1316.5	3.2066
	$v''/(m^3/kg)$	$h''/(kJ/kg)$	$s''/[kJ/(kg·K)]$	$v''/(m^3/kg)$	$h''/(kJ/kg)$	$s''/[kJ/(kg·K)]$	$v''/(m^3/kg)$	$h''/(kJ/kg)$	$s''/[kJ/(kg·K)]$
	0.039439	2800.5	6.0688	0.032440	2783.8	5.8885	0.023520	2757.7	5.7430
620	0.101278	3708.0	7.4176	0.066904	3702.8	7.2173	0.049697	3687.2	7.0712
660	0.106134	3811.0	7.5194	0.070226	3797.4	7.3210	0.052254	3783.6	7.1767
700	0.110956	3905.1	7.6181	0.073515	3892.9	7.4212	0.054778	3880.5	7.2784
740	0.115753	4000.2	7.7139	0.076777	3989.2	7.5182	0.057276	3978.0	7.3766
780	0.120527	4096.1	7.8067	0.080017	4086.2	7.6121	0.059752	4076.0	7.4715
800	0.122907	4144.3	7.8521	0.081630	4134.9	7.6579	0.060982	4125.2	7.5178
820	0.125283	4192.7	7.8967	0.083238	4183.6	7.7029	0.062209	4174.4	7.5632
840	0.127654	4241.1	7.9406	0.084842	4232.5	7.7472	0.063431	4223.7	7.6079
860	0.130023	4289.6	7.9838	0.086443	4281.4	7.7907	0.064649	4273.0	7.6518
880	0.132288	4338.2	8.0264	0.088040	4330.4	7.8336	0.065863	4322.4	7.6950

$t/℃$	10MPa $t_s=311.037℃$			15MPa $t_s=342.196℃$			20MPa $t_s=365.789℃$		
	$v'/(m^3/kg)$	$h'/(kJ/kg)$	$s'/[kJ/(kg·K)]$	$v'/(m^3/kg)$	$h'/(kJ/kg)$	$s'/[kJ/(kg·K)]$	$v'/(m^3/kg)$	$h'/(kJ/kg)$	$s'/[kJ/(kg·K)]$
	0.0014522	1407.2	3.3591	0.0016571	1609.8	3.7451	0.0020379	1827.2	4.0153
	$v''/(m^3/kg)$	$h''/(kJ/kg)$	$s''/[kJ/(kg·K)]$	$v''/(m^3/kg)$	$h''/(kJ/kg)$	$s''/[kJ/(kg·K)]$	$v''/(m^3/kg)$	$h''/(kJ/kg)$	$s''/[kJ/(kg·K)]$
	0.018026	2724.5	5.6139	0.010340	2610.0	5.2450	0.0058702	2413.1	4.9322
0	0.0009952	10.09	0.0004	0.0009928	15.10	0.0006	0.0009904	20.58	0.0006
10	0.0009956	51.70	0.1500	0.0009933	56.51	0.1494	0.0009911	61.59	0.1488
50	0.0010078	217.93	0.6992	0.0010056	222.22	0.6969	0.0010035	226.50	0.6946
100	0.0010385	426.51	1.2993	0.0010360	430.29	1.2955	0.0010336	434.06	1.2917
150	0.0010842	638.22	1.8316	0.0010810	641.37	1.8262	0.0010779	644.56	1.8210
200	0.0011481	855.88	2.3176	0.0011434	858.08	2.3102	0.0011389	860.36	2.3029
250	0.0012408	1085.3	2.7783	0.0012327	1085.6	2.7671	0.0012251	1086.2	2.7564
270	0.0012919	1183.2	2.9618	0.0012809	1182.1	2.9481	0.0012709	1181.5	2.9351
290	0.0013569	1287.0	3.1496	0.0013411	1283.7	3.1318	0.0013270	1281.2	3.1154
310	0.0014465	1400.9	3.3482	0.0014206	1393.4	3.3230	0.0013990	1387.6	3.3010
320	0.019248	2780.5	5.7092	0.0014725	1453.0	3.4243	0.0014442	1444.4	3.3977
330	0.020421	2833.5	5.7978	0.0015386	1517.7	3.5326	0.0014990	1504.9	3.4987
340	0.021463	2880.0	5.8743	0.0016307	1591.5	3.6539	0.0015685	1570.6	3.6068
350	0.022415	2922.1	5.9423	0.011469	2691.2	5.4403	0.0016645	1645.3	3.7275
360	0.023299	2960.9	6.0041	0.012571	2768.1	5.5628	0.0018248	1739.6	3.8777
370	0.024130	2997.2	6.0610	0.013481	2830.2	5.6601	0.0069052	2523.7	5.1048
380	0.024920	3031.5	6.1140	0.014275	2883.6	5.7424	0.0082557	2658.5	5.3130
400	0.026402	3095.8	6.2109	0.015652	2974.6	5.8798	0.0099458	2816.8	5.5520
420	0.027787	3155.8	6.2988	0.016851	3052.9	5.9944	0.0111896	2928.3	5.7154

续表

t/℃	10MPa t_s=311.037℃			15MPa t_s=342.196℃			20MPa t_s=365.789℃		
	v'/(m³/kg)	h'/(kJ/kg)	s'/[kJ/(kg·K)]	v'/(m³/kg)	h'/(kJ/kg)	s'/[kJ/(kg·K)]	v'/(m³/kg)	h'/(kJ/kg)	s'/[kJ/(kg·K)]
	0.0014522	1407.2	3.3591	0.0016571	1609.8	3.7451	0.0020379	1827.2	4.0153
	v''/(m³/kg)	h''/(kJ/kg)	s''/[kJ/(kg·K)]	v''/(m³/kg)	h''/(kJ/kg)	s''/[kJ/(kg·K)]	v''/(m³/kg)	h''/(kJ/kg)	s''/[kJ/(kg·K)]
	0.018026	2724.5	5.6139	0.010340	2610.0	5.2450	0.0058702	2413.1	4.9322
440	0.029100	3212.9	6.3799	0.017937	3123.3	6.0946	0.0121196	3019.6	5.8453
460	0.030357	3267.7	6.4557	0.018944	3188.5	6.1849	0.0131490	3099.4	5.9557
480	0.031571	3320.9	6.5273	0.019893	3250.1	6.2677	0.0139876	3171.9	6.0532
500	0.032750	3372.8	6.5954	0.020797	3309.0	6.3449	0.0147681	3239.3	6.1415
520	0.033900	3423.8	6.6605	0.021665	3365.8	6.4175	0.0155046	3303.0	6.2229
540	0.035027	3474.1	6.7232	0.022504	3421.1	6.4863	0.0162067	3364.0	6.2989
560	0.036133	3523.9	6.7837	0.023317	3475.2	6.5520	0.0168811	3422.9	6.3705
580	0.037222	3573.3	6.8423	0.024109	3528.3	6.6150	0.0175328	3480.3	6.4385
600	0.038297	3622.5	6.8992	0.024882	3580.7	6.6757	0.0181655	3536.3	6.5035
640	0.040413	3720.5	7.0090	0.026385	3683.8	6.7912	0.0193848	3645.7	6.6259
680	0.042493	3818.6	7.1141	0.027842	3785.6	6.9003	0.0205554	3752.4	6.7403
720	0.044545	3917.0	7.2153	0.029268	3886.8	7.0043	0.0216877	3857.5	6.8483
760	0.046574	4015.9	7.3129	0.030673	3988.0	7.1042	0.0227894	3961.6	7.0494
800	0.048584	4115.1	7.4072	0.032064	4089.3	7.2004	0.0238669	7065.1	7.0494

附表 K　氨(NH₃)饱和液和饱和蒸气的热力性质

温度	压力	比体积		比焓		比熵	
		液体	蒸气	液体	蒸气	液体	蒸气
t/℃	p/kPa	v_f/(m³/kg)	v_g/(m³/kg)	h_f/(kJ/kg)	h_g/(kJ/kg)	s_f/[kJ/(kg·K)]	s_g/[kJ/(kg·K)]
−30	119.5	0.001476	0.96339	44.26	1404.0	0.1856	5.7778
−25	151.6	0.001490	0.77119	66.58	1411.2	0.2763	5.6947
−20	190.2	0.001504	0.62334	89.05	1418.0	0.3657	5.6155
−15	236.3	0.001519	0.50838	111.66	1424.6	0.4538	5.5397
−10	290.9	0.001534	0.41808	134.41	1430.8	0.5408	5.4673
−5	354.9	0.001550	0.34648	157.31	1436.7	0.6266	5.3997
0	429.6	0.001556	0.28920	180.36	1442.2	0.7114	5.3309
5	515.9	0.001583	0.24299	203.85	1447.3	0.7951	5.2666
10	615.2	0.001600	0.20504	226.97	1452.0	0.8779	5.2045
15	728.6	0.001619	0.17462	250.54	1456.3	0.9598	5.1444
20	857.5	0.001638	0.14922	274.30	1460.2	1.0408	5.0860
25	1003.2	0.001658	0.12813	298.25	1463.5	1.1210	5.0293
30	1167.0	0.001680	0.11049	322.42	1466.3	1.2005	4.9738
35	1350.4	0.001702	0.09567	346.80	1468.6	1.2792	4.9169
40	1154.9	0.001725	0.08313	371.43	1470.2	1.3574	4.8662

续表

温度	压力	比体积		比焓		比熵	
		液体	蒸气	液体	蒸气	液体	蒸气
$t/℃$	p/kPa	$v_f/(m^3/kg)$	$v_g/(m^3/kg)$	$h_f/(kJ/kg)$	$h_g/(kJ/kg)$	$s_f/[kJ/(kg·K)]$	$s_g/[kJ/(kg·K)]$
45	1782.0	0.001750	0.07428	396.31	1471.2	1.4350	4.8136
50	2033.1	0.001777	0.06337	421.48	1471.5	1.5121	4.7614
55	2310.1	0.001804	0.05555	446.96	1471.0	1.5888	4.7095
60	2614.4	0.001834	0.04880	472.79	1469.7	1.6652	4.6577
65	2947.8	0.001866	0.04296	499.01	1467.5	1.7415	4.6057
70	3312.0	0.001900	0.03787	525.69	1464.4	1.8178	4.5533
75	3709.0	0.001937	0.03341	552.88	1460.1	1.8943	4.5001
80	4140.5	0.001978	0.02951	580.69	1454.6	1.9712	4.4458
90	5115.3	0.002071	0.02300	638.59	1439.4	2.1273	4.3325
100	6253.7	0.002188	0.01784	700.64	1416.9	2.2893	4.2088
110	7757.7	0.002347	0.01363	769.15	1383.7	2.4625	4.0665
120	9107.2	0.002589	0.01003	849.36	1331.7	2.6593	3.8861
132.3	11333.2	0.004255	0.00426	1085.90	1085.9	3.2316	3.2316

本表引自：Borgnakke C, Sonntag R E. Thermodynamic and Transport Properties. New York: John Wiley & Sons Inc, 1997.

附表 L　过热氨（NH₃）蒸气的热力性质

$p=100kPa(t_s=-33.60℃)$			$p=150kPa(t_s=-25.22℃)$			$p=200kPa(t_s=-18.86℃)$		
$t/℃$	$v/(m^3/kg)$	$h/(kJ/kg)$	$s/[kJ/(kg·K)]$	$v/(m^3/kg)$	$h/(kJ/kg)$	$s/[kJ/(kg·K)]$	$v/(m^3/kg)$	$h/(kJ/kg)$	$s/[kJ/(kg·K)]$
−20	1.21007	1428.8	5.9626	0.79774	1422.9	5.7465	—	—	—
−10	1.26213	1450.8	6.0477	0.83364	1445.7	5.8349	0.61926	1440.6	5.6791
0	1.31362	1472.6	6.1291	0.86892	1468.3	5.9189	0.64648	1463.8	5.7659
10	1.36465	1494.4	6.2073	0.90373	1490.6	5.9992	0.67319	1486.8	5.8484
20	1.41532	1516.1	6.2826	0.93815	1512.8	6.0761	0.69951	1509.4	5.9270
30	1.46569	1537.7	6.3553	0.97227	1534.8	6.1502	0.72553	1531.9	6.0025
40	1.51582	1559.5	6.4258	1.00615	1556.9	6.2217	0.75129	1554.3	6.0751
50	1.56577	1581.2	6.4943	1.03984	1578.9	6.2910	0.77685	1576.6	6.1453
60	1.61557	1603.1	6.5609	1.07338	1601.0	6.3583	0.80226	1598.9	6.2133
70	1.66525	1625.1	6.6258	1.10678	1623.2	6.4238	0.82754	1621.3	6.2794
80	1.71482	1647.1	6.6892	1.14009	1645.4	6.4877	0.85271	1643.7	6.3437
100	1.81373	1691.7	6.8120	1.20646	1690.2	6.6112	0.90282	1688.8	6.4679
120	1.91240	1736.9	6.9300	1.27259	1735.6	6.7297	0.95268	1734.4	6.5869
140	2.01091	1782.8	7.0439	1.33855	1781.7	6.8439	1.00237	1780.6	6.7015
160	2.10927	1829.4	7.1540	1.40437	1828.4	6.9544	1.05192	1827.4	6.8123
180	2.20754	1876.8	7.2609	1.47009	1875.9	7.0615	1.10136	1875.0	6.9196
$p=250kPa(t_s=-13.66℃)$			$p=300kPa(t_s=-9.24℃)$			$p=350kPa(t_s=-5.36℃)$		
$t/℃$	$v/(m^3/kg)$	$h/(kJ/kg)$	$s/[kJ/(kg·K)]$	$v/(m^3/kg)$	$h/(kJ/kg)$	$s/[kJ/(kg·K)]$	$v/(m^3/kg)$	$h/(kJ/kg)$	$s/[kJ/(kg·K)]$
0	0.51293	1459.3	5.6441	0.42382	1454.7	5.5420	0.36011	1449.9	5.4532
10	0.53481	1482.9	5.7288	0.44251	1478.9	5.6290	0.37654	1474.9	5.5427

	p =250kPa(t_s =−13.66℃)			p =300kPa(t_s =−9.24℃)			p =350kPa(t_s =−5.36℃)		
t / ℃	v/(m³/kg)	h/(kJ/kg)	s/[kJ/(kg·K)]	v/(m³/kg)	h/(kJ/kg)	s/[kJ/(kg·K)]	v/(m³/kg)	h/(kJ/kg)	s/[kJ/(kg·K)]
20	0.55629	1506.0	5.8093	0.46077	1502.6	5.7113	0.39251	1499.1	5.6270
30	0.57745	1529.0	5.8861	0.47870	1525.9	5.7896	0.40814	1522.9	5.7068
40	0.59835	1551.7	5.9599	0.49636	1549.0	5.8645	0.42350	1546.3	5.7828
50	0.61904	1574.3	6.0309	0.51382	1571.9	5.9365	0.43865	1569.5	5.8557
60	0.63958	1596.8	6.0997	0.53111	1594.7	6.0600	0.45362	1592.6	5.9259
70	0.65998	1619.4	6.1663	0.54827	1617.5	6.0732	0.46846	1615.5	5.9938
80	0.68028	1641.9	6.2312	0.56532	1640.2	6.1385	0.48319	1638.4	6.0596
100	0.72063	1687.3	6.3561	0.59916	1685.8	6.2642	0.51240	1684.3	6.1860
120	0.76073	1733.1	6.4756	0.63276	1731.8	6.3842	0.54135	1730.5	6.3066
140	0.80065	1779.4	6.5906	0.66618	1778.3	6.4996	0.57012	1777.2	6.4223
160	0.84044	1826.4	6.7016	0.69946	1825.4	6.6109	0.59876	1824.4	6.5340
180	0.88012	1874.1	6.8093	0.73263	1873.2	6.7188	0.62728	1872.3	6.6421
200	0.91972	1922.5	6.9138	0.76572	1921.7	6.8235	0.65571	1920.9	6.7470
220	0.95923	1971.6	7.0155	0.79872	1970.9	6.9254	0.68407	1970.2	6.8491

	p =400kPa(t_s =−1.89℃)			p =500kPa(t_s =4.13℃)			p =600kPa(t_s =9.28℃)		
t / ℃	v/(m³/kg)	h/(kJ/kg)	s/[kJ/(kg·K)]	v/(m³/kg)	h/(kJ/kg)	s/[kJ/(kg·K)]	v/(m³/kg)	h/(kJ/kg)	s/[kJ/(kg·K)]
10	0.32701	1470.7	5.4663	0.25757	1462.3	5.3340	0.21115	1453.4	5.2205
20	0.34129	1495.6	5.5525	0.26949	1488.3	5.4244	0.22154	1480.8	5.3156
30	0.35520	1519.8	5.6338	0.28103	1513.5	5.5090	0.23152	1507.1	5.4037
40	0.36884	1543.6	5.7111	0.29227	1538.1	5.5889	0.24118	1532.5	5.4862
50	0.38226	1567.1	5.7850	0.30328	1562.3	5.6647	0.25059	1557.3	5.5641
60	0.39550	1590.4	5.7560	0.31410	1586.1	5.7373	0.25981	1581.6	5.6383
70	0.40860	1613.6	5.9244	0.32478	1609.6	5.8070	0.26888	1605.7	5.7094
80	0.42160	1636.7	5.9907	0.33535	1633.1	5.8744	0.27783	1629.5	5.7778
100	0.44732	1682.8	6.1179	0.35621	1679.8	6.0031	0.29545	1676.8	5.9081
120	0.47279	1729.2	6.2390	0.37681	1726.6	6.1253	0.31281	1724.0	6.0314
140	0.49808	1776.0	6.3552	0.39722	1773.8	6.2422	0.32997	1771.5	6.1491
160	0.52323	1823.4	6.4671	0.41748	1821.4	6.3548	0.34699	1817.4	6.2623
180	0.54827	1871.4	6.5755	0.43764	1869.6	6.4636	0.36389	1867.8	6.3717
200	0.57321	1920.1	6.6806	0.45771	1918.5	6.5691	0.38071	1916.9	6.4776
220	0.59809	1969.5	6.7828	0.47770	1968.1	6.6717	0.39745	1966.6	6.5806
240	0.62289	2019.6	6.8825	0.49763	2018.3	6.7717	0.41412	2017.1	6.6808
280	0.67234	1211.1	7.0747	0.53731	2121.1	6.9644	0.44729	2120.1	6.8741

	p =800kPa(t_s =17.85℃)			p =1000kPa(t_s =17.85℃)			p =1200kPa(t_s =30.94℃)		
t / ℃	v/(m³/kg)	h/(kJ/kg)	s/[kJ/(kg·K)]	v/(m³/kg)	h/(kJ/kg)	s/[kJ/(kg·K)]	v/(m³/kg)	h/(kJ/kg)	s/[kJ/(kg·K)]
20	0.16138	1464.9	5.1328	—	—	—	—	—	—
30	0.16947	1493.5	5.2287	0.13206	1479.1	5.0826	—	—	—
40	0.17720	1520.8	5.3171	0.13868	1508.5	5.1778	0.11287	1495.4	5.0564
50	0.18465	1547.0	3.3996	0.14499	1536.3	5.2654	0.11846	1525.1	5.1497

续表

$t/℃$	$p=800\text{kPa}(t_s=17.85℃)$			$p=1000\text{kPa}(t_s=17.85℃)$			$p=1200\text{kPa}(t_s=30.94℃)$		
	$v/(\text{m}^3/\text{kg})$	$h/(\text{kJ/kg})$	$s/[\text{kJ/(kg·K)}]$	$v/(\text{m}^3/\text{kg})$	$h/(\text{kJ/kg})$	$s/[\text{kJ/(kg·K)}]$	$v/(\text{m}^3/\text{kg})$	$h/(\text{kJ/kg})$	$s/[\text{kJ/(kg·K)}]$
60	0.19189	1572.5	5.4774	0.15106	1563.1	5.3471	0.12378	1553.3	5.2357
70	0.19896	1597.5	5.5513	0.15695	1589.1	5.4240	0.12890	1580.5	5.3159
80	0.20590	1622.1	5.6219	0.16270	1614.6	5.4971	0.13387	1606.8	5.3916
100	0.21949	1670.6	5.7555	0.17389	1664.3	5.6342	0.14347	1658.0	5.5325
120	0.23280	1718.7	5.8811	0.18477	1713.4	5.7622	0.15275	1708.0	5.6631
140	0.20590	1766.9	6.0006	0.19545	1762.2	5.8834	0.16181	1757.5	5.7860
160	0.25886	1815.3	6.1150	0.20597	1811.2	5.9992	0.17071	1807.1	5.9031
180	0.27170	1864.2	6.2254	0.21638	1860.5	6.1105	0.17950	1856.9	6.0156
200	0.28445	1913.6	6.3322	0.22669	1910.4	6.2182	0.18819	1907.1	6.1241
220	0.29712	1963.7	6.4358	0.23693	1960.8	6.3226	0.19680	1957.9	6.2292
240	0.30973	2014.5	6.5367	0.24710	2011.9	6.4241	0.20534	2009.3	6.3313
280	—	—	—	0.45726	2116.0	6.6194	0.22225	2114.0	6.5278

附表 M　氟利昂 134a 的饱和性质（温度基准）

$t/℃$	p_s/kPa	$v''/(\text{m}^3/\text{kg}\times10^{-3})$	$v'/(\text{m}^3/\text{kg}\times10^{-3})$	$h''/(\text{kJ/kg})$	$h'/(\text{kJ/kg})$	$s''/[\text{kJ/(kg·K)}]$	$s'/[\text{kJ/(kg·K)}]$	$e''_x/(\text{kJ/kg})$	$e'_x/(\text{kJ/kg})$
−85.00	2.56	5889.997	0.64884	345.37	94.12	1.8702	0.5348	−112.877	34.014
−80.00	3.87	4045.366	0.65501	348.41	99.89	1.8535	0.5668	−104.855	30.243
−75.00	5.72	2816.477	0.66106	351.48	105.68	1.8379	0.5974	−97.131	36.914
−70.00	8.27	2004.070	0.66719	354.57	111.46	1.8239	0.6272	−89.867	23.818
−65.00	11.72	1442.296	0.67327	357.68	117.38	1.8107	0.6562	−82.815	21.091
−60.00	16.29	1055.363	0.67947	360.81	123.37	1.7987	0.6487	−76.104	18.584
−55.00	22.24	785.161	0.68583	363.95	129.42	1.7878	0.7127	−69.740	16.266
−50.00	29.90	593.412	0.69238	367.10	135.54	1.7782	0.7405	−63.706	14.122
−45.00	39.58	454.926	0.69916	370.25	141.72	1.7695	0.7678	−57.971	12.145
−40.00	51.69	353.529	0.70619	373.40	147.96	1.7618	0.7949	−52.521	10.329
−35.00	66.63	278.087	0.71348	376.54	154.26	1.7549	0.8216	−47.328	8.671
−30.00	84.85	221.302	0.72105	379.67	160.62	1.7488	0.8479	−42.382	7.168
−25.00	106.86	177.937	0.72892	382.79	167.04	1.7434	0.8740	−37.656	5.815
−20.00	133.18	144.450	0.73712	385.89	173.52	1.7387	0.8997	−33.138	4.611
−15.00	164.36	118.481	0.74572	388.97	180.04	1.7346	0.9253	−28.847	3.528
−10.00	201.00	97.832	0.75463	392.01	186.63	1.7309	0.9504	−24.704	2.614
−5.00	243.71	81.304	0.76388	395.01	193.29	1.7276	0.9753	−20.709	1.858
0.00	293.14	68.164	0.77365	397.98	200.00	1.7248	1.0000	−16.915	1.203
5.00	394.96	57.470	0.78384	400.90	206.78	1.7223	1.0244	−13.258	0.701
10.00	414.88	48.721	0.79453	403.76	213.63	1.7201	1.0486	−9.740	0.331
15.00	486.60	41.532	0.80577	406.57	220.55	1.7182	1.0727	−6.363	0.091
20.00	571.88	35.576	0.81762	409.30	227.55	1.7165	1.0965	−3.120	0.018
25.00	665.49	30.603	0.83017	411.96	234.63	1.7149	1.1202	−0.001	0.000
30.00	770.21	26.424	0.84374	414.52	241.80	1.7135	1.1437	2.995	1.148
35.00	886.87	22.899	0.85768	416.99	249.07	1.7121	1.1672	5.868	0.419
40.00	1016.32	19.983	0.87284	419.34	256.44	1.7108	1.1906	8.629	0.828

$t/℃$	p_s/kPa	$v''/$ $(m^3/kg×10^{-3})$	$v'/$ $(m^3/kg×10^{-3})$	$h''/(kJ/kg)$	$h'/(kJ/kg)$	$s''/$ $[kJ/(kg·K)]$	$s'/$ $[kJ/(kg·K)]$	$e''_x/(kJ/kg)$	$e'_x/(kJ/kg)$
45.00	1159.45	17.320	0.88919	421.55	263.94	1.7093	1.2139	11.274	1.364
50.00	1317.19	15.112	0.90694	423.62	271.57	1.7078	1.2373	13.795	2.031
55.00	1490.52	13.203	0.92634	425.51	279.36	1.7061	1.2607	16.195	2.834
60.00	1680.47	11.538	0.94775	427.18	287.33	1.7041	1.2842	18.471	3.780
70.00	2114.81	8.788	0.99902	429.70	303.94	1.6986	1.3321	22.609	6.119
80.00	2630.48	6.601	1.06869	430.53	321.92	1.6898	1.3822	26.073	9.158
90.00	3240.89	4.751	1.18024	427.99	342.54	1.6732	1.4379	28.483	13.189
100.00	3969.25	2.779	1.53410	412.19	375.04	1.6230	1.5234	27.656	20.192
101.00	4051.31	2.382	1.98610	404.50	392.88	1.6018	1.5707	26.276	23.917
101.15	4064.00	1.969	1.96850	393.07	393.07	1.5712	1.5712	23.976	23.976

附表 N 氟利昂 134a 的饱和性质(压力基准)

p_s/kPa	$t/℃$	$v''/$ $(m^3/kg×10^{-3})$	$v'/$ $(m^3/kg×10^{-3})$	$h''/(kJ/kg)$	$h'/(kJ/kg)$	$s''/$ $[kJ/(kg·K)]$	$s'/$ $[kJ/(kg·K)]$	$e''_x/(kJ/kg)$	$e'_x/(kJ/kg)$
10.00	−67.32	1676.284	0.67044	356.24	114.63	1.8166	0.6428	−86.039	22.331
20.00	−56.74	868.908	0.68353	362.86	127.30	1.7195	0.7030	−71.922	17.053
30.00	−49.94	591.338	0.69247	367.14	135.62	1.7780	0.7408	−63.631	14.095
40.00	−44.81	450.539	0.69942	370.37	141.95	1.7692	0.7688	−57.762	12.074
50.00	−40.64	364.782	0.70527	373.00	147.16	1.7627	0.7914	−53.199	10.553
60.00	−37.08	306.836	0.71041	375.24	151.64	1.7577	0.8105	−49.457	9.342
80.00	−31.52	234.033	0.71913	378.90	159.04	1.7503	0.8414	−43.593	7.528
100.00	−26.45	189.737	0.72667	381.89	165.50	1.7451	0.8665	−39.050	6.157
120.00	−22.37	159.324	0.73319	384.42	170.43	1.7409	0.8875	−35.262	5.165
140.00	−18.82	137.932	0.73920	386.63	175.04	1.7378	0.9059	−32.146	4.306
160.00	−15.64	121.490	0.74461	388.58	179.20	1.7351	0.9220	−29.390	3.654
180.00	−12.79	108.637	0.74955	390.31	182.95	1.7328	0.9364	−26.969	3.130
200.00	−10.14	98.326	0.75438	391.93	186.45	1.7310	0.9497	−24.813	2.636
250.00	−4.35	79.485	0.76517	395.41	194.16	1.7273	0.9786	−20.221	1.750
300.00	0.63	66.694	0.77492	398.36	200.85	1.7245	1.0031	−16.447	1.132
350.00	5.00	57.477	0.78383	400.90	206.77	1.7223	1.0244	−13.260	0.701
400.00	8.93	50.444	0.79220	403.16	212.16	1.7206	1.0435	−10.478	0.399
450.00	12.44	45.016	0.79992	405.14	217.00	1.7191	1.0604	−8.064	0.205
500.00	15.72	40.612	0.80744	406.96	221.55	1.7180	1.0761	−5.892	0.006
550.00	18.75	36.955	0.81464	408.62	225.79	1.7169	1.0906	−3.914	−0.003
600.00	21.55	33.870	0.82129	410.11	229.74	1.7158	1.1038	−2.104	0.006
650.00	24.21	31.327	0.82813	411.54	233.50	1.7152	1.1164	−0.483	−0.012
700.00	26.72	29.081	0.83465	412.85	237.09	1.7144	1.1283	1.045	0.038
800.00	31.32	25.428	0.84714	415.18	243.71	1.7131	1.1500	3.771	0.208
900.00	35.50	22.569	0.85911	417.22	249.80	1.7120	1.1695	6.154	0.459
1000.00	39.39	20.228	0.87091	419.05	255.53	1.7109	1.1877	8.303	0.773
1200.00	46.31	16.708	0.89371	422.11	265.93	1.7089	1.2201	11.948	1.526

续表

p_s/kPa	t/℃	v''/ (m³/kg×10⁻³)	v'/ (m³/kg×10⁻³)	h''/(kJ/kg)	h'/(kJ/kg)	s''/ [kJ/(kg·K)]	s'/ [kJ/(kg·K)]	e''_x/(kJ/kg)	e'_x/(kJ/kg)
1400.00	52.48	14.130	0.91633	424.58	275.42	1.7069	1.2489	15.002	2.416
1600.00	57.94	12.198	0.93864	426.52	284.01	1.7049	1.2745	17.547	3.371
2000.00	67.56	9.398	0.98526	429.21	299.80	1.7002	1.3203	21.656	5.490
2400.00	75.72	7.482	1.03576	430.45	314.01	1.6941	1.3604	24.689	7.761
2800.00	82.93	6.036	1.09510	430.28	327.59	1.6861	1.3977	26.919	10.214
3000.00	56.25	5.421	1.13032	429.55	334.34	1.6809	1.4159	27.752	11.525
3200.00	89.39	4.860	1.17107	428.32	341.14	1.6746	1.4342	28.381	12.900
3400.00	92.33	4.340	1.21992	426.45	348.12	1.6670	1.4527	28.784	14.357
4064.00	101.15	1.969	1.96850	393.07	393.07	1.5712	1.5712	23.976	23.976

附表 O　过热氟利昂 134a 蒸气的热力性质

	p=0.05Mpa (t_s=−40.64℃)			p=0.10MPa (t_s=−26.45℃)			p=0.15MPa (t_s=−17020℃)		
t/℃	v/(m³/kg)	h/(kJ/kg)	s/[kJ/(kg·K)]	v/(m³/kg)	h/(kJ/kg)	s/[kJ/(kg·K)]	v/(m³/kg)	h/(kJ/kg)	s/[kJ/(kg·K)]
−20.0	0.40477	388.69	1.8282	0.19379	383.10	1.7510			
−10.0	0.42195	396.49	1.8584	0.20742	395.08	1.7975	0.13584	393.63	1.7607
0.0	0.43898	404.43	1.8880	0.21633	403.20	1.8282	0.14203	401.93	1.7916
10.0	0.45586	412.53	1.9171	0.22508	411.44	1.8578	0.14813	410.32	1.8218
20.0	0.47273	420.79	1.9458	0.23379	419.81	1.8868	0.15410	418.81	1.8512
30.0	0.48945	429.21	1.9740	0.24242	428.32	1.9154	0.16002	427.42	1.8801
40.0	0.50617	437.79	2.0019	0.25094	436.98	1.9435	0.16586	436.17	1.9085
50.0	0.52281	446.53	2.0294	0.25945	445.79	1.9712	0.17168	445.05	1.9365
60.0	0.53945	455.43	2.0565	0.26793	454.76	1.9985	0.17742	454.08	1.9640
70.0	0.55602	464.50	2.0833	0.27637	463.88	2.0955	0.18313	463.25	1.9911
80.0	0.57258	473.73	2.1098	0.28477	473.15	2.0521	0.18883	472.57	2.0179
90.0	0.58906	483.12	2.1360	0.29313	482.58	2.0784	0.19449	482.04	2.0443
100.0	—	—	—	—	—	—	0.20016	491.66	2.0704

	p=0.20MPa (t_s=−10.14℃)			p=0.3MPa (t_s=0.63℃)			p=0.4MPa (t_s=8.93℃)		
t/℃	v/(m³/kg)	h/(kJ/kg)	s/[kJ/(kg·K)]	v/(m³/kg)	h/(kJ/kg)	s/[kJ/(kg·K)]	v/(m³/kg)	h/(kJ/kg)	s/[kJ/(kg·K)]
−10.0	0.09998	392.14	1.7329	—	—	—	—	—	—
0.0	0.10486	400.63	1.7646	—	—	—	—	—	—
10.0	0.10961	409.17	1.7953	0.07103	406.81	1.7560	—	—	—
20.0	0.11426	417.79	1.8252	0.07434	415.70	1.7868	0.05433	413.51	1.7578
30.0	0.11881	426.51	1.8545	0.07756	424.64	1.8168	0.05689	422.70	1.7886
40.0	0.12332	435.34	1.8831	0.08072	433.66	1.8461	0.05939	431.92	1.8185
50.0	0.12775	444.30	1.9113	0.08381	442.77	1.8747	0.06183	441.20	1.8477
60.0	0.13215	453.39	1.9390	0.08688	451.99	1.9028	0.06420	450.56	1.8762
70.0	0.13652	462.62	1.9663	0.08989	461.33	1.9305	0.06655	460.02	1.9042
80.0	0.14086	471.98	1.9932	0.09288	470.80	1.9576	0.06886	469.59	1.9316
90.0	0.14516	481.50	2.0197	0.09583	480.40	1.9844	0.07114	479.28	1.9587
100.0	0.14945	491.15	2.0460	0.09875	190.13	2.0109	0.07341	489.09	1.9854

续表

	p =0.20MPa (t_s =-10.14℃)			p =0.3MPa (t_s =0.63℃)			p =0.4MPa (t_s =8.93℃)		
t /℃	v/(m³/kg)	h/(kJ/kg)	s/[kJ/(kg·K)]	v/(m³/kg)	h/(kJ/kg)	s/[kJ/(kg·K)]	v/(m³/kg)	h/(kJ/kg)	s/[kJ/(kg·K)]
110.0	—	—	—	0.10168	500.00	2.0370	0.07564	499.03	2.0117
120.0	—	—	—	—	—	—	0.07786	509.11	2.0376
130.0	—	—	—	—	—	—	0.08006	519.31	2.0632

	p =0.50MPa (t_s =15.72℃)			p =0.72MPa (t_s =26.72℃)			p =0.90MPa (t_s =35.50℃)		
t /℃	v/(m³/kg)	h/(kJ/kg)	s/[kJ/(kg·K)]	v/(m³/kg)	h/(kJ/kg)	s/[kJ/(kg·K)]	v/(m³/kg)	h/(kJ/kg)	s/[kJ/(kg·K)]
20.0	0.04227	411.22	1.7336	—	—	—	—	—	—
30.0	0.04445	420.68	1.7653	0.03013	416.37	1.7207	—	—	—
40.0	0.04656	430.12	1.7960	0.03183	426.32	1.7593	0.02355	422.19	1.7287
50.0	0.04860	439.58	1.8257	0.03344	436.19	1.7904	0.02494	432.57	1.7613
60.0	0.05059	449.09	1.8547	0.03498	446.04	1.8204	0.02626	442.81	1.7925
70.0	0.05253	458.68	1.8830	0.03648	455.91	1.8496	0.02752	453.00	1.8227
80.0	0.05444	468.36	1.9108	0.03794	465.82	1.8780	0.02874	463.19	1.8519
90.0	0.05632	478.14	1.9832	0.03936	475.81	1.9059	0.02992	473.40	1.8804
100.0	0.05817	488.04	1.9651	0.04076	486.89	1.9333	0.03106	483.67	1.9083
110.0	0.06000	498.05	1.9915	0.04213	496.06	1.9602	0.03219	494.01	1.9375
120.0	0.06183	508.19	2.0177	0.04348	506.33	1.9867	0.03329	504.43	1.9625
130.0	0.06363	518.46	2.0435	0.04483	516.72	2.0128	0.03438	514.95	1.9889
140.0	—	—	—	0.04615	527.23	2.0385	0.03544	525.57	2.0150

	p =1.0MPa (t_s =39.39℃)			p =1.2MPa (t_s =46.31℃)			p =1.4MPa (t_s =52.48℃)		
t /℃	v/(m³/kg)	h/(kJ/kg)	s/[kJ/(kg·K)]	v/(m³/kg)	h/(kJ/kg)	s/[kJ/(kg·K)]	v/(m³/kg)	h/(kJ/kg)	s/[kJ/(kg·K)]
40.0	0.02061	419.97	1.7145	—	—	—	—	—	—
50.0	0.02194	430.64	1.7481	0.01739	426.53	1.7233	—	—	—
60.0	0.02319	441.12	1.7800	0.01854	437.55	1.7569	0.01516	433.66	1.7351
70.0	0.02437	451.49	1.8107	0.01962	448.33	1.7888	0.01618	444.96	1.7685
80.0	0.02551	461.82	1.8404	0.02064	458.99	1.8914	0.01713	456.01	1.8003
90.0	0.02660	472.16	1.8692	0.02161	469.60	1.8490	0.01802	466.92	1.8308
100.0	0.02766	482.53	1.8974	0.02255	480.19	1.8778	0.01888	477.77	1.8602
110.0	0.02870	492.96	1.9250	0.02346	490.81	1.9059	0.01970	488.60	1.8889
120.0	0.02971	503.46	1.9520	0.02434	501.48	1.9334	0.02050	499.45	1.9168
130.0	0.03071	514.05	1.9787	0.02521	512.21	1.9603	0.02127	510.34	1.9442
140.0	0.03169	524.73	2.0048	0.02606	523.02	1.9868	0.02202	521.28	1.9710
150.0	0.03265	535.52	2.0306	0.02689	533.92	2.0129	0.02276	532.30	1.9773

此表引自：朱明善. 绿色环保制冷剂. 北京：科学出版社，1995.

附图　水蒸气焓−熵(h-s)图

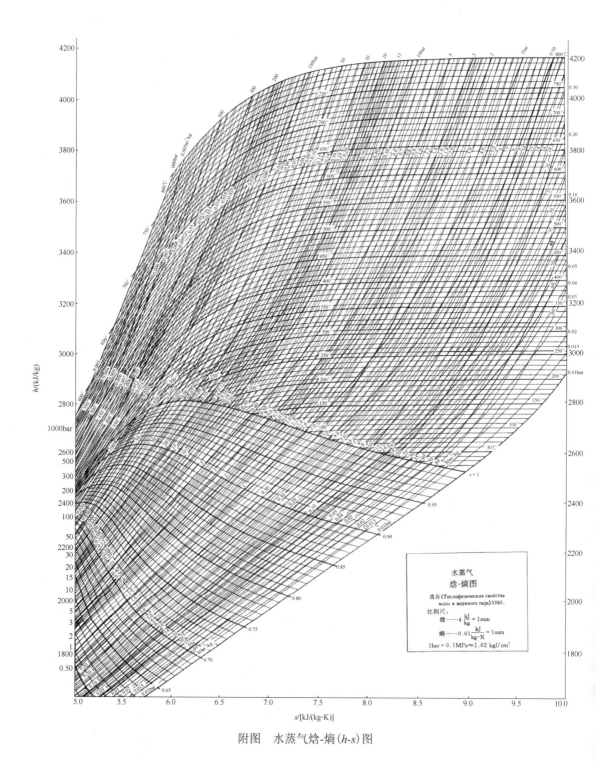

附图　水蒸气焓-熵(h-s)图

参 考 文 献

[1]　孔珑. 流体力学[M]. 北京：高等教育出版社，2011.

[2]　吴望一. 流体力学[M]. 北京：北京大学出版社，1982.

[3]　丁祖荣. 流体力学[M]. 北京：高等教育出版社，2003.

[4]　江宏俊. 流体力学[M]. 北京：高等教育出版社，1985.

[5]　张志宏. 流体力学基础[M]. 北京：海潮出版社，2006.

[6]　李玉柱，苑名顺. 流体力学[M]. 北京：高等教育出版社，1998.

[7]　张也影. 流体力学[M]. 北京：高等教育出版社，1999.

[8]　普朗特 L，奥斯瓦提奇 K. 流体力学概论[M]. 郭永怀，路士嘉，译. 北京：科学出版社，1981.

[9]　易家训. 流体力学[M]. 章克本，译. 北京：高等教育出版社，1982.

[10]　孔珑. 工程流体力学[M]. 2 版. 北京：水利电力出版社，1992.

[11]　杜广生. 工程流体力学[M]. 北京：中国电力出版社，2007.

[12]　叶诗美. 工程流体力学习题集[M]. 北京：水利电力出版社，1985.

[13]　夏泰淳. 工程流体力学习题解析[M]. 上海：上海交通大学出版社，2006.

[14]　黄卫星，李建明，肖泽仪. 工程流体力学[M]. 北京：化学工业出版社，2010.

[15]　陈卓如. 工程流体力学[M]. 2 版. 北京：高等教育出版社，2004.

[16]　Richard H.F.Pao. 流体力学详解[M]. 陈昆生，译. 中国台北：晓图出版社，1990.

[17]　闻德苏. 工程流体力学（水力学）[M]. 2 版. 北京：高等教育出版社，2004.

[18]　禹华谦. 工程流体力学[M]. 北京：高等教育出版社，2004.

[19]　归柯庭，汪军，王秋颖. 工程流体力学[M]. 北京：科学出版社，2003.

[20]　Massey B S.Mechanics of Fluid[M]. 5th ed.New York：van Nostrand Reinhold（UK）CO. Ltd., 1983.

[21]　Vannard J K, Street R L. Elementary Fluid Mechanics[M]. 6th ed.New York: Wiley, 1982.

[22]　Fox R W, Medonald A T. Introduction To Fluid Mechanics[M]. 2nd ed. New York: Wiley, 1973.

[23]　Schlichting H. Boundary Layer Theory[M]. Sevebth Edition New York: McGraw-Hill BK. Co., 1979.

[24]　Streeter VL, Wylie E B. Fluid Mechanics[M]. 8th ed. New York: McGraw-Hill BK. Co., 1985.

[25]　周艳，苗展丽，隋春杰. 工程热力学[M]. 北京：化学工业出版社，2014.

[26]　沈维道，童钧耕. 工程热力学[M]. 5 版. 北京：高等教育出版社，2014.

[27]　张学学. 热工基础[M]. 3 版. 北京：高等教育出版社，2015.

[28]　严家騄. 工程热力学[M]. 5 版. 北京：高等教育出版社，2015.

[29]　傅秦生. 热工基础[M]. 3 版. 北京：机械工业出版社，2016.

[30]　切盖尔，博尔斯. 工程热力学（英文版）[M]. 6 版. 北京：电子工业出版社，2007.

[31]　杨世铭，陶文铨. 传热学[M]. 4 版. 北京: 高等教育出版社，2006.

[32]　伊萨琴科，奥西波娃，苏科梅尔. 传热学[M]. 王丰，冀守礼，周筠清，等译. 北京：高等教育出版社，1987.

[33]　弗兰克，大卫德维特，狄奥多尔伯格曼，等. 传热和传质基本原理[M]. 葛新石，叶宏，译.北京：化学工业出版社，2007.

[34]　Holman J P. Heat Transfer [M]. 10th ed. New York: McGraw-Hill Book Company, 2010.

[35] Jacob M. Heat transfer [M]. New York: John Wiley & Sons, Inc, 1947.

[36] 章熙民，任泽霈，梅飞鸣. 传热学[M]. 2 版. 北京：中国建筑工业出版社，1993.

[37] 赵镇南. 传热学[M]. 北京: 高等教育出版社, 2002.

[38] 戴锅生. 传热学[M]. 2 版. 北京: 高等教育出版社, 2003.

[39] 刘静. 微米/纳米尺度传热学[M]. 北京：科学出版社，2001.

[40] 陶文铨. 数值传热学[M]. 2 版. 西安：西安交通大学出版社，2001.